Erträge der Interdisziplinären Technikforschung

Eine Bilanz nach 20 Jahren

Herausgegeben von
Professor Dr. Günter Ropohl

mit Beiträgen von
Dipl.-Ing. Martin Braun, Prof. Dr.-Ing. Hans-Jörg Bullinger,
Dipl.-Psych. Swantje Eigner, Prof. Dr. Gerd Fleischmann,
PD Dr. Gebhard Geiger, Prof. Dr. Edgar Grande,
Prof. Dr. Götz Großklaus, Prof. Dr. Bernward Joerges,
Dr. Nicole C. Karafyllis, Prof. Dr. Wolfgang König,
Prof. Dr. Lenelis Kruse, Dr. Richard Merker,
Prof. Dr. Friedrich Rapp, Prof. Dr. Günter Ropohl,
Prof. Dr. Alexander Roßnagel, Prof. Dr.-Ing Günter Spur
und Prof. Dr. Erich Staudt

Erich Schmidt Verlag

Die Deutsche Bibliothek – CIP-Einheitsaufnahme

Erträge der Interdisziplinären Technikforschung : eine Bilanz nach 20 Jahren /
Martin Braun ... Hrsg. Günter Ropohl. – Berlin : E. Schmidt, 2001
  ISBN 3-503-06008-1

ISBN 3 503 06008 1

Dieses Papier erfüllt die Frankfurter Forderungen der Deutschen Bibliothek
und der Gesellschaft für das Buch bezüglich der Alterungsbeständigkeit
und entspricht sowohl den strengen Bestimmungen der US Norm
Ansi/Niso Z 39.48-1992 als auch der ISO-Norm 9706

Druck: Hubert & Co, Göttingen

Vorwort

Vor zwanzig Jahren habe ich den Sammelband „Interdisziplinäre Technikforschung" heraus gegeben und mit diesem Titel ein Programm auf den Begriff gebracht, das seither an zahlreichen Stellen aufgenommen und entfaltet wurde. Ich kann ausseruniversitäre Institute und Akademien der Technikforschung anführen, aber auch Projekte, Arbeitsgruppen und Zentren an manchen Universitäten, die sich der Technikfolgen- und der Technikgeneseforschung widmen. Manches davon ist freilich inzwischen einer unheiligen Allianz aus disziplinärem Unverständnis und wissenschaftspolitischer Verantwortungslosigkeit zum Opfer gefallen.

Ganz besonders möchte ich die „Interdisziplinäre Arbeitsgruppe Technikforschung (IATF)" an der Universität Frankfurt erwähnen, die in zehn Jahren fruchtbarer Zusammenarbeit zahlreiche Veröffentlichungen und Projekte sowie einige Dissertationen und Habilitationsschriften inspiriert und auch mir bemerkenswerte Impulse gegeben hat. Seit das Land Hessen und die Universität ihr nicht einmal mehr bescheidene Mittel für die organisatorische Bewältigung des Koordinationsaufwandes bewilligen, hat sich die Arbeitsgruppe auf eine höchst virtuelle Existenzweise zurück ziehen müssen. In den Festreden beschwören Wissenschaftspolitiker und Hochschulfunktionäre die Innovationskraft der Wissensgesellschaft, aber in der Praxis rühren sie kaum einen Finger, wenn das prominenteste Thema des technischen Zeitalters gebührender Förderung bedürfte.

Umso dringlicher scheint es mir, die Interdisziplinäre Technikforschung wenigstens publizistisch am Leben zu erhalten. Darum soll dieses neue Buch dokumentieren, wie sich die Technikforschung in den letzten zwanzig Jahren weiter entwickelt hat. So weit möglich und tunlich, habe ich die selben Autoren wieder eingeladen, die auch seinerzeit dabei gewesen waren. Neue Namen finden sich bei den Kapiteln, für die der frühere Autor nicht mehr zur Verfügung stand oder für die sich ein anderer Kollege inzwischen deutlicher profiliert hat. Leider ist es nicht gelungen, einen Autor für das Kapitel zur Umwelttechnik zu finden; darum haben dieses Thema Nicole C. Karafyllis und ich übernommen.

Mein Dank gebührt vor Allem den Beiträgern, aber auch Allen, die an der Fertigstellung des Buches mitgewirkt haben und nicht zuletzt dem Erich Schmidt Verlag, der meinen Vorschlag zur Neuausgabe sogleich bereitwillig aufgegriffen hat. Zwei Kollegen, die in der früheren Ausgabe vertreten waren, leben nicht mehr. So widme ich das Buch dem Andenken an Thomas Ellwein und Hans Sachsse.

Durlach in Baden
Frankfurt am Main
im Januar 2001   Günter Ropohl

Inhaltsverzeichnis

Das neue Technikverständnis

Günter Ropohl

1   Überwindung alter Missverständnisse

In den letzten Jahrzehnten hat sich das Verständnis der Technik spürbar gewandelt. Zum Einen betrachtet man die Technik inzwischen als untrennbaren Bestandteil von Gesellschaft und Kultur. Zweitens haben die meisten Menschen begriffen, dass die Technik neben ihren unbestreitbaren Vorzügen auch problematische Folgen mit sich bringt. Schliesslich aber hat man gelernt, dass die Technisierung keineswegs einer schicksalhaften Eigengesetzlichkeit folgt, sondern von den Menschen und ihren Organisationen nach Plänen und Zielen betrieben wird, die man unter Umständen beeinflussen kann. Der Technikforschung ist es gelungen, jene alten Missverständnisse zu überwinden, die früher eine angeblich auswärtige, fremdartige und unzugängliche Technik in einen schroffen Gegensatz zum menschlichen Lebenssinn gestellt hatten.

Besonders in Deutschland wurde lange Zeit die Unvereinbarkeit von *Kultur* und *Zivilisation* behauptet. Die Zivilisation umfasst demnach die „bloss zweckmässigen, nützlichen, praktisch notwendigen Daseinsformen der Menschen", also auch die Technik, während Kultur die „geistig-seelischen, moralisch-rechtlichen, wissenschaftlichen, künstlerischen, das heisst letztlich ‚höheren', von Notwendigkeit und Nützlichkeit befreiten Aktivitäten der Menschen" ausmacht (vgl. Hartfiel 1972, 366). Da mit dieser Unterscheidung offensichtlich eine Bewertung verbunden ist, haben es die „kulturellen" Eliten nicht für nötig befunden, einem „kulturlosen" Phänomen wie der Technik irgend welche Aufmerksamkeit zu schenken. Das kann man bis heute an dem geradezu skandalösen Umstand ablesen, dass die meisten Pädagogen und Bildungspolitiker ein reflektiertes Technikverständnis noch immer nicht zur Allgemeinbildung rechnen und darum dem Bildungskanon der Schulen weiterhin verweigern.

Im Grunde sind auch die Naturwissenschaften – mit denen sich die Technikwissenschaften teilweise überschneiden – den Bildungsvorstellungen jener Kulturideologie fremd geblieben. Die Wissenserzeugung in den Technikwissenschaften und die Wissensverwendung in der Technik wurden jedoch wohl darum noch ärger missachtet, weil ihnen auf Grund ihrer empirisch-handwerklichen Ursprünge ein ungeistiger Praktizismus unterstellt wurde, und weil sie mit eigenen Forschungs- und Ausbildungseinrichtungen, den Ingenieurschulen und Technischen Hochschulen, dem Kreis der angesehenen Universitätswissenschaften fern blieben (Ropohl 1998). So ist eine Kluft aufgerissen, eine Kluft zwischen den naturwissenschaftlich und technisch Gebildeten auf der einen Seite und den geisteswissenschaftlich und literarisch Gebildeten auf der anderen Seite; der englische Physiker und Literat C. P. Snow (1959) spricht geradezu von „zwei Kulturen", die beziehungs- und verständigungslos neben einander her leben – ein Befund, der trotz seiner Zuspitzung immer noch einen wahren Kern zu besitzen scheint.

Immer noch versäumen es die meisten Technikwissenschaftler und Ingenieure, die gesellschaftliche Einbettung ihrer Erzeugnisse in ihren Betrachtungs- und Gestaltungshorizont aufzunehmen; und immer noch ist es in den Geistes- und Sozialwissenschaften die grosse Ausnahme, wenn einzelne Autoren ihre Aufmerksamkeit der humanen und sozialen Dimension der Technik zuwenden. So erweisen sich die Mitarbeiter dieses Buches immer noch als grenzüberschreitende Pioniere. Erfreulicherweise können sie davon berichten, dass in den letzten zwanzig Jahren ihrer mehr geworden sind, aber sie bleiben, gemessen an der Gesamtzahl der wissenschaftlichen Forscher und Lehrer, gleichwohl eine sehr kleine Minderheit. Wenn diese Wenigen trotzdem das Technikverständnis der Allgemeinheit spürbar beeinflussen konnten, dürfte das damit zusammen hängen, dass sie den öffentlichen Technikdebatten der letzten Jahrzehnte einsichtige theoretische Deutungen zu geben vermochten.

So hat man in der *Automatisierungsdebatte* der 1960er Jahre einerseits befürchtet, die Technisierung der Fabrikarbeit führe zu völlig sinnentleerter Tätigkeit bei den verbleibenden Restarbeitsplätzen, und andererseits hat man davon die Befreiung von körperlich und psychisch belastenden Routinearbeiten erhofft. Zahlreiche theoretische und praktische Projekte zur „Humanisierung des Arbeitslebens" haben dann aber die Erkenntnis reifen lassen, dass es in fast allen Fällen mehrere Möglichkeiten dafür gibt, wie man Technisierung und Arbeitsgestaltung auf einander abstimmt, und fast immer lässt sich ein Weg finden, der die Vorteile der Technisierung nutzt, ohne zugleich eine unerwünschte Belastung oder Entleerung der menschlichen Arbeit zu erzwingen.

Auch die *Kernenergiedebatte* der 1970er Jahre hat eine ähnliche Entwicklung erfahren. Die Befürworter plädierten – und plädieren auch heute noch – für die Unvermeidlichkeit dieser Energienutzung, während die Gegner anfangs nur die radikale Ablehnung verfechten konnten. Nach und nach lernten die Kritiker jedoch, dass man nicht einfach Nein sagen sollte, wenn konstruktive Gegenvorschläge möglich sind. Indem sie einige Konzepte alternativer Energiegewinnung vorlegten – Konzepte, die inzwischen teilweise bereits realisiert werden –, konnten sie erfolgreich die Legende entkräften, in der Technik gäbe es immer nur den *einen* besten Weg. Unausgesprochen haben sich aber auch die Akteure der Kernenergienutzung diese Auffassung zu eigen gemacht, indem sie zusätzliche Sicherheitsmassnahmen, die von den Kritikern gefordert worden waren, tatsächlich einführten und indem sie heute über neue, in sich selbst sichere Reaktorbauformen nachdenken.

Schliesslich herrschte auch in der *Umweltdebatte* bei den Skeptikern zunächst die Auffassung vor, man müsse auf weitere Technisierung verzichten, wenn die natürlichen Lebensbedingungen nicht zunehmend gefährdet werden sollen. In dieser Debatte hat sich nun ebenfalls die Einsicht herausgeschält, dass unerwünschte Nebenfolgen der Technik meist keinen unumgänglichen Zwang darstellen, sondern durch andere Gestaltungsformen grossenteils zu vermeiden sind. Unerwünschte Folgen – so lautet auch hier die Lehre – kann man vermeiden, wenn man auf die Bedingungen der Technisierung Einfluss nimmt.

Diese Diskussionen um konkrete Entwicklungsbedingungen und Nutzungsfolgen der Technik fanden ihre theoretische Reflexion in der *Technokratiedebatte*, die von

H. Schelsky (1961) ausgelöst worden war, in den Büchern von C. Koch und D. Senghaas (1970) sowie von H. Lenk (1973) dokumentiert wurde, aber, anders als in der Technikphilosophie (Tessmann 1974; Wollgast/Banse 1979), von der Soziologie erst ein gutes Jahrzehnt später ausdrücklich beendet wurde (Lutz 1987). Schelsky hatte behauptet, die Technik habe die Herrschaft über die Menschen angetreten und mache die Politik überflüssig. Die technische Entwicklung folge einer inneren Eigengesetzlichkeit; sie durchdringe und verändere unausweichlich die menschlichen Lebensformen. Weil die Technik ohnehin den *einen* besten Weg gehe, seien menschliche Entscheidungen nach aussertechnischen Kriterien weder nötig noch möglich. So „müssen wir den Gedanken fallen lassen, als folge die wissenschaftlich-technische Selbstschöpfung des Menschen und seiner neuen Welt einem ‚universellen Arbeitsplan' (F. G. Jünger 1946, 97), den zu manipulieren oder auch nur zu überdenken in unserer Macht stünde" (Schelsky 1961, 461). Offensichtlich hat Schelsky die alten Missverständnisse auf die Spitze getrieben und genau dadurch, wenn auch wohl unfreiwillig, ihre Haltlosigkeit entlarvt. Zahlreiche Philosophen, Sozial- und Politikwissenschaftler hielten dagegen, dass die Technik immer auch wirtschaftlichen und politischen Einflüssen unterliegt; dass es in technischen Entwicklungen immer Gestaltungsspielräume gibt, aus denen man planmässig das Beste machen kann; dass schliesslich überhaupt die fatalistische Auffassung ebenso falsch wie gefährlich ist, der Mensch sei auf das Niveau des Zauberlehrlings zurück gefallen, der der Geister, die er rief, nicht mehr Herr zu werden vermag. Wie gesagt: 1986 ist dieser *technologische Determinismus* auf einem Deutschen Soziologentag endgültig zu Grabe getragen worden.

Gegen Schelskys Modell des „technischen Staates" konnten vor Allem auch all jene politischen Einrichtungen und Massnahmen ins Feld geführt werden, die inzwischen vorgesehen wurden, damit man planmässig Einfluss auf die technische Entwicklung nehmen kann. Da gibt es Forschungs-, Technologie- oder Industrieministerien; da gibt es parlamentarische Kommissionen zur Begutachtung technischer Neuerungen; da gibt es Büros für Technikfolgenabschätzung und Behörden für Umweltschutz; da gibt es struktur- und regionalpolitische Planungsstäbe zur Förderung von „Technologieregionen"; da gibt es öffentliche Beratungsstellen und Gründerzentren zur technisch-wirtschaftlichen Innovationsförderung; kurz, da sind zahlreiche früher unbekannte Einrichtungen auf den Plan getreten, welche die technische Entwicklung gemäss sozioökonomischen Erfordernissen und politischen Zielen steuern sollen. Überliess man früher den Entwicklungprozess weitgehend der spontanen Erfinder- und Unternehmerinitiative, so ist inzwischen die Technik zu einer öffentlichen Angelegenheit geworden.

Grob gesprochen kann man in der Technopolitik theoretisch zwei Tendenzen unterscheiden, die in einem gewissen Spannungsverhältnis zu einander stehen. Der eine Ansatz sucht die technische Entwicklung an sich, ohne Rücksicht auf Einsatzfelder und Nebenfolgen, quantitativ so stark wie möglich zu beschleunigen und kann als Innovationspolitik bezeichnet werden. Der andere Ansatz dagegen will die Technisierung qualitativen Bedingungen der Umwelt- und Menschengerechtigkeit unterwerfen und ist mit dem Begriff der Technikbewertung verbunden. Während die Innovationspolitik einer „angebotsorientierten" Wirtschaftsstrategie

entspricht, ist die Technikbewertung eher der „nachfrageorientierten" Wirtschafts-
konzeption zuzurechnen.

Die *Innovationspolitik* ist, auch wenn sie bisweilen Motive der Technikbewertung
aufnimmt, vorwiegend an ökonomischen Gesichtspunkten orientiert (vgl. z. B.
Staudt 1986; Meyer-Krahmer 1993). Sie geht von der Annahme aus, dass die Einführung neuer Produkte und Produktionsmittel, also die Innovation als erfolgreiche Realisierung technischer Erfindungsideen, die wichtigste Quelle wirtschaftlichen Wachstums darstellt und daher den privaten Lebensstandard, den gesellschaftlichen Reichtum und die internationale Konkurrenzfähigkeit befördert. Darum bemühen sich Politik und Wirtschaft mit allen Kräften, die Zahl der Innovationen und die Geschwindigkeit der Innovationsprozesse zu vergrössern. Dabei vernachlässigt die Innovationspolitik nicht selten die ausserökonomischen Auswirkungen, auch wenn diese die Arbeits- und Lebenswelt in problematischer Weise
belasten. Manchmal kümmert sie sich nicht einmal darum, ob derartige Innovationen tatsächlich den wirklichen Bedürfnissen entsprechen, und sie zögert im Zweifelsfall nicht, mit den neuen Produkten zugleich neue Bedürfnisse zu erzeugen.

Die Innovationspolitik setzt jene kennzeichnende Tendenz des Kapitalismus fort,
die J. A. Schumpeter (1942, 134ff), der geistige Vater der Innovationsökonomie, als
„schöpferische Zerstörung" bezeichnet hatte. Die privaten Unternehmen allerdings, in denen Schumpeter die dominierenden Triebkräfte der technischen Entwicklung gesehen hatte, sind, allein auf sich gestellt, oft nicht mehr in der Lage,
grosse und aufwendige Innovationen auf eigenes Risiko zu betreiben. So sind zahlreiche politische Massnahmen eingeführt worden, um die Innovationsfähigkeit der
Unternehmen zu fördern und durch ein Netz öffentlicher Hilfen sowohl finanziell
wie auch informationell zu unterstützen. Finanziell geht es vor Allem darum, For-
schungs- und Entwicklungsinvestitionen zu erleichtern, vorzustrecken oder gar zu
übernehmen. Informationelle Hilfen beziehen sich darauf, (a) wissenschaftliches
und technologisches Wissen von der Forschung in die technische Anwendung zu
übertragen, (b) technisches Wissen von einem Anwendungsgebiet in ein anderes
zu überführen und (c) mögliche Förderungseinrichtungen und -massnahmen den
Interessenten bekannt zu machen.

Nun haben freilich die Technikdebatten, die oben skizziert wurden, eine wachsende Kritik an vorbehaltloser Innovationspolitik genährt. Eine Automatisierung, die
die Bedingungen menschlicher Arbeit umwälzt, eine Energietechnik, die giganti-
sche Zerstörungspotenziale in sich birgt und das Problem der Abfallentsorgung bis
heute nicht gelöst hat, überhaupt die wachsenden Belastungen der natürlichen
Umwelt und manche zweifelhaften Auswirkungen auf die psychosoziale Lage der
Menschen haben die Frage aufkommen lassen, ob man Alles, was man technisch
und wirtschaftlich machen *kann*, auch wirklich machen *soll*. Der Umstand, dass
diese Frage, die nur Anhängern einer blinden Wachstumsautomatik als „Technikfeindlichkeit" erscheinen kann, seit Beginn der 1970er Jahre allgemeine Aufmerksamkeit finden konnte, markiert die *normative Wende* in der Technologie. Neben der Technikethik ist es vor Allem die *Technikbewertung*, die sich dieser Frage
angenommen hat (z.B. Ropohl 1996; Westphalen 1997; Bröchler/Simonis/Sun-
dermann 1999).

„Technikbewertung (engl.: technology assessment) bedeutet das planmässige, systematische, organisierte Vorgehen, das
- den Stand einer Technik und ihre Entwicklungsmöglichkeiten analysiert,
- unmittelbare und mittelbare technische, wirtschaftliche, gesundheitliche, ökologische, humane, soziale und andere Folgen dieser Technik und möglicher Alternativen abschätzt,
- aufgrund definierter Ziele und Werte diese Folgen beurteilt oder auch weitere wünschenswerte Entwicklungen fordert,
- Handlungs- und Gestaltungsmöglichkeiten daraus herleitet und ausarbeitet,
so dass begründete Entscheidungen ermöglicht und gegebenenfalls durch geeignete Institutionen getroffen und verwirklicht werden können" (VDI 1991, 2).

Mit diesen Formulierungen empfiehlt die zitierte Richtlinie, die nun zu den anerkannten „Regeln der Technik" zählt, aus der Überfülle machbarer Innovationen die wirklich wünschenswerten auszuwählen und gegebenenfalls auch auf bislang übersehene Innovationsmöglichkeiten zu dringen, wenn dafür ein gesellschaftlicher Bedarf besteht. Freilich folgt daraus auch, bestimmte technische Entwicklungen im Einzelfall zu verzögern oder gar abzubrechen, wenn deren Nebenfolgen in keiner Weise akzeptabel scheinen.

Innovationsförderung und Technikbewertung liegen in einem Zwischenfeld zwischen Wissenschaft und Politik; ihre Aktivitäten sind in der angewandten Forschung, in der strategischen Unternehmensplanung, in der wissenschaftlichen Politikberatung und in der Moderation öffentlicher Diskussionen angesiedelt. Aus dem technopolitischen Ziel, Einfluss auf die Bedingungen und Folgen der Technisierung zu nehmen, folgen theoretische und empirische Untersuchungsaufgaben, die wissenschaftlicher Systematisierung bedürfen. Will die Innovationspolitik erfolgreich sein, muss sie Bedingungen herstellen, die der technischen Entwicklung förderlich sind. Um dies zu leisten, muss sie jedoch die Bedingungsmechanismen der technischen Entwicklung kennen. Bewährte theoretische Einsichten in solche Bedingungsmechanismen aber fehlen bislang (vgl. Huisinga 1996); gleichwohl gehen innovationspolitische Empfehlungen regelmässig von mehr oder minder impliziten Annahmen über derartige Bedingungszusammenhänge aus.

Ähnlich liegen die Dinge bei der Technikbewertung. Wenn sie die zu erwartenden Folgen von Innovationen beurteilen will, müsste sie bewährte Erkenntnisse heran ziehen können, wie technische Hervorbringungen in Natur, Gesellschaft und Kultur ihre Wirkung entfalten. Doch auch in dieser Hinsicht ist die Technikforschung noch nicht weit genug gediehen, als dass sich die Technikbewertung durchgängig auf gesicherte wissenschaftliche Erkenntnisse verlassen könnte. Vielmehr muss sie sich vorderhand ebenfalls mit mehr oder minder plausiblen Annahmen und vortheoretischen Hypothesenskizzen begnügen. Wenn sie dann ihre Beurteilungen in den Gang der technischen Entwicklung einspeisen will, steht sie vor den gleichen Schwierigkeiten wie die Innovationspolitik: dass sie nämlich das, was sie steuern will, viel zu wenig versteht.

In der technopolitischen Praxis ist also ein Erkenntnisbedarf entstanden, der von der wissenschaftlichen Forschung bislang kaum gedeckt werden kann. Die Aktivitäten der Innovationspolitik und der Technikbewertung erweisen sich als ungesicherte Improvisationen, denen das Fundament der Grundlagenforschung fehlt. Der Umstand, dass ich dies nach zwanzig Jahren wiederholen muss, weist darauf hin, dass die interdisziplinäre Technikforschung – trotz der unübersehbaren Erträge, die in diesem Buch dokumentiert werden – immer noch ein Schattendasein in Forschung und Lehre fristet, zumal das neue Technikverständnis, das Teile der Öffentlichkeit längst gewonnen haben, die Mehrzahl der Lehrstühle und Institute immer noch nicht erreicht hat. Darum muss ich im nächsten Abschnitt noch einmal kurz auf den angemessenen Technikbegriff eingehen.

2   Komplexität der Technik

2.1   Begriff der Technik

Der Technikbegriff hat eine lange Geschichte (Seibicke 1968; Lenk/Moser 1973). Noch zu Beginn des zwanzigsten Jahrhunderts hat man damit weniger den Bereich der künstlich gemachten Gegenstände gemeint, sondern eher das menschliche Können. So betrachtet noch M. Weber (1921, 32) die „‚Technik' eines Handelns" ganz allgemein als zweckrationalen Einsatz von Mitteln: „Was in concreto als ‚Technik' gilt, ist also flüssig", sagt er und gibt dann eine lange Aufzählung, die von der „Gebetstechnik" bis zur „erotischen Technik" reicht. Dieser *weite* Technikbegriff ist in den Sozialwissenschaften bis heute anzutreffen, wird dort aber nicht selten mit einem anderen Technikbegriff unter der Hand vermengt. Dieser andere, *enge* Technikbegriff hat sich im zwanzigsten Jahrhundert verbreitet und beschränkt sich allein auf die künstlich gemachten Gegenstände. „Technik ist reales Sein aus Ideen durch finale Gestaltung und Bearbeitung aus naturgegebenen Beständen", sagt F. Dessauer (1956, 234f) und will damit ausdrücklich „das an der Person haftende Können" ausklammern. Der enge Technikbegriff dominiert in den Technikwissenschaften, die sich auf die Analyse und Synthese der technischen Gebilde konzentrieren, und umfasst dann nichts Anderes als das Insgesamt der Ingenieurprodukte, der Maschinen, Apparate, Geräte, Fahrzeuge, Bauwerke usw.
Der weite Technikbegriff scheint mir unzweckmässig, weil er alles menschliche Handeln betreffen kann und darum die Besonderheiten der Sachtechnik nicht mit der erforderlichen Schärfe akzentuiert. Der enge Technikbegriff dagegen verfehlt den Umstand, dass alle Sachtechnik aus menschlichem Handeln hervorgeht und nur in menschlichem Handeln ihren Sinn findet. So empfiehlt es sich, zwischen einem zu weiten und einem zu engen Technikbegriff den goldenen Mittelweg einzuschlagen. Dieser *mittelweite* Technikbegriff – der nicht dem Wort, aber dem Inhalt nach schon von K. Marx (1867, 192ff; vgl. Ropohl 2000) vorgeprägt und von K. Tuchel (1967, bes. 23ff) in die neuere Diskussion eingeführt worden ist – besteht darin, die menschlichen Handlungszusammenhänge der Technik bei Herstellung und Verwendung der Artefakte ausdrücklich zu berücksichtigen, aber nur solches Handeln in Betracht zu ziehen, das es mit künstlich gemachten Gegenständen zu tun hat, sei es in der Herstellung oder sei es im Gebrauch der Artefakte. *Technik* umfasst dann (VDI 1991, 2):

- „die Menge der nutzenorientierten, künstlichen, gegenständlichen Gebilde (Artefakte oder Sachsysteme);
- die Menge menschlicher Handlungen und Einrichtungen, in denen Sachsysteme
  entstehen;
- die Menge menschlicher Handlungen, in denen Sachsysteme verwendet werden".

Das ist natürlich nur eine Umfangsdefinition, die lediglich jene Klassen von Phänomenen angibt, mit denen man es zu tun hat, wenn man von Technik spricht. Es
ist also keine Wesensdefinition, die alle charakteristischen Merkmale *der* Technik
erschöpfend aufzählen würde; es ist fraglich, ob Derartiges überhaupt möglich wäre. Freilich sind auf der Grundlage jener Umfangsdefinition inhaltliche Vertiefun-
gen auszuführen, die das Technikverständnis anzureichern vermögen.

Bevor dies im nächsten Abschnitt skizziert wird, ist allerdings noch anzumerken,
dass der Ausdruck „Technik" nicht mit dem Wort „Technologie" gleichgesetzt
werden sollte. „Technik" bezeichnet einen Phänomenbereich der konkreten Erfah-
rungswirklichkeit, während „Technologie" das systematisierte Wissen, also im
Grunde die Wissenschaft von der Technik meint. Wie einzelne Beiträge in diesem
Buch zeigen, bereitet diese Unterscheidung bei bestimmten Themen gelegentlich
Schwierigkeiten; gleichwohl sollte man, wo möglich, von der sprachlogischen Genauigkeit dieser Unterscheidung Gebrauch machen.

2.2   Dimensionen und Perspektiven der Technik

Aus der Begriffsbestimmung erkennt man unmittelbar, dass die Auffassung, Technik sei angewandte Naturwissenschaft, so allgemein nicht aufrecht erhalten werden kann. Lediglich für das erste Bestimmungsstück, die Menge der Artefakte,
kann man geltend machen, dass die Artefakte aus Naturbeständen gemacht sind,
dass sie daher selbstverständlich den Naturgesetzen unterliegen und dass sie in
ihrer Wirkungsweise mit naturwissenschaftlichen Mitteln zu erklären sind. Wie
zahlreiche technikgeschichtliche Beispiele zeigen, bedeutet das freilich nicht, das
naturwissenschaftliche Theorienbildung der sachtechnischen Erfindung prinzipiell
vorausgehen müsste. Ausserdem deutet Vieles darauf hin, dass technikwissen-
schaftliches und technisches Wissen Eigenheiten aufweisen, die sie vom naturwissenschaftlichen Wissen deutlich unterscheiden (z.B. Jobst 1995, Banse/Friedrich
1996).

Während sich jedenfalls in der erstgenannten Teilmenge die naturale Dimension
der Technik manifestiert, eröffnen die in den beiden anderen Teilmengen auftretenden Phänomene die humane und die soziale Dimension der Technik. Dass die
Handlungszusammenhänge in diesen Dimensionen notwendiger Bestandteil des
Technikbegriffs sind, zeigt die simple Überlegung, dass ohne menschliches Handeln und Arbeiten die Artefakte weder entstehen noch ihre Funktion verwirklichen könnten. Allenfalls zu einem kleinen Teil also ist Technik angewandte Naturwissenschaft, zu einem viel grösseren Teil erweist sie sich als ein Stück gesellschaftlicher Praxis.

Die Technik steht mithin zwischen Natur und Gesellschaft und ist eine mehrdimensionale Erscheinung. Zu analytischen Zwecken lässt sich eine inhaltliche Gliederung technischer Phänomene und Probleme entwerfen, die an der traditionellen Systematik der Wissenschaften orientiert ist. Eine derartige Gliederung wurde an anderer Stelle (Ropohl 1979; ²1999, 32ff) beschrieben und ist hier in Bild 1 zusammen gefasst. Demnach lassen sich die naturale, die humane und die soziale Dimension der Technik unterscheiden, und jede dieser Dimensionen kann unter verschiedenen Erkenntnisperspektiven betrachtet werden. Wenn auch keine vollständige Kongruenz erreicht werden konnte, spiegelt das Bild doch im Grossen und Ganzen das Gliederungsprinzip wider, dem dieses Buch folgt.

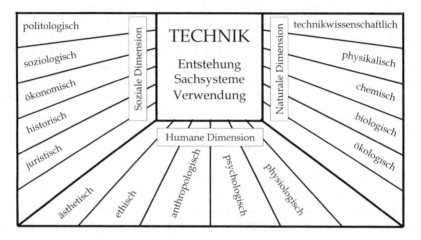

Bild 1   Dimensionen und Perspektiven der Technik

Gewiss ist die Auflistung der Perspektiven im Schema nicht vollständig, und gewiss sind die Perspektiven nicht immer eindeutig von einander abzugrenzen; beispielsweise wurde der vergleichsweise neue Ansatz der Kulturwissenschaften, der sich mit der ästhetischen Perspektive überschneidet, nicht eigens ausgewiesen. Allerdings fallen prinzipielle Einwände, die gegen diese analytische Gliederung erhoben werden können, auf die traditionelle Einteilung der wissenschaftlichen Disziplinen zurück. Bekanntlich unterstellt diese Einteilung, dass man die Wirklichkeit ontologisch eindeutig in die Bereiche *Natur*, *Mensch* und *Gesellschaft* aufspalten könne, und dass es sinnvoll sei, verschiedene Schichten dieser Bereiche, etwa die ökonomische, die soziale oder die politische Schicht des Bereichs *Gesellschaft*, getrennt und unabhängig von einander behandeln zu können. So weit sich diese disziplinäre Spezialisierung wissenschaftsorganisatorisch verfestigt hat, verfehlt sie alle jene theoretischen und praktischen Probleme, die quer zu der herrschenden Einteilung liegen.
So hat denn auch die Technikforschung in den Maschen einzelwissenschaftlicher Arbeitsteilung und Spezialisierung keinen Halt finden können. Weder ist sie hin-

sichtlich des Phänomenbereichs eindeutig den Natur-, den Human- oder den Sozialwissenschaften zuzuordnen, noch lässt sie sich auf eine der genannten Erkenntnisperspektiven reduzieren. Die Technik stellt sich als komplexes Problem-
bündel dar, das in der Fächergliederung der etablierten Einzeldisziplinen einfach
nicht aufgeht. Sicher kann man sich, wie die Technikwissenschaften, auf die Ingenieurprodukte konzentrieren, doch dann ignoriert man deren Entstehungs- und
Verwendungszusammenhänge; die natur- und die technikwissenschaftliche Perspektive sind nur zwei von zahlreichen möglichen Zugangsweisen zum Verständnis der Technik. Auch kann man sich in der Technikfolgenanalyse auf einzelne Perspektiven, etwa auf die ökologische oder die soziologische Perspektive,
spezialisieren; doch man verfehlt dann das umfassende Gesamtbild der Folgen-
problematik. Die technische Entwicklung hingegen kann man mit disziplinären
Partialansätzen überhaupt nicht verstehen; denn sie ist ein komplexer kulturge-
schichtlicher Prozess, in dem materielle und ideelle, technische und wissenschaftliche, ökonomische und politische, individuelle und soziale Faktoren im Wechselspiel von menschlichen Entscheidungen und gesellschaftlichen Rahmenbedingungen zusammen wirken. Tatsächlich also muss man ein multiperspektivisches Gesamtmodell entwerfen, wenn man die Technisierung erforschen, verstehen und
gestalten will (mehr dazu bei Ropohl 1999, 251-304).

3   Themen der Technikforschung

Ein angemessenes Technikverständnis kann keine einzelne Disziplin allein erzeugen; es kann sich nur in *interdisziplinärer Integration* bilden. Die Beiträge dieses Buches haben zwar einen disziplinären Ausgangspunkt, argumentieren aber in sich
durchweg vor einem fachübergreifenden Horizont. Damit erleichtern sie es dem
Leser, die verschiedenen Perspektiven zu einem Gesamtbild der Technik zusammen zu fügen.

Das Missverständnis von der Eigengesetzlichkeit der Technik, das eingangs erwähnt wurde, beruft sich häufig auf die Annahme, technische Neuerungen ergä-
ben sich so zu sagen zwangsläufig aus naturwissenschaftlicher Erkenntnis, die ihrerseits einer immanenten Mehrungs- und Fortschrittstendenz folge. Nicht zuletzt
darum ist es sinnvoll, dass *Friedrich Rapp* zentrale Perspektiven der naturalen Dimension vergleicht und das Verhältnis zwischen Naturwissenschaften, Technikwissenschaften und Technik diskutiert. Er gelangt zu dem Ergebnis, dass die Verfahrensweisen, die Resultate und die Erfolgskriterien, auch wenn es durchaus gewisse Überschneidungen gibt, in der Technik doch ganz andere sind als in den Naturwissenschaften. Darum ist ein nahtloser oder gar quasi-automatischer Übergang
von Forschungsergebnissen zu Erfindungen und Innovationen so gut wie ausgeschlossen. Diese Einsicht widerlegt nicht nur die szientistische Auffassung, die
Technik und Naturwissenschaft in eins setzt, sondern erklärt auch die beträchtlichen Schwierigkeiten der Innovationspolitik, den Wissenstransfer von der Forschung in die industrielle Anwendung zu beschleunigen. Freilich schliesst das
nicht aus, dass wohl auch angebotsinduzierte Innovationen vorkommen können,

dass, mit anderen Worten, das Anwendungspotenzial einer neuen wissenschaftlichen Erkenntnis den Anstoss zu einer technischen Neuerung geben mag.

Auch *Günter Spur* befasst sich mit dem Verhältnis von Naturwissenschaft und Technik und betont den besonderen Charakter der Technikwissenschaften. Auf eine kurze Skizze ihrer geschichtlichen Entwicklung folgen Überlegungen zum gegenwärtigen und zukünftigen Wandel im Selbstverständnis und in der Organisation der Technikwissenschaften. Einerseits müssen traditionelle Fachgrenzen innerhalb der Technikwissenschaften, aber auch zwischen diesen und den Gesellschaftswissenschaften überschritten werden. Andererseits muss die Vermittlung zwischen theoretischer Erkenntnis und praktischer Gestaltung selber zum Gegenstand wissenschaftlicher Reflexion werden. Für diese Aufgaben fasst Spur eine Metadisziplin der Technikwissenschaften ins Auge, die als „Technosophie" (G. Spur) oder „Allgemeine Technologie" (G. Ropohl) die historischen, systematischen und methodischen Prinzipien technikwissenschaftlichen Erkennens und technischen Handelns innerhalb soziokultureller Zusammenhänge zu erforschen und zu erklären hat. Derartige Neuorientierungen werden nicht zuletzt darum nötig, weil, über Materialtechnik und Energietechnik hinaus, nunmehr die moderne Informationstechnik mit völlig neuartigen Leistungen aufwartet, die sowohl die Bedingungen wie auch die Folgen der Technisierung in Kultur und Gesellschaft völlig verändern werden.

Trotz mancher Bezüge zu den Naturwissenschaften hat man in der Technik *eine* naturwissenschaftliche Teildisziplin lange Zeit völlig vernachlässigt: die Ökologie. *Nicole C. Karafyllis* und ich geben einen Überblick über die ökologischen Probleme der Technik und die inzwischen bekannten Lösungsstrategien. Nach einführenden Bemerkungen über die Entwicklung der Ökologie wird die Geschichte der Umweltdebatte skizziert, die einen Höhepunkt im Programm der „nachhaltigen Entwicklung" gefunden hat. Mit Hilfe eines systemtheoretischen Modells werden die Umwelteffekte technischer Systeme durchmustert und klassifiziert. Wenn man umweltschädliche Effekte vermeiden will, muss man die Technisierung an ökotechnologische Maximen binden, deren Beachtung allerdings mit theoretischen und praktischen Schwierigkeiten zu ringen hat. Immerhin haben sich umwelttechnische Strategien herauskristallisiert, die grundsätzlich anerkannt und je nach Anwendungsgebiet in gewissem Umfang auch befolgt werden, besonders dann, wenn politische und rechtliche Vorgaben günstige Bedingungen dafür schaffen. So steht die Umwelttechnik in engem Zusammenhang mit dem Technikrecht und der Technikpolitik.

Mit der Herkunft und Stellung des Menschen in der Natur befasst sich auch die Anthropologie. *Gebhard Geiger* geht der Gattungsgeschichte des Menschen nach und beschreibt, wie die Technik im Zusammenspiel von natürlicher Evolution und kultureller Entwicklung, von genetischer und kommunikativer Übertragung, entstanden ist. Anfänglich dürfte der Gebrauch unbearbeiteter Gegenstände im Vordergrund gestanden haben, woran sich dann die planmässige Herstellung von Werkzeugen angeschlossen hat, das also, was der Paläontologe allererst als menschliches Produkt identifizieren kann und was tatsächlich nur als kulturelle Leistung verständlich ist. Dabei sind, so Geiger, immer schon diejenigen technischen Mittel ausgewählt und verbreitet worden, die den Menschen den jeweils grössten Vorteil für ihre Lebensbedingungen versprachen. Freilich hat dieses Rationalitätsprinzip technischen Handelns in der Neuzeit veränderte Ausprägungen erhalten, die nicht mehr den ökologischen Überlebensvorteil, sondern die unbedingte wirtschaftliche Nutzenmaximierung in den Vordergrund stellen. Daraus ergeben sich die wachsenden ökologischen Probleme, die wohl nur mit politisch-institutionellen Regelungen zu mildern wären. Angesichts der Kontinuität technisch-wirtschaftlicher Rationalisierung beurteilt Geiger solche Chancen allerdings mit Skepsis.

Aus einer psychologischen Sicht untersuchen *Swantje Eigner* und *Lenelis Kruse* das menschliche Erleben und Verhalten innerhalb der Wechselwirkungen von Mensch, Technik und Umwelt. Wenn auch eine regelrechte Technikpsychologie immer noch in den Anfängen steckt, können die Verfasserinnen gleichwohl über eine Reihe neuerer Arbeiten berichten, die Problemstellungen präzisieren und Befunde präsentieren. Technik prägt die Lebensweise, die Sprache und die Sinndeutungen der Menschen. Zum einen Teil erleben sie Gefühle der Schwäche und Hilflosigkeit gegenüber undurchsichtigen und übermächtigen Systemen, sowohl angesichts gewaltig wirkender grosstechnischer Anlagen als auch gegenüber unbegreifbaren Mikrotechniken; hinzu treten die affektiven, kognitiven und zeitökonomischen Belastungen, die mit der Aneignung neuer Techniken verbunden sind und, wenn sie nicht bewältigt werden, zu jenen Störfällen führen können, die man als „menschliches Versagen" einstuft. Zum anderen Teil aber vermitteln technische Produkte den Menschen reale und symbolische Machterfahrungen und steigern, durch Mehrung der Handlungs- und Erlebnismöglichkeiten, ihr Selbstwertgefühl. Diese ambivalenten Erfahrungen spiegeln sich in uneinheitlichen Einschätzungen und Bewertungen, die zwischen den Extremen der Technikeuphorie und der Technikphobie ein breites Spektrum differenzierter und produktspezifischer Urteile umfassen. Solche Urteile scheinen manchmal rational begründbar, oft aber auch nur aus tiefliegenden emotionalen Befindlichkeiten verständlich zu sein.

Wie Günter Spur betonen auch *Hans-Jörg Bullinger* und *Martin Braun* die Bedeutung interdisziplinärer Zugangsweisen in der technisch-wirtschaftlichen Gestaltungspraxis. Während die Arbeitswissenschaft in der analytischen Gliederung technologische, physiologische, psychologische, ökonomische, soziologische und juristische Perspektiven unterscheidet, müssen bei einer Optimierung von Arbeitssystemen, die gleichermassen Humanisierungs- und Rationalisierungsziele verfolgt, diese Perspektiven zusammen geführt werden. Ebenso wie die Technikwissenschaften bilden also auch die Arbeitswissenschaften in sich bereits ein interdisziplinäres Unternehmen – auch wenn, den Autoren zu Folge, in den letzten Jahren fachübergreifende Ansätze nicht mehr so grosse Beachtung gefunden haben. Im Prinzip aber erweist sich die interdisziplinäre Technikforschung, wissenschaftssystematisch gesehen, als nichts grundlegend Neues, sondern lediglich als weiter greifende Ausdehnung jenes interdisziplinären Horizontes, den es in den Technik- und Arbeitswissenschaften schon gibt.

Bullinger und *Braun* besprechen zunächst die eingeführten Grundsätze der Arbeitsanalyse und Arbeitsgestaltung, und sie bekräftigen, dass die Automatisierung nicht als selbständige Technisierungsstrategie, sondern immer in Zusammenhang mit den menschlichen Arbeitsbedingungen zu sehen ist. Neue Aufgaben erwachsen der Arbeitswissenschaft aus den Entwicklungen der Informationstechnik. Ging es zuvor meist um Mensch-Maschine-Systeme in der Produktionsarbeit, verbreiten sich nun auch in der Dienstleistungs- und Informationsarbeit anspruchsvolle Mensch-Maschine-Systeme, für die nicht nur die klassische Ergonomie, sondern auch subtile Probleme der psychischen und kognitiven Interaktion zu beachten sind. Schliesslich stellt sich die Arbeitswissenschaft der Herausforderung, dass die Menschen immer älter werden, gegenwärtig jedoch wegen angeblicher oder tatsächlicher Leistungsminderung immer früher aus dem Arbeitsleben ausscheiden. Auch hier sucht die Arbeitswissenschaft dem Grundsatz zu folgen, dass Technik und Organisation, statt ältere Menschen zu überfordern, den menschlichen Bedürfnissen und Möglichkeiten anzupassen sind.

In der betriebswirtschaftlichen Theoriebildung freilich wird das Zusammenspiel von Technik und Organisation weithin vernachlässigt. *Erich Staudt* und *Richard Merker* beklagen, dass die Ökonomie, wie H. Linde (1972, 34) schon vor langer Zeit den Sozialwissenschaften ins Stammbuch geschrieben hatte, immer noch von „Sachblindheit" geschlagen ist. Zum Einen verkennen die Wirtschaftswissenschaften, in welchem Masse wirtschaftliches Handeln von technischen Restriktionen bestimmt wird, und zum Anderen übersehen sie meist, dass wirtschaftliche Impulse einen zentralen Faktor der Technisierung bilden (vgl. a. Ropohl 1991, 97-120). Mit der Tatsache, dass die technische Entwicklung vornehmlich von den wirtschaftlichen Imperativen der Unternehmen bestimmt wird, begründen die Autoren ihre Kritik der politischen Technikbewertung, die ihrer Meinung nach einen verkappten Staatsinterventionismus im Schilde führt. In der betriebswirtschaftlichen Organisationslehre, so die Autoren, ist eine frühere, eher technizistische Betrachtungsweise von einer verhaltenswissenschaftlichen Strömung abgelöst worden, die menschliches Handeln und Entscheiden in den Mittelpunkt rückt, dabei jedoch die technischen Sachstrukturen kaum noch zu erfassen vermag und darum dazu tendiert, diese als „Sachzwang" misszuverstehen. Eine soziotechnologisch aufgeklärte Organisationstheorie müsste Beides, die relative Eigenständigkeit der technisch-wirtschaftlichen Entwicklung *und* die gleichwohl bestehenden organisatorischen Gestaltungsspielräume, gleichzeitig in den Blick nehmen, um insbesondere auch den Herausforderungen der neuen Automatisierungs- und Informationstechniken gerecht zu werden.

Die Probleme, die auch der Volkswirtschaftslehre aus der technischen Entwicklung erwachsen, bespricht *Gerd Fleischmann* am Beispiel der technischen und soziotechnischen Netzwerke. Wenn man eine nachfrageorientierte Markttheorie vertritt, wird man mit Anomalien konfrontiert, bei denen es unerklärlich scheint, warum bestimmte Techniken zunächst gar nicht nachgefragt werden und warum bei konkurrierenden Techniken manchmal nicht die objektiv leistungsfähigste Alternative auf dem Markt bevorzugt wird. Der Verfasser erklärt derartige Phänomene mit direkten und indirekten Netzeffekten. Etliche Techniken, vor Allem in der Informationstechnik, haben ihren Nutzen nicht schon in der individuellen Verwendung des einzelnen Produkts, sondern erst dann, wenn zugleich viele andere Anwender das gleiche Produkt nutzen. Das einzelne Telefon nutzt seinem Besitzer Nichts, so lange nicht eine gewisse Mindestzahl anderer Nutzer am Telefonnetz teilnehmen; und eine neue Technik kann sich, selbst wenn sie funktional überlegen ist, gegen die eingeführte Technik nicht durchsetzen, wenn diese auf Grund vorhandener objektiver und subjektiver Netzbedingungen – Verbreitung von Gerätestandards oder von einschlägigem Bedienungswissen – extrafunktionale Nutzungsvorteile besitzt. Diese Überlegungen sind ein hervor ragendes Beispiel für die Tatsache, dass in Fragen der Technisierung die isolierte Disziplin, hier die Ökonomie, in unüberwindbare Schwierigkeiten gerät, wenn sie sich nicht auf die fachübergreifende Betrachtung der realen Sachzusammenhänge einlässt.

Eine ähnlich fachübergreifende Ausweitung des Horizontes hat, *Bernward Joerges* zu Folge, in der noch jungen Techniksoziologie offensichtlich nicht statt gefunden. Joerges selbst gehört zu den Technikforschern, die seinerzeit das Programm aufgegriffen haben, das H. Linde (1972) als „Soziologie der Sachverhältnisse" vorgeschlagen hatte und das, unter dem Einfluss eines arbeitswissenschaftlichen Konzeptes, zu einer interdisziplinären Theorie der soziotechnischen Systeme ausgebaut worden ist (Ropohl 1979; ²1999). Mehrheitlich haben sich freilich die Techniksoziologen diesem Programm nicht angeschlossen, sondern versuchen sich immer wieder mit einem genuin soziologischen Begriff der Technik, der deren Sachhaftigkeit kaum berücksichtigt. Joerges gibt einen instruktiven Überblick über diese „Neue Techniksoziologie", erklärt deren Einseitigkeiten aus der Überschätzung des Computerbeispiels und aus dem Einfluss populärer Medien, und identifiziert als gegenwärtig vorherrschende Strömung eine Auffassung, die den Unterschied zwischen technischen Sachen und menschlichen Handlungen einebnet und beide als gleichrangige Bestandteile komplexer „Netzwerke" behandelt – wobei allerdings „Netzwerke" nicht realistisch, wie bei G. Fleischmann, sondern eher metaphorisch verstanden werden. Hatte man früher die Differenz von Technik und Gesellschaft überspitzt – derart, dass Technik überhaupt kein Gegenstand der Soziologie sein konnte –, hypostasiert man nun deren Identität – derart, dass die Sachtechnik der totalen Soziologisierung anheim fällt. Dass eigentlich die Dialektik von Identität und Differenz interdisziplinär zu konzeptualisieren wäre – was die Theorie der soziotechnischen Systeme im Kern zu leisten verspricht –, das bleibt, wie Joerges vorsichtig andeutet, für die „Neue Techniksoziologie" eine Aufgabe des beginnenden Jahrhunderts.

Ein Problem der Techniksoziologie, das zusätzlich zu erwähnen ist, besteht auch darin, dass sie, ungeachtet der beliebten Rede von der „sozialwissenschaftlichen Technikforschung", sozialpsychologische, ökonomische und politologische Aspekte kaum in den Blick nimmt. Darum betreffen die Überlegungen von *Edgar Grande* zum Verhältnis von Staat und Technik einen weiteren wichtigen Aspekt der Technikforschung. Zunächst bekräftigt *Grande* das neue Technikverständnis, das ich, die letzten beiden Jahrzehnte resümierend, an den Anfang dieser Übersicht gestellt habe. Obwohl die Steuerungsbedürftigkeit und die Steuerungsfähigkeit der Technisierung dem zufolge inzwischen weithin anerkannt werden, hat sich umgekehrt der Staat in den vergangenen Jahren aus der Techniksteuerung teilweise zurück gezogen. Das liegt nicht zuletzt an den Schwierigkeiten, die einerseits durch die

Regionalisierung, andererseits aber auch durch die Europäisierung und die Globalisierung der Forschungs- und Technikpolitik aufgekommen sind. Dadurch wird
die institutionelle und prozedurale Koordination von Förderungs- und Regulie-
rungsmassnahmen immer verwickelter. Grossenteils ist es darauf auch zurück zu
führen, dass spektakuläre Effekte staatlicher Technikpolitik weithin ausgeblieben
sind. Das gilt auch für die politische Technikfolgenabschätzung und Technikbewertung, die, trotz Einrichtung eines entsprechenden Büros beim Deutschen Bundestag, Abstimmungsprobleme mit herkömmlichen politischen Gegebenheiten hat.
Die Politikwissenschaft analysiert nicht nur das prekäre Verhältnis zwischen Staat
und Technik, sie untersucht auch neue Möglichkeiten demokratisch-partizipativer
Unterstützung und Stärkung der Technikpolitik.

Dabei wirft *Grande* die Kernfrage auf, ob und in wie weit staatliche Techniksteuerung die Entwicklungsstrategien der Unternehmen erreichen kann, besonders
dann, wenn diese längst transnationale Dimensionen angenommen haben. Hier
eröffnet sich nicht nur ein interdisziplinäres Untersuchungsfeld zwischen Wirt-
schafts- und Politikwissenschaft, sondern auch der altbekannte ordnungspolitische
Streit um die Stellung der Wirtschaft in Staat und Gesellschaft. Staudt und Merker
plädieren wie gesagt für die Autonomie der Unternehmen und lehnen Technik
steuernde Eingriffe als marktwidrige Staatsintervention ab. Da, wie diese Autoren
betonen, der grösste Teil der Innovationen in den Wirtschaftsunternehmen geschaffen wird, muss man sich freilich fragen, wie denn die Umwelt- und Menschengerechtigkeit der Technisierung planmässig gefördert werden kann, wenn
die Unternehmen diese Ziele selbst nicht ausdrücklich verfolgen, aber auch vom
Staat nicht wirkungskräftig dazu veranlasst werden dürfen. Es geht, mit einem
Wort, um die Frage, wer am ehesten das Gemeinwohl garantieren kann: der demokratisch verfasste Sozialstaat oder eine verselbständigte Ökonomie.

Für zugespitzte Problemlagen wird diese Frage allerdings nach wie vor zu Gunsten des Staates entschieden. Wenn es um erhebliche Gefahren für Sicherheit, Gesundheit, Umwelt- und Gesellschaftsqualität geht, nutzt der Staat ein klassisches
Steuerungsinstrument, das ihm im Grundsatz Niemand bestreitet: das Recht. *Alexander Roßnagel* bespricht Diskussionen, die in der Rechtswissenschaft inzwischen
dazu statt gefunden haben. Wohl arbeitet das Technikrecht nach wie vor mit unbe-
stimmten Rechtsbegriffen, die auf der Grundlage technischen Sachverstandes und
abhängig von der technischen Entwicklung mit Inhalt gefüllt werden müssen.
Doch diese Operationalisierung der allgemeinen Begriffe wird immer schwieriger,
da die Geschwindigkeit des technischen Wandels für entsprechende Konsensbil-
dungen immer weniger Zeit lässt und da zunehmend neuartige Schadenspotenziale ungewohnter Qualität und Quantität zu berücksichtigen sind.

Weitere Probleme ergeben sich daraus, dass das Recht nicht mehr nur reaktiv die
bereits vorhandene Technik zu regeln hat, sondern auch antizipativ geeignete
Rahmenbedingungen für bevorstehende Innovationen schaffen soll. Wenn das
Recht neue technische Handlungsmöglichkeiten nicht nur beschränken, sondern
gegebenenfalls auch erweitern soll, muss es die Handlungsbedingungen in der
technischen Entwicklung, besonders auch im Ingenieurhandeln, zur Kenntnis
nehmen und berücksichtigen. Der Autor verweist auf fachübergreifende Projekte

zur Gestaltung von informationstechnischen Anwendungen, an denen er selber mit gewirkt hat. Aber er gibt auch zu bedenken, dass angesichts der Europäisierung und Globalisierung der technischen Entwicklung das einzelstaatliche Recht nicht allmächtig sein kann. Darum hält er es für erwägenswert, die Verantwortung von Beteiligten und Betroffenen in künftige rechtliche Regelungen systematisch einzubeziehen und das etablierte Recht von überzogenen Erwartungen zu entlasten.

Wenn man, wie zu Beginn dieses Beitrages angedeutet, die Enge des traditionellen deutschen Kulturbegriffs überwinden will, muss man die Technik als Teil der Kultur verstehen und als Gegenstand der Kulturwissenschaften anerkennen. Dann erweisen sich die Kulturwissenschaften, wie *Götz Großklaus* darlegt, nicht bloss als modischer Sprachersatz für die alten „Geisteswissenschaften", sondern gewinnen ein erweitertes Erkenntnisprogramm. Es geht nicht allein darum, ob und wie die Technik in den literarischen und ästhetischen Produkten repräsentiert wird, sondern vor Allem auch um die Einsicht, dass sich die Produkte des menschlichen Geistes ihrerseits auf technische Weise präsentieren. Im Grunde haben ja bereits die Bücher und die Werke der bildenden Kunst ihre technische Basis, aber mit Photographie, Telefon, Film, Radio, Fernsehen, Audio- und Videoreproduktion, elektronischer Text- und Bildmontage im Computer (z.B. „Hypertext", „Animation" usw.) und der globalen Netz- und Medienintegration sind Produktion und Distribution kognitiver und ästhetischer Erzeugnisse einer derartigen Technisierung zugeführt worden, dass Träger und Getragenes zur kulturellen Einheit, eben zu einer im Wortsinn technischen Kultur, verschmelzen. Wohl hatte es erste vorausschauende Analysen zu dieser Entwicklung bereits früh im 20. Jahrhundert gegeben, doch erst in den letzten beiden Jahrzehnten haben sich Teile der Geisteswissenschaften zu einer regelrechten Medienkulturwissenschaft entfaltet, die nun die ästhetischen und kognitiven Wahrnehmungs-, Bewusstseins- und Gestaltungsformen in ihrer Wechselwirkung mit den technisch-medialen Objektivationen untersucht, die also, wie die Soziologie für die technische Gesellschaft, ihrerseits für die technische Kultur die Dialektik von Identität und Differenz zum ebenso anspruchsvollen wie komplexen Forschungsthema erhebt.

Der kulturelle Wandel, der sich in und mit den informationstechnischen Neuerungen des 20. Jahrhunderts vollzog und weiterhin vollzieht, kommt natürlich auch als Gegenstand technikgeschichtlicher Untersuchungen in Betracht. Im letzten Kapitel dieses Buches gibt *Wolfgang König* einen Überblick über die Ursprünge und aktuellen Entwicklungen der technikgeschichtlichen Forschung. Hatten lange Zeit die, vor Allem von Ingenieuren betriebenen, erfindungsgeschichtlichen Beschreibungen dominiert, hat sich die Technikgeschichte im letzten Drittel des 20. Jahrhunderts um kultur- und sozialhistorische Perspektiven erweitert und sucht nun auch nach Ablaufmustern und Erklärungen für einzelne Innovationen und für die technische Gesamtentwicklung. Zwischen den extremen Positionen eines technologischen Determinismus und eines soziologischen Voluntarismus („Sozialkonstruktivismus") gehen Technikhistoriker heute zumeist einen Mittelweg, auf dem sie die Bedeutung menschlicher Handlungen und gesellschaftlicher Interessen berücksichtigen, ohne die jeweils vorgegebenen sach- und sozialstrukturellen Rah-

menbedingungen zu vernachlässigen. Mit retrospektiven Analysen zurückliegen-
der Innovationsprozesse kann die Technikgeschichte Einsichten gewinnen, die
dann auch für die gegenwärtige Innovationspolitik und Technikbewertung fruchtbar zu machen sind.

Schon in diesem kurzen Überblick sind die Querverbindungen zwischen den Themen so deutlich geworden, dass ausdrückliche Verweise auf die jeweils anderen
Autoren meist gar nicht notwendig waren. Sei es das Verhältnis von Umwelttechnik und Technikrecht, zwischen diesem und der Technikpolitik, zwischen Ökonomie und Technologie, zwischen Natur- und Technikwissenschaften, zwischen
Organisationstheorie und Arbeitswissenschaft – immer ergänzen die Beiträge einander wechselseitig, und Grundfragen wie die Technikfolgen- und die Steue-
rungsproblematik durchziehen alle Beiträge dieses Buches. Wenn auch die Gliederung vordergründig der herkömmlichen Fächereinteilung folgt, wenn auch die
Verfasser ihre disziplinären Wurzeln nicht verleugnen, so ist doch mit diesem
Buch mehr entstanden als ein rein additives Bündel unterschiedlicher Techniksich-
ten. Da alle Autoren in der einen oder anderen Weise vom interdisziplinären Paradigma geprägt sind, ist eine Wissenssynthese entstanden, die sich deutlich von
der Sektoralisierung, Fragmentierung und Atomisierung der so genannten „nor-
malen Wissenschaft" (Kuhn 1976) abhebt.

4   Interdisziplinäre Wissenssynthese

Was dieses Buch im Ansatz demonstriert, möchte ich zum Abschluss dieser Einleitung programmatisch zusammen fassen: das Paradigma der Interdisziplinwissenschaften (Ropohl 2001). Die Interdisziplinwissenschaften verfolgen nämlich ein
völlig anderes Forschungsprogramm als die spezialisierten Disziplinen. Das Forschungsprogramm einer Wissenschaft – ihr Paradigma, wie Th. S. Kuhn (1976, bes.
186ff) es nennt – lässt sich durch folgende Merkmale beschreiben:
– die Definition der Probleme;
– die Sprache und Begrifflichkeit;
– die Denkmodelle;
– die Methoden;
– die Qualitätskriterien.
Diese charakteristischen Merkmale will ich nun durchgehen und prüfen, welche
Ausprägungen sie, im Unterschied zu den Disziplinwissenschaften, für interdisziplinäre Wissenssynthesen, und hier besonders für die interdisziplinäre Technikforschung, annehmen müssen. Daraus wird dann auch verständlich, dass zwischen
diesen beiden Wissenschaftstypen ein regelrechter Paradigmengegensatz besteht;
dieser Gegensatz erklärt, warum an den Universitäten, wo die Disziplinwissenschaften vorherrschen, die Interdisziplinwissenschaften einen so schweren Stand
haben.

Die *Definition der Probleme* stammt in einer Interdisziplinwissenschaft nicht aus internen Erkenntnisdesideraten der Wissenserzeugung für künstlich isolierte Teil-
perspektiven, sondern aus externen Bedarfslagen der Wissensverwendung, sei es

für effektive Weltgestaltung, sei es für sinnvolles Weltverständnis. Eine Interdisziplinwissenschaft kristallisiert sich um einen komplexen Problemkern der Realität, im vorliegenden Fall um die Technik. Ein solcher Problemkomplex kann allgemeines öffentliches Interesse für sich in Anspruch nehmen. Es sind nicht esoterische Spezialfragen, die nur einen kleinen Kreis eingeweihter Fachleute angehen, sondern exoterische Wissensbedürfnisse, die im Grunde bei allen Menschen lebendig sind. Wie die Technik zu verstehen ist und welche Chancen und Risiken die fortschreitende Technisierung den Menschen bringt, das sind für jeden nachdenklichen Menschen belangvolle Lebensfragen. Entsprechende Antworten kommen heute selbstverständlich nicht mehr ohne bewährtes Wissen der beteiligten Fachdisziplinen aus, aber sie dürfen nicht im esoterisch-disziplinären Detail befangen bleiben, sondern müssen dem exoterischen Problemhorizont menschlicher Lebenspraxis Rechnung tragen. Interdisziplinwissenschaften definieren ihre Probleme in Anbetracht *lebensweltlicher Relevanz*.

Ein zweites Merkmal jeden Wissenschaftsprogramms ist die *Sprache*, in der die anstehenden Probleme und das erzeugte Problemlösungswissen ausgedrückt werden. Die Einzeldisziplinen bedienen sich höchst entwickelter, oft gar formaler Fachsprachen, die schon für Vertreter anderer Fächer, erst recht aber für Laien kaum zugänglich sind, vor Allem, wenn das selbe Wort in verschiedenen Disziplinen unterschiedliche Sonderbedeutungen annimmt; man erinnere sich an die eingangs erwähnten Mehrdeutigkeiten des Technikbegriffs. Das interdisziplinäre Wissenschaftsprogramm muss mithin diese Sprachschwierigkeiten bewältigen, wenn es heterogenes Wissen zur Synthese bringen will. Tatsächlich sind die Kommunikationsprobleme, mit denen Wissenschaftler aus verschiedenen Fächern zu ringen haben, wenn sie kooperieren wollen, aus der interdisziplinären Projektpraxis hinlänglich bekannt. Aber vielfach scheint man anzunehmen, dass derartige Schwierigkeiten jeweils ad hoc zwischen den beteiligten Personen gelöst werden könnten. Selbst wenn das hin und wieder gelingen mag, muss doch darüber hinaus ein Kernvokabular fachübergreifender Wissenschaftssprache erarbeitet werden, das den Wissenssynthesen angemessene Ausdrucksmöglichkeiten bereit stellt; die Beiträge dieses Buches liefern, wenn auch nicht jeder Spezialausdruck zu umgehen war, mancherlei Material dafür. Begriffe sind aber nicht nur Instrumente der Mitteilung, sondern vor Allem auch Werkzeuge des Denkens, und die Sprachvermittlung muss zugleich die theoretischen Inhalte analysieren, vergleichen und verknüpfen, die den sprachlichen Ausdrücken zu Grunde liegen. Beispielsweise muss man im Umgang mit den hier vorgelegten Texten jeweils prüfen, wann ein Autor mit „Technologie" das systematisierte technische Wissen, wann das technische Können und wann die technischen Produkte meint. Das interdisziplinäre Wissenschaftsprogramm verlangt mithin eine fachübergreifende *Sprach-, Begriffs- und Definitionskompetenz*.

Sprachliche Darstellungsmittel und die damit ausgedrückten begrifflichen Vorstellungen gehören zu den Bausteinen, aus denen die *Denkmodelle* einer Wissenschaft gebildet werden. Während die Disziplinwissenschaften eng abgegrenzte Bilder ihres jeweiligen Erkenntnisobjekts in fachlicher „Reinheit" konstruieren, benötigen interdisziplinäre Wissenssynthesen umfassende Modellkonzepte, wie sie besonders in systemtheoretischen Denkformen anzutreffen sind; es ist kein Zufall, dass etliche Autoren dieses Buches mehr oder weniger ausdrücklich das Modell des öko-sozio-technischen Systems benutzen. Der gemeinsame Nenner aller system-theoretischen Konzeptionen besteht darin, Komplexität nicht auf Elementares zu reduzieren, sondern in ihrer Vielgestaltigkeit und Verflechtungsdichte theoretisch und pragmatisch wirklich zu bewältigen. Das Systemdenken präferiert holistische Modelle gegenüber atomistischen Modellen, die Systematisierung gegenüber der Elementarisierung, die Mehrdimensionalität gegenüber der Eindimensionalität, die Integration gegenüber der Differenzierung, die Synthese gegenüber der Analyse. Aber das Systemdenken wäre nicht konsequent, wenn es nicht die Denkformen, die es überholt, selbst in sich aufnehmen würde; es erwägt immer beides: das Ver-einzelte und das Verknüpfte, das Lösen und das Binden, das Besondere und das Allgemeine. So zeichnen sich Interdisziplinwissenschaften durch *modelltheoretische Vielfalt, Flexibilität und Reflexion* aus.

In den spezialisierten Einzeldisziplinen haben *Methoden* die vornehmliche Aufga-be, für die Planmässigkeit und Kontrollierbarkeit der Wissenserzeugung sowie für die Prüfung und Begründung des neuen Wissens zu sorgen. Eine Interdisziplin-wissenschaft, die das bewährte Wissen verschiedener Fachgebiete für ein relevan-tes Integrationsmodell auswählt und verknüpft, wird im Allgemeinen auf jenen Vorarbeiten der Disziplinen aufbauen können und nicht jedes Wissenselement noch einmal aufs Neue begründen müssen. Um so wichtiger scheinen dann aller-dings *integrative Methoden der Wissensorganisation*, die der Verknüpfung, Abglei-chung und Systematisierung des heterogenen Wissens dienen. Das beginnt mit multidimensionalen Begriffsanalysen, Klassifikationen und taxonomischen Inven-tarisierungen. Dann aber sind die jeweiligen Einzelbegriffe und Partialmodelle komparativ auf einander und subsumptiv auf das integrative Gesamtmodell abzu-stimmen. Dazu empfehlen sich hermeneutische Interpretationssynoptik für das Wechselspiel zwischen Vorverständnis und Auslegung sowie die Subsumtionsdia-lektik zwischen dem Allgemeinen und dem Besonderen: Im Licht des übergreifen-den Modells werden weitere relevante Modellelemente sichtbar, und umgekehrt veranlassen neue Modellelemente die Erweiterung des übergreifenden Modells. So mag ein sozialkonstruktivistisches Modell der technischen Entwicklung auf die Frage führen, wie die gesellschaftlichen Prägekräfte in eine einzelne Innovation hinein wirken; da man dann auch auf die Aktivitäten der Ingenieure verwiesen wird, erkennt man, dass ein technikpsychologisches Teilmodell individuellen Pro-blemlösens heran zu ziehen ist, das dann in das Gesamtmodell eingefügt werden muss.

Die *Qualitätskriterien* zur Beurteilung von Forschungsergebnissen sind in den ein-zelnen Disziplinen höchst verschieden, da sie sich auf die jeweilige Definition der Probleme beziehen: Allgemein wird ein Forschungsergebnis positiv bewertet, wenn es einen neuen Lösungsbeitrag zu jenen Problemen leistet. Unabhängig von allen disziplinären Varianten steht mithin die Neuartigkeit und Originalität des erzeugten Wissens im Vordergrund. Interdisziplinäre Wissenssynthesen hingegen greifen bekannte und bewährte Wissenselemente aus den Disziplinen auf und las-sen darum aus disziplinärer Sicht die Originalität im Detail vermissen; wahrscheinlich rührt daher auch das verbreitete Vorurteil, Interdisziplinwissenschaftler seien Leute, die es in den jeweiligen Fachdisziplinen zu Nichts gebracht hätten. Beherzigt man das „Holistische Gesetz" der Systemtheorie – das Ganze ist mehr als die Menge seiner Teile –, besitzen gegenüber den einzelnen Wissenselementen und den additiven Wissensaggregaten die integralen Wissenssynthesen selbstverständlich eine neuartige Systemqualität, aber die erschliesst sich kaum dem atomistischen Spezialisten, sondern nur dem holistischen Generalisten, der die Vorzüge der neuen Wissenssysteme in praktikablen Anwendungen und plausiblen Deutungen zu würdigen weiss. So dürften auch Autoren dieses Buches von manchen Fachgenossen mit einem gleichgültigen Achselzucken bedacht werden, weil doch die Wissenselemente des Beitrages in der jeweiligen Zunft längst bekannt seien; aber das Verdienst der Beiträge liegt nicht nur in der übersichtlichen Systematisierung des jeweiligen Spezialwissens, sondern vor allem auch darin, dieses Spezialwissen in den übergreifenden Dialog der Technikforscher einzubringen und dadurch in ein Gesamtbild, beispielsweise der Innovations- und Steuerungsprobleme in der Technikgenese, einzufügen. Im Wissenschaftsprogramm der Interdisziplinwissenschaften gilt mithin ein Qualitätskriterium, das nicht die Originalität weltfernen Sonderwissens präferiert, sondern die *Tauglichkeit für Handlungspraxis und Weltverständnis*.

Interdisziplinäre Forschung erfordert besondere Kompetenzen der Sprach- und Begriffsreflexion, der Methodenreflexion, des radikalen Fragens und der kritischen Selbstreflexion. Solche Kompetenzen werden seit alters in der Philosophie kultiviert, und so kann man den theoretischen Ort der interdisziplinären Integration, im Unterschied zu spezialisierten philosophischen Forschungsdisziplinen, auch als eine *Synthetische Philosophie* auffassen. Tatsächlich ist es, im Falle der Interdisziplinären Technikforschung und der Allgemeinen Technologie, gerade die moderne Technikphilosophie (Rapp 1990; Hubig/Huning/Ropohl 2000; Agazzi/Lenk 2001), die sich der Integration und Generalisierung technikbezogenen Wissens angenommen hat. Immer wieder sind Wissenschaftler – auch in der Mathematik und in den Naturwissenschaften –, wenn sie grundlegende Fragen ihres Faches gestellt haben, in die Gefilde philosophischen Denkens vorgestossen, und eben so verstehe ich, auch wenn ich natürlich Niemanden ungefragt für die Philosophie vereinnahmen will, die Beiträge dieses Buches: Seriöse Generalisierung trägt immer philosophische Züge.

Wenn wir die grossen Fragen der Weltdeutung und Weltgestaltung den Spezialdisziplinen nicht überlassen *können* und dem Feuilleton nicht überlassen *wollen*, dann brauchen wir eine theoretische Instanz, die uns zu tragfähigen Wissenssynthesen verhilft. Es ist hohe Zeit für die Renaissance synthetischer Philosophie.

Literatur

Agazzi, E. u. H. Lenk (Hg.): Advances in the philosophy of technology, Münster 2001 (im Druck)
Banse, G. u. K. Friedrich (Hg.): Technik zwischen Erkenntnis und Gestaltung, Berlin 1996
Banse, G. (Hg.): Allgemeine Technologie zwischen Aufklärung und Metatheorie, Berlin 1997

30   Günter Ropohl

Bechmann, G. u. Th. Petermann (Hg.): Interdisziplinäre Technikforschung, Frankfurt/New York 1994
Bröchler, S., G. Simonis u. K. Sundermann (Hg.): Handbuch Technikfolgenabschätzung, 3 Bde., Berlin 1999
Dessauer, F.: Streit um die Technik, Frankfurt/M 1956
Grunwald, A.: Technik für die Gesellschaft von morgen, Frankfurt/New York 2000
Hartfiel, G. (Hg.): Wörterbuch der Soziologie, Stuttgart 1972
Hubig, Ch., A. Huning u. G. Ropohl (Hg.): Nachdenken über Technik : Die Klassiker der Technikphilosophie, Berlin 2000
Huisinga, R.: Theorien und gesellschaftliche Praxis technischer Entwicklung, Amsterdam 1996
Jobst, E.: Technikwissenschaften, Wissensintegration, Interdisziplinäre Technikforschung, Frankfurt/M 1995
Jünger, F. G.: Die Perfektion der Technik, Frankfurt/M 1946
Koch, C. u. D. Senghaas (Hg.): Texte zur Technokratiediskussion, Frankfurt/M 1970
Kuhn, Th. S.: Die Struktur wissenschaftlicher Revolutionen, Frankfurt/M 1976
Lenk, H. (Hg.): Technokratie als Ideologie, Stuttgart 1973
Lenk, H. u. S. Moser (Hg.): Techne – Technik – Technologie, Pullach bei München 1973
Linde, H.: Sachdominanz in Sozialstrukturen, Tübingen 1972
Lutz, B.: Das Ende des Technikdeterminismus und die Folgen - soziologische Technikforschung vor neuen Aufgaben und neuen Problemen, in: Technik und sozialer Wandel : Verhandlungen des 23. Deutschen Soziologentages in Hamburg 1986, Frankfurt/New York 1987, 34-52
Marx, K.: Das Kapital, Bd. 1 (1867), in: Marx/Engels: Werke, Bd. 23, Berlin 1959 u. ö.
Meyer-Krahmer, F. (Hg.): Innovationsökonomie und Technologiepolitik, Heidelberg 1993
Rapp, F. (Hg.): Technik und Philosophie, Technik und Kultur Bd. 1, Düsseldorf 1990
Ropohl, G. (Hg.): Interdisziplinäre Technikforschung, Berlin 1981
Ropohl, G.: Technologische Aufklärung, Frankfurt/M 1991; 2. Aufl. 1999
Ropohl, G.: Ethik und Technikbewertung, Frankfurt/M 1996
Ropohl, G: Allgemeine Technologie als Grundlage für ein umfassendes Technikverständnis, in Banse 1997, 111-121
Ropohl, G.: Wie die Technik zur Vernunft kommt : Beiträge zum Paradigmenwechsel in den Technikwissenschaften, Amsterdam 1998
Ropohl, G.: Allgemeine Technologie : Eine Systemtheorie der Technik (1979), 2. Aufl. München/Wien 1999
Ropohl, G.: Karl Marx, in Hubig/Huning/Ropohl 2000, 258-263
Ropohl, G.: Die Grenzen der Disziplinen und die Grenzenlosigkeit der Vernunft : Das Programm der Synthetischen Philosophie, in: Die Berliner Universität, hg. v. H. Stachowiak, Bern/New York/Paris 2001 (im Druck)
Schelsky, H.: Der Mensch in der wissenschaftlichen Zivilisation, Düsseldorf 1961; Nachdruck in ders.: Auf der Suche nach Wirklichkeit, München 1979, 449-499
Schumpeter, J. A.: Kapitalismus, Sozialismus und Demokratie, deutsch 4. Aufl. München 1975
Seibicke, D.: Technik : Versuch einer Geschichte der Wortfamilie um "techne" in Deutschland vom 16. Jahrhundert bis etwa 1830, Düsseldorf 1968
Snow, C. P.: Die zwei Kulturen (1959), deutscher Nachdruck jetzt in: Die zwei Kulturen, hg. v. H. Kreuzer, München 1987, 19-58
Staudt, E. (Hg.): Das Management von Innovationen, Frankfurt/M 1986
Tessmann, K. H.: Zur Kritik des technologischen Determinismus, in: Deutsche Zeitschrift für Philosophie (1974), Nr. 9, 1089-1103
Tuchel, K.: Herausforderung der Technik, Bremen 1967
VDI-Richtlinie 3780 : Technikbewertung, Begriffe und Grundlagen, hg. v. Verein Deutscher Ingenieure, Düsseldorf 1991; deutsch-englischer Neudruck 2000
Weber, M.: Wirtschaft und Gesellschaft (1921), 5. Aufl., Tübingen 1976
Westphalen, R. v. (Hg.): Technikfolgenabschätzung als politische Aufgabe, 3. Aufl. München/Wien 1997
Wolffgramm, H.: Allgemeine Technologie (1978); Neuausgabe in 2 Teilen Hildesheim 1994/95
Wollgast, S. u. G. Banse: Philosophie und Technik, Berlin 1979

Technik und Naturwissenschaft

Friedrich Rapp

1   Intellektuelle Voraussetzungen

Die industrielle Technik und die moderne Naturwissenschaft, die das Gesicht unserer Zeit bestimmen, sind das Resultat eines historischen Entwicklungsprozesses. Einfache Techniken (Töpferei, Weberei, Herstellung von Werkzeugen, Jagd- und Kriegswaffen, Kultobjekten und Schmuck) sind so alt wie die Menschheit selbst. Vorgeschichtliche Epochen wie Steinzeit, Bronzezeit und Eisenzeit werden – da keine schriftlichen Zeugnisse überkommen sind – anhand der verwendeten Materialien eingeteilt. Bis zum Beginn der Industriellen Revolution, die etwa 1750 in England begann, war der Umgang mit der Technik ganz in den überwiegend agrarisch geprägten Lebenszusammenhang eingeordnet. Die technischen Verfahren und die naturwissenschaftlichen Vorstellungen wurden ebenso wie Sprache, Recht, Moralität, Religion und die herrschenden sozialen und politischen Verhältnisse als vorgegebene Größen hingenommen, die jede Generation an die nächste weitergab. Das (heute noch in den Entwicklungsländern übliche) selbstverständliche Fortwirken der Tradition führte dazu, daß über lange Zeiträume dieselben Techniken (Webstuhl, Mühle, Pflug, Pferdegeschirr) beibehalten wurden, ohne daß man bewußt und zielstrebig nach Verbesserungsmöglichkeiten gesucht hätte.[1] Der gegenwärtige Stand der Technik und der Naturwissenschaft verführt dazu, die Leistungen früherer Epochen gering zu achten. Doch wenn man bedenkt, daß das heutige Niveau vor allem auf der erfolgreichen Perfektionierung bereits bekannter Verfahren und nicht so sehr auf völlig neuen Prinzipien beruht, wird die innovative Leistung der einzelnen technischen Entwicklungsschritte deutlich.

Wenn man die Menschheitsentwicklung in einer vereinfachten, zusammenfassenden Übersicht betrachtet und jeweils die „Spitzenleistungen" ins Auge faßt, ist bei technischen Geräten und Verfahren ein Fortschreiten im Sinne verbesserter Funktionserfüllung und gesteigerter Effizienz festzustellen. Im Fall der Naturwissenschaften fällt es schwerer, eine solche geradlinige Aufwärtsentwicklung nachzuweisen. Während die Leistungsfähigkeit technischer Systeme und Verfahren aufgrund ihrer konkreten, materiellen Beschaffenheit unmittelbar augenfällig ist und sich ohne zusätzliche theoretische Interpretation direkt sinnlich erfassen läßt, ist in den Naturwissenschaften das theoretische Element grundsätzlich nicht eliminierbar. Da es hier um die theoretische Deutung physischer Prozesse geht, sind die jeweiligen Hintergrundvorstellungen und Denkmodelle integrierender Bestandteil der historisch wechselnden Wissenschaftsauffassungen, die dementsprechend einen größeren Interpretationsspielraum für unterschiedliche Deutungen bieten. So hat denn auch T. S. Kuhn gegenüber der einseitigen Betonung des akkumulativen Fortschritts in den Naturwissenschaften nachdrücklich den Wechsel der theoretischen Orientierungsmodelle (Paradigmen) herausgestellt. Im Gegensatz zu einer vermeintlich kontinuierlichen Entwicklung hält er die historisch wechselnden

Denkmodelle für grundsätzlich unvergleichbar, da sie jeweils auf ganz anderen Grundbegriffen und theoretischen Vorannahmen beruhen.[2] Gegenüber solchen Überlegungen ist jedoch geltend zu machen, daß die in den modernen naturwissenschaftlichen Theorien beschriebenen Phänomene vor allem auf experimentellen Untersuchungergebnissen beruhen. Der Umfang, in dem es gelingt, solche in ihrem Endresultat zweifelsfrei sinnlich aufweisbaren experimentellen Ergebnisse vorherzusagen, die dann grundsätzlich immer auch technisch umgesetzt werden können, bietet also ein weitgehend theorieunabhängiges pragmatisches Fortschrittskriterium für die Erkenntnis von Naturzusammenhängen.[3]

Die moderne Technik und die moderne Naturwissenschaft beruhen auf einer nüchternen, versachlichenden Einstellung gegenüber der Natur. Für das moderne Bewußtsein bildet der Kosmos eine unserem Zugriff beliebig verfügbare Ansammlung von Materie und nicht mehr den tragenden, zu verehrenden und zu bewahrenden Grund, dem wir als physische Wesen auch selbst angehören. Um auf diese Auffassung zu treffen, muß man nicht auf animistische und mythische Vorstellungen zurückgreifen. Noch F. Bacon (1561 – 1626) mußte sich bei seinem Plädoyer für die Vervollkommnung der Technik gegen den Vorwurf verteidigen, die systematische Erforschung der Natur sei der Hybris des Sündenfalls gleichzusetzen.[4] Eine vom heutigen Verständnis abweichendes Bild der Natur findet sich in der auf die Läuterung des Adepten ausgerichteten Alchemie[5] ebenso wie in dem Versuch der Romantik, die poetische und die naturwissenschaftliche Sichtweise zu vereinigen[6] oder in der pantheistischen Naturauffassung Goethes. Gewiß ist die historische Entwicklung über solche Positionen hinweggegangen.[7] Doch die Kritik an unserem gegenwärtigen „ausbeuterischen" Verhalten und die Folgen der ungezügelten Indienstnahme und Vernutzung der Natur (Ökologieproblem, Ressourcenverbrauch, Rüstungstechnik) zeigen, daß sich hier durchaus beklemmende Perspektiven eröffnen. Theoretisch besteht Konsens darüber, daß Formen der Selbstbeschränkung gefunden werden müssen, weil über die immanenten Gesetzmäßigkeiten der physischen Prozesse hinaus die Natur von sich aus unserem Eingreifen keinerlei Widerstand entgegensetzt. Der kurzfristige Zeithorizont und die vielfältigen Interessenkonflikte stehen einfachen Lösungen entgegen – doch aufs ganze gesehen geht es hier nicht so sehr um ein Wissens- als vielmehr um ein Handlungsdefizit.[8]

Die heutige Auffassung von der materiellen Welt wurde vorbereitet durch die naturphilosophischen Spekulationen der Antike, die theoretischen Konzeptionen der Scholastik und den Beginn systematischer experimenteller Untersuchungen sowie der mathematisch-funktionalen Beschreibung während der Renaissance. Dieser Prozeß gipfelt in dem mechanischen Weltbild, dessen philosophische Grundlegung auf Descartes (1596 – 1650) mit seiner strengen Unterscheidung von ausgedehnter Materie (res extensa) und ausdehnunsglosem Bewußtsein (res cogitans) zurückgeht.[9] Die Vorstellung, das Naturgeschehen sei nach dem Vorbild der Mechanik gesetzmäßig festgelegt, ist keineswegs selbstverständlich. Kinder können die mechanische Denkweise nur nach einer entsprechenden Schulung begreifen;[10] und menschheitsgeschichtlich handelt es sich um ein ausgesprochen „junges" Phänomen – mit äußerst weitreichenden Folgen. Das mechanische Naturverständnis geht sowohl auf handgreifliche Erfahrungen als auch auf theoretische Überlegungen zurück. Die theoretische Konzeption ist insbesondere aus den Diskussionen über die physikalische Impetustheorie und den Versuchen zu einer quantitativen, mathematischen Beschreibung von Naturprozessen hervorgegangen. Die empirische Grundlage für das mechanische Denken bildeten vor allem die kunstvollen astronomischen Uhrenkonstruktionen des Spätmittelalters.[11] Diesem Vorbild entsprechend verstand man das Weltall als ein riesiges mechanisches Uhrwerk, das von Gott so geschaffen wurde, daß sich alle Räder in bestmöglicher Übereinstimmung bewegen.

An dieser Stelle wird der enge, in der Struktur der beiden Gebiete begründete innere Zusammenhang von Technik und Naturwissenschaft deutlich. Auf der theoretischen Ebene bilden mechanische Abläufe das Vorbild für das Verständnis der Naturprozesse; und in empirischer Hinsicht können naturwissenschaftliche Erkenntnisse, die tatsächlich zutreffen (und insofern „wahr" sind), im Prinzip immer auch technisch angewandt werden. Einerseits stellt jedes Experiment einen technisch zubereiteten Naturprozeß dar und andererseits läßt sich jeder technische Ablauf als ein naturwissenschaftliches Experiment interpretieren. Diese Überlegungen gelten nicht nur für die physikalisch grundlegende Mechanik, sondern in abgewandelter Form auch für alle anderen Bereiche der Naturwissenschaften. Die mechanische Naturauffassung, die experimentelle Methode und die mathematische Beschreibung bilden die gemeinsame Grundlage von Technik und Naturwissenschaft. Darin liegt die heute immer enger werdende Verflechtung beider Gebiete begründet.

Wenn man den historischen Werdegang näher ins Auge faßt, ist in den naturphilosophischen Hintergrundvorstellungen ein grundsätzlicher Wandel festzustellen. Die antike und mittelalterlichen Sicht war geprägt von der aristotelischen, teleologisch und organisch orientierten Stoff-Form-Lehre. Dieses Naturbild wurde in fünf Punkten abgeändert: (1) Das Orientierungsmodell bilden nicht mehr die spontan in der Natur auftretenden biotischen Vorgänge, sondern die künstlich durch Menschenhand unter Benutzung entsprechender Apparaturen und Instrumente herbeigeführten mechanischen Prozesse. (2) Die Begriffe für die Beschreibung und Analyse der Naturphänomene sind nicht mehr auf die „höheren" und komplexeren organischen Prozesse zugeschnitten, sondern an den „niederen" und einfacheren anorganischen Phänomenen orientiert. (3) An die Stelle der ganzheitlich-synthetischen, auf das Endresultat und damit auf das Ziel des jeweiligen Naturprozesses abgestellten, teleologischen Betrachtungsweise tritt die partikularistisch-analytische Untersuchung räumlich und zeitlich unmittelbar aufeinanderfolgender Zustände. Der Blick ist auf die einzelnen Wirkursachen und die Verknüpfung zwischen den Prozeßstadien gerichtet und nicht auf wesensmäßige Bestimmungsgründe und auf den übergeordneten Gesamtzusammenhang. (4) Die Naturprozesse werden nicht mehr qualitativ und verbal beschrieben, sondern durch quantitative mathematische Funktionsbeziehungen dargestellt. (5) Das Wissen über die Natur beruht nicht mehr auf passiver Beobachtung, sondern auf aktiven experimentellen Eingriffen.

Anders als die gängige Populärvorstellung es will, hat die durch Galilei (1564 – 1642) und Newton (1643 – 1727) begründete mathematisch-experimentelle Naturwissenschaft in der Anfangszeit keine grundlegenden Veränderungen für die technische Praxis gebracht. Die Entwürfe der Renaissanceingenieure und die Neuerungen zu Beginn der Industriellen Revolution beruhen auf dem Erfindergeist von Praktikern der Handwerkstechnik und nicht auf den theoretischen Erkenntnissen von Naturwissenschaftlern. Das neue Wissenschaftsverständnis war jedoch insofern bedeutsam, als es die grundsätzliche Innovationsbereitschaft und die systematische Suche nach optimalen Lösungen förderte. Die Fortschritte in der Metallgewinnung (Eisen) und die Erschließung neuer Energiequellen (Dampfmaschine) machten schließlich systematische Experimente und präzisere Berechnungen erforderlich. Die dazu eingerichteten spezifischen Laboratorien (in Deutschland zuerst 1871 in München) machten auch nach außen hin deutlich, daß die technischen Disziplinen einen eigenen, von den Naturwissenschaften verschiedenen Gegenstandsbereich besitzen.[12] Der in der Folgezeit immer stärker hervortretende theoretische, wissenschaftliche Einschlag der Technik hat dann zur Gründung Polytechnischer Schulen geführt, die sich schließlich nach Verleihung des Promotionsrechtes (Dr.-Ing.) als „Technische Hochschulen" bezeichnen durften (Aachen, Berlin und Hannover 1899). Dabei waren die Naturwissenschaften keineswegs nur der gebende Teil, denn ihre Entwicklung wurde gerade durch technische Fragestellungen wesentlich bestimmt; so bildeten die theoretischen Untersuchungen von S. Carnot, der den Wirkungsgrad von Dampfmaschinen verbessern wollte, den Ausgangspunkt für die Entwicklung der Thermodynamik.

2   Möglichkeiten der Abgrenzung

Wenn man die gegenwärtige Situation ins Auge faßt, ist die enge wechselseitige Abhängigkeit und die zunehmende Verflechtung von Technik und Naturwissenschaft unverkennbar. Dabei handelt es sich einmal um die *Verwissenschaftlichung* der Technik, die darin besteht, daß technische Verfahren in zunehmendem Maße auf mathematischen Berechnungen und naturwissenschaftlichen Forschungsergebnissen beruhen. Neben neuen Prinzipien, die etwa im Fall der Atom-, der Computer- und der Informationstechnik zur Entwicklung ganzer Industriezweige führen können, liefert die technische Nutzung naturwissenschaftlicher Erkenntnisse auch verbesserte Werkstoffe und rationellere Herstellungsverfahren, wobei die Zeitspanne zwischen dem Auffinden neuer Erkenntnisse und ihrer technischen Anwendung heute immer mehr verkürzt wird.

Dem steht auf der anderen Seite die *Technisierung* der Naturwissenschaften gegenüber. Ohne die ausgeklügelten technischen Instrumente und Apparaturen, die vom einfachen Geigerzähler über Verstärkereinrichtungen und Vakuumanlagen bis hin zu Elektronenmikroskopen, Windkanälen und Teilchenbeschleunigern reichen, ist heute keine naturwissenschaftliche Forschung mehr denkbar. Nur mit Hilfe dieses technischen Instrumentariums können die jeweiligen Versuchsbedingungen hergestellt und die gesuchten Beobachtungsdaten gewonnen, übertragen und ausgewertet werden. Diese Technisierung hat u. a. zur Folge, daß wissenschaftliche Großprojekte („big science") heute nur noch durch die Teamarbeit von

Naturwissenschaftlern und Ingenieuren bewältigt werden können. Ferner ist in zweifacher Hinsicht ein Einfluß technischer Aufgabenstellungen auf den Gang der naturwissenschaftlichen Forschung festzustellen: (1) Naturwissenschaftliche Probleme, auf die man bei technischen Aufgabenstellungen stößt, stellen eine intellektuelle Herausforderung dar und geben zu entsprechenden theoretischen Untersuchungen Anlaß.[13] (2) Die praxisbezogene technische Forschung und Entwicklung wird vorrangig finanziert, wodurch indirekt auch diejenige naturwissenschaftliche Forschungstätigkeit gefördert wird, die solchen Aufgabenstellungen dient. Angesichts dieser engen Wechselbeziehung ist in der Forschung eine scharfe Trennung zwischen naturwissenschaftlichen und technologischen Fragestellungen oft gar nicht mehr möglich.

Wenn man gleichwohl versucht, Technik und Naturwissenschaften in ihrer heutigen Form gegeneinander abzugrenzen, bieten sich insbesondere vier Möglichkeiten an:

(1) Man könnte davon ausgehen, daß die Naturwissenschaften Ereignisse und Prozesse behandeln, die ohne Zutun des Menschen in der unberührten Natur auftreten. Von diesem natürlichen Geschehen wären dann die mit Hilfe der Technik künstlich hergestellten Systeme und Prozesse zu unterscheiden. Bei näherer Betrachtung läßt sich eine solche Gegenüberstellung von *Naturprozessen* und *Artefakten* jedoch nur bedingt aufrechterhalten. Gewiß entstehen technische Systeme und Prozesse nicht von selbst, sondern nur als Resultat zielgerichteter menschlicher Handlungen. Und wenn man das erwähnte, bis zum Beginn der Neuzeit maßgebliche, an der Welt des Lebendigen und an der passiven Beobachtung spontan ablaufender Naturprozesse orientierte organisch-teleologische Naturverständnis zugrunde legt, sind technische Objekte in der Tat künstlich. Demgegenüber ist jedoch zu bedenken, daß jedes realisierte technische System zum Bestand der materiellem Welt gehört und insofern im weiteren Sinne als natürlich zu betrachten ist. Die experimentelle Erforschung der physischen Welt durch die moderne Naturwissenschaft und die systematische Herrschaft über die Natur durch die moderne Technik sind historisch gesehen erst dadurch möglich geworden, daß der bei unbefangener Betrachtung durchaus naheliegende Gegensatz zwischen natürlichen und künstlichen Prozessen nivelliert wurde. Für das moderne Verständnis besteht kein grundsätzlicher Unterschied zwischen naturwissenschaftlichen Experimenten und technischen Prozessen: Die im Laboratorium durch geeignete Apparate herbeigeführten und durch entsprechende Instrumente beobachteten Phänomene unterliegen prinzipiell denselben Naturgesetzen wie die Abläufe in technischen Systemen; eben deshalb ist es möglich, technische Geräte für die theorieorientierte naturwissenschaftliche Forschung einzusetzen und naturwissenschaftliche Erkenntnisse in der technischen Praxis anzuwenden.

Verkürzt formuliert sind naturwissenschaftliche Experimente Artefakte und technische Abläufe Naturprozesse. Verglichen mit den ohne menschliches Zutun ablaufenden Naturprozessen sind die einmalig und meist in geringen Dimensionen im Laboratorium ausgeführten naturwissenschaftlichen Experimente ebenso künstlich oder natürlich wie die in großem Maßstab und in häufiger Wiederholung in technischen Systemen herbeigeführten Abläufe. Abgesehen von dem Umstand, daß die Technik nicht „von selbst" entsteht, reduziert sich der künstliche Charakter der Technik also darauf, daß die mit Hilfe „künstlicher" Verfahren erkannten Naturzusammenhänge dazu benutzt werden, um relativ überdauernde technische Systeme zu konstruieren, die praktische Funktionen erfüllen. Diese technischen Systeme treten in der Lebenspraxis deutlicher in Erscheinung als die um der theoretischen Erkenntnis willen meist nur kurzfristig, aber ebenso „künstlich" herbeigeführten Phänomene, die in den Naturwissenschaften untersucht werden. Die Anwendung technischer Hilfsmittel führt in beiden Fällen zu einer Entsinnlichung der Natur, in die wir selbst als Lebewesen eingeordnet sind. Doch wir können unserer leiblichen Verfassung nicht entgehen. Um überhaupt erkannt zu werden bzw. nutzbar zu sein, müssen alle naturwissenschaftlichen Beobachtungsdaten und alle Resultate technischer Artefakte letzten Endes immer auf irgendeine Weise sinnlich wahrgenommen oder körperlich erfahren werden – nur dann sind sie für uns wirklich.

(2) Eine andere Möglichkeit der Unterscheidung könnte darin bestehen, daß man in der Naturwissenschaft den Bereich der theoretischen Erkenntnisse sieht, die dann auf dem Gebiet der Technik zur praktischen Anwendung kommen. Die Technik wäre demnach *angewandte Naturwissenschaft*. Auch diese Formel liefert trotz ihrer Plausibilität keine erschöpfende Charakterisierung. Dies aus drei Gründe: Erstens sind bestimmte naturwissenschaftliche Fragestellungen, wie etwa die möglichst weitgehende Verallgemeinerung von Theorien oder die Bestimmung möglichst genauer Meßwerte, für die technische Praxis weitgehend bedeutungslos. Zweitens beruhen sehr viele der früheren und gegenwärtigen Verfahren, die in der technischen Praxis benutzt werden, keineswegs auf gesicherten naturwissenschaftlichen Erkenntnissen, sondern auf halbempirischen Erfahrungsregeln. Und drittens besteht auch in denjenigen Fällen, in denen ein technisches Verfahren auf der Anwendung naturwissenschaftlicher Prinzipien beruht, die mühevolle und alles entscheidende Aufgabe des Ingenieurs gerade darin, das zunächst nur theoretisch gegebene Prinzip durch einen geeigneten Entwurf und durch detaillierte Konstruktionsarbeit in einem funktionsgerechten und wirtschaftlich nutzbaren materiellen technischen System zu konkretisieren.

(3) Auch der Versuch, die Formel von der Technik als angewandter Naturwissenschaft dadurch zu variieren, daß man Naturwissenschaft und Technik als *Theorie und Praxis* einander gegenübergestellt, führt auf grundsätzliche Schwierigkeiten. Denn gerade wegen des technischen Einschlags ist auch in den Naturwissenschaften (etwa in der Experimentalphysik) sehr wohl eine konkrete, handgreifliche Praxis anzutreffen. Vor allem aber hat das technische Handeln in Gestalt der ingenieurwissenschaftlichen Disziplinen seine eigenen, auf die praktischen Aufgabenstellungen zugeschnittenen theoretischen Grundlagen, die keineswegs mit der naturwissenschaftlichen Theorienbildung zusammenfallen. An diesem Beispiel zeigt sich einmal mehr, daß die Begriffe „Theorie" und „Praxis" nur einen relativen – genauer gesagt korrelativen – Aussagewert haben. Denn jede Theorie, die auf irgendeine Weise anwendbar ist, hat dadurch zumindest einen indirekten Praxisbezug; und jedes praktische Handeln, das nicht blind und zufällig abläuft, ist zumindest implizit theoriegeleitet.

(4) Schließlich könnte man auch eine Umkehrung der Abhängigkeitsverhältnisse ins Auge fassen und die Naturwissenschaft als ein bloßes Nebenprodukt oder lediglich als ein *Hilfsmittel für technische Aufgabenstellungen* betrachten.[14] Diese auch in den Medien verbreitete Auffassung ist insbesondere unter Politikern anzutreffen, die die Naturwissenschaften vor allem als Zulieferer für innovative und ökonomisch vielversprechende technische Problemlösungen betrachten. Wie die Erfahrung zeigt, sind jedoch bei der naturwissenschaftlichen Grundlagenforschung die später in Frage kommenden Anwendungsmöglichkeiten noch gar nicht absehbar. Während für technische Aufgabenstellungen konkrete Vorgaben bestehen, sind naturwissenschaftliche Untersuchungen überraschungsoffen angelegt. Dies gilt auch für die von T. S. Kuhn so genannte *"normal science"*, die mit vorgegebenen Paradigmen, Begriffssystemen und Erklärungsmodellen arbeitet; weil nicht von vornherein feststeht, zu welchem Resultat ein bestimmter theoretischer Ansatz führt, wird auch ein von den ursprünglichen Erwartungen abweichendes Ergebnis als Erfolg gewertet, wenn dadurch der Erkenntnisstand vergrößert wird. So wären denn auch die meisten der heute technisch genutzten Verfahren kaum gefunden worden, wenn man sich von vornherein auf vorgegebene Problemlösungen beschränkt hätte. Ferner ist zu bedenken, daß die Praxisrelevanz eines naturwissenschaftlichen Forschungsprojekts gar nicht immer unmittelbar und im einzelnen gegeben sein muß. Gerade in ihrer Gesamtheit stellt die Summe der im einzelnen eher unwichtigen naturwissenschaftlichen Forschungergebnisse einen Fundus sich wechselseitig ergänzender Details dar, auf den man dann bei konkreten technischen Aufgabenstellungen zurückgreifen kann.

Neben dem pragmatischen Nutzen spricht auch das Eigenrecht der theoretischen Dimension für eine von technischen Problemlösungen unabhängige naturwissenschaftliche Forschung. Die Suche nach möglichst weitreichender, umfassender und präziser Naturerkenntnis um ihrer selbst willen ist ein legitimes Anliegen. Wer dieses Streben als unproduktiv betrachtet und nur Nützlichkeitsgesichtspunkte gelten läßt, müßte diese Sicht konsequenterweise auch auf andere „nutzlose" Kulturbereiche ausdehnen. Der Gedanke, technikferne Disziplinen, wie etwa die Geistes- und Geschichtswissenschaften oder die verschiedenen Formen der künstlerischen Gestaltung allein nach ökonomischen Kriterien zu beurteilen, führt sich von selbst ad absurdum, weil der Mensch dadurch zu einem bloßen „Nützlichkeitstier" degradiert wird.

3 Unterscheidungsmerkmale

Wegen der geschilderten engen Verflechtung zwischen Technik und Naturwissenschaften könnte man geneigt sein, hier auf jede Differenzierung zu verzichten, so daß dann nur von dem ganzheitlichen Phänomen „Technik-und-Naturwissenschaften" die Rede wäre. Eine solche terminologisch gesetzte Vereinheitlichung würde aber nichts an den tatsächlich vorliegenden Unterschieden ändern, so daß man unterhalb der vereinheitlichten Betrachtungsweise dann doch wieder bestimmte Differenzierungen einführen müßte. Es erscheint deshalb sinnvoller, trotz der gelegentlich fließenden Übergänge die zweifelsfrei aufweisbaren Differenzen bewußt ins Auge zu fassen, so daß klärende Unterscheidungen möglich werden. Angesichts des keineswegs immer eindeutigen Sprachgebrauchs kann es dabei nicht um eine verbindliche, womöglich deduktiv begründete Wesensdefinition gehen, sondern nur um die induktiv gewonnene, analytisch differenzierende Benennung von „empirisch" aufweisbaren kontingenten Merkmalen. Vor allem drei Gesichtspunkte sind dafür von Bedeutung:

(1) Ein Unterscheidungsgesichtspunkt ergibt sich aus den *Resultaten,* die jeweils in den Naturwissenschaften bzw. der Technik erstrebt werden. Der Gesamtkomplex Naturwissenschaft läßt sich aufgliedern (a) in den Forschungsprozeß und (b) die in diesem Prozeß gewonnen Erkenntnisse über die Struktur von Naturprozessen. Die i. w. S. verstandene Technik umfaßt dagegen einen ganzen Komplex von Phänomenen, bei denen man etwa die folgenden drei Komponenten unterscheiden kann: (a) das in den Ingenieurwissenschaften gewonnene und ausformulierte Wissen über die Herstellung und Funktionsweise technischer Systeme; (b) die Anwendung dieses Wissens bei zielgerichteten technischen Maßnahmen; (c) die auf diese Weise hergestellten Systeme einschließlich der in ihnen ablaufenden Prozesse.

Wenn man sie jeweils in ihrer Ganzheit betrachtet, sind Technik und Naturwissenschaft also sehr unterschiedlich strukturiert, so daß eigentlich gar keine einfache Gegenüberstellung möglich ist. Pointiert gesagt geht es bei der Naturwissenschaft nur um das Wissen, während die Technik auch die Praxis, d. h. die Anwendung dieses Wissens mit einschließt. Als wissenschaftliche Disziplin, die sich mit der Erforschung der materiellem Welt befaßt, ist die Naturwissenschaft gar nicht mit der Technik insgesamt vergleichbar, sondern nur mit einem ihrer Teilbereiche, nämlich den Ingenieurwissenschaften. Streng genommen kann es also eine Abgrenzung oder auch eine Überschneidung nur zwischen Naturwissenschaft und Ingenieurwissenschaft geben. Dennoch wäre es verfehlt, nur um der logischen Stimmigkeit willen den tatsächlichen Zusammenhängen Gewalt anzutun und das Gebiet der Technik durch definitorische Setzung auf die Ingenieurwissenschaften einzuengen.

Wenn es um eine Unterscheidung anhand der jeweils erstrebten Resultate geht, greift die Gegenüberstellung von Natur- und Ingenieurwissenschaften zu kurz. Zum Verständnis der tatsächlichen Zusammenhänge ist es unerläßlich, auch den weiteren Kontext zu berücksichtigen, d. h. im Fall der Naturwissenschaften den Forschungsprozeß und im Fall der Technik die hergestellten Systeme und Prozesse. Das Ziel der Naturwissenschaften ist es, möglichst allgemeingültige, in präzisen mathematischen Funktionsbeziehungen formulierte Gesetzmäßigkeiten über die Struktur physischer Prozesse zu gewinnen, während es in der Technik letzten Endes immer um die Realisierung konkreter materieller Artefakte geht. Das Resultat eines erfolgreichen naturwissenschaftlichen Forschungsprozesses ist dementsprechend eine gut bewährte Theorie, während das Endergebnis im Fall der Technik in einem handgreiflich erfaßbaren materiellen System besteht, das die vorgegebene Aufgabenstellung erfüllt. Der systematisch ausformulierten und empirisch gesicherten naturwissenschaftlichen Erkenntnis steht also als Gegenstück ein konkret realisiertes, funktionsfähiges technisches Objekt gegenüber.

Dieser Unterschied in den erstrebten Endresultaten kommt auch in den Kriterien zum Ausdruck, an denen sich die jeweilige Zielerfüllung bemißt. So sollen etwa die mathematisch formulierten naturwissenschaftlichen Theorien möglichst universell, empirisch gut bewährt, einfach handhabbar, in den bisherigen Wissensstand integrierbar und heuristisch fruchtbar sein. Von den technischen Systemen wird dagegen verlangt, daß sie die vorgegebene Funktion zuverlässig erfüllen, leicht zu bedienen und zu warten sind, eine möglichst hohe Lebensdauer haben und vor allem in der Herstellung und im Gebrauch wirtschaftlich sind. Die Bewertung erfolgt im Fall der Naturwissenschaften zunächst durch die Fachwissenschaftler des betreffenden Gebiets (*„scientific community"*), die sich an den etablierten wissenschaftsinternen Maßstäben orientieren. Technische Systeme werden dagegen von der vergleichsweise breiten Öffentlichkeit der jeweiligen Abnehmer bzw. Verbraucher beurteilt. Dementsprechend führt die Technik relativ schnell zu weitreichenden gesellschaftlichen Auswirkungen, während die theoretische Dimension der Naturwissenschaften nur in der kulturellen Sphäre zu Geltung kommt.

(2) Ein weiteres Unterscheidungsmerkmal besteht in der angewandten *Verfahrensweise*. In beiden Fällen wird durch schöpferische Leistung etwas geschaffen oder aufgewiesen, das vorher nicht existierte bzw. unbekannt war. Die kreative Leistung betrifft in der Technik ein neues Verfahren zur Herstellung und Nutzung von Systemen und Prozessen (Erfindungen), während es in den Naturwissenschaften um neue theoretische Erkenntnisse und deren experimentelle Bestätigung geht (Entdeckungen). Entscheidend ist hier der Umstand, daß dem Ingenieur im Fall eines konkreten technischen Projekts durch die wirtschaftlichen Vorgaben ein vergleichsweise enger Spielraum gesetzt ist. Allgemein und grundsätzlich gehaltene theoretische Untersuchungen, wie sie in den Naturwissenschaften angestellt werden, können für seine praktische Entwurfs- und Konstruktionstätigkeit immer nur insoweit von Interesse sein, als sie Erkenntnisse liefern, die unmittelbar zur Problemlösung beitragen.[15]

In einer schematischen Formel könnte man dem naturwissenschaftlichen Verfahren der Hypothesenbildung mit anschließender Überprüfung im Fall der Technik die Entwurfs- bzw. Konstruktionstätigkeit mit der darauffolgenden Realisierung gegenüberstellen. Dabei sind jedoch die Verhältnisse in beiden Fällen ganz unterschiedlich gelagert. In den Naturwissenschaften hat man es mit durch die theoretischen Vorgaben exakt definierten und dementsprechend dann experimentell „sauber" herauszupräparierten Phänomen zu tun. Im Gegensatz dazu besteht beim Entwurf und bei der Konstruktion eines technischen Systems eine größere Offenheit, denn um die geforderte Aufgabenstellung tatsächlich zu erfüllen, muß eine Vielzahl von Parametern berücksichtigt und konkret dimensioniert werden. Da es von der Natur der Sache her gar nicht möglich ist, diese vielfältigen Einflußgrößen mit letzter Exaktheit zu ermitteln, muß sich der Ingenieur bei seiner Konstruktionsarbeit auf Ad-hoc-Verknüpfungen unterschiedlicher Theorieelemente, auf praktisch brauchbare Abschätzungen und auf die approximative Simulation der tatsächlichen Verhältnisse stützen.

Je nachdem, ob man die folgerichtige theoretische Ableitung oder die intuitive Bewältigung komplexer Zusammenhänge höher einstuft, ergibt sich eine andere Bewertung für die Tätigkeit des Naturwissenschaftlers bzw. des Ingenieurs. Allerdings liegt hier kein Ausschließungsverhältnis vor, denn ebenso wie der Naturwissenschaftler auf die Intuition angewiesen ist, um kreative Lösungen zu finden, kann auch der Ingenieur im Rahmen seiner Tätigkeit nicht auf logische Schlußfolgerungen verzichten. Der gelegentlich anzutreffende Wettstreit in der Frage, welcher Tätigkeit der höhere Rang zukommt, ist denn auch primär ein historisch bedingtes sozialpsychologisches und nicht so sehr ein wissenschaftsmethodische Problem – wobei durch die Technisierung der Naturwissenschaft und die Verwissenschaftlichung der Technik der nach wie vor zwischen beiden Gebieten bestehende Unterschied eher abgebaut wird.

Es ist bemerkenswert, daß die Ergebnisse einer hinreichend spezifizierten technischen Entwicklungsarbeit relativ genau vorhersagbar sind – ein Phänomen, zu dem es in der überraschungsoffen angelegten naturwissenschaftlichen Forschungstätigkeit kein Gegenstück gibt. Der jeweilige Stand des technischen Wissens und Könnens macht es möglich, auftretende Schwierigkeiten durch problembezogene „geplante Erfindungen" zu bewältigen, so daß insgesamt ein realistisch gewählter Zeitplan eingehalten werden kann, wie dies etwa im Fall der Raumfahrt oder bei der Entwicklung einzelner Reaktortypen gelungen ist. Eine entscheidende Rolle spielt dabei die Aufsummierung von Detailverbesserungen, die jeweils für sich allein betrachtet gar nicht stark ins Gewicht fallen würden. Doch es gibt keine unbedingte Erfolgsgarantie; die Unsicherheit wird umso größer, je mehr (wie im Fall einer Batterie mit hoher spezifischer Leistungsdichte für das Elektroauto) naturwissenschaftliche Grundlagenprobleme betroffen sind.

Insgesamt gesehen kommt der technische Fortschritt mindestens ebenso sehr durch das Zusammenwirken von einzelnen Verbesserungen zustande (synergetische Effekte) wie durch spektakuläre neue Erfindungen. So ist etwa der Automobilbau beständig perfektioniert worden, ohne daß sich die grundlegenden Prinzipien (Verbrennungsmotor, Gummibereifung, Steuerung, Getriebe, Differential) geändert hätten, und doch läßt sich ein heutiges Automobil der Oberklasse gar nicht mehr mit einem Fahrzeug vergleichen, das vor 90 Jahren gebaut wurde. So geht man denn auch bei allen technischen Aufgabenstellungen davon aus, daß ein gegebenes Verfahren durch Verbesserung in den Einzelheiten stets weiter vervollkommnet werden kann. Hier liegt eine gewisse Analogie zur routinemäßigen Forschungsarbeit in der Naturwissenschaften vor, wo es ebenfalls darauf ankommt, von einem wohldefinierten Stand ausgehend bestimmte Einzelprobleme zu lösen. Doch die Unterschiede werden unverkennbar, sobald es um einen grundsätzlich neuen Forschungsansatz geht, für den noch keine Vorbilder bestehen. Während die Mondlandung nach einem Terminkalender ablief, läßt sich für die Formulierung einer einheitlichen physikalischen Feldtheorie kein entsprechender Zeitplan aufstellen.

(3) Die Unterschiede in den Resultaten und den Verfahrensweisen von Naturwissenschaft und Technik haben auch verschiedenartige *Fortschrittskriterien* zur Folge. Solche Beurteilungsgesichtspunkte werden meist nicht ausdrücklich thematisiert, sondern nur stillschweigend in Anschlag gebracht. Doch sie sind der Sache nach immer dann im Spiel, wenn es gilt, zwischen zwei oder mehreren wissenschaftli-

chen Theorien bzw. technischen Verfahren zu wählen, d. h. zu entscheiden, welche Theorie „besser" bzw. welches Verfahren „leistungsfähiger" ist. Eine naturwissenschaftliche Theorie wird immer dann als fortschrittlicher betrachtet, wenn sie neue Deutungen bringt, die vorliegenden Daten einfacher und übersichtlicher strukturiert, bisher als verschiedenartig geltende Phänomene zusammenfaßt und Anregungen für künftige Forschungsvorhaben liefert. Formelhaft könnte man hier von der erklärenden, denkökonomischen, systematisierenden und heuristischen Funktion naturwissenschaftlicher Theorien sprechen. Die Fortschrittskriterien für technische Systeme und Verfahren beziehen sich dagegen auf die Art der Funktionserfüllung, die nach der erzielten Effektivität, Betriebssicherheit, Lebensdauer, Wartungsfreundlichkeit etc. zu beurteilen ist. Dabei spielt nicht zuletzt auch die Wirtschaftlichkeit eine Rolle: Bei gleicher technischer Leistungsfähigkeit wird die wirtschaftlichere Lösung vorgezogen.

Über die naturwissenschaftlichen Beurteilungsmaßstäbe besteht unter den Fachleuten und im Hinblick auf den inzwischen erreichten etablierten Forschungsstand weitgehend Einigkeit – ebenso wenig wie eine alternative Mathematik gibt es auch keine alternative Physik oder Chemie. (Daß an der „Forschungsfront" die offenen Fragen kontrovers diskutiert werden, liegt in der Natur der Sache.) Im Hinblick auf die Ingenieurwissenschaften sind die Verhältnisse ganz ähnlich gelagert; auch hier gibt es einen anerkannten Stand der Forschung. Die Dinge ändern sich jedoch, wenn es sich um die Realisierung konkreter technischer Systeme oder Prozesse handelt. Das kann nicht verwundern. Denn während es in den Natur- und den Ingenieurwissenschaften um die möglichst adäquate theoretische Erfassung objektiv aufweisbarer Naturprozesse geht, dient die Technik der Befriedigung individuell durchaus unterschiedlicher menschlicher Bedürfnisse, die wesensmäßig subjektiv sind. Empirisch bewährte („wahre") naturwissenschaftliche Erkenntnisse gelten für alle Menschen in gleicher Weise, während technische Systeme und Prozesse je nach Standpunkt durchaus unterschiedlich beurteilt werden können. Deshalb setzen konkrete Aussagen über die „Fortschrittlichkeit" einer bestimmten technischen Innovation zumindest stillschweigend ein Maß des für den Einzelnen und die verschiedenen sozialen Gruppen Wünschbaren und Erstrebenswerten voraus.[16]

Literatur

1 Dies betont A. R. Hall: Engineering and the Scientific Revolution, London 1965, S. 128.
2 T. S. Kuhn: Die Struktur wissenschaftlicher Revolutionen, Frankfurt a. M., 2. Aufl. 1976. Eine nähere Analyse gibt P. Hoyningen-Huene: Die Wissenschaftsphilosophie Thomas S. Kuhns. Rekonstruktion und Grundlagenprobleme, Braunschweig 1989.
3 Siehe F. Rapp: Observational Data and Scientific Progress. In: Studies in History and Philosophy of Science 11 (1980), S. 153 - 162. Aufschlußreiche Details über die Beziehung zwischen Technik und Naturwissenschaften finden sich in: Ethik und Sozialwissenschaften 7 (1996) Heft2/3, S. 423 - 501 sowie in: Advances in the Philosophy of Technology, ed. by E. Agazzi und H. Lenk, Newark, Del. 1999.
4 F. Bacon: Das neue Organon (hg. v. M. Buhr), Berlin 1962, Vorrede zur Großen Erneuerung der Wissenschaften, S. 16. Die Position von Bacon wird kritisch diskutiert von W. Leis: The Domination of Nature, New York 1972 sowie von L. Schäfer: Das Bacon-Projekt. Von der Erkenntnis, Nutzung und Schonung der Natur, Frankfurt a. M. 1993.
5 Näheres dazu bringt M. Eliade: Schmiede und Alchemisten, Stuttgart 1980.
6 Eine Übersicht gibt R. Brinkmann (Hg.): Romantik in Deutschland, Stuttgart 1978.
7 Das diskutieren D. von Engelhardt: Historisches Bewußtsein in der Naturwissenschaft von der Aufklärung bis zum Positivismus, Freiburg/München 1979 sowie F. Rapp: Erkenntnistheoretische Überlegungen zu einer alternativen Naturwissenschaft. In: Vorlesungsreihe Schering 10 (1984), S. 9 –16, wiederabgedruckt in: Frankfurter Hefte FH-extra 6 (1984), S. 37-45.
8 Das zeigen D. Birnbacher (Hg.): Ökologie und Ethik, Stuttgart 1980 sowie H. Lenk und G. Ropohl (Hg.): Technik und Ethik, Stuttgart, 2. Aufl. 1993.
9 F. Rapp: Die Dynamik der modernen Welt. Eine Einführung in die Technikphilosophie, Hamburg 1994, S. 28 - 64; vgl. auch den Aufsatz von N. C. Karafyllis u G. Ropohl in diesem Buch.
10 L. White, jr.: Die mittelalterliche Technik und der Wandel der Gesellschaft, München 1968, S. 91f. sieht auch die langsame Ausbreitung der Kurbel in diesem Zusammenhang. Nach der ersten Anwendung bei Schleifsteinen um 800 n. Chr. wird sie erst sechs Jahrhunderte später zum Spannen der Armbrust, zum Garnaufwickeln, als Brustleier für Bohrer und bei Pleuelstangen verwendet; weil die gleichförmige Drehbewegung dem spontanen motorischen Verhalten zuwiderläuft, bedurfte es einer langen Entwicklungszeit, bis sie sich allgemein durchsetzen konnte.
11 Details dazu bringt G. Dohrn van Rossum: Die Geschichte der Stunde. Uhren und moderne Zeitordnung, München 1992, S. 35 - 48.
12 E. Schmitt: Technische Laboratorien und Versuchsanstalten. In: Handbuch der Architektur, 4. Teil, 6. Halbbd., 2. Aufl, Stuttgart 1905, S. 185 - 227; vgl. auch den Aufsatz von G. Spur in diesem Buch.
13 H. Rumpf: Wissenschaft und Technik. In: E. Oldemeyer (Hg.): Die Philosophie und die Wissenschaften. S. Moser zum 65. Geburtstag, Meisenheim 1967, S. 89-105, bes. S. 102; auch in H. Rumpf: Technik zwischen Wissenschaft und Praxis, Schriften aus dem Nachlass, hg. v. H. Lenk, S. Moser u. K. Schönert, Düsseldorf 1981, S. 125ff.
14 Ein extremes Urteil findet sich bei J. K. Finch: Engineering and Science. In: Technology and Culture 2 (1961), S. 330: "There are, however, some thoughtful scientists who feel that science has become a mere appendage of technology and are disturbed by the widespread use of the term „science" or „scientific" for many interests, activities, and products which have little or no connection with truly scientific pursuits."
15 Diese spezifischen Besonderheiten behandeln G. Banse und H. Wendt (Hg.): Erkenntnismethoden in den Technikwissenschaften, Berlin 1986; W. G. Vincenti: What Engineers Know and how they Know it, Baltimore/London 1990; E. Jobst: Technikwissenschaften, Winssensintegration, Interdisziplinäre Technikforschung, Frankfurt/M 1995; G. Banse und K. Friedrich (Hg.): Technik zwischen Erkenntnis und Gestaltung, Berlin 1996; sowie G. Ropohl: Wie kommt die Technik zur Vernunft? Beiträge zum Paradigmenwechsel in den Technikwissenschaften, Amsterdam 1998, S. 41-96.
16 Fortschrittskriterien diskutiert F. Rapp: Fortschritt. Entwicklung und Sinngehalt einer philosophischen Idee, Darmstadt 1992, S. 29 - 39; das Spektrum der Standpunkte kommt zur Geltung in: Ders. (Hg.): Neue Ethik der Technik? Philosophische Kontroversen, Wiesbaden 1993.

Zum Selbstverständnis der Technikwissenschaften

Günter Spur

1 Formierung der Technikwissenschaften

Die mit der Renaissance eingeleitete Wende vom Mittelalter zur Neuzeit führte zur Entfaltung einer kritischen Rationalität, die auf der Grundlage empirisch erarbeiteter Naturerkenntnisse erste Ansätze technikwissenschaftlichen Denkens erkennen lässt. Frühe Entwicklungsstufen der Technik waren aber auch eng mit der gestaltenden Kunst verbunden. Kunst und Technik bildeten eine kreative Einheit. Man könnte geneigt sein, von einer Ingenieurtechnik der Renaissance zu sprechen, wenn auch der Begriff Ingenieur erst später Eingang in den allgemeinen Sprachgebrauch gefunden hatte.

Bis ins 18. Jahrhundert hinein wurde unter einem Ingenieur sehr eingeengt ein „Rüstner oder Feld- und Landvermesser" sowie ein „Kriegs- oder Festungsbaumeister" verstanden. Im Wörterbuch der Gebrüder Grimm heißt es unter dem Stichwort Ingenieur: „Heute eingebürgertes Fremdwort für Kriegsbaumeister oder Feldmesser". Es folgt ein Hinweis, dass im 17. Jahrhundert der Begriff Ingenieur „als Bild für einen fein berechnenden Menschen überhaupt" verwendet wurde. Schließlich findet sich an gleicher Stelle das folgende Zitat aus Weidners Zinkgref: „Wer die Teutschen in ein Verstand bringen woll, muss ein kluger und sehr guter Ingenieur sein" (Grimm/Grimm 1854).

Im Zeitraum des 16. und 17. Jahrhunderts hatten die Ergebnisse der theoretischen und experimentellen Naturwissenschaft noch wenig Durchschlagskraft auf die überwiegend handwerklich betriebene Produktionswirtschaft. Die langsame Verbreitung von Erkenntnissen, Entdeckungen und Erfindungen hat sicherlich auch etwas mit Kommunikation zu tun. Die Einführung der Schulpflicht und damit die Einleitung eines breiten Bildungsprozesses, hat den Fortschritt der Technik wesentlich beschleunigt.

1.1 Wissenschaftliche Akademien

Die Gelehrten der Naturwissenschaft hatten im 17. Jahrhundert die Bedeutung der Nutzanwendung ihres Wissens für den Fortschritt der Wirtschaft erkannt. Weit blickende Denker, vor allem Naturwissenschaftler und Philosophen, schufen sich deshalb neben den Universitäten ihre eigenen wissenschaftlichen Institutionen, Gesellschaften oder Akademien.

Beispielsweise heißt es im Entwurf der Präambel zu den Statuten der Royal Society of London, der 1663 von Robert Hooke (1635-1703) ausgearbeitet wurde,: „Es obliegt der Royal Society, das Wissen um die Dinge in der Natur zu vervollkommnen und alle nützlichen Künste, Herstellungsweisen, mechanische Verfahren, Maschinen und Erfindungen durch Experimente zu verbessern (und sich nicht in Theolo-

gie, Metaphysik, Morallehre, Politik, Grammatik, Rhetorik oder Logik einzumi-
schen)".

Rückblickend lassen sich durchaus Wurzeln einer Technikwissenschaft in den
Gründungsjahren der Akademien und wissenschaftlichen Gesellschaften erkennen. Die Werke von Galilei, Kepler, Descartes, Newton und Leibniz seien hier genannt. Insbesondere wurde die mathematische Physik das Zentrum neuer Erkenntnisse. Die experimentelle Forschung ergänzte die wissenschaftlich-theoreti-
sche Methodik. Neben dem Naturforscher hatte der Mechanikus seinen festen, an-
gestammten Platz.

Leibniz ging es darum, die Errungenschaften der Wissenschaften nicht nur zu steigern, sondern sie auch überall in der Praxis einzuführen und zu Prinzipien des Lebens zu erheben: „So oft ich etwas Neues lerne, so überlege ich sogleich, ob nicht
etwas für das Leben daraus geschöpft werden könne". Ein wichtiges Motiv zur
Gründung der Kurfürstlich-Brandenburgischen Sozietät der Wissenschaften zu
Berlin, der späteren Preußischen Akademie der Wissenschaften, war, „das Werk
samt der Wissenschaft auf den Nutzen zu richten". An anderer Stelle drückt dies
Leibniz so aus: „... wäre demnach der Zweck, theoriam cum praxi zu vereinigen
...". Harnack sieht ein frühes Ziel der gegründeten Akademie darin, die
„mechanischen Wissenschaften praktisch nutzbar zu machen" (Harnack 1900).

Im ersten Drittel des 18. Jahrhunderts sind Ansätze zur wissenschaftlichen Durchdringung der Ingenieurarbeit zu erkennen. Als Beispiel kann der Leipziger Ma-
schinenbauer, Mechaniker und Bergwerkskommissar Jakob Leupold (1674-1727)
genannt werden. Er verband seine praktische Tätigkeit eng mit theoretischen Untersuchungen. Die Aufgaben des Ingenieurs beschrieb Leupold in seinem unvollendeten Hauptwerk „Theatrum machinarum generale, Schauplatz des Grundes
mechanischer Wissenschaften" 1724 wie folgt (Spur 1979):

„Denn was vor alten Zeiten diese Mechanici waren, das sind heute zu Tage unsere
Ingenieur, welchen nicht nur allein zu kömmet, eine Festung aufzureißen und
dann zu erbauen, sondern auch nach mechanischen Fundamenten allerlei Maschinen anzugeben, so wohl auch eine Fortresse zu definieren, als solche zu emportie-
ren. Ingleichen mancherlei compendieuse Maschinen zu erfinden, die Arbeit zu
erleichtern und was öfters unmöglich scheinet dennoch möglich zu machen".

Jakob Leupold kann als einer der ersten Repräsentanten der jungen, aufkommen-
den Technikwissenschaft im deutschen Sprachraum gelten. Es ging ihm nicht nur
um die Förderung der Maschinentechnik, sondern er wollte auch im volkswirtschaftlichen Sinne die Wohlfahrt des Landes durch Entwicklung der Technik verbessern (Klemm 1954).

1.2   Technische Hochschulen

Im Jahre 1795 wurde in Paris die berühmte Ecole Polytechnique offiziell gegründet.
Sie setzte Maßstäbe für ähnliche Einrichtungen in Europa. Das Studium begann
mit einem zweijährigen Kursus in Mathematik, Mechanik, Physik und Chemie. Es
wurde mit praktischen Kursen über Konstruktion und Funktion von Maschinen

fortgesetzt. Bemerkenswert ist, dass diese Struktur fast von allen späteren Technischen Hochschulen übernommen wurde und auch noch heute in den Studienplänen wieder zu erkennen ist.

Anfängliche Überlegungen, technische Fakultäten an den bestehenden damaligen Universitäten anzusiedeln, führten nicht zum Erfolg (Tuchel 1967). Die Ursprungseinrichtungen für Technische Hochschulen waren meist polytechnische Fachschulen oder spezifische Akademien. An den großen Repräsentanten der Technikwissenschaft des ausgehenden 19. Jahrhundert wird das hohe Niveau sichtbar, das die Technik nunmehr erreicht hatte. Der Besuch eines Polytechnikums nach französischem Vorbild oder einer Technischen Hochschule stellte für angehende Ingenieure nicht mehr die Ausnahme dar, wie noch zu Anfang des 19. Jahrhunderts. Die zu jener Zeit wachsende Bedeutung der Technik lässt sich nicht zuletzt an den Gründungsdaten Technischer Hochschulen ablesen. Die Gleichrangigkeit mit Universitäten wurde in Deutschland erst Ende des 19. Jahrhunderts erreicht. Ab 1890 war die Bezeichnung „Technische Hochschule" in Deutschland einheitlich.

Mit der Herausbildung einer institutionalisierten Technikwissenschaft begann sich das Verhältnis zwischen Theorie und Praxis zu wandeln. Wurde dieses in den Anfängen primär durch praktische Aufgaben bestimmt, deren Lösungen allenfalls im Nachhinein zu theoretischen Betrachtungen Anlass gaben, so kam der wissenschaftlichen Forschung jetzt mehr und mehr die Funktion einer Wegbereiterin für die konstruktive Arbeit zu. Viele Betriebe werteten das Wissen der neuen technischen Disziplinen für ihre Entwicklungsarbeit aus, teils über die Ingenieurausbildung, teils anhand wissenschaftlicher Veröffentlichungen und teils in unterschiedlichen Formen der Zusammenarbeit mit den Fachvertretern. Damit hatten sich die Technikwissenschaften nicht nur akademisch formiert, sondern auch als Motor des industriellen Fortschritts einen prägenden Einfluss auf die kulturelle Entwicklung der Gesellschaft genommen.

2 Die Technologiekultur prägt die Gesellschaft

Technik bewirkt als Teil unserer kulturellen Entwicklung eine permanente Reform unserer Lebensgestaltung. Sie ist als künstliche Hilfswelt zur Natur auf Wandel und Fortschritt ausgerichtet und basiert auf der schöpferischen Gestaltungskraft des Menschen. Technik entwickelt sich dynamisch, beruht auf kritischer Rationalität, aber auch auf Empfindung und Eingebung, auf Wissen und Können sowie auf Entscheidungsfähigkeit und Handlungsvermögen. Dabei werden Art und Schnelligkeit der kreativen Entfaltung von der Realität des Gegenwärtigen bestimmt. Technik ist zweckbestimmt und gehorcht eigenen Gesetzen.

Eingebettet in Wissenschaft und Kunst prägt die Technik das Bild unserer Kultur. Sie verkörpert sich nicht nur als gegenständliche Realität, sondern wirkt auch als kulturelles Korrektiv auf die gesellschaftliche Entwicklung. Dabei vollzieht sich der technologische Wandel zunehmend wissenschaftsorientiert. Tief greifende Veränderungen der Wirtschaft werden durch fachübergreifende Innovationen ausgelöst, die auf Wechselwirkungen mit anderen Wissenschaftsdisziplinen beruhen. Zur gegenseitigen Durchdringung verschiedener Wissenschaftskulturen ist es dringend geboten, die gewachsenen Formen von Wissenschaftsgrenzen zu überwinden. Dies gilt auch für die einzelnen Disziplinen der Technikwissenschaften untereinander. Die Technik der Zukunft entwickelt sich integrativ aus Erkenntnissen verschiedener Wissenschaftsbereiche und fordert damit zu einer Analyse ihres eigenen Selbstverständnisses heraus. Die derzeitige Wissenschaftsstruktur ist wegen partikularer Interessen nicht auf querwirkende Gemeinschaftsforschung ausgerichtet.

Insbesondere sind die Beziehungen zwischen Technikwissenschaften und Gesellschaftswissenschaften reformbedürftig. Technik bildet durch ihren Fortschrittsgradienten einen bestimmten Ausblick unserer kulturellen Entwicklung. Sie bewirkt damit aber auch eine Herausforderung zur Auseinandersetzung. Dabei erwachsen oft aus dem Nichtverstehen technologischer Zusammenhänge Irritationen und Misstrauen. Das Bedürfnis nach Stabilität der vertrauten Lebensumgebung aktiviert besonders dann Verunsicherung und Besorgnis, wenn durch mangelnde technische Bildung der Mensch überfordert ist, den raschen und komplexen technischen Fortschritt zu verstehen. In diesem Zusammenhang erhalten Medien, Bildung, Wissenschaft und Politik in ihrer normativen Funktion bei der Prägung des Zeitgeistes eine zunehmende Bedeutung. Vertrauensbildung ist durch Transparenz und Aufklärung erreichbar und notwendig, damit die Gesellschaft den zunehmenden technischen Innovationsdruck verkraften und verarbeiten kann.

Das steigende Interesse der Öffentlichkeit am Fortschritt der Technik führt zu einem hohen Erwartungsdruck gegenüber Forschung und Entwicklung. Die daran Beteiligten werden nach der gesellschaftlichen Verantwortung ihres Handelns gefragt. In dem Maße, wie der technologische Wandel unsere Lebens- und Arbeitswelt verändert, ist es notwendig, die gesellschaftlichen Reaktionen zu beachten. Technik steht nicht nur unter dem Zwang ökonomischer Präferenzsysteme, sondern auch unter dem Druck kultureller Folgenbewertung. Schon die Planung von Technik wird normativ beeinflusst. Das Geplante kann dann nicht gebaut werden, wenn gesellschaftliche Restriktionen dies verhindern. Wie die Natur, so ist auch Technik nicht frei von Risiko. Dabei ist die technologische Verantwortung umso bedeutsamer, je stärker die Technik in die Welt des Menschen eindringt. Es wird immer schwieriger, das ganzheitlich wirksame Risiko komplexer Großtechnologien als Produkt unseres kulturellen Fortschritts zu kalkulieren.

Ökonomische Zwänge sind es, die technologische Innovationen nicht nur begünstigen und fördern, sondern den Fortschritt in Wissenschaft und Technik auch beeinträchtigen. Dies gilt nicht nur für produkt-, prozess- und systemorientierte technologische Entwicklungen im Einzelnen, sondern auch für das globale weltwirtschaftliche Geschehen im Ganzen. Eine technologisch geprägte freie Marktwirtschaft bedarf bestimmter Regulative aus wissenschaftlicher Sicht. Damit ist die Verantwortung für Technologiepolitik ebenso angesprochen wie die Problematik von Technik und Ethik, was zur Frage nach einem wissenschaftsbegründeten Imperativ für technisch-wirtschaftliche Handlungsverantwortung führt.

Damit stellt sich die Technikwissenschaft in einer neuen Dimension von Verantwortung dar. Verantwortung fordert Kompetenz, die aber nicht nur von denjenigen zu entwickeln ist, die Technik gestalten und erzeugen, sondern auch von allen, die ihren Nutzen und Vorteil in Anspruch nehmen. Technische Bildung erzeugt Kompetenz. Insbesondere sind es die informationstechnischen Produkte und Netzwerke, die als Phasensprung der technologischen Entwicklung vorbereitete gesellschaftliche Strukturen benötigen, damit der zunehmende Innovationsdruck verkraftet werden kann. Die Technikwissenschaften sind herausgefordert, die Verfügbarkeit technologischer Potenziale zu sichern, ihre Prozesse zu optimieren und ihre Wirkungen auf die Gesellschaft zu humanisieren (Spur 1998a).

3   Technikwissenschaft im Wandel

Ein neues Selbstverständnis der Technik drängt zur Reform der eigenen Wissenschaftsstruktur. Von den Monaden der Wissenschaftsdisziplinen fast unbemerkt haben wir die Schwelle zur postindustriellen Technikwissenschaft schon überschritten. Präzision und Komplexität, aber auch Produktivität und Flexibilität des Wissenschaftsbetriebes haben weltweit ein Niveau erreicht, das ohne die technologische Hilfswelt nicht realisierbar gewesen wäre. Insbesondere sind es die rechnerunterstützten und rechnervernetzten Wissenschaftswerkzeuge der Informationstechnik, die nicht nur Art und Inhalt wissenschaftlicher Arbeit methodisch verändern, sondern auch eine zeitlich und örtlich dezentralisierte Wissenschaftskultur entwickelt haben, die in ihrer globalen Kommunikation gewissermaßen als konzertierte Aktion das Wissen der Welt zugänglich macht.
Ein solcher Phasensprung erfordert eine neue, innovationsorientierte Wissenschaftslehre der Technik. Dazu bedarf es der klärenden Aufbereitung der einzelnen Disziplinen im Sinne einer Umstrukturierung nach innen und einer überdisziplinären Verknüpfung nach außen. Die Technikwissenschaften bilden durch die Dynamik ihrer fortschreitenden Erkenntnisse einen permanenten Innovationsgradienten, der nicht nur die Richtung der technologischen Entwicklung, sondern durch seine Steilheit auch das Tempo des Wandels bestimmt. Damit erhält das jeweils verfügbare Wissenspotenzial eine entscheidende Schlüsselfunktion für die technologische Entwicklung der Wirtschaft. Innovationsrelevantes Wissen ist nicht nur zu einem entscheidenden Rohstoff im globalen Wettbewerb geworden, sondern wirkt durch seine Schlüsselfunktion auch als Triebmittel des technologischen Fortschritts.
Eine solche Veränderung lenkt die Aufmerksamkeit der Gesellschaft zunehmend auf die Leistungsfähigkeit der Technikwissenschaften, sowohl auf ihre Gesamtwirkung als auch auf ihre disziplinäre Ertragskraft bezogen. Ohne Zweifel richtet sich der Blick dabei auf die Ingenieure selbst, insbesondere auf die Professoren der verschiedenen Technikwissenschaften. Wir brauchen den Dialog quer durch alle Disziplinen: zwischen den Fakultäten, zwischen den Universitäten, zwischen Theorie und Praxis, aber auch zwischen Politik, Wirtschaft und Wissenschaft.

Um das Innovationspotenzial in Wissenschaft und Technik schneller zur Entfaltung zu bringen, muss der Innovationsdruck aus den technischen Wissenschaften verstärkt werden. Der Erfolg hängt von institutionellen, materiellen und finanziellen Rahmenbedingungen ab, aber noch mehr von der Kreativität und dem Engagement der beteiligten Forscher und Entwickler. Es geht darum, das verfügbare Kreativitätspotenzial zur vollen Wirkung zu bringen. In der Wirtschaft entsteht dieser Druck durch den ökonomischen Imperativ zielgerichteten Handelns, in der Wissenschaft doch wohl zusätzlich durch Forschungsdrang und ethische Überzeugung. In den Aufgaben der Technikwissenschaften kommt zugleich ihr Anwendungspotenzial zum Ausdruck, auf das schöpferisches Handeln fördert zurückwirkt. Den technikwissenschaftlichen Problemstellungen geht im Allgemeinen ein Bedarf voraus (Spur 1998a).

4   Strategische Forschungsorientierung

Technik entsteht durch Erkennen und Gestalten. Ihre Entwicklung ist ein schöpferischer Vorgang, der in seiner heutigen Methodik zwar rational geprägt ist, aber daneben auch starke intuitive und empirische Züge aufweist. Technik zielt einerseits auf die Anwendung wissenschaftlicher Erkenntnisse, steht aber andererseits unter dem Zwang, auf die Realität der Natur zu reagieren und sich den verschiedenen spezifischen Bedingungen anzupassen. Die Nähe der praktizierten Technik zur Wissenschaft (Rapp in diesem Buch) führt zur Frage nach der Begründung einer wissenschaftlichen Theorie der Technik. Eine Technikwissenschaft müsste folgerichtig als System von Erkenntnissen zur Anwendung in der Technik gedeutet werden und alle Methoden umfassen, die ihrer Weiterentwicklung durch Nutzanwendung von Wissen dienen.
Technischer Fortschritt ist gesellschaftlich eingebunden und als Objekt von Forschung das Ergebnis wissenschaftlicher Erkenntnisse. Technikwissenschaft hat auch die Aufgabe, die mannigfaltigen Erscheinungsformen technischer Systeme zu erfassen und Modelle für ihre optimale Gestaltung zu entwickeln. Aus dem planmäßigen Zusammenwirken der Komponenten technischer Systeme resultiert ein komplexer Erkenntnisgegenstand. Die Arbeitsfelder überdecken nicht nur material- und energieorientierte Fragestellungen des Systemaufbaus, sondern auch informationsorientierte Prozessabläufe. Die Entwicklung der Technik zeigt, dass die Anwendungsorientierung ein in die Methodik übergreifendes Moment bildet. Zielorientierte Problemlösungen erhalten ihren Sinn erst durch ihre Nützlichkeit aus technischer oder wirtschaftlicher Sicht. Die Forschungsorientierung hat sich als eine Funktion konkreter Wechselwirkungen zwischen industrieller Praxis und erkenntnisleitender wissenschaftlicher Theorie empirisch herausgebildet.
Untersuchungen der Einflussfaktoren auf die technikwissenschaftliche Forschungsmethodik, ihre theoretische Weiterentwicklung und die wissenschaftstheoretische Reflexion der Technik selbst, könnten einen heuristischen Beitrag zur Systemtheorie der Technik leisten. Diese hätte nicht nur eine wissenschaftsimmanente Funktion, sondern würde auch mittelbar die technologische und wirtschaftliche

Praxis fördern. Bild 1 zeigt die Verknüpfung der Technik als Reflexion von Theorie und Praxis mit der Grundlagen- und anwendungsorientierten Forschungsmethodik, die auf Strukturen und Prozesse gerichtet ist. Mit seinen kooperierenden Teilsystemen aus Grundlagenforschung, angewandter Forschung und Industrieforschung begründet ein derartig interpretierter Wissensverbund zugleich die Möglichkeit exemplarischer Analysen einer für die Technikwissenschaft entwicklungsnotwendigen methodischen Vermittlung wissenschaftlicher Theoriebildung und industrieller Praxis (Spur 1998a).

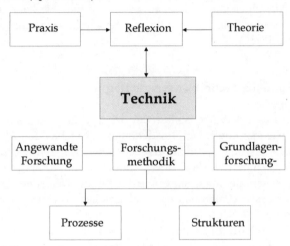

Bild 1   Technik im Forschungsfeld von Theorie und Praxis

Die Naturwissenschaften, Wirtschaftswissenschaften, Sozialwissenschaften und Geisteswissenschaften unterscheiden sich zwar nach dem Grad der Inanspruchnahme, sind aber doch als Wirkungsfeld für die Entwicklung der Technikwissenschaft gleichermaßen unentbehrlich. Das Zusammenwirken von Energietechnik, Materialtechnik und Informationstechnik ist für alle Disziplinen der Technikwissenschaft von grundlegender Bedeutung. Ihren jeweiligen Wirkprozessen sind als Phasen das Erzeugen, Wandeln und Verteilen gemeinsam. Diese Transformationen liegen im Zentrum der technischen Entwicklung.

Aufgabe der Technikwissenschaft ist es auch, geeignete Methoden zur Erkenntnisgewinnung zu entwickeln. Hierbei ist die Multidisziplinarität in besonderer Weise zu berücksichtigen. Weiterhin sind die wissenschaftstheoretischen Voraussetzungen sowohl für die analytisch-ursächliche als auch für die synthetisch-konstruktive Methodik der Technik zu schaffen. Hierbei spielen die Wechselbeziehungen zwischen Theorie und Praxis eine vermittelnde und anregende Rolle. Die jeweilige Methodik technischer Forschung wird in ihrer disziplinen Spezifik vorbestimmt, und zwar durch ihr Anwendungsfeld in der Praxis und durch den realen Entwicklungsstand ihres Forschungsobjektes.

Technik kann in ihrer Gesamtheit als strukturierbares dynamisches, künstliches Funktionssystem gedeutet werden. Der Funktionsbegriff überdeckt dabei den allgemeinen Wirkzusammenhang der Strukturgrößen mit den Prozessparametern. Die Teilfunktionen technischer Systeme sind durch Ordnungsgebote zu einer Gesamtfunktion verknüpft. Technische Systeme mit innerer Verknüpfung ihrer Elementarfunktionen können Zellensysteme, solche mit äußerer Verknüpfung Netzsysteme genannt werden. Netztechnisch orientierte Systeme bilden durch äußere Verknüpfung einen globalen Funktionszusammenhang. Hierzu gehören die Verkehrstechnik, die Kommunikationstechnik sowie die Energie- und Umwelttechnik. Die Grundfunktion der Technik kann als Transformation der Naturwelt in das Nutzungspotenzial einer Hilfswelt interpretiert werden. Sie kann als Technologie mit prozessorientierter oder strukturorientierter Optimierung unterschieden werden (Spur 1998 a, 1998b).

5   Metadisziplin der Technikwissenschaften

Die hier aufgeführten Aufgabenstellungen der Technikwissenschaft wären nicht vollständig, würde man die Erkenntnisdefizite in der fehlenden Analyse über den wissenschaftstheoretischen Status übersehen. Die Weiterentwicklung der Industriekultur bedarf einer Reflexion des Standortes und einer laufenden Kursbestimmung, gegebenenfalls auch einer Kurskorrektur. Derartige Aufgabenstellungen der Technikwissenschaft könnten in einer übergeordneten Disziplin zusammengefasst werden.
Die Technikwissenschaft muss ihr Selbstverständnis auch aus dem zeitlichen Wandel ihrer Erscheinungsformen ableiten. Deshalb sollte eine ganzheitliche Wissenschaftslehre der Technik sowohl ihre Geschichte als auch zukunftsorientierte Strukturentwicklungen umfassen. Dies gilt für ihr Außenverständnis zu anderen Wissenschaften wie für das Innenverständnis der einzelnen technischen Disziplinen untereinander. Wir können Technik der Zukunft zwar kaum anhand des gegenwärtigen Erscheinungsbildes abschätzen. Dennoch spüren wir Veränderungen, teilweise auch Ansätze zu Phasensprüngen. Technikwissenschaft muss sich immer den Phänomenen des Fortschritts anpassen, also auch Technikprognose betreiben. Angesichts der zunehmenden Komplexität und unaufhaltsamen Dynamik der Technik wächst das Bemühen um die Begründung einer integrativ orientierten Leitdisziplin der Technikwissenschaft als metatechnische Wissenschaftslehre, die das geistige Rüstzeug für den interdisziplinären Dialog liefert.
Ein erstes und wichtiges Merkmal dieser integrierenden Metadisziplin der Technikwissenschaft, die wir „Technosophie" nennen könnten, sollte darin bestehen, dass sie von Ingenieuren begründet wird. Das Objekt technosophischer Forschung ist die Technik. Die vornehmliche Aufgabe einer Technosophie läge in der Begründung einer Theorie über die wirksamen Hintergründe und Zusammenhänge sich schöpferisch entwickelnder Technik. Technosophie kann unterschiedlich dimensioniert sein. Es lassen sich folgende Blickrichtungen erkennen:
- historische Analysen,
- systemtheoretische Strukturierung,
- methodische Vergleiche,

- gesellschaftliche Beziehungen und
- ethische Vorgaben.

Technosophie hat als Lehre vom Wissen über den Kulturwandel durch Technik immer etwas mit Veränderung unseres Seins zu tun. In diesem Sinne sucht sie Wege zur Reform unserer Industriegesellschaft und muss deshalb die Handlungspotenziale in Wissenschaft, Wirtschaft und Politik integrieren. Es wird immer deutlicher, dass wir die globalen Probleme unserer Zeit nicht mehr mit den traditionellen Methoden und Handlungssystemen lösen können.

Durch eine zunehmende Erweiterung des Schwerpunktes der industriellen Produktion zu immateriellen Gütern ändern sich auch die Paradigmen der technikwissenschaftlichen Forschung. Die informationstechnisch erschlossene Kommunikation von global vernetztem Wissen wird Entfaltungsmöglichkeiten erreichen, die alle bisherigen Erwartungen übertreffen. Objektivationen dieser technologisch getriebenen Kreativität sind Maschinenprogramme und Systeme einer digitalisierten Welt, die nicht nur neue Gütermärkte bilden, sondern auch zu einer Neuorientierung der Wissenswelt führen. Vom Menschen konstruiert, entsteht aus einer umfassenden Akkumulation von theoretischem Wissen, praxisgeführten Erfahrungsprozessen, menschlichem Handlungsvermögen sowie einer empfindsamen Einfühlung in den inneren Zusammenhang der Natur ein Metasystem vernetzter, komplexer Technologien.

Mit der Weiterentwicklung der Technik steigt also die Bedeutung der Informationstechnik. Das Wissen oder besser die schnelle Verfügbarkeit von Wissen wird nicht nur ein entscheidender wirtschaftlicher Faktor sein, sondern auch ein Mittel zur Verstärkung politischer Macht. Noch nie verfügte der Mensch über ein so nachhaltig wirksames technisches Potenzial wie heute, aber noch nie hatte er auch so viel Verantwortung zu tragen wie heute (Spur 1998b).

6   Reform der Technikwissenschaft

Die moderne Technik wird auf Grund ihrer Komplexität zunehmend unübersichtlich und unverständlich. Technik hat sich historisch unterschiedlich in getrennten Disziplinen entwickelt. Die so genannten Ingenieurwissenschaften sprechen verschiedene Sprachen in verschiedenen Sachwelten. Ihre Gemeinsamkeit ist der Griff in die Natur, die Gestaltung der Welt und die Versorgung mit Lebensgütern. Solange dieses Wissen von der Gesellschaft als unbedenklich empfunden wurde, verlief der Fortschritt in den einzelnen Disziplinen eigendynamisch und unkritisch, ohne Reflexion auf das Ganze. Indem heute die Technikfolgen für das gesellschaftliche Gesamtsystem ins öffentliche Bewusstsein treten, entwickelt sich eine Kritik am Fortschritt der Technik, die auch die Frage nach Erneuerung ihres Selbstverständnisses und nach einem Paradigmenwandel aufwirft. Hieraus folgt zwingend die Frage nach einer Einteilung oder Gliederung der Technikwissenschaft. Ein solcher Prozess kann sich nur schrittweise vollziehen. Er bedarf der eingehenden Vertiefung aus Sicht aller Betroffenen. Gewohntes zu verlassen, Neues zu wagen und Strittiges zu klären: eine schwierige Aufgabe, die Geduld und Einsicht, aber auch Zähigkeit und Zielstrebigkeit erfordert. Zuerst ist die Wissenschaft selbst gefragt.

Die Transformationsfunktion der Technik kann auch als Technologiefunktion gedeutet werden. Sie muss mit wachsender Komplexität immer mehr Einflussgrößen berücksichtigen und auch gleichzeitig mehreren Zielen gerecht werden, deren Gewichtung zusätzlich noch Veränderungen unterworfen ist. Hinsichtlich der systemtechnischen Verknüpfung bestehen Relationen und Ordnungen sowohl nach außen als auch nach innen. Die Ein- und Ausgabeoperanden technischer Systeme resultieren aus den externen Wirkpotenzialen des

- natürlichen Umsystems,
- sozioökonomischen Umsystems und
- soziotechnischen Umsystems.

Die innere Gliederung technischer Systeme unterscheidet sich grundlegend in ihrer konstruktionsorientierten Strukturierung zum Systemaufbau von der prozessorientierten Transformation der Operanden. Je nach Ordnungsgesichtspunkt lassen sich somit technische Systeme unterschiedlich definieren und systematisieren.

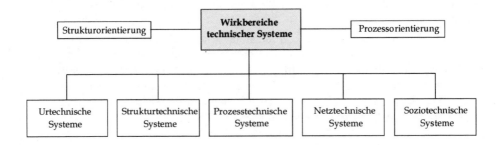

Bild 2   Wirkbereiche technischer Systeme

Eine Unterteilung nach ihren Wirkbereichen ist in Bild 2 dargestellt. Urtechnische Systeme bewirken einen unmittelbaren Eingriff in die Natur. Strukturtechnische Systeme sind durch ihren raumorientierten körperlichen Aufbau funktionswirksam. Prozesstechnische Systeme basieren auf einer Transformation von Operanden aus einem Eingangszustand in einen Ausgangszustand. Netztechnische Systeme bewirken durch Verknüpfungsfunktionalität Kommunikationseffekte. Soziotechnische Systeme sind durch Mensch-Maschine-Schnittstellen bestimmt und damit im Dienstleistungsbereich wirksam.

Ropohl bezeichnet die vom Menschen künstlich hergestellten und planmäßig nutzbaren Gebilde als „Sachsysteme". Er verweist auf Moser (1973), wenn er fordert, daß eine Philosophie der Technik zunächst einmal phänomenologische Beschreibungen der Sache Technik voraussetzt. Er zielt in seiner Systemtheorie der Technik „auf eine umfassende Systematik aller denkbaren technischen Systeme, die es gestattet, die Totalität aller möglichen technischen Artefakte in genereller

Form zu beschreiben und zu klassifizieren" (Ropohl 1979). Technische Systeme sind in der Gesellschaft wirksam, sie sind Teil soziotechnischer Handlungssysteme. Darum muss die allgemeine Theorie der Technik auf einer umfassenden Handlungstheorie gründen. Unter einem Handlungssystem versteht er eine Instanz, die Handlungen vollzieht, ein „Subjekt des Handelns" (ebda.). Handlungssysteme haben Funktionen, Strukturen und eine Umgebung. Sie vollziehen Transformationen. Ropohl kommt zu folgender Zusammenfassung: „Ein Handlungssystem ist eine Instanz, die eine Situation, deren Teil sie ist, gemäß einer Maxime transformiert" (ebda.).

Ropohl verweist auf die enge Integration von Mensch und Technik, wenn er sagt, „daß sich menschliche Existenz kaum noch außerhalb soziotechnischer Systeme abzuspielen vermag". Er versteht die technische Entwicklung als Strukturveränderung soziotechnischer Systeme, die auch deren funktionales Verhalten beeinflußt. Dabei ist sowohl eine starke quantitative Vermehrung der Sachsysteme als auch eine erhebliche qualitative Verbesserung der Funktionserfüllung mit dem Fortschritt der Technik zu erkennen. Als weitere Kennzeichen der Entwicklung sieht Ropohl Unterschiede in der Art des Eindringens von Sachsystemen in soziale Systeme: sie hat entweder substitutiven oder konstitutiven Charakter.

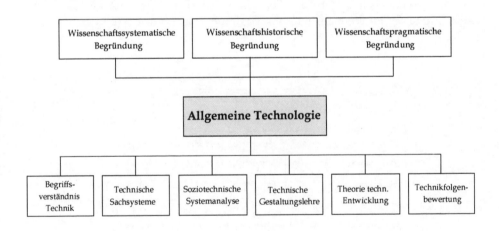

Bild 3   Inhalte einer Allgemeinen Technologie in Anlehnung an Ropohl 1997

Die überwiegend naturwissenschaftlich orientierten Grundlagen der Technikwissenschaften reichen nicht mehr aus, die heute zu stellenden Ansprüche an das Selbstverständnis der Technik zu erfüllen. Ropohl (1997) sieht aktuellen Bedarf, „das technologische Paradigma neu zu beleben". Eine Allgemeine Technologie hätte die methodischen Grundlagen und das theoretische Netzwerk für die Technikwissenschaften zu liefern; sie ist ganz ähnlich konzipiert wie die oben skizzierte Technosophie. Sie basiert auf Erkenntnissen der Naturwissenschaften und ist in die Entwicklung der Gesellschaftswissenschaften eingebunden. Technik ist nicht nur Objekt technikwissenschaftlicher, sondern auch gesellschaftswissenschaftlicher Forschung. Die Allgemeine Technologie ist deshalb auch soziotechnisch orientiert. Eine besondere Aufmerksamkeit verdient unter dem Aspekt der Differenzierung des Technologiebegriffs die Deutung der Allgemeinen Technologie nach inhaltlichen und systematischen Gesichtspunkten. Nach Ropohl (1997) „umfaßt die Allgemeine Technologie generalistisch-interdisziplinäre Technikforschung und Techniklehre und ist die Wissenschaft von den allgemeinen Funktions- und Strukturprinzipien der Sachsysteme und ihrer soziokulturellen Entstehungs- und Verwendungszusammenhänge". In Bild 3 ist das von Ropohl beschriebene Deutungsmodell einer Allgemeinen Technologie dargestellt.

7   Informationstechnik verändert die Arbeitskultur

Technische Systeme erfordern Veränderung, Fortschritt und Optimierung. Ihre Wirkung ist das Ergebnis funktionsverbessernder Schritte, die struktur- und prozessorientiert verlaufen. Es ist ein Wachstumsprozeß des Wissens, der einem Optimum entgegenstrebt, ohne es je zu erreichen. Ferner besteht der Fortschrittsprozess der Technik in einer Verfeinerung der Funktionen, ohne das Minimum je zu erreichen. Schließlich besteht der Fortschrittsprozeß der Technik auch in einer Vermehrung der Funktionen, ohne das Maximum je zu erreichen (Bild 4).

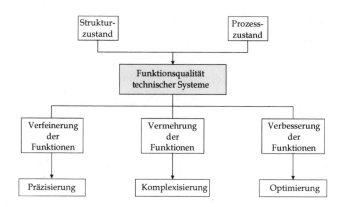

Bild 4   Beeinflussung der Funktionsqualität technischer Systeme

Technik befindet sich somit in einer permanenten Zustandsänderung. Jede Beschreibung des Entwicklungszustandes technischer Systeme ist immer nur die Beschreibung eines Momentanzustandes. Der Änderungsgradient technischer Systeme nimmt durch die Integration der Informationstechnik einen steilen Aufschwung. Der hierdurch bedingte revolutionäre Wandel unserer Technologiekultur drängt nach einer Neuordnung der Beziehungen von Wissenschaft, Technik und Wirtschaft. Die Zahl der Menschen, die persönlich vom Wirkfeld der vernetzten Informationstechnik betroffen sind, nimmt überall stark zu. Noch mehr als in der Vergangenheit benötigt der technologische Fortschritt zu seiner Bewertung relevantes Wissen und allgemeines Verständnis. Der Appell an die Vernunft setzt Wissen und ein begründetes Problembewusstsein voraus. Es lässt sich erkennen, dass die Erneuerung der technologischen Kultur auch eine Erneuerung der politischen Kultur einleitet. Die Zukunftsfähigkeit der Gesellschaft basiert auf einer Erneuerung der ethischen Ansprüche.

Mit Hilfe der Informationstechnik greift der schöpferische Geist des Menschen über die materielle Natur hinaus, indem er sich seine eigene Natur, also seine geistigen Kräfte, aneignet und über deren Grenzen hinaus zu einer virtuellen Welt erweitert. Die Informationstechnik hat eine Reform unserer Technologiekultur eingeleitet, die über die Befriedigung der menschlichen Kommunikationsbedürfnisse weit hinausgeht. Durch seine nachhaltige Eigendynamik entwickelt der Durchdringungsprozess netzverzweigt und marktgetrieben, offen für alle Bereiche der Gesellschaft, eine neue Wirtschaftswelt.

Zur Informationstechnik gehören auch die Produktionsmittel und Betriebssysteme, mit denen die virtuelle Hilfswelt erzeugt und zum Zweck der immateriellen Güterproduktion betrieben wird. Das Wirtschaftsfeld der Informationstechnik zielt auf eine globale Verfügbarkeit über Systeme zum Erzeugen, Wandeln und Verteilen von Information, verbunden mit einer bewusst eingeleiteten und fortschreitenden Beeinflussung unserer Lebens- und Arbeitskultur. Dieser Marktdruck erfordert nicht nur die Schaffung hochleistungsfähiger Rechnerkulturen, sondern auch die zweckhafte und zielstrebige Vernetzung aller Nutzungspotenziale, also die Schaffung eines globalen Netzwerks mit offener Zugänglichkeit. Dabei vollzieht sich die industrielle Produktion von Hard- und Software, von Rechner- und Programmtechnik als rational bestimmter schöpferischer Vorgang mit dem Ziel einer marktorientierten Gestaltung menschlichen Kommunikationsvermögens. Obwohl dieser Prozess individuell geprägt ist, entfaltet er sich doch erst effizient als Gemeinschaftswerk.

Die Informationstechnik ist in den nächsten Jahrzehnten weiterhin Auslöser und bestimmender Antrieb für den Wandel unserer Industriegesellschaft. Ihr Quellenpotenzial ist im schöpferischen Geist des Menschen begründet, eingebettet und verwurzelt in Wissenschaft und Forschung, aber gerichtet auf eine Reform unserer Kultur. Trotz Bindung an die Körperlichkeit der Elektronik ist die Informationstechnik von der Grenzenlosigkeit menschlichen Geisteslebens bestimmt. Das Wissen der Welt ist erschließbar geworden. Fragestellungen werden von Suchmaschinen mit relevanten Wissensmengen versorgt. Aus der Komposition von Wissenselementen können Wissensquanten „gefertigt" werden. Dabei lassen sich generative und kommunikative Prozesse unterscheiden. Informationsprodukte sind in die Wirklichkeit umgesetzte gedankliche Vorstellungen. Sie sind das Ergebnis operativer Transformationsprozesse.

Die Technologiekultur der Welt entwickelt sich eigendynamisch aus individuell geprägten Kreativitätspotenzialen. Die Gesamtheit der erbrachten Innovationen vermittelt das Leistungsbild der Weltgemeinschaft als einer technologisch orientierten Industriegesellschaft, gesteuert vom ökonomischen Imperativ einer permanenten Optimierung. Die neue Technologiekultur verknüpft die Wissenspotenziale der Welt und öffnet die Möglichkeit zur kreativen Entfaltung des Individuums in einer Weise, die das bisher Vorstellbare übertrifft. Das Kreativitätspotenzial der Welt wird aktiviert und damit auch der Weg zu einem Wandel der Welt. Die Zukunft gehört all denen, die über Wissen und Können verfügen, um im Wettbewerb der leistungsstarken Wirksysteme zu bestehen.

Individuelle Initiative zum Erwerb von Wissen ist unabdingbar verbunden mit der Bereitschaft, auch Risiko und Verantwortung zu übernehmen: Wissen allein genügt nicht: Am Mut, es anzuwenden, hängt der Erfolg. Die zukünftige Industriegesellschaft ist mehr denn je auf den Menschen als Ideengeber angewiesen. Es gilt, die Innovationskultur kommenden Anforderungen anzupassen, indem eine Arbeitskultur geschaffen wird, die durch größere Gestaltungsfreiheit und Eigenverantwortlichkeit gekennzeichnet ist, aber auch mehr Selbstbestimmung und Anerkennung bietet. Fachliches Können muss wieder mehr Achtung unter den gesellschaftlichen Werten finden. Innerhalb der industriellen Produktionswirtschaft wird die Informationswirtschaft an Bedeutung gewinnen. Der Schwerpunkt dieser Entwicklung liegt im Bildungsbereich unserer Gesellschaft. Erwünscht ist ein Zeitgeist, der zu Innovationen antreibt und zum Unternehmertum ermutigt sowie dem individuellen Kreativitätspotenzial gerecht wird.

Der Weg dorthin erfordert auch eine Erneuerung dessen, was wir Technologiepolitik nennen. Eine wesentliche Leitfunktion für erfolgreiche Technologiepolitik wird darin liegen, mit kreativen Impulsen alle bestehenden Innovationspotenziale anzuregen und auszuschöpfen. Der innovative Wissenstransfer zwischen Wissenschaft und Praxis ist noch immer unterentwickelt. Daher geht es um eine gezielte, auch kurzfristig wirksame Erschließung von Wissen durch Kooperation zwischen Unternehmen und Forschungsinstitutionen.

Literatur

Grimm, J. u. Grimm, W.: Deutsches Wörterbuch, Leipzig 1854

Harnack, A.: Geschichte der Königlich-Preussischen Akademie der Wissenschaften zu Berlin, Berlin 1900

Klemm, F.: Technik. Eine Geschichte ihrer Probleme, Freiburg 1954

Moser, S.: Kritik der Traditionellen Technikphilosophie, in: Techne – Technik – Technologie, hg. v. H. Lenk u. S. Moser, Pullach 1973, 11-81

Ropohl, G.: Eine Systemtheorie der Technik, München/Wien 1979; 2. Aufl. u.d.T. Allgemeine Technologie, München/Wien 1999

Ropohl, G.: Allgemeine Technologie als Grundlage für ein umfassendes Technikverständnis, in: Allgemeine Technologie zwischen Aufklärung und Metatheorie, hg. v. G. Banse, Berlin 1997, 111-121

Spur, G.: Produktionstechnik im Wandel, München 1979

Spur, G.: Technologie und Management. Zum Selbstverständnis der Technikwissenschaft, München/Wien 1998 (a)

Spur, G.: Thesen zum Selbstverständnis der Technikwissenschaft. Akademievorlesung 11. Dez. 1997, Berlin 1998 (b)

Tuchel, K.: Herausforderung der Technik, Bremen 1967

Ökologie und Umwelttechnik

Nicole C. Karafyllis und Günter Ropohl

1   Entwicklung der Ökologie und des Umweltschutzes

Die Ökologie beschreibt die Wechselwirkungen der Lebewesen miteinander und mit ihrer Umwelt. Dabei wird unter „Umwelt" die Summe der biotischen und abiotischen Lebensbedingungen verstanden. So fasste der Biologe und Philosoph Ernst Haeckel 1866 die Grundprinzipien der damals aufkeimenden Lehre vom Haushalt der Natur. Sie diente gut ein Jahrhundert später als wissenschaftliche Basis für eine politische Bewegung, die man heute schlicht die „Umweltbewegung" nennt. Die Umwelttechnik, der sich dieser Beitrag widmet, ist ein mittlerweile auch wirtschaftlich ergrünter Spross dieses Gedankenguts. Es wird nachfolgend erörtert, was man unter Umwelttechnik verstehen kann, welchen Prinzipien sie unterliegt und welche Strategien sie verfolgt.

Dabei sind die Verbindungen zwischen der Umwelttechnik und der Ökologie als biologischem Lehrfach schwächer, als man zunächst aufgrund der Aktualität des Themas denken würde. Die Ökologie ist eine historisch geprägte Wissenschaft, die sich stark an die Naturgeschichte und die Diskussionen um die Darwin´sche Evolutionstheorie im 19. Jahrhundert anlehnt, offenkundig etwa in der entwickelten Idee der „ökologischen Nische". Unter dem Namen der Ökologie versammeln sich heute methodisch so unterschiedliche Forschungsrichtungen wie die Seen- und Gewässerökologie (Limnologie), die Populationsökologie und die Landschaftsökologie. Erst in der Mitte des 20. Jahrhunderts, als auch in anderen Wissenschaften die Systemtheorie Einzug hielt, bekamen Teilbereiche der Ökologie systemtheoretische Züge, die den Weg für die Umwelttechnik bereiteten. Dazu gehört die Erfassung der Nahrungsströme in Energieflussdiagrammen sowie die Darstellung von Ökosystemen, in denen verschiedene Lebewesen einander abwechseln, mit dem Modell des Fliessgleichgewichtes (Odum 1999).

Unter dem wissenschaftlichen Ansatz der Ökosystemforschung werden Bestrebungen zusammengefasst, alle in einem Lebensraum ablaufenden Einzelprozesse darzustellen und zu einem funktionalen Ganzen zu verknüpfen (Ellenberg 1973). Dabei ist das „Ökosystem" ein mehr oder weniger grosser, willkürlich in dem ökologischen Gesamtraum abgegrenzter Teilbereich, in dem Produktion, Konsumtion und Destruktion funktionell zu Kreisläufen oder Spiralen zusammengefügt sind, obwohl das Ökosystem grundsätzlich ein offenes System ist. Aus menschlichem Blickwinkel ist jedoch ein See deutlicher abgegrenzt als eine Wiese oder ein Wald und kann daher spezifisch gewässerökologisch untersucht werden. Die Ökologie als ganzheitlich und interdisziplinär angelegte, aber meist disziplinär betriebene Wissenschaft steht vor dem wissenschaftstheoretischen Problem, begründen zu müssen, welche Generalisierungen zulässig und sinnvoll sind und wie sich Aussagen über verschiedenartige Ökosysteme vergleichen lassen (Schwoerbel 1993, 237; Jax 1999). Für die gegenwärtige Praxis im Umwelt- und Naturschutz sind diese Darstellungen von untergeordneter Bedeutung. In Zukunft wird die Ökologie, wenn sie ihrem eigenen Programm gerecht werden will, nicht als reine Naturwissenschaft betrieben werden können (Balsiger u.a. 1996), sondern sollte als Brückenwissenschaft zu den Sozial- und Technikwissenschaften fungieren. Nur dann wird sie interdisziplinäre Konzepte wie die Umweltökonomie und die Umwelttechnik wirksam unterstützen können.

Das entscheidende Verdienst der Ökologie liegt bislang darin, dass sie ein Bild von einer funktionierenden Umwelt beschreibt, das in unserer Kultur als harmonische Natur interpretiert wird. Diese stabilisiert sich in Kreisläufen, die sie selbst unterhält. An dem ökologischen Gedanken, dass jeder Bestandteil der natürlichen Umwelt eine Funktion im Ganzen hat und daher nicht überflüssig ist, orientiert sich die Umwelttechnik, selbst wenn sie sich erlaubt, natürliche Abläufe technisch zu substituieren oder effizienter zu gestalten. Ideengeschichtlich sind die Ursprünge der Umwelttechnik im Städtebau und in der Stadthygiene zu suchen, als vor Allem seit der Industrialisierung sich Menschen auf engem Raum ansiedelten und Nahrungszufuhr sowie Exkret- und Kadaverabfuhr geregelt werden mussten, insbesondere damit Seuchen vermieden werden konnten. Die ersten Kanalisationen markieren frühe Schritte der Umwelttechnik, ebenso wie Vorschriften zur Gewässernutzung und zur siedlungsnahen Verbrennung und Verkokung von Holz (Sieferle 1988). Umwelttechnik steuert und regelt allgemein die Stoff- und Energieströme, die für den Menschen zum physischen und psychischen Überleben wichtig sind. Dazu gehört der Schutz der Quellen, der Ursprünge jener Ströme, und der Senken, jener Umweltbereiche, in denen die Ströme ihr vorläufiges Ende finden.

Die Umwelttechnik ist stark durch die Technikwissenschaften geprägt, in neuerer Zeit vor Allem durch die Verfahrenstechnik sowie die Mess- und Regelungstechnik, die Mittel für den „technischen Umweltschutz" (so der eingeführte Begriff) bereit stellen. Dagegen hat der Naturschutz, der Arten, Biotope und Landschaften schützt, seine ideengeschichtlichen Wurzeln im Acker-, Wald-, Garten- und Landschaftsbau, gekoppelt an eine kulturell geprägte Vorstellung von Heimat. Bei genauerer Betrachtung wird jedoch deutlich, dass zum langfristigen Erhalt von Quellen und Senken auch technische Massnahmen gehören, die in den Bereichen der Agrar- und Geowissenschaften und des Natur- und Landschaftsschutzes angesiedelt sind, so auch die Technik der „Nachwachsenden Rohstoffe", auf die später noch einzugehen ist. Denn Umwelttechnik dient nicht nur der Abwehr von Umweltschäden bei der Güterproduktion, sondern auch dem Erhalt der Produktivkraft der natürlichen Umwelt, damit sie uns weiterhin als Quelle und Senke zur Verfügung steht.

2   Menschen in Ökosystemen

2.1   Grundsätzliches

Die wissenschaftlich betriebene Ökologie ist als Leitdisziplin der Umweltbewegung stark ideologisiert worden und kann momentan als konkrete Handlungsanleitung nur enttäuschen (Trepl 1994). Für unsere Überlegungen sind beispielsweise die ökologie-internen Auseinandersetzungen um Art und Dauer von natürlichen Gleichgewichten nur bedingt von Nutzen (vgl. Jax 1999). Weit wichtiger scheint uns die ökologische Einsicht, dass die Menschen wie alle anderen Lebewesen dauerhaft nicht unabhängig von ihrer natürlichen Umwelt leben können. Biologisch betrachtet gehören Menschen und Tiere zu den Konsumenten – im Gegensatz zu den produzierenden Pflanzen. Wasser, Luft und Nahrung in einer bestimmten Qualitätsstufe sind für die Lebewesen unabdingbar. Der Erhalt der dazugehörigen Quellen wie Boden, Klima und Gewässer ist daher Hauptanliegen der Umwelttechnik, dem sie sich mit Hilfe der Abwasser- und Abluftreinigung sowie der Bodensanierung widmet. Daneben kann man auch Gestaltungsmethoden zur Umwelttechnik rechnen, welche die Artenvielfalt und die Qualität von Landschaften schützen. Diese weit gefasste Konzeption weist starke Berührungspunkte mit den Methoden des Naturschutzes auf. Spätestens bei umfassenden Lösungsstrategien wie der Bodensanierung oder der Renaturierung von Flussläufen gehen beide Konzepte Hand in Hand. In der Praxis allerdings stehen Konzepte der Umwelttechnik mit denen des Naturschutzes allzu oft im Konflikt (z. B. Karafyllis 1996). Dies liegt daran, dass beim Naturschutz nicht nur Stoffströme, sondern auch bestimmte Lebewesen als Träger von Eigenschaften geschützt werden, auf die wir nicht verzichten können oder wollen, etwa weil wir sie funktional benötigen oder uns schlicht an ihrem Anblick erfreuen. Schutz oder Vernachlässigung können dann nur kulturell begründet werden.

Die Frage, ob Menschen über andere Lebewesen ohne Weiteres verfügen dürfen, wird in der naturphilosophischen Debatte kontrovers diskutiert (Birnbacher 1980; Krebs 1997). Gegen die vorherrschende *anthropozentrische* Position, der zufolge die Sichtweisen und Interessen der Menschen im Vordergrund stehen, wird eine *physiozentrische* Auffassung geltend gemacht, die der nicht-menschlichen Natur einen Eigenwert und ein eigenes Recht zuspricht. In anthropozentrischer Sicht bemisst sich der Wert der Natur an ihrer Nützlichkeit für die Menschen; freilich ist Nützlichkeit nicht allein in wirtschaftlicher Verwertbarkeit zu sehen, sondern auch in der sublimen Bereicherung der Lebenserfahrung. In physio- bzw. biozentrischer Perspektive dagegen kann der Wert natürlicher Gegebenheiten nicht mit menschlichen Massstäben gemessen werden, sondern besteht völlig unabhängig von den Einschätzungen der Menschen. Aus dem Eigenwert der Natur folgert diese Auffassung, jedenfalls in ihrer strengsten Form, für alle Lebewesen – gelegentlich sogar für unbelebte Naturdinge – ein unbedingtes Recht auf Dasein, das eine unbedingte Schutzpflicht der Menschen impliziert. Naturgebilde werden, auch wenn sie ihrerseits nicht als moralische Subjekte handeln können, damit doch in den Rang rechtsfähiger Personalität erhoben.

Kritiker weisen allerdings darauf hin, dass eine solche Betrachtungsweise zu unüberwindbaren Konflikten mit menschlichen Interessen führt. So dürften, im zugespitzten Beispiel, dem Menschen gefährliche Arten wie Giftschlangen keinesfalls getötet werden. Aber schon die ganz normale Lebensführung würde dramatisch erschwert, wenn die Menschen für ihre Ernährung nicht einmal pflanzliche Lebewesen verwerten, sondern nur von deren Rückständen zehren dürften; wenn nämlich alle Lebewesen ihren Eigenwert besitzen, scheinen konstruierte Rangunterschiede zwischen pflanzlichem und tierischem Leben wenig überzeugend. Insgesamt liefe es darauf hinaus, dass die Menschen zu Gunsten der nicht-menschlichen Natur ihr eigenes Interesse am Überleben und an der Erhaltung der Art hintan stellen müssten. Ferner ist zu bedenken, dass die Menschen, wenn sie mögliche Eingriffe in die Natur bewusst unterlassen, damit den Status quo der gegenwärtigen Naturentwicklung aufrecht erhalten und damit doch wieder in menschlicher Überlegenheit über die natürliche Evolution mitentscheiden. Gewiss ist grobe menschliche Rücksichtslosigkeit gegenüber der Natur nicht zu rechtfertigen, aber letzten Endes ist ein wohlverstandener anthropozentrischer Standpunkt unhintergehbar. So lassen sich auch Natur- und Umweltschutz weniger von irgendwelchen Eigenwerten, sondern vornehmlich vom menschlichen Lebenswert der natürlichen Umwelt leiten. Umwelttechnik, die einen angemessenen Naturschutz einschliesst, ist, da sie die Bedingungen für menschliches Leben in einer bestimmten Qualität aufrecht erhält, gezwungenermassen anthropozentrisch. Dies bedeutet jedoch nicht, dass sie die Leistungen und Eigenarten der natürlichen Umwelt verkennt.

2.2   Geschichte der Umweltdebatte

Seit den Büchern von Rachel Carson (1962) – über die Gefahren von Pflanzenschutzmitteln – , des *Club of Rome* (Meadows u.a. 1972) – zu den Grenzen des Wachstums – und der Regierung der Vereinigten Staaten von Amerika (Global 2000, 1980) gibt es in weiten Teilen der Welt eine für Umweltbelange sensibilisierte Öffentlichkeit. Gerade vor diesem Hintergrund gewann damals die Wissenschaft Ökologie die Aufmerksamkeit der Politik (G. Küppers u. a. 1978), weil nur sie, die als biologische Teildisziplin Jahrzehnte ein universitäres Schattendasein gefristet hatte, Hinweise zur Verletzlichkeit des natürlichen Gefüges geben konnte. Ihre Untersuchungsobjekte sind jedoch in erster Linie nicht-menschliche Lebewesen, die uns meist erst sekundär interessieren – wenn wir etwa in unseren Nahrungsmitteln gesundheitlich bedenkliche Rückstände aus unseren industriellen Produktionsprozessen vorfinden. Dem Einfluss der äusseren biotischen und abiotischen Lebensbedingungen auf den Menschen selbst tragen nun junge Wissenschaften Rechnung: die Ökotoxikologie, die Umweltmedizin, Umweltpsychologie (Kruse, in diesem Buch) oder die Umweltsoziologie. Gleichermassen werden die Geologie und verwandte Wissenschaften seit den 1960er Jahren verstärkt um Auskunft über die begrenzten Vorräte an Erzen oder fossilen Energieträgern befragt. Und die Umweltinformatik erstellt Programme, mit denen sich technische Prozesse im Rahmen von umweltbezogenen Eckdaten modellieren lassen.
Heute verfolgt die Umweltforschung das Ziel, gleichermassen die Quellen und die Senken der biogenen und technogenen Stoff- und Energieströme zu untersuchen. Vor 1970 hatten mit der Reinhaltung von Luft und Wasser die nahe liegenden Senken im Vordergrund gestanden. Dann verschob sich mit der so genannten Ölkrise, auf Grund der Angst vor der Begrenztheit der Ressourcen, die Aufmerksamkeit der Umweltdiskussion auf die Quellen. Seit einigen Jahren schenkt man nun der

Senkenfunktion der Geosphäre und Biosphäre auch wieder Beachtung. Viele Jahrzehnte hatten die Atmosphäre, die Ozeane und der Boden ihre Dienste als Senke für Emissionen und Immissionen geleistet, die man auf diese Weise entsorgt glaubte. Aber es ist auch deutlich geworden, dass die Umwelt als komplexe Einheit gesehen werden muss, dass also Senken mit Quellen wechselwirken. Dies hat zu unerwünschten Nebenfolgen wie dem sauren Regen geführt, der, dank fortgeschrittener Rauchgasentschwefelung, in Deutschland nicht mehr verursacht wird, aber wegen umwelttechnischer Mängel in Nachbarländern auch in Deutschland immer noch niedergeht.

Einen Höhepunkt der weltweiten Umweltdiskussion bildet schliesslich die Konferenz der Vereinten Nationen für Umwelt und Entwicklung, die 1992 in Rio de Janeiro statt fand und die berühmt gewordene „Agenda 21" verabschiedete, in der die *nachhaltige* bzw. *dauerhafte Entwicklung* der Menschheit zur weltpolitischen Maxime erhoben wird. Dieser Begriff war zuvor von der Weltkommission für Umwelt und Entwicklung im so genannten Brundtland-Bericht (WCED 1987, 46) folgendermassen definiert worden: *„Dauerhafte Entwicklung ist Entwicklung, die die Bedürfnisse der Gegenwart befriedigt, ohne zu riskieren, dass künftige Generationen ihre eigenen Bedürfnisse nicht befriedigen können"*. Dazu gehört unter Anderem „ein Produktionssystem, das die Verpflichtung anerkennt, die ökologische Basis für Entwicklung zu erhalten" (ebda., 69).

3   Technogene Umwelteffekte

3.1   Das Grundmodell

Jede Invention ist eine Intervention, eine Intervention in Natur und Gesellschaft. Mit jedem technischen Gebilde, das die Menschen in die Welt setzen, verändern sie die Umwelt, in der sie leben. Augenfälliger als die gesellschaftlichen Veränderungen – von denen in anderen Kapiteln dieses Buches die Rede ist – treten die Einflüsse in Erscheinung, welche die Technisierung auf die natürliche Umwelt ausübt. Zunächst wollen wir einen allgemeinen Überblick über die Wechselwirkungen zwischen technischen Systemen und der natürlichen Umwelt geben. Die technogenen Umwelteffekte lassen sich zwanglos ableiten, wenn man das Grundmodell der Allgemeinen Technologie benutzt (Ropohl 1999).

Wie Bild 1 veranschaulicht, geht ein technisches Produkt aus einem soziotechnischen Herstellungssystem hervor, um hernach in einem anderen soziotechnischen System verwendet zu werden. Wenn es wegen Verschleiss oder Veraltung nicht mehr verwendet werden kann, fällt es der Auflösung anheim. Dieser letzten Phase im Lebensweg des Produkts ist bis vor Kurzem wenig Aufmerksamkeit zuteil geworden. Davon zeugen noch immer die Mülldeponien und Schrotthalden, auf denen die unbrauchbar gewordenen Produkte allmählich von alleine verrotten sollen. Davon zeugt aber auch der Umstand, dass bislang keine angemessene Bezeichnung für diese Phase eingeführt ist. Versuchsweise nennen wir sie „Auflösung", indem wir uns an dem alten Wort „Auflassung" orientieren, das so viel wie

„Tilgung", „Löschung" oder „Aufhebung" bedeutet. Regelrechte soziotechnische
Auflösungssysteme hat es, von Ausnahmen abgesehen, lange Zeit kaum gegeben;
sie verbreiten sich erst in jüngster Zeit.

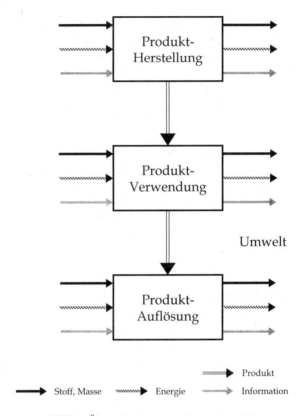

Bild 1   Ökotechnologisches Grundmodell

Die Funktion eines technischen bzw. soziotechnischen Systems besteht darin, bestimmte Eingänge oder Inputs in bestimmte Ausgänge oder Outputs umzuwan-
deln. Dabei hat es sich – wenn auch theoretisch noch umstritten – als zweckmässig
erwiesen, die Inputs und Outputs jeweils den Kategorien Stoff, Energie oder Information zuzuordnen. So sind im Schemabild für jedes System jeweils drei In-
putarten und drei Outputarten, unterschieden durch die Pfeillineaturen, zu erkennen. Die Inputs entnehmen den Quellen der Umwelt Stoff, Energie und Information, die im technischen System gebraucht, zum Teil auch verbraucht werden. Die
Outputs dagegen führen Stoff, Energie und Information, die im technischen System umgewandelt worden sind, den Senken der Umwelt zu. Häufig gibt es in jeder Kategorie mehrere In- und Outputs, die aus Gründen der Übersichtlichkeit im
Schema nicht einzeln dargestellt sind; jeder Pfeil repräsentiert also alle jeweils art-
gleichen Inputs bzw. Outputs. Beispielsweise gibt es bei der Verwendung einer

Glühlampe zwei Energie-Outputs: das erwünschte Licht und die unerwünschte Wärme. Andererseits kommt es vor, dass bei einem technischen System nicht alle Pfeile wirklich belegt sind; die Glühlampe, die der Beleuchtung dient, hat keinen Informationsoutput. Das Schema zeigt also lediglich das Grundmodell, das für die konkreten technischen Systeme entsprechend zu spezifizieren ist.

Gesondert hervorgehoben wird allerdings das Produkt, dessen Lebensweg im Zentrum des ganzen Schemas steht; es wird mit einem Doppelstrich-Pfeil symbolisiert, weil stoffliche, energetische und informationelle Anteile darin nicht selten auf das Engste mit einander verknüpft sind. Auch hinsichtlich des Produktes bildet das Schema lediglich ein Minimalmodell. In Wirklichkeit erweist sich die Produktverwendung häufig als Herstellung eines anderen Produktes. Auch dieses zweite Produkt kann wieder zum Produktionsmittel in einem dritten Herstellungsprozess werden, und eine derartige Kette auf einander folgender Herstellungsprozesse hat oft zahlreiche Glieder. Das Produkt ist selbstverständlich der kennzeichnende Output des Herstellungssystems; gemessen am Produkt, erschienen die übrigen Outputs des Herstellungssystems lange Zeit als blosse Nebeneffekte, die man, so weit irgend möglich, zu ignorieren versuchte. Ebenso verfuhr man mit den unbeabsichtigten Outputs bei der Produktverwendung, so etwa mit der Abwärme der erwähnten Glühlampe, und erst recht mit den Outputs der Produktauflösung, die man, wie gesagt, durchweg gar nicht als planungs- und gestaltungsbedürftigen Prozess begriff.

Diese produktzentrierte Technisierungsstrategie ist durch die unübersehbaren Anzeichen einer globalen Umweltkrise begreiflicherweise inzwischen in Misskredit geraten. An dem Grundmodell von Bild 1, das eigentlich ganz einfache Funktionszusammenhänge wiedergibt, kann man mühelos ablesen, was die technische Praxis in der Vergangenheit immer wieder zu verdrängen suchte: dass nämlich *alle* Inputs und *alle* Outputs der Herstellung, der Verwendung und der Auflösung technogene Umwelteffekte implizieren. Gewiss gibt es darunter Effekte, die in wohlverstandener menschlicher Betrachtungsweise als positiv oder wenigstens als neutral gelten können. Die Umwelttechnik freilich ist vornehmlich darum entstanden, weil zu viele Effekte belastenden und schädigenden Charakter haben; vielfach wird daher ausdrücklich von der Umwelt*schutz*technik gesprochen. So sollen denn auch im Folgenden die negativen Umwelteffekte im Vordergrund stehen.

3.2   Umwelteffekte im Überblick

Betrachten wir zunächst die Inputs der technischen Systeme, so sind das „Flüsse", die, indem sie dem System etwas zuführen, dies gleichzeitig der Umwelt entnehmen. Für die Herstellung gegenständlicher Produkte werden grundsätzlich stoffliche Inputs benötigt, die, auch wenn sie bereits technisch umgewandelt sind, letztlich doch natürliche Rohstoffvorräte verringern. Da die stofflichen Ressourcen prinzipiell nicht unendlich gross sind, muss ein fortgesetzter oder gar ständig wachsender *Rohstoffverzehr* je nach der Menge des jeweiligen Stoffvorrates früher oder später zu Verknappungen führen, derart, dass dann nicht nur die menschliche Technosphäre, sondern auch die gesamte Biosphäre in Mitleidenschaft gezogen wird. Bei der Produktverwendung werden zum Teil ebenfalls Stoffe verbraucht, dann nämlich, wenn das Produkt seinerseits die Funktion der Stoffwandlung hat; auch sonst kommt es vor, dass man bei der Produktverwendung regelmässig oder von Zeit zu Zeit bestimmte Hilfsstoffe benötigt. Hilfsstoffe kommen auch bei der Produktauflösung in Betracht, die ansonsten vor Allem der Rückführung der ursprünglich eingesetzten Stoffe dient.

Da kaum noch ein Produkt in reiner Handarbeit hergestellt wird, braucht man für die Produktherstellung grundsätzlich nicht-menschliche *Energie*. Dasselbe gilt für die Produktverwendung, mit Ausnahme von einfachen und statischen Produkten (z. B. Handwerkzeuge, Möbel und dergleichen). Schliesslich kommt auch die Produktauflösung nicht ohne Energiezufuhr aus, sei es für den Transport der Abfälle zu den Deponien, sei es im anspruchsvolleren Fall für die Zerlegung der Produkte und für die Aufbereitung der darin enthaltenen Stoffe. Bei den Energieressourcen sollte man den ökologischen Sprachgebrauch differenzieren und zwischen Vorräten und Quellen im engeren Sinn unterscheiden. Energievorräte erschöpfen sich, wie die Stoffvorräte, mit fortgesetztem Verbrauch. Das gilt für die fossilen Energieträger (Kohle, Erdöl, Erdgas) und für atomar spaltbares Material (Natururan). Energiequellen dagegen speisen sich vor Allem aus der fortgesetzen Energiezufuhr durch die Sonne (Strahlung, Wasser, Wind); sie sind darum nicht, wie es heute häufig heisst, „regenerativ", d. h. sich selbst wieder erzeugend, sondern stammen aus einem Energievorrat, der grundsätzlich ebenfalls endlich ist, jedoch gemessen an menschlichen Zeitdimensionen als unerschöpflich anzusehen ist.

Die informationellen Inputs scheinen auf den ersten Blick unproblematisch, da Information, im Gegensatz zu Stoff und Energie, gebraucht werden kann, ohne sich dabei zu verbrauchen. Allerdings ist Information grundsätzlich an stoffliche oder energetische Träger gebunden, und dadurch können doch spürbare Umwelteffekte auftreten. Man denke bloss an die Papiermassen, die für die Verbreitung von Information von den Druckmedien benötigt werden. Die digitale Informationsverarbeitung andererseits, die in der Einzelverwendung nur wenig Energie benötigt, führt in der Kumulation von Hunderten von Millionen Computern eben doch zu einem enormen Energieverbrauch.

Bevor wir uns den Outputs zuwenden, müssen wir einen Blick auf die Systeme selbst werfen, die, wie ja auch die Graphik andeutet, wie „Blöcke" in der Umwelt stehen. Die sachtechnischen Anlagen der Produktherstellung und -auflösung und zum Teil auch die Produkte können Grössenordnungen erreichen, in denen sie durch ihre blosse Existenz das Erscheinungsbild der Erdoberfläche beträchtlich verändern. Landschaftsverbrauch und Bodenversiegelung sind als Umwelteffekte ebenso in Betracht zu ziehen wie die ästhetischen Veränderungen, die grosse und zum Teil weiträumige sachtechnische Installationen hervor rufen. So ist schon heute die menschliche Biosphäre weithin zur Technosphäre geworden.

Schliesslich sind es selbstverständlich die Outputs der Produktion, des Produktes und der Auflösung, die verändernd auf die natürliche Umwelt einwirken. Bei der Produktherstellung ist ja nur *ein* Output wirklich beabsichtigt und erwünscht, das Produkt nämlich, während alle anderen Outputs als so genannte Nebenwirkungen anzusehen sind; am Ort ihrer Entstehung heissen sie *Emissionen*, am Ort ihrer Einwirkung *Immissionen*. Dazu zählen die stofflichen Abfälle in festem, flüssigem oder gasförmigem Zustand, die entweder Überreste der Rohstoffe sind, die nicht vollständig in das Produkt eingehen konnten, oder von Hilfsstoffen stammen, die während der Herstellung gebraucht, aber nicht verbraucht werden.

Wie bei jedem Energieeinsatz kann auch bei der Produktherstellung die zugeführte Energie nicht vollständig genutzt werden, derart, dass ein bestimmter Teil als Verlustenergie, meist als Wärme, an die Umwelt abgegeben wird; aber auch die Strahlungsenergie radioaktiver Abfälle aus der Atomenergienutzung gehört hierher. Ferner werden bei der Energiewandlung durch Verbrennung entsprechender fossiler oder rezenter Energieträger Abstoffe, meist Abgase, aber auch feste Rückstände, freigesetzt, die ebenfalls auf die natürliche Umwelt einwirken. Schliesslich ist ein energetischer Output zu nennen, der nur in physikalischer Abstraktion als solcher einzuordnen ist, der Schall nämlich, den sehr viele technische Systeme während des Betriebs erzeugen und den man Lärm nennt, wenn er laut und störend auftritt. Lärm kommt zwar vor Allem mit seinen physischen und psychischen Auswirkungen auf die Menschen in Betracht, aber Lärm kann, im Unterschied zu einem lärmfreien Biotop, auch nicht-menschliche Lebewesen in der einen oder anderen Weise affizieren. Unbeabsichtigte informationelle Outputs dürften früher nicht allzu oft vorgekommen und dann, wie die informationellen Inputs, in erster Linie auf Grund ihrer stofflichen oder energetischen Träger für die natürliche Umwelt relevant sein. Inzwischen ist freilich zu bedenken, dass auch die Rückstände gentechnisch veränderter Organismen in bisher schwer abschätzbarer Weise als unerwünschte informationelle Outputs wirken können. Immerhin erkennt man an diesem Beispiel, dass man mit dem dargestellten Schema ein hervor ragendes Suchinstrument besitzt, mit dessen Hilfe man auch ungewöhnliche Umwelteffekte identifizieren kann.

Im System der Produktverwendung ist, anders als bei der Herstellung, der im Schema hervor gehobene Output nicht mehr erwünscht. Es handelt sich nämlich um das vernutzte, unbrauchbar gewordene Produkt, das nun zu „entsorgen" ist; in dieser neuen Wortbildung kommt der Wandel im Umweltbewusstsein zum Ausdruck, denn früher wurden die Abprodukte einfach weggeworfen, als Deponate also mehr oder minder rücksichtslos in der natürlichen Umwelt verstreut, während man nun begriffen hat, dass sie auch in diesem letzten Stadium ihrer Existenz ein Gegenstand menschlicher Besorgung sein müssen. Die anderen Outputs und Inputs der Produktverwendung spiegeln teilweise die bestimmungsgemässe Funktion der Produkte wider, bei der meist auch Ressourcen verbraucht werden. Andere Outputs repräsentieren, wie bei der Produktherstellung, Nebenwirkungen, die bei der bestimmungsgemässen Produktverwendung in Kauf zu nehmen und in ökologischer Sicht besonders zu beachten sind.

Für die Produktauflösung ist nur Weniges zu ergänzen, was nicht schon bei den anderen Systemen gesagt worden wäre. Vor Allem kommt auch die Auflösung im Allgemeinen nicht ohne Energiezufuhr und Energieverluste aus, ein Ressourcenverbrauch, der gegen die Vorteile einer Neutralisierung von Produktrückständen abgewogen werden muss. Im Idealfall sollten, nachdem die Produkte zerlegt worden sind, ihre Bestandteile derart aufbereitet werden, dass aus dem Auflösungssystem ausschliesslich umweltfreundliche Outputs abgeführt werden.

Das ökotechnologische Grundmodell bestätigt die Feststellung, mit der wir dieses Kapitel begonnen haben: dass nämlich die Technisierung ohne Veränderungen der natürlichen Umwelt überhaupt nicht denkbar ist. So muss man fragen, welche Veränderungen zulässig und welche unzulässig sind, sowie ferner, welche unzulässigen Veränderungen auf welche Weise zu vermeiden sind, ohne dass man die Technisierung übermässig beschränken müsste.

3.3   Ökotechnologische Maximen und ihre Probleme

Radikale Ökologisten haben gelegentlich so argumentiert, als befürworteten sie die Maxime: „Unterlasse Alles, was die natürliche Umwelt verändern würde!" Diese Maxime würde nicht nur jede Technik verbieten, sie wäre auch ökologisch völlig absurd, da die Menschen wie alle anderen Lebewesen schon für ihre organische Existenz auf den Stoffwechsel mit der Natur angewiesen sind; Stoffwechsel aber impliziert notwendig auch Veränderungen. Gleichwohl schliesst diese Überlegung keineswegs die schwächere ökologische Maxime aus: *„Unterlasse Alles, was die natürliche Umwelt belasten und schädigen würde!"* Diese Maxime folgt aus dem allgemeinen Imperativ, dass man „die Bedingungen für den indefiniten Fortbestand der Menschheit auf Erden nicht gefährden" darf (Jonas 1979, 36), und aus der deskriptiven Feststellung, dass die Menschen, soweit sie Naturwesen sind, ohne eine angemessene Verfassung der natürlichen Umwelt nicht leben können; wie oben angedeutet, ist diese Maxime auch im Programm der nachhaltigen Entwicklung enthalten. Geht man nun die Übersicht über die technogenen Umwelteffekte noch einmal durch, so kann man die ökologische Hauptmaxime in einigen Teilmaximen konkretisieren (Ropohl 1985, 111-133; Verein Deutscher Ingenieure 1991, 10f; Sachverständigenrat 1994, 83f):

– *Stoffvorräte dürfen nur verbraucht werden, wenn sie entweder in menschheitsgeschichtlichen Dimensionen unerschöpflich sind oder wenn sie auf natürliche oder technische Weise regeneriert werden können.*

– *Der Verbrauch der absehbar endlichen Energievorräte muss so schnell wie möglich durch die Nutzung unerschöpflicher Energiequellen, besonders der Sonne und der sonnengespeisten Quellen, ersetzt werden.*

– *Emissionen und Deponate dürfen nur dann der natürlichen Umwelt überlassen werden, wenn sie keine Schäden anrichten und wenn sie sich in überschaubarer Frist abbauen; sonst müssen sie zunächst mit technischen Mitteln neutralisiert werden.*

– *Landschaftsprägende technische Anlagen dürfen nur in begrenzter Menge vermehrt und müssen ästhetisch so gestaltet werden, dass sie sich dem gegebenen Landschaftsbild bestmöglich einfügen. Ferner müssen sie sich gegebenenfalls rückstandslos auflösen lassen.*

Diese Maximen scheinen so einleuchtend, dass man sich fragen muss, warum gegenwärtig noch immer so drastisch dagegen verstossen wird. Das erklärt sich allerdings aus den Schwierigkeiten, die auftreten, wenn man die Maximen im konkreten Fall anwenden will. Vor Allem muss man bedenken, dass jene Techniken, die problematische Umwelteffekte auslösen, hergestellt und verwendet werden, weil sie auf den ersten Blick beträchtlichen Nutzen stiften: Gewinne für die Hersteller und Bequemlichkeiten für die Verwender. Auf solche unmittelbar greifbaren Vorteile mag man ungern verzichten, bloss weil vielleicht Nachteile für die Umwelt auftreten könnten. Der augenblickliche Nutzen zählt mehr als der spätere Schaden, und die Nutzniesser wiegen sich in der, häufig nicht unbegründeten, Hoffnung, dass sie selber die möglichen Schäden nicht tragen müssen. Selbst wenn ein vergleichbarer Nutzen letzten Endes auch mit umweltfreundlicherer Technik zu erreichen wäre, scheut man doch den Umstellungsaufwand, den man zunächst einsetzen müsste. Das ist, auf eine kurze Formel gebracht, der bekannte „Widerspruch zwischen Ökonomie und Ökologie".

Überdies ist das Ausmass der technogenen Umwelteffekte in den konkreten Einzelfällen fast immer umstritten; das lehren die alltäglichen ökotechnologischen Diskussionen. Wie wirken sich Emissionen, die präzise gemessen werden können, als Immissionen auf die Umwelt aus? Welche Konzentration müssen Schadstoffe in den Immissionen erreichen, um wirklich nachteilige Effekte auszulösen, und bis zu welcher Konzentration können sie als unbedenklich gelten? Das ist das leidige Problem der so genannten Grenzwerte, das meist eher mit politischen Kompromissen als mit wissenschaftlichem Sachverstand behandelt wird. Häufig sind aber auch Umwelteffekte gar nicht sofort zu erkennen, weil sie nicht unmittelbar mit dem einzelnen technischen System verbunden sind, sondern erst mittelbar, als Sekundär- oder Tertiäreffekte, in Erscheinung treten. Solche Wirkungsketten versucht man mit so genannten *Ökobilanzen* zu erfassen, in denen alle Umwelteffekte im gesamten Lebenszyklus eines Produkts analysiert und bewertet werden. Dabei hat sich beispielsweise heraus gestellt, dass Mehrweg-Flaschen den Einweg-Verpackungen aus ökologischer Sicht nur dann überlegen sind, wenn Abfüllung und Verbrauch räumlich nahe bei einander liegen, weil nämlich sonst die Umweltbelastungen durch die Transporte beträchtlich zu Buche schlagen (Fleischer 1994). Aber auch die Ökobilanzierung führt nicht immer zu eindeutigen Ergebnissen, nicht nur, weil die Abgrenzung des Untersuchungsfeldes strittig sein kann, sondern auch, weil die Bewertungen unterschiedlich gewichtet werden können.

Ferner gibt es kumulative Effekte, Umweltwirkungen also, die nicht schon beim einzelnen technischen System bedenklich sind, sondern erst dann, wenn sich solche Teilbeiträge massenhaft aufsummieren. Neben diesem quantitativen Phänomen können auch synergistische Effekte des qualitativen Zusammenwirkens verschiedenartiger Teilbeiträge auftreten. In diesem Fall mögen die Teilbeiträge, jeder für sich genommen, harmlos sein, in der Umwelt aber dann derart mit einander reagieren, dass der Gesamteffekt bedenklich wird.

Schliesslich treten Umwelteffekte nicht immer mit Gewissheit ein. Aus prinzipiellen oder erkenntnispraktischen Gründen kann man sie nur mit einer gewissen Wahrscheinlichkeit erwarten und nennt sie im Schädlichkeitsfall *Risiken* (Banse 1996; Bechmann 1993; Ropohl 1994). Dann besteht die Schwierigkeit darin, die Eintrittswahrscheinlichkeit angemessen zu bewerten. Niemand könnte eine vermeidbare Klimaveränderung zulassen, in deren Folge dicht bevölkerte Siedlungsflächen

mit Sicherheit überflutet würden. So lange aber eine derartige Folge manchen Be-
obachtern sehr unwahrscheinlich vorkommt, sind sie zu einschneidenden Gegen-
massnahmen nicht bereit, weil deren Kosten ihrer Meinung nach wegen der geringen Schadenswahrscheinlichkeit nicht zu rechtfertigen wären. Weil es für die Ab-
wägung von Chancen und Risiken keine objektive Grundlage gibt, überwiegen
auch in diesen Fragen die politischen Kompromisse.

Ungeachtet der genannten Schwierigkeiten haben die ökotechnologischen Maximen den Vorzug, allen Beteiligten die Umweltrelevanz der Technisierung zu Bewusstsein zu bringen und sorgfältige Prüfungen zu empfehlen, ob nicht auch
Technisierungsformen möglich sind, mit denen die Maximen erfüllt werden können, ohne dass man übermässige Abstriche an Gewinn und Bequemlichkeit hinnehmen müsste. Dann nämlich sollte man sie auf jeden Fall beachten, auch wenn
die sonst zu erwartenden Belastungen und Gefährdungen nicht mit völliger Gewissheit zu bestimmen sind.

4   Umwelttechnische Strategien

4.1   Allgemeines

Wenn man ökotechnologische Maximen aufstellt und behauptet, diese könnten bei
der künftigen Technisierung ohne bedeutende Einbussen an Lebensqualität verfolgt werden, dann muss man auch praktikable Wege dafür angeben. Die vielfältigen Entwicklungen in den Teilbereichen der Umwelttechnik, die inzwischen statt
gefunden haben (Dreyhaupt 1994; Görner/Hübner 1999), können kaum in einem
einzelnen Aufsatz gewürdigt werden. So müssen wir uns auf ausgewählte Beispiele beschränken, die zu illustrieren vermögen, worauf es uns im Folgenden ankommt: nämlich die Strategien der Umwelttechnik zu besprechen. Dass sich solche
Strategien inzwischen präzise beschreiben lassen, gehört zu den Erträgen der ökotechnologischen Diskussion in den letzten beiden Jahrzehnten. Im Wesentlichen
sehen wir vier Strategien, nämlich (a) die technische Askese, (b) die quantitative
Verringerung von Umwelteffekten, (c) die qualitative Vermeidung von Umwelteffekten und (d) die Zyklisierung, also die kreislaufförmige Rückführung eines Outputs zwecks Wiederverwendung als Input. Schliesslich wollen wir das Konzept
der nachwachsenden Rohstoffe im Hinblick auf diese Strategien prüfen.

4.2   Technische Askese

Technische Askese bedeutet die weitestgehende Enthaltsamkeit hinsichtlich weiterer Technisierung und gegebenenfalls sogar die Rücknahme bereits vorhandener
Technik. Wenn jede Technik problematische Umwelteffekte zur Folge haben kann,
wenn riskante Auswirkungen manchmal erst nach der Einführung einer Technik
erkannt werden und wenn eine gefährliche Technik dann vielleicht nicht mehr fol-
genlos rückgängig gemacht werden kann, erscheint die Askese als konsequente
Strategie unbedingter Sicherheitsgewährleistung. Bekanntlich geniesst diese Stra-

tegie gegenwärtig nur bei Minderheiten Sympathie, und man muss wohl auch ernstlich fragen, wie viele technische Errungenschaften, deren wir uns heute ungefährdet erfreuen, niemals in die Welt gekommen wären, wenn die Menschen sich stets allein von grenzenloser Sorge hätten bestimmen lassen. Als universelle Strategie kommt die technische Askese schon darum nicht in Betracht, weil die Menschen von Anbeginn Technik produzierende Lebewesen sind und ohne Technik ihre kulturelle Entwicklung gar nicht hätten machen können (Geiger, in diesem Buch).

Doch solche prinzipiellen Erwägungen liefern keinen zwingenden Grund dafür, dass die Menschen jede technische Neuerung, die machbar und gewinnbringend scheint, um jeden ökologischen Preis verwirklichen müssen. Zu vielfältig sind die Formen technischer Gestaltung, als dass man jede beliebige Innovation zum Markstein gattungsgeschichtlicher Vervollkommnung erklären könnte. So mag technische Askese bei bestimmten technischen Entwicklungen durchaus eine ernst zu nehmende Strategie sein, und sei es auch nur in der Form eines befristeten Moratoriums, einer erklärten Verzögerung, die man nutzt, um Chancen und Risiken besser abschätzen zu können.

Überdies kennen wir Einzelfälle, in denen allein die Askese die Strategie der Wahl sein kann. Dazu zählt besonders die Atomkernenergietechnik; Dutzenden von nachfolgenden Generationen die Bürde des radioaktiven Abfalls aufzuerlegen, erweist sich als eine Zumutung, die sogar dem Wortlaut der Brundtland-Maxime widerspricht (Unnerstall 1999). Hier ist Askese in der radikalen Form am Platz, den technischen Irrweg schleunigst zu verlassen – und dies in dem tragischen Bewusstsein, dass man schon bisher viel zu viel Unheil angerichtet hat, das man nicht wieder gut machen kann. Auch in der Gentechnik, so weit man sie aus den Labors entlässt und bei Pflanzen, Tieren und Menschen ihre unabsehbaren Wirkungen ausüben lässt, scheint uns mehr Enthaltsamkeit geboten. Denn es könnten sich, was von Fall zu Fall sorgfältig zu prüfen ist, Fehlentwicklungen anbahnen, die im Nachhinein nicht mehr zurück zu nehmen sind. Auch wenn gentechnische Projekte jenseits der ökonomischen Interessen den einen oder anderen Vorteil versprechen, wöge dieser doch gering, wenn er mit der Entartung der Biosphäre und mit der Pervertierung der menschlichen Gattung erkauft werden müsste.

Wenn uns schliesslich bestimmte Qualitäten der natürlichen Umwelt – z. B. Vogelarten oder Orchideen als landschaftskonstituierende Elemente – als schutzwürdig erscheinen, aber nur dadurch gegen technische Eingriffe geschützt werden könnten, dass man sie aus ihrer natürlichen Umwelt entfernt und in Zoologischen oder Botanischen Gärten künstlich bewahrt (sogenannter *Ex situ*-Schutz), dann muss auch hier überlegt werden dürfen, ob man auf die betreffenden technischen Eingriffe nicht besser verzichten sollte.

4.3 Quantitative Verringerung

Die Strategie der quantitativen Verringerung zielt darauf ab, den Ressourcenverbrauch zu senken und die Menge der Emissionen und Deponate zu vermindern.

Nun sind aber diese Input- und Outputgrössen für ein gegebenes technisches System aus naturgesetzlichen oder technologischen Gründen zunächst kaum veränderbar. Eine Verringerung lässt sich ceteris paribus nur dadurch erreichen, dass man den beabsichtigten Output, die Menge der Produkte, verkleinert. Wenn weniger produziert wird, benötigt die Herstellung weniger Ressourcen und gibt auch weniger unerwünschte Outputs ab. Nun könnte man meinen, dass dann der Bedarf an diesen Produkten nicht mehr gedeckt würde, und für neue, noch nicht verbreitete Produkte träfe das auch zu.

Allgemein aber richtet sich der Bedarf nicht so sehr auf die gegenständlichen Produkte, sondern auf die Produktfunktion innerhalb des soziotechnischen Verwendungssystems, und Ersatzbedarf entsteht nur dann, wenn ein vorhandenes Produkt wegen Verschleiss oder Veraltung nicht mehr verwendbar ist. Darum ist eine bedarfsneutrale *Verringerung der Produktmengen* dadurch zu erreichen, dass man die Lebensdauer der Produkte erhöht. Dafür kommen nicht nur qualitativ höherwertige Produktkonzepte in Betracht, sondern auch Verbesserungen in der Wartungs- und Reparaturfähigkeit sowie ein langfristiger Ersatzteilnachschub. Wenn dann die Produkte deutlich länger der Verwendung erhalten bleiben, verringert sich natürlich auch die Menge der Abprodukte, mit denen das Auflösungssystem belastet wird.

Eine andere Form der Verringerungsstrategie besteht darin, dass man durch Veränderung der Produktions- oder Produkttechnik die Stoff- und Energieproduktivität steigert, derart, dass die selbe Produktions- oder Produktfunktion mit weniger Stoff- und Energieverbrauch verwirklicht wird (Schmidt-Bleek 1993; Weizsäcker u. a. 1995). So hat man beispielsweise den Stromverbrauch elektrischer Haushaltsgeräte in den letzten 20 Jahren bei gleicher oder gar verbesserter Funktion um 20 bis 50% Prozent senken können. Bei Videorekordern hat man gar die Leistungsaufnahme in der Bereitschaftsschaltung ("stand by") von 25 W in den 1980er Jahren auf jetzt 1 W, also um 96% verringert; neben der Schonung der Energieressourcen bedeutet das überdies für den Nutzer bei kontinuierlichem Betrieb eine jährliche Kostenentlastung von mehr als 50 DM. Wenn durch derartige Produktivitätssteigerungen weniger Ressourcen verbraucht werden, mindert das natürlich auch die Menge an Abstoffen und Verlustenergie.

Sonst besteht die klassische Form der Verringerungsstrategie auf der Outputseite darin, die zunächst anfallenden unerwünschten Outputs mit zusätzlichen technischen Einrichtungen ("at the end of the pipe") abzufangen, damit sie keine negativen Umwelteffekte hervorrufen. Bekannt sind Abwasserkläranlagen, Rauchgasentstaubungsanlagen, Entschwefelungsanlagen oder in jüngerer Zeit auch Abgaskatalysatoren bei Verbrennungsmotoren oder Müllverbrennungsanlagen zur Verringerung der Deponate. Auf die Vielzahl technischer Entwicklungen und Verbesserungen können wir hier, wie gesagt, unmöglich eingehen, sondern müssen es damit bewenden lassen, auf die einschlägigen Kompendien und die Spezialliteratur zu verweisen (z.B. Görner/Hübner 1999). Wir müssen jedoch festhalten, dass bei dieser Verringerungsstrategie lediglich an den Symptomen kuriert wird, statt dass man die Ursachen angehen würde, die für die Entstehung umweltbelastender Effekte verantwortlich sind.

4.4 Qualitative Vermeidung

Die zuletzt genannte Strategie der nachträglichen Verringerung von Emissionen und Deponaten bezeichnet man inzwischen als *additiven Umweltschutz*, weil den gegebenen Produktions- und Produkttechniken lediglich zusätzliche Umwelttechnik hinzu gefügt wird. Kennzeichnend für einen regelrechten Paradigmenwechsel in den letzten 20 Jahren ist demgegenüber die Konzeption des integrierten oder integrativen Umweltschutzes. Zwar gibt es schon seit Längerem die Einsicht, dass der beste Lärmschutz in der Lärmvermeidung besteht, doch ist diese Einsicht nun zu einer grundsätzlichen Strategie verallgemeinert worden. *Integrativer Umweltschutz* bedeutet, dass man durch qualitative Änderungen der Produktions- und Produkttechnik dafür sorgt, dass negative Umwelteffekte gar nicht erst entstehen.

So können technische Veränderungen bewirken, dass knappe Ressourcen durch Stoffe oder Energiequellen substituiert werden, die langfristig verfügbar bleiben. Zum Beispiel ersetzt man in der Informationstechnik die Kupferkabel durch Glasfaserkabel und erreicht damit, neben höherer Leistungsfähigkeit, eine Schonung der relativ knappen Kupfervorräte, während Glasrohstoffe im Überfluss vorhanden sind. Auch schickt man sich endlich an, für die Energieversorgung der Fahrzeugantriebe die in absehbarer Zeit nicht mehr verfügbaren Erdölprodukte durch andere Energieträger wie beispielsweise den Wasserstoff zu ersetzen, der freilich seinerseits mit Solarenergie gewonnen werden muss, wenn man nicht die Verschwendung knapper Vorräte nur verlagern will.

Im zuletzt genannten Beispiel erreicht man mit der technischen Veränderung gleich Beides: die Schonung knapper Ressourcen und die Vermeidung schädlicher Emissionen. Vielfach folgen Abfälle und Emissionen aus dem „Gesetz der Kuppelproduktion", dem zufolge, abhängig von Input und Produktionsfunktion, zugleich mit dem erwünschten Output aus naturwissenschaftlichen oder technologischen Gründen notwendig unerwünschte Nebenprodukte entstehen (Haar 2000). Beispielsweise ist, wenn man fossile Energieträger verbrennt, das Kohlendioxid ein unvermeidliches Kuppelprodukt. Integrierte Umweltschutztechnik besteht grossenteils darin, auf Inputs und Produktionsfunktionen umzustellen, für die das „Gesetz der Kuppelproduktion" nicht oder nur in unproblematischer Form zutrifft. So verhält es sich im zuvor genannten Wasserstoffbeispiel, wo der Energieträger gar keinen Kohlenstoff enthält und bei der Verbrennung, abgesehen von geringfügigen Verunreinigungen der Verbrennungsluft, in das harmlose Kuppelprodukt Wasser übergeht.

Auch für diese zweite Form der Vermeidungsstrategie, die sich darauf richtet, keine unerwünschten Outputs entstehen zu lassen, liegen schon zahlreiche erfolgreiche Lösungen vor. So hat sich die Papierherstellung auf chlorfreie Bleichverfahren umgestellt, so dass hier bedenkliche Chloremissionen gar nicht mehr anfallen. In der Kältetechnik ist es gelungen, die Fluorchlorkohlenwasserstoffe (FCKW), nachdem ihre Gefahr für die Ozonschicht allgemein anerkannt worden war, durch andere Kältemittel zu ersetzen, die nach gegenwärtigem Kenntnisstand keine bedenklichen Schadstoffe enthalten. Möglicherweise wird sich die Idee des integrativen Umweltschutzes nicht für jede Art von Produktion oder Produkt verwirklichen lassen, doch folgt aus den ökotechnologischen Maximen, dass man in jedem Einzelfall nach entsprechenden Alternativen suchen muss.

4.5 Zyklisierung

Die oben beschriebenen Strategien der Verringerung und Vermeidung betrachten meist die Inputseite und die Outputseite getrennt; entweder geht es um den Ressourcenverbrauch oder um den Austrag von Schadstoffen und energetischen Nebeneffekten. Die Strategie der Zyklisierung dagegen fasst beide Probleme zugleich ins Auge. Wenn man die unerwünschten Outputs, statt sie in die Umwelt entweichen zu lassen, der Produktherstellung und -verwendung wieder zuführt und erneut verwendet, wirkt man gleichermassen den outputseitigen wie den inputseitigen Umwelteffekten entgegen. Für diese Strategie spricht auch die Überlegung, dass solche Kreislaufprozesse in der Natur die Regel sind, dass also die Zyklisierung die menschliche Technik an natürlichen Prinzipien orientiert.

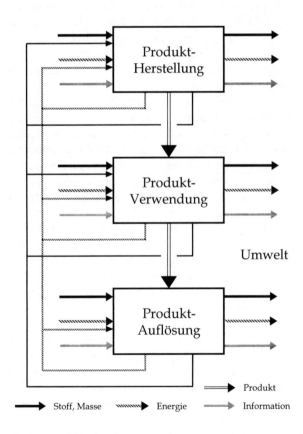

Bild 2   Ökotechnologisches Kreislaufmodell

Bild 2 zeigt die Idealform des ökotechnologischen Kreislaufmodells. Dieses Schema ist aus Bild 1 entstanden, indem es die Rückführung von Stoff- und Energieoutputs zur Inputseite des selben oder eines vorgelagerten soziotechnischen Systems vorsieht. Da in Wirklichkeit, anders als im vereinfachten Schema, zahllose Herstellungs- und Verwendungssysteme neben einander bestehen, kommen dann auch Rückführungen zu anderen Produktzyklen in Betracht. Ebenfalls aus Gründen der Übersichtlichkeit ist auch nicht ausdrücklich hervor gehoben worden, dass die Stoff- und Energieoutputs häufig erst aufbereitet werden müssen, bevor sie sich als neuerliche Inputs eignen. Immerhin springt der Kern der Zyklisierungsstrategie ins Auge, nämlich möglichst alle unerwünschten Outputs in den Wiederverwendungskreislauf zurück zu führen, so dass die Outputreste, die doch in die Umwelt gelangen, beliebig klein werden.

Auch bei der Zyklisierung ist nicht die Grundidee neu, sondern vor Allem das Programm, sie über Einzelfälle hinaus zu einer universellen Strategie zu machen. Bei der Eisen- und Stahlerzeugung ist es seit Langem gang und gäbe, dem frisch gewonnenen Rohstoff Eisenschrott aus früheren Herstellungs- und Verwendungsprozessen beizumengen. Auch in der Papierherstellung werden Textillumpen und Altpapierreste immer schon mitgenutzt. Und in der Landwirtschaft ist es ebenso selbstverständlich, Abfälle aus der Pflanzenproduktion als Tierfutter und Abfälle aus der Tierhaltung zur Düngung der Pflanzen zu verwerten. Offenbar hat erst die technische Massenproduktion des Industrialismus jene guten Praktiken vergessen und mit der Überflussgesellschaft zugleich die Wegwerfgesellschaft geschaffen, die nun auch den Abfall im gegenwärtig kaum genutzten Überfluss erzeugt. Die Zyklisierungsstrategie ist darauf aus, diesen Überfluss erneut zu nutzen.

Freilich gibt es dafür auch bestimmte Grenzen. Wir meinen nicht so sehr die immer wieder beschworenen ökonomischen Grenzen, denn die sind höchst relativ, weil die marktwirtschaftlichen Preise die ökologischen Erfordernisse nicht angemessen widerspiegeln. Aber die naturwissenschaftlichen Sätze über die Erhaltung von Masse und Energie, die auf den ersten Blick die Zyklisierungsstrategie zu stützen scheinen, werden bedauerlicherweise durch die Entropiesätze eingeschränkt, die besagen, dass bei jeder Umwandlung Stoff- und Energiereste anfallen, die grundsätzlich nicht mehr genutzt werden können. In wie weit auch für die Stoffwandlung ein solcher Entropiesatz theoretisch gilt oder lediglich aus praktischen Gründen unterstellt werden muss (Schrödinger 1944; Georgescu-Roegen 1971), ist wohl noch umstritten.

Für die Energiewandlung aber ist der Entropiesatz ein unumstössliches Naturgesetz; in einem abgegrenzten System wird die nutzbare Energiemenge immer kleiner, und echte Verlustenergie kann auf keinen Fall rezykliert werden. Unerwünschte Abwärme, die, beispielsweise über Wärmeaustauscher, wieder gewonnen werden kann, ist keine echte Verlustenergie, weil sie ihren maximalen Entropiewert noch nicht erreicht hat. Grundsätzlich aber sinkt die Menge der nutzbaren irdischen Energievorräte, trotz gelegentlicher Zyklisierungserfolge, unentwegt, und zusätzliche Energiezufuhr kann nur aus Quellen stammen, die sich ausserhalb des abgegrenzten Systems befinden. Gegenwärtig scheint also, von den uneingelösten Versprechungen der Kernfusion einmal abgesehen, die einzige langfristig verfügbare Quelle die Sonnenenergie zu sein, die dem „Raumschiff Erde" immer wieder von Neuem zugeführt wird.

4.5   Nachwachsende Rohstoffe

Die ständig einströmende Sonnenenergie kann gewonnen werden, indem man sie mit photothermischen oder photoelektrischen Kollektoren einfängt. Die Blätter der grünen Pflanzen leisten eine entsprechende Funktion auf photochemische Weise und können solare Energie in Form von Biomasse speichern. Dies wird biotechnisch durch den grossflächigen Anbau von Kulturpflanzen genutzt, die als sogenannte „Non Food"–Pflanzen für industrielle Zwecke ausserhalb des Ernährungsbereichs gezüchtet und angebaut werden. Derartige Pflanzen wie den Raps, mit dem man „Biodiesel" erzeugt, die Faserpflanze Lein oder das als Energieträger genutzte Chinaschilf Miscanthus bezeichnet man als „Nachwachsende Rohstoffe". Im Grunde gehören auch die Bäume in diese Kategorie; bis zum achtzehnten Jahrhundert war Nutzholz der wichtigste Baustoff und Energieträger. In der Idee, mittels effizienter Pflanzenproduktion globale Ressourcenknappheiten überwinden zu können, gehen die Agrar- und die Umwelttechnik eine konzeptionelle Verbindung ein. Gerade seit den 1990er Jahren gewinnen diese Überlegungen an Bedeutung, gefördert durch die europaweite Flächenstilllegung aufgrund von Überschussproduktionen im Nahrungsmittelbereich.

Der ökologische Vorteil wird darin gesehen, dass die Biomasse in naturverträglicher Weise abgebaut werden kann und dass gleichzeitig die Pflanzen von Neuem erstehen. Von den genannten umwelttechnischen Strategien scheinen Nachwachsende Rohstoffe daher der Zyklisierung zu entsprechen. Damit gelten sie als besonders umweltfreundlich. Auch wird ihnen ein Beitrag zur Minderung des Treibhauseffekts zugeschrieben. Da Pflanzen durch den Photosyntheseprozess Kohlendioxid (CO_2) aus der atmosphärischen Luft binden und somit für dieses eine Senke darstellen, werden Nachwachsende Rohstoffe als regenerative Energieträger betrachtet, die beim technischen Verbrennen nur diejenige Menge an Kohlendioxid freisetzen, die sie beim Wachstum aus der Luft aufgenommen hatten. So folgert man vorschnell, die Kohlendioxid-Bilanz sei neutral; Aufnahme und Abgabe hielten sich die Waage.

Doch das physiologische Modell der einzelnen Pflanze kann nicht ohne Weiteres auf die grosstechnische Nutzung Nachwachsender Rohstoffe übertragen werden. Denn in die Pflanzenproduktion gehen energieintensive Vorleistungen ein (Saatgutbeize, Keimlingsanzucht im Gewächshaus, biotechnische Vermehrung, Düngemittelproduktion etc.), für die wiederum fossile Energieträger benötigt werden, die ihrerseits zusätzliches Kohlendioxid freisetzen; so gibt es das CO_2-Nullsummenspiel, die Kompensation späterer Emission durch vorherige Rezeption, nur im Modell. Ausserdem geben Pflanzen bei der Verbrennung auch gewisse Mengen an klimawirksamen Stickstoffverbindungen (z.B. das Lachgas N_2O) ab, insbesondere wenn sie vorher intensiv gedüngt worden waren. Auch dieser Umstand mindert die behauptete Umweltfreundlichkeit.

Schliesslich beschränkt man sich bei der Einschätzung Nachwachsender Rohstoffe und ihrer Erneuerbarkeit auf den Energieaspekt und vernachlässigt den Stoffaspekt. Einerseits kann die nach der Verbrennung verbleibende Asche bis jetzt kaum auf den Acker oder Waldboden zurück geführt werden, da sie – etwa im Falle von nicht entrindetem Holz – hoch konzentrierte Kupferverbindungen enthält. Andererseits benötigen die Pflanzen für die Photosynthese ausser der Sonnenenergie, die tatsächlich im Überfluss vorhanden ist, auch Nährstoffe und Spurenelemente in bestimmter qualitativer Zusammensetzung, die ihrerseits keineswegs in grenzenlosen Mengen vorkommen. Bei der Verbrennung aber werden solche hochwertigen Stoffe in niedermolekulare Verbindungen verwandelt und in die Atmosphäre abgegeben, derart, dass sie für neuerliche Aufbereitung in höherwertige Stoffe nicht mehr zur Verfügung stehen. In diesem Umstand kann man die stoffliche Entsprechung zum energetischen Entropiesatz sehen, dass nämlich auch Stoffe in einer Weise entwertet werden, dass sie nicht länger nutzbar sind.

Wenn wir den zukünftigen Generationen eine lebenswerte Umwelt hinterlassen wollen, müssen Nachwachsende Rohstoffe so angebaut werden, dass – in Anlehnung an die Agenda 21 der Vereinten Nationen - der Schutz des Bodens, des Wassers, der Erdatmosphäre sowie der Arten- und Sortenvielfalt in Flora und Fauna gewährleistet bleibt. Daraus folgt ein weitgehender Verzicht auf Pestizide und ein Masshalten beim Stickstoffeintrag in den Boden, selbst wenn die Erträge unter dem physiologisch möglichen Maximum bleiben. Bisherige quantitative Aussagen über die Mengen, die man der Natur dauerhaft entnehmen kann – die so genannten Abschöpfquoten –, müssen als unsicher betrachtet werden, wenn sie sich allein an der betriebswirtschaftlichen Effizienz orientieren.

Aufgrund der Doppelrolle, Teil der technischen und Teil der natürlichen Welt zu sein, stellen Nachwachsende Rohstoffe eine Chance dar, zwischen Technik und Natur zu vermitteln, dergestalt, dass sie als ein Symbol für umweltverträgliche Technik stehen könnten, wenn sie sich an den Zyklen der Natur und ihrer Wuchsdynamik orientieren. Ob diese Chance genutzt wird, liegt in der Form ihrer Verwirklichung und im zugrundegelegten Wachstumsmodell, das entscheidet, „wieviel Nachwachsen als nachhaltig" anzusehen ist (Karafyllis 2000). Überdies darf man die Frage nicht verdrängen, welche der möglichen Bodennutzungsformen (Nahrungsmittel, Viehfutter, Energieträger, Faserlieferant, Bau- und Werkstoff etc.) mit welchen Anteilen vertretbar sind, denn auch die Anbauflächen sind grundsätzlich begrenzt. In jedem Falle ist es ein Irrtum zu glauben, Nachwachsende Rohstoffe erlaubten es, nicht mehr über die Endlichkeit der Ressourcen nachdenken zu müssen.

5   Nachhaltige Entwicklung: Umwelttechnik, Wirtschaft und Politik

War die Umwelttechnik vor 20 Jahren, abgesehen von parziellen Leistungen im additiven Umweltschutz, überwiegend nur als Programm zu beschreiben (Bossel 1981), so haben sich inzwischen klar umrissene Strategien heraus kristallisiert, die sich in modernen Technisierungsprojekten zunehmend bewähren. Die soziale

Marktwirtschaft bildet den ordnungspolitischen Rahmen des Natur- und Umweltschutzes in Deutschland. Als grundlegende Prinzipien gelten das Vorsorge- und
das Verursacherprinzip, ergänzt durch das Kooperationsprinzip. Diese Prinzipien
haben Eingang in die Gesetzgebung gefunden. Der Aufschwung, den die Umwelttechnik die letzten 20 Jahre zu verzeichnen hat, wäre ohne die innovativen flankierenden Regelungen des Umweltrechts, auf nationaler wie auch auf europäischer
Ebene, nicht möglich gewesen (vgl. Roßnagel in diesem Buch). Gesetze, Verord-
nungen, Verwaltungsvorschriften und Richtlinien, wie z.B. die „Technische Anlei-
tung Luft", das Kreislaufwirtschafts- und Abfallgesetz sowie die Richtlinie zur
„Integrierten Vermeidung und Verminderung der Umweltverschmutzung", ver-
pflichten die Betreiber technischer Anlagen, bestimmte Emissionswerte einzuhal-
ten und Reststoffe zu minimieren. Und dennoch: Die in Deutschland seit über zehn
Jahren vorbereitete Verabschiedung eines bundesweit geltenden Umweltgesetzbu-
ches (UGB) scheiterte jüngst an politischen Kompetenzstreitigkeiten (Grande, in
diesem Buch) . Auch der nach deutschem Recht geltende „Stand der Technik", der
im Umweltschutz massgeblich ist, wurde auf europäischer Ebene zur „best
available technology (BAT)" abgeschwächt; denn das bedeutet nicht das Beste, was
überhaupt verfügbar wäre, sondern das relativ Beste, was unter den jeweiligen
wirtschaftlichen Bedingungen gerade noch vertretbar ist.
So ist das Programm der dauerhaften bzw. *nachhaltigen Entwicklung,* das wir schon
im zweiten Abschnitt erwähnt haben, gegenwärtig bloss eine regulative Idee. Inzwischen hat sich in Deutschland übrigens die zweitgenannte Bezeichnung verbreitet, weil sie an forstwirtschaftliche Traditionen im menschlichen Naturhaushalt
anknüpft. Da bedeutet dieser Ausdruck nämlich, dass man nur diejenige Menge an
Holz verbraucht, die im gleichen Zeitabschnitt nachwächst. Überträgt man diese
Regel auf eine umweltgerechte Weltwirtschaft, so folgt daraus – in Übereinstimmung mit unseren ökotechnologischen Maximen aus dem dritten Abschnitt –, dass
die Menschen keine Vorräte verbrauchen dürfen, die sich nicht in angemessener
Zeit erneuern, dass sie also den Umfang der natürlichen Bestände zu wahren haben.
Allerdings ist die ökologische Verantwortung der gegenwärtig lebenden Menschen, zukünftigen Generationen einen intakten Ressourcenbestand zu vererben,
nicht der einzige Aspekt der Nachhaltigen Entwicklung. Die vielfältigen Diskussionen, die über dieses Konzept geführt werden, können wir hier nicht im Einzelnen nachzeichnen (Karafyllis 2001), doch darf nicht unerwähnt bleiben, dass damit
nicht nur die „konservative" Sicherung künftiger Lebenschancen, sondern auch die
„progressive" Verbesserung der gegenwärtigen Lebensbedingungen in den armen
Ländern dieser Erde gemeint ist. Nur etwa 20 Prozent der Menschen geniessen den
Überfluss der Industriegesellschaften, den sie nun ein wenig umweltverträglicher
machen wollen, während ein deutlich grösserer Teil der Menschen nicht einmal
ihre Grundbedürfnisse befriedigen können.
In diesen armen Ländern ist natürlich wirtschaftliches Wachstum unverzichtbar,
und Niemand kennt das Patentrezept, wie solches Wachstum umweltneutral zu
betreiben ist. Allerdings gibt es, unter der Bezeichnung „joint implementation",
den Gedanken, Umwelttechniken, die in fortgeschrittenen Ländern wie Deutsch-

land entwickelt und eingesetzt werden, gleichzeitig in Schwellen- und Entwicklungsländern einzuführen. Da Ökosysteme und Umweltmedien nicht an nationalen Grenzen Halt machen, kann Umweltschutz langfristig nur in globalen Dimensionen erfolgreich sein. Dafür muss die Technik so angelegt sein, dass sie unterschiedlichen Bedürfnissen angepasst werden kann. Aber es muss für umwelttechnische Investitionen auch das Kapital mobilisiert werden, das gegenwärtig eher auf profitable Innovationen in den Industrieländern setzt als auf Verbesserungen der elementaren Lebensqualität in den anderen Teilen der Welt. Die auf den ersten Blick so überzeugende Formel von der Nachhaltigen Entwicklung entpuppt sich also bei genauer Betrachtung als ein abgrundtiefes Gewirr widersprüchlicher Werte, Ziele und Interessen. So steht die Weltpolitik vor schwierigen Gratwanderungen, wenn sie tragbare Kompromisse zwischen entwicklungs- und umweltpolitischen Desideraten erreichen soll – ganz zu schweigen vom verständlichen Widerstand der reichen Länder gegen Abstriche am eigenen Wohlstand.

Zum Schluss dieser Überlegungen müssen wir betonen, dass die Umwelttechnik ihrerseits selbst eine Intervention in die natürliche Umwelt darstellt (Ropohl 1991, 51ff). Die seinerzeit anvisierte „weltweite Material-, Energie-, Ernährungs-, Landschafts-, Klima- und Bevölkerungsplanung" (ebda., 70), die inzwischen als „global management" der Biosphäre von einigen Naturwissenschaftlern und Ingenieuren durchdacht wurde, ist eine faszinierende, bis auf Weiteres aber wohl utopische Idee. Einerseits reichen die empirischen Daten der Naturwissenschaften für derart umfassende Steuerungspläne noch längst nicht aus, und andererseits ist das irdische Ökosystem derart komplex, dass die Auswirkungen und Nebenwirkungen menschlicher Eingriffe mindestens vorläufig kaum zu kalkulieren wären. Was immer man in dieser Richtung glaubt unternehmen zu können, muss man auf jeden Fall „fehlerfreundlich" anlegen, also so, dass man missglückende Eingriffe korrigieren oder zurücknehmen kann, bevor sie katastrophale Schäden anrichten. Dabei sollte, unabhängig von ökonomischen Nutzenerwägungen, auch hier bedacht werden, ob nicht eine gewisse technische Askese angebracht wäre, statt die gesamte Natur dem menschlichen Programm der Machbarkeit zu unterwerfen. Der Homo faber und der Homo oeconomicus würden, wenn sie sich verselbständigen sollten, zu Zerrbildern des Homo sapiens degenerieren.

Doch wir setzen auf die Hoffnung, dass die theoretischen Einsichten in weiten Teilen der Weltgesellschaft angenommen und in die Praxis überführt werden. Die hohe Zeit der politischen Ökologie, in der fortschrittskritisch und wachstumspessimistisch diskutiert werden durfte, war das letzte Drittel des vergangenen Jahrhunderts. Momentan scheinen andere Probleme drängender, obwohl die natürliche Umwelt ihre Bedeutung als Lebensgrundlage der Menschen nie verlieren wird. So schreibt der Umwelthistoriker Radkau rückblickend: „Ob bei Emissionsschäden heute oder vor hundert Jahren: Immer gibt es einzelne Warner, die die Dinge beim Namen nennen; industrielle Interessen, die die Warnungen bagatellisieren und Gegen-Expertisen ins Feld führen; hilflose Bürokraten, die sich winden und im Zweifelsfall an der Macht orientieren; Arbeiter, die aus Gewohnheit und im Interesse der Sicherung ihrer Arbeitsplätze indifferent gegenüber den Risiken sind; eine Öffentlichkeit, die zwar gelegentlich aufmerkt, aber bald wieder durch vieles andere abgelenkt wird (...)" (1990). Wir setzen auf die Hoffnung, dass diese skeptischen Beobachtungen bald der Vergangenheit angehören mögen.

Literatur

Agenda 21, Dokumente der Konferenz der Vereinten Nationen für Umwelt und Entwicklung 1992 in Rio de Janeiro; u.d.T. Umweltpolitik hg. v. Bundesumweltministerium, Bonn o. J. (1993)

Balsiger, Ph. W., Defila, R. u. Di Giulio, A. (Hg.): Ökologie und Interdisziplinarität – eine Beziehung mit Zukunft?, Basel 1996

Banse, G. (Hg.): Risikoforschung zwischen Disziplinarität und Interdisziplinarität, Berlin 1996

Bechmann, G.: (Hg.): Risiko und Gesellschaft, Opladen 1993

Birnbacher, D. (Hg.): Ökologie und Ethik, Stuttgart 1980

Bossel, H.: Ökotechnik, in: Interdisziplinäre Technikforschung, hg. v. G. Ropohl, Berlin 1981, 47-58

Carson, R.: Silent Spring, Boston 1962

Dreyhaupt, F. J. (Hg.): VDI-Lexikon Umwelttechnik, Düsseldorf 1994

Ellenberg, H.: Ziele und Stand der Ökosystemforschung, in: Ökosystemforschung, hg. v. H. Ellenberg, Berlin /Heidelberg 1973,1-31

Fleischer, G.: Aus dem Leben einer Milchtüte: Die Bilanz des Abfalls, in: Funkkolleg Technik, hg. v. Ch. Hubig, G. Ropohl u. a., Studienbrief 3, Tübingen 1994, 10/1-10/41

Georgescu-Roegen, N.: The Entropy Law and the Economic Process. Cambridge Mass. 1971

The Global 2000 Report to the President, hg. v. Rat für Umweltqualität und dem US-Aussenministerium, Washington DC 1980; deutsch Frankfurt/M 1980

Görner, K. u. K. Hübner (Hg.): Umweltschutztechnik, Berlin/Heidelberg/New York 1999 („Umwelthütte")

Haar, T.: Die Sachzwangproblematik in der Technologie, Diss. Frankfurt/M 1999, Mikrofiche-Ausg. Marburg 2000

Haeckel, E.: Generelle Morphologie der Organismen. Leipzig 1866

Hampicke, U.: Ökologische Ökonomie. Opladen 1992

Jax, K.: Die Einheiten der Ökologie. Analyse, Methodenentwicklung und Anwendung in Ökologie und Naturschutz, Habilitationsschrift Tübingen/Weihenstephan 1999

Jonas, H.: Das Prinzip Verantwortung, Frankfurt/M. 1979

Karafyllis, N. C.: Ästhetik versus Nachhaltigkeit. Versuch einer umweltethischen Reflexion am Beispiel Windenergie, in: ETHICA 1996 (2) 4, 183-190

Karafyllis, N. C.: Nachwachsende Rohstoffe – Technikbewertung zwischen den Leitbildern Wachstum und Nachhaltigkeit, Opladen 2000

Karafyllis, N. C.: Biologisch, Natürlich, Nachhaltig – philosophische Aspekte zum Naturzugang der Moderne, Tübingen/Basel 2001 (im Druck)

Krebs, A. (Hg.): Naturethik, Frankfurt/M 1997

Küppers, G., P. Lundgreen u. P. Weingart: Umweltforschung – die gesteuerte Wissenschaft? Frankfurt/M 1978

Martens, B.: Die gesellschaftliche Resonanz auf das Abfallproblem. Wiesbaden 1999

Meadows, D. L. u. a.: Die Grenzen des Wachstums. Bericht des Club of Rome zur Lage der Menschheit. Stuttgart 1972

Odum, E. P.: Ökologie – Grundlagen, Standorte, Anwendung. 3. vollk. überarbeitete Aufl., Stuttgart 1999

Radkau, J.: Einige Gedanken zur Periodisierung der Geschichte der Arbeits- und Umweltrisiken, in: Arbeitsschutz und Umweltgeschichte, Köln 1990, 16-36

Ropohl, G.: Die unvollkommene Technik, Frankfurt/M 1985

Ropohl, G.: Technologische Aufklärung, Frankfurt/M 1991, 2. Auf. 1999

Ropohl, G.: Das Risiko im Prinzip Verantwortung, in: Ethik und Sozialwissenschaften 5 (1994) 1, 109-120

Ropohl, G.: Allgemeine Technologie, München/Wien 1999

Sachverständigenrat für Umweltfragen: Umweltgutachten 1994, Stuttgart 1994

Schmidt-Bleek, F.: Wieviel Umwelt braucht der Mensch? Basel 1993

Schrödinger, E.: What is Life?, Cambridge 1944
Schwoerbel, J.: Einführung in die Limnologie, Stuttgart/Jena 1993
Sieferle, R. P. (Hg.): Fortschritte der Naturzerstörung, Frankfurt/M 1988
Trepl, L.: Geschichte der Ökologie, Weinheim 1994
Unnerstall, H.: Rechte zukünftiger Generationen, Würzburg 1999
Verein Deutscher Ingenieure (Hg.): Richtlinie 3780: Technikbewertung – Begriffe und Grundlagen, Düsseldorf 1991
Weizsäcker, E. U. u. a.: Faktor Vier, München 1995
WCED – The World Commission on Environment and Development (Hg.): Our Common Future („Brundtland-Report"), Oxford 1987; deutsch: Unsere gemeinsame Zukunft : Der Brundtland-Bericht, hg. v. V. Hauff, Greven 1987

Anthropologie

Gebhard Geiger

1 Erfahrungswissenschaftliche Anthropologie

Das moderne anthropologische Verständnis der Technik ist in seinen Grundzügen von zwei neueren wissenschaftsgeschichtlichen Entwicklungstendenzen geprägt: Erstens, dem Vordringen empirisch-wissenschaftlicher Forschungsstandards in fast allen humanwissenschaftlichen Disziplinen sowie, zweitens, einer immer stärkeren Einbeziehung naturwissenschaftlicher Methoden und Ergebnisse in die Kultur- und Sozialwissenschaften. Erkennbar sind diese Tendenzen am schwindenden Interesse, wenn nicht gar der unverhohlenen Ablehnung, mit der die aktuelle anthropologische Forschung den geisteswissenschaftlichen Traditionen der philosophischen Anthropologie und Technikphilosophie begegnet (Vogel/Voland 1988; Roth 1995), auch wenn deren Grundannahmen (z. B. Gehlen 1940) zu einem gewissen Teil durchaus bestätigt werden. Zudem fordern Ökologie, Genetik, Verhaltensbiologie und Neurophysiologie die anthropologische Theoriebildung immer wieder neu heraus. Angesichts des rasanten Fortschritts der Naturwissenschaften ist die anthropologische Forschung gezwungen, die zentrale Frage des Fachs nach der Herkunft und Stellung des Menschen in der Natur unablässig neu zu formulieren und zu präzisieren.

Vom wissenschaftlichen Wandel erschüttert worden ist vor allem die aus der abendländischen Geistesgeschichte überkommene Auffassung eines begrifflichen Gegensatzes zwischen Natur und Kultur. Tatsächlich galten Vernunft, planvolles Handeln, Kommunikation mittels sprachlicher Symbole und die Fähigkeit zur technischen Umgestaltung der Natur lange als ausschließlich menschliche Eigenschaften, deren Kulturgeschichte unabhängig von der biologischen Evolution verstanden werden könnten (Vogel/Voland 1988). Jedoch machen heute die paläontologischen Daten und die Ergebnisse der vergleichenden Verhaltensforschung es der Kulturanthropologie unmöglich, die Naturgeschichte ihres Forschungsgegenstandes zu ignorieren. Der Gebrauch des Feuers, von Werkzeugen und Waffen und möglicherweise auch der sprachlicher Symbole sind stammesgeschichtlich offenbar wesentlich älter als der moderne *Homo sapiens*. Daneben gibt es etliche unter den heute lebenden Tierarten, bei denen die Anfänge der Sprachverständigung, intelligenten Wahrnehmung, technischen Erfindungsgabe und der Traditionsbildung zu beobachten sind (Beck 1980; Bonner 1980; Gibson/Ingold 1993; McGrew 1992). Entsprechend stellt sich für die Forschung nicht so sehr die Frage, worin sich Natur und Kultur des Menschen unterscheiden, sondern wie sie zusammenhängen und wie eine wissenschaftliche Theorie beschaffen sein muß, um den Zusammenhang auf empirisch befriedigende Weise zu beschreiben. Abweichend von der geisteswissenschaftlichen Tradition, kann die Anthropologie insbesondere eine naturalistische Interpretation der Kultur- und Technikgeschichte nicht mehr von vornherein ausschließen.

Der vorliegende Beitrag gibt einen Überblick über grundlegende Ergebnisse, die von der modernen, erfahrungswissenschaftlich orientierten Technikanthropologie erzielt worden sind beziehungsweise die aus den gewandelten Forschungsperspektiven des Faches hervorgehen. Im Vordergrund stehen dabei nicht nur die naturgeschichtlichen Ursprünge der Technik, sondern auch moderne Zivilisationsprobleme der technischen Mensch-Umwelt-Wechselwirkung, die den anthropologischen Erkenntnissen breite politische Aktualität verleihen.

Die Darstellung beginnt mit einem kurzen Abriß der wichtigsten evolutionstheoretischen Begriffe und Sachverhalte. Damit wird deutlich, warum die Darwinsche Theorie für die anthropologische Hypothesenbildung unentbehrlich ist. Insbesondere läßt sich mit dem evolutionstheoretischen Ansatz die Frage beantworten, wie zweckgerichtete Verhaltensweisen und Organisationsformen in der Natur entstehen konnten angesichts der Tatsache, daß die Naturgeschichte selbst kein zielgerichteter Prozeß ist. Für die Technikanthropologie sind Entstehung, Motivation und Funktionsweise des zweckgerichteten Verhaltens von zentraler Bedeutung, weil technisches Handeln unter diesen Verhaltenstyp fällt. Der funktionalistische Ansatz wird schließlich auf die vor- und frühgeschichtlichen Ursprünge von Kultur und Technik ausgedehnt. Kultur und Technik werden mit den begrifflichen Mitteln der Verhaltensbiologie und Ökologie erfaßt, so daß sie als naturwissenschaftliche Befunde durch die Darwinsche Evolutionstheorie, angewandt auf die menschliche Stammesgeschichte, interpretiert werden können. Dieser Interpretation zufolge wird ein Gegenstand nicht durch Erfindung oder Herstellung zum technischen Gerät (Werkzeug), sondern durch den Gebrauch, den Individuen und soziale Gruppen von ihm machen. Ein Technikbegriff, der auf den Verwendungszusammenhang technischer Mittel ausdrücklich Bezug nimmt, ist geeignet, nicht nur elementare Mensch-Umwelt-Wechselwirkungen zu beschreiben. Er gestattet es auch, einen ganzen Komplex von Motiven und Funktionen des technischen Handelns samt den dazugehörenden sozialen Organisationsformen wie der technischen Spezialisierung, Arbeitsteilung und Rationalisierung unter einheitlichen anthropologischen Perspektiven zu erfassen. Auf diese Weise präzisiert die Anthropologie begrifflich und quantitativ das Verhältnis natur- und kulturwissenschaftlicher Forschungsgegenstände, deren Beziehungen zueinander lange geleugnet wurden, und überläßt im übrigen die Entscheidung darüber, was denn nun an der Kultur naturwissenschaftlich zu verstehen ist und was nicht, in letzter Instanz der Erfahrung (Markl 1983; Boyd/Richerson 1985; Geiger 1998). Der Beitrag schließt mit einem kurzen handlungs-theoretischen Abriß der technischen Rationalität. Er berührt damit auch die Zukunftsperspektiven der modernen, auf rationaler Planung beruhenden Zivilisation.

2   Biologische Evolution des zweckgerichteten Verhaltens

Verhaltensbiologie und Evolutionstheorie gehen davon aus, daß Organismen sich nicht willkürlich verhalten. Vielmehr zieht bei gegebenen ökologischen Bedingungen das Verhalten eines Organismus bestimmte Folgen mit einer schätzbaren

Wahrscheinlichkeit oder – im Wiederholungsfalle – meßbaren Häufigkeit nach sich, so daß diese Folgen ihrerseits den künftigen Überlebens- und Fortpflanzungserfolg, die Darwinsche *fitness*, des Organismus beeinflussen. Biologisch zweckmäßig ist ein Verhalten in dem Maße, in dem es unter den gegebenen ökologische Bedingungen zu den Überlebenschancen des Organismus beiträgt. *Fitness*-Vorteile dieser Art werden als (ökologische, physiologische usw.) *Funktionen* des Verhaltens bezeichnet (Williams 1966; Wickler 1988). Elementare Funktionen des Verhaltens sind unter anderem die erfolgreiche Nahrungskonkurrenz, Schutz (Extreme der Witterung und des Klimas, Raubtiere), soziale Kommunikation, Paarung und Fortpflanzung.

Verhaltensmerkmale unterliegen der natürlichen Auslese (Darwinsche „Selektion"), das heißt, sie können über die Generationenfolge in einer Gruppe „evolvieren" und das künftige Erscheinungsbild dieser Gruppe prägen, wenn sie, erstens, in höherem oder geringerem Grade genetisch vererbt werden und, zweitens, ihren Trägern die größeren Daseinsvorteile verschaffen. Im Darwinschen Sprachgebrauch nennt man erbliche, funktionale Eigenschaften „adaptiv", womit die Anpassung organismischer Merkmale an selektionswirksame Umweltfaktoren ausgedrückt wird (Williams 1966; 1992).

Der ungeheure Formenreichtum der belebten Natur wird von den Biologen als eine Vielfalt organismischer Anpassungen an unterschiedliche Umweltbedingungen interpretiert. Auch die Anthropologie besitzt in der Evolutionstheorie ein leistungsfähiges begrifflich-theoretisches Instrumentarium, die Vielfalt menschlicher Lebensform zu erfassen (Immelmann/Scherer/Vogel/Schmoock 1988; Jones/Martin/Pilbeam 1992; Smith/Winterhalder 1992). Mit den Mitteln der vergleichenden Verhaltensforschung läßt sich insbesondere klären, ob und in welchem Grade die beobachtbare geographische und historische Vielfalt menschlicher Kulturen im Darwinschen Sinne adaptiv ist. Von generellem anthropologischem Interesse ist weiterhin, welche Kommunikationsprozesse mit oder neben der genetischen Vererbung das Erscheinungsbild sozialer Gruppen prägen. Schließlich erstreckt sich die wissenschaftliche Hypothesenbildung auf die Fragen, ob biologisch evolierte menschliche Eigenschaften in der Kulturgeschichte einem systematischen „präadaptiven" Funktionswechsel unterliegen (d. h. eine wohldefinierte Funktion erhalten, für die sie nicht selektiert worden sind) und ob sie mehrere adaptive und gegebenenfalls auch nichtadaptive Zwecke gleichzeitig erfüllen („Multifunktionalität").

Hervorzuheben bleibt, daß die Evolution des zweckgerichteten Verhaltens nicht irgendeinen Sinn oder ein Ziel der Naturgeschichte voraussetzt, etwa daß sie von minderwertigen zu höherwertigen Lebensformen fortschreitet. Biologische Attribute sind der Evolutionstheorie zufolge besser oder schlechter angepaßt immer nur in Bezug auf ihre Funktion und die jeweils gegebene Umwelt. Analog sind evolutionstheoretische und anthropologische Charakterisierungen des technischen Fortschritts aufzufassen. Auch hier drückt „Fortschritt" keine inhaltliche Wertung aus, und die gemeinte technische Entwicklung ist nicht besser oder schlechter aufgrund ihrer physikalisch oder ökologisch zu bemessenden Leistung an sich, sondern nur in Bezug auf den subjektiv empfundenen Bedarf des Technikbenutzers.

3   Die Naturgeschichte der Kultur

Tiere können auf höchst unterschiedliche Weisen miteinander kommunizieren. Das Spektrum der Möglichkeiten reicht vom ritualisierten Austausch von Kommunikationssignalen bis hin zur bloßen Nachahmung älterer, erfahrener oder besonders fähiger Individuen in der Gruppe. Ob hierdurch auch die Verhaltensevolution beeinflußt wird, hängt davon ab, ob individuell erworbene („erlernte") Eigenschaften auf andere Gruppenmitglieder übertragen werden können. Verhaltensmodifikationen aufgrund von individueller Umwelterfahrung gibt es bei allen Tieren (Bonner 1980; Staddon 1983; Delius/Todt 1988), nur stirbt eine individuell erworbene Eigenschaft meist mit ihrem Träger wieder aus, und höchstens die genetische Veranlagung, etwas hinzuzulernen, geht an die nächste Generation über. Qualitativ ganz neue Folgen für die Verhaltensevolution ergeben sich erst durch soziale Kommunikations- und Austauschprozesse, die geeignet sind, individuell erworbene Verhaltensmuster in einer Gruppe auch zu verbreiten, sei es innerhalb der Altersgruppen oder zwischen den Generationen (Cavalli-Sforza/Feldman 1981; Boyd/Richerson 1985). In den Sozial- und Kulturwissenschaften versteht man unter der Verbreitung individuell erworbener Eigenschaften soviel wie soziales Lernen und kulturelle Überlieferung. Statt durch Fortpflanzung können sich auch auf dem Kommunikationsweg anpassungsfähige Verhaltensmerkmale entwickeln, sofern sie nur *fitness*-wirksame Funktionen erfüllen. Tatsächlich treten sie mit solchen Funktionen nicht nur beim Menschen auf. Soziales Lernen und die Bildung von Traditionen können auch bei Säugetieren und bei Vögeln angetroffen werden, während sie bei den Vorfahren des anatomisch modernen Menschen bereits die Regel waren (Bonner 1980; Klein 1989; McGrew 1992; Henke/Rothe 1994). Die evolutionstheoretisch orientierte Anthropologie trägt diesen Sachverhalten Rechnung, indem sie unter Kultur die Gesamtheit von Verhaltensmerkmalen versteht, die zwar individuell erworben, aber durch soziale Kommunikation und Lernen (gleich welcher Art) verbreitet werden (Vogel/Eckensberger 1988, 594). Unter die Kultur einer sozialen Gruppe fallen somit insbesondere alle persönlichen Erkenntnisse oder Wahrnehmungen, technischen Erfindungen, praktischen Fertigkeiten, Sprachen, individuellen Präferenzen und institutionellen Verhaltensregeln, sofern sie unter den Mitgliedern (und deren Nachkommen) auf irgendeine Art und Weise verbreitet, benutzt oder befolgt werden. Welche Ausbreitungsmechanismen einem kulturellen Gruppenmerkmal im einzelnen zugrunde liegen, kann dabei offen bleiben. Erfahrungsgemäß sind dies Lernen durch Nachahmung oder Unterweisung sowie die sprachliche, verbale und nichtverbale (ritualisierte) Kommunikation.

In Tabelle 1 sind verschiedene Stufen der biologischen Evolution des Kommunikationsverhaltens nach Lumsden und Wilson (1981, 3) zusammengestellt. Die Reihenfolge drückt die wachsende Fähigkeit zur Übertragung individuell erworbener Verhaltensmuster aus. Gänzlich fehlendes Lernvermögen und individuelles Lernen ohne Übertragung des Erlernten bilden die „akulturellen" Stufen I und II der Evolution (Wirbellose sowie Kaltblüter unter den Wirbeltieren), Imitationsverhalten und Lernen aufgrund von gezielter Instruktion hingegen „protokulturelle"

Grundlagen der sozialen Kommunikation (Vögel, Säugetiere). Die vollentwickelte „eukulturelle" Stufe wird mit der symbolischen Darstellung und sprachlichen Vermittlung von Erfahrungsinhalten und daraus abstrahierten Begriffen erreicht. Von den heute lebenden Arten wird einzig *Homo sapiens sapiens* als eukulturell eingeordnet, aber die Klassifikation in Tabelle 1 zeigt insgesamt, warum es vom Standpunkt der Evolutionstheorie wenig sinnvoll erscheint, den Begriff einer an symbolische Kommunikation gebundenen Kultur willkürlich auf den Menschen einzuschränken. Wahrnehmung, Imitation und ritualisierte Kommunikation sind auch bei Tieren in aller Regel äußerst komplexe Verhaltensmuster, die über kaum unterscheidbare Zwischenstufen schließlich in den Gebrauch symbolischer Ausdrucksmittel übergehen.

Stufe der kulturellen Evolution	Art des Kommunikationsverhaltens			
	Lernen	Imitation	Instruktion	Begriffsbildung Symbolbildung
akulturell I				
akulturell II	●			
protokulturell I	●	●		
protokulturell II	●	●	●	
eukulturell	●	●	●	●

Tabelle 1   Evolution und Kommunikationsverhalten

Für die biologische Evolution des Verhaltens ist die Fähigkeit zur Bildung von Traditionen gleichermaßen übertragungs- wie *fitness*-wirksam. Die Übertragungseffizienz beruht darauf, daß die kulturelle Verbreitung von Merkmalen in einer sozialen Gruppe nicht auf die langwierige und schwerfällige genetische Vererbung angewiesen ist, sondern das Erscheinungsbild der Gruppe bereits innerhalb einer oder weniger Generationen maßgeblich verändern kann (Sachsse 1981). Hingegen kommt die *fitness*-Wirksamkeit des sozialen Lernens in erster Linie der Evolution des adaptiven Verhaltens zugute. Das Individuum braucht ein Verhaltensmuster nur mehr zu kopieren statt auf zeitraubende, kostspielige Weise selbst ausprobieren zu müssen, wo seine *fitness*-Vor- und -Nachteile liegen. Daher zählt die Traditionsbildung gleichermaßen zu den evolutionären wie den kulturgeschichtlichen Schrittmachern des Technikgebrauchs (vgl. Abschn. 4 und 5).
Beim Menschen gibt es kaum eine unter den stammesgeschichtlich evolvierten Fähigkeiten zur Umweltwahrnehmung und -gestaltung, die nicht zur kulturellen und sozialen Variabilität des Verhaltens beiträgt. Umgekehrt wurde die morphologische und physiologische Anpassung des Menschen von der sich entwickelnden

Verhaltensvariabilität nach Richtung und Geschwindigkeit maßgeblich beeinflußt. Zu erkennen ist dies an Organen, Gliedmaßen, Muskel- und Nervengeweben, deren Funktion in der sprachlichen Lautbildung, der Handhabung technischer Geräte, der intelligenten Wahrnehmung und willentlichen Bewegungskontrolle liegen (Campbell 1979).

Durch das Zusammenwirken physiologischer und soziokultureller Faktoren werden die menschlichen Umweltaktivitäten auf eine *soziale* Organisationsgrundlage gestellt – mit einer durchgängig nachweisbaren Anpassungstendenz, nämlich die Chancen zu verbessern für ein Verhalten unter Risiko. Unsicherheiten der Versorgungslage bilden einen Typ des Ressourcenmangels, der durch eine verstärkte Eigenaktivität des Organismus, durch vorausschauende Vorratswirtschaft und schließlich eine gezielte technische Umgestaltung der Natur ausgeglichen werden kann. In der vor- und frühmenschlichen Evolution haben sich die kulturellen Fähigkeiten als Schrittmacher der ökologischen Anpassung erwiesen, indem sie eine wirksame soziale Kommunikation und damit die Ressourcennutzung als Gemeinschaftsleistung ermöglicht haben. Man trifft dabei bereits auf das ganze Arsenal kooperativer Beziehungen, mit denen die Sozialanthropologie befaßt ist, die hier aber in ihren elementaren ökologischen Funktionen erkennbar werden (Standen und Foley 1989; Smith und Winterhalder 1992): Arbeitsteilung und Verteilung der sozialen Rollen bei der Nahrungssuche (Jagd) und der Versorgung des Nachwuchses, der Austausch und das Teilen von Gütern in einer sozialen Gruppe, zeitliche Verzögerung zwischen dem Empfang von Gütern einerseits und Kompensationsleistungen andererseits, wechselseitige oder in die Zukunft gerichtete soziale Erwartungen sowie das Gewähren abstrakter Güter wie Hilfe, Sicherheit oder Schutz. Zweck dieser Kooperationsbeziehungen ist es, regelmäßig auftretende, aber auch unerwartete Versorgungsengpässe für den einzelnen durch eine soziale Organisation der Güterbeschaffung und -verteilung aufzufangen.

Das „Zentralorgan" des intelligenten und gleichzeitig anpassungsfähigen Verhaltens ist das menschliche Gehirn. Die Zunahme an Intelligenzleistungen, die mit der Evolution des menschlichen Gehirns einhergeht, ist rasant und entzieht sich fast jeder quantitativen Beschreibung. Intelligenz bedeutet zunächst soviel wie Einsicht, das ist die Fähigkeit, Ereignisse als regelhaft wahrzunehmen. Sie bildet die Grundlage jeglichen Lernens aus der individuellen Erfahrung, beim Menschen wie bei Tieren. Daneben beruht die menschliche Intelligenz auf dem sprachlichen Ausdrucksvermögen und einer abstrakten, das heißt erfahrungsunabhängigen Darstellung und Vermittlung von Sachverhalten. Die Sprache ist fähig, regelhafte Zusammenhänge des Umweltgeschehens ganz unterschiedlicher Art auszudrücken, kausale, raum-zeitliche, statistische, logische und andere Gesetzmäßigkeiten mehr. Wenn sich in der Population eine individuell erworbene Einsicht in das Umweltgeschehen „herumspricht", ist das nicht nur kostensparend im Hinblick auf die *fitness*-Bilanz der Populationsmitglieder (Boyd/Richerson 1985; Richerson/Boyd 1992), sondern gestattet ihnen auch erfahrungsbedingte Prognosen über künftige Umweltereignisse, vor allem über die Folgen ihres eigenen Verhaltens. Für die traditionsgestützte Ausbreitung technischer Praktiken zum Beispiel ist eine solche Berechenbarkeit der Technikfolgen ein wichtiger Evolutionsfaktor, solange technische Kenntnisse und Fertigkeiten um ihrer *fitness*-Vorteile willen erworben werden (Gibson/Ingold 1993).

Mit der biologischen Evolution kultureller Fähigkeiten kann sich aber auch eine Verhaltensvariabilität innerhalb und zwischen den Populationen entwickeln, die selektionsunwirksam („nichtadaptiv") ist. Es ist dies der Punkt, in dem die verhaltensbiologische Hypothesenbildung der herkömmlichen Auffassung von einer Eigengesetzlichkeit der Kultur entgegenkommt und wo der begriffliche und theoretische Brückenschlag zwischen den Natur- und Kulturwissenschaften ansetzen muß (vgl. Layton 1989). Kann sich ein Verhaltensmerkmal hinreichend schnell durch soziokulturelle Kommunikation verbreiten, wie beispielsweise eine technische Erfindung oder eine neue Mode, führt dies nicht notwendig zu einer Anpassung in der Gruppe, weil die genetische Vererbung und Selektion bei dem Vorgang selbst nicht wirksam sind. Von einer Anpassung im evolutionstheoretischen Sinn kann erst unter der zusätzlichen Voraussetzung gesprochen werden, daß die Gruppenmitglieder das neue Verhalten annehmen, weil sie gelernt haben, daß es ihnen *fitness*-Vorteile bietet. Der Ausbreitungsvorgang als solcher kann sich aber auch nach jedem anderen Auswahlkriterium richten, das die beobachtbare Vielfalt auf dem Kommunikationsweg zu fördern oder zu hemmen vermag. Verschiedene Kriterien einer solchen „kulturellen Selektion" sind gleichermaßen vom menschlichen wie tierischen Verhalten bekannt (Boyd/Richerson 1985): Die Häufigkeit, mit der man bei anderen auf ein bestimmtes Verhalten trifft (Konformismus), außergewöhnliche Fähigkeiten, die man jemandem unterstellt, dessen Vorbild man nacheifert (Ansehen, Autorität, Prestige), Zwang, Disziplin oder freiwilliger Gehorsam in Rang- und Befehlshierarchien.

Beim Menschen sind es die kulturgeschichtliche Ritenbildung, die Institutionalisierung und Rationalisierung des Verhaltens, die eine unübersehbare Vielfalt an solchen soziokulturellen Selektionskriterien in der Gestalt von Normen, Sanktionen, Konventionen und persönlichen Interessen geschaffen hat. Oft liegt ihr Verhältnis zur Darwinschen Selektion einfach darin, daß sie einen Funktionswandel der Verhaltensevolution bewirken, eine „Zweckentfremdung" adaptiver Verhaltensweisen zur Erreichung von Zielen, die mit den biologischen Chancen des Individuums nicht unmittelbar und nicht notwendig zusammenhängen.

4   Technikevolution

Wann der Technikgebrauch in der Naturgeschichte entstanden ist, läßt sich aus den paläontologischen Werkzeugfunden abschätzen. Wahrscheinlich fällt er mit der Evolution des aufrechten Gangs in der Familie der Hominiden zusammen oder ist eine spätere Folge davon. Die Hominiden bilden eine taxonomische Gruppe, die sowohl vormenschliche Arten als auch solche der Gattung *Homo* umfaßt (vgl. Tabelle 2). Die ältesten Dokumente des Technikgebrauchs sind Steinwerkzeuge aus Fundstellen in Ost- und Südafrika, die 2 bis 3 Millionen Jahre zurückreichen. Anhand mikroskopischer Gebrauchsspuren kann selbst für die ältesten Steinwerkzeuge noch nachgewiesen werden, wozu sie im einzelnen verwendet wurden, hauptsächlich für die Erschließung pflanzlicher und fleischlicher Nahrungsquellen, die Bearbeitung von Holz, Stein, Knochen und Fell sowie – vermutlich – für die Abwehr von Raubtieren und Nahrungskonkurrenten (Schick/ Toth 1993; Henke/Rothe 1994).

Jahre v. u. Zeitrechnung	Hominiden Arten	Biokulturelle Evolution
3.000.000	*Australopithecus africanus*	aufrechter Gang, Steinwerkzeuge, Fleisch- und Pflanzen-Nahrung
2.000.000	*Homo habilis*	Lager- u. Wohnstätten, starkes Gehirnwachstum
1.700.000	*Homo erectus*	Feuer, verbale Sprache
400.000	*Homo sapiens (früh)*	
200.000	*Neandertaler*	
100.000	*Homo sapiens sapiens (modern)*	Handwerk, Kunst, Brauchtum, Großwildjagd

Tabelle 2   Entwicklung des Menschen

Soweit sie paläontologisch dokumentiert sind, wurden die altsteinzeitlichen Werkzeuge für ihren Verwendungszweck alle bereits hergestellt, das heißt behauen, zugespitzt oder mit scharfen Kanten versehen. Damit er zum Werfen, Schlagen oder Graben brauchbar war, mußte ein Gegenstand allerdings nicht unbedingt zuvor bearbeitet werden. Die allerersten Werkzeuge dürften kaum aus künstlichen, sondern aus natürlichen, unbearbeiteten Gegenständen wie Steinen oder Holzknüppeln bestanden haben, konnten als solche für die paläontologische Forschung aber keine Spuren hinterlassen (Schick/Toth 1993, 143ff).

Tatsächlich ist vom evolutionstheoretischen Standpunkt aus gesehen der Werkzeuggebrauch und nicht die Werkzeugherstellung der erste, entscheidende Schritt der Technikevolution. Zunächst einmal ist bei Tier und Mensch kaum ein Verhalten denkbar, das nicht von irgendwelchen Objekten oder Zuständen der Umwelt Gebrauch machen würde, etwa dem Geäst der Bäume, wenn ein Affe sich fortbewegt. Überhaupt ist die gezielte Manipulation der Umwelt ein Kennzeichen des funktionalen organismischen Verhaltens allgemein und nicht notwendig an einen

Technikgebrauch gebunden. Das tierische Verhalten bewirkt Umweltmanipulationen jedoch in der Regel über geeignete Körperteile oder „Organe", die für ihre Funktionen selektiert wurden und auf die Fortbewegung, Wahrnehmung, Kommunikation oder den Stoffwechsel spezialisiert sind. Dazu gehören so kunstvolle Gebilde wie Vogelnester, Bienenwaben oder Spinnweben, die ohne technische Hilfsmittel hergestellt werden. Von Technik spricht man nur in Bezug auf Werkzeuge, das heißt auf irgendwelche Gegenstände in der Umgebung des Organismus, sofern dieser sie dazu benutzt, seine Umwelt zu bearbeiten. In diesem Sinne gilt, daß ein Objekt nur durch den Gebrauch seine Funktion als technisches Gerät erhält, und erst in Bezug auf diese Funktion lassen sich weitere Gebrauchsmerkmale wie Eignung und Leistung sinnvoll bemessen. Ein Schimpanse beispielsweise macht technischen Gebrauch von dem Stein, mit dem er Nüsse aufschlägt, die zu hart sind, als daß er sie mit den Zähnen aufbeißen könnte. Die Verwendung von Werkzeugen als Verhaltensmerkmal kann erlernt oder stammesgeschichtlich erworben sein (Beck 1980; McGrew 1992; Boesch 1993).

Kultur und Technik sind in ihren elementaren ökologischen Leistungen direkt vergleichbar, sowohl der Übertragungs- als auch der *fitness*-Wirksamkeit nach. Durch den Werkzeuggebrauch wird die Anpassung des Individuums gegenüber der Evolution geeigneter Organe enorm beschleunigt. Jeder einfache Zahlenvergleich macht den technischen Vorteil unmittelbar deutlich. Als Beispiel betrachte man etwa die langen Entwicklungszeiträume für die Organe von Raubtieren und daneben den kurzen Griff nach der Jagdwaffe, im einfachsten Fall nach einem Stein zum Schleudern oder einem Holzknüppel.

Die Gegenüberstellung zeigt, warum zwischen biologischen Organen einerseits und Werkzeugen als Umweltgegenständen andererseits ein Unterschied besteht, selbst wenn beide im Einzelfall dem gleichen Zweck dienen. Werkzeuge brauchen eben nicht erst durch die schwerfällige genetische Vererbung und Auslese für ihre Funktion entwickelt zu werden, und übertragbar sind sie wie kulturell tradierte Verhaltensmerkmale. In einer sozialen Gruppe können sie ausgetauscht, gemeinsam genutzt, immer wieder neu hergestellt und schließlich serienweise produziert werden, und dies alles in Zeitspannen, die wesentlich kürzer sind als eine Generation.

Die Gegenüberstellung zeigt, daß es keineswegs paradox ist, die technische Umgestaltung der Natur als einen Anpassungsprozeß aufzufassen. Umweltmanipulationen bezweckt und bewirkt schließlich jeder Organismus, der sich an den funktionalen Folgen seines Verhaltens orientiert – zum Beispiel ein Vogel, der mit seinen Warnrufen andere zur Flucht bewegt. Zwar haben sich in der Kulturgeschichte der Technik häufig auch nichtadaptive Umweltpraktiken durchgesetzt, etwa der technische Raubbau an nicht oder zu langsam nachwachsenden natürlichen Ressourcen (Goudie 1990; Nentwig 1995). Doch handelt es sich dabei offensichtlich nicht um beabsichtigte – und in vorwissenschaftlichen Epochen nur schwer absehbare – Neben- und Spätfolgen der Technik. Letztendlich ist das Auftreten schädlicher Spätfolgen die Kehrseite der Medaille einer technisch-kulturellen Praxis, die sich um Größenordnungen schneller vollzieht, als die genetische Evolution mögliche Fehlleistungen dieser Praxis korrigieren könnte.

5   Homo faber

Gegenüber dem Gebrauch roher, unbearbeiteter Gesteinsbrocken wird mit der Werkzeugherstellung offenbar eine neue Leistungsstufe der technischen Umweltnutzung erreicht. Soweit sie in den paläontologischen Funden dokumentiert ist, handelt es sich bei der Werkzeugherstellung um eine ausschließlich kulturelle Errungenschaft, das heißt, sie wird erlernt und durch Lernen weiterverbreitet (Schick und Toth 1993). Dafür spricht zunächst die Tatsache, daß die Rohmaterialien für die frühsteinzeitlichen Werkzeuge von ihren Fundorten oft über weite Strecken zur Stelle ihrer Bearbeitung und Verwendung transportiert worden sind. Offenbar war die hierfür notwendige soziale Organisation bereits vorhanden. Aber auch die primitiven handwerklichen Fertigkeiten der Schimpansen werden über soziale Verhaltensweisen der Kommunikation und Arbeitsteilung vermittelt (McGrew 1989; Boesch 1993). Vor allem setzt die Werkzeugherstellung jedoch besondere Fähigkeiten der intelligenten Umweltwahrnehmung und Verhaltenskontrolle voraus, weil die Technik hier nicht bloß verwendet, sondern die Verwendung bereits geplant wird, und für eine erfolgreiche Planung abstrakte Erkenntnisleistungen unentbehrlich sind (Parker/Milbrath 1993; Ingold 1993). Die Hersteller selbst noch so grober Steinkeile mußten zumindest in der Lage sein, die Ursachen von den Wirkungen des einfachen mechanischen und ökologischen Umweltgeschehens zu unterscheiden, und aufgrund von Erfahrung die Folgen des Werkzeuggebrauchs richtig abschätzen zu können.

Die paläontologischen Daten legen nahe, daß die ersten Steinwerkzeuge, ob roh oder bearbeitet, zwar zur Gewinnung von Fleisch von bereits verendetem Großwild, ansonsten jedoch nur zur Jagd auf kleinere Säugetiere benutzt wurden (Nitecki/Nitecki 1987). Beim Ausweiden von Großwild zeigten sich Steinwerkzeuge besonders geeignet für das Häuten der Tiere, die Trennung von Knochen und Fleisch sowie das Zerteilen des Fleisches in kleinere, transportfähige Mengen. Nach den vergleichenden Untersuchungen der experimentellen Anthropologie zu schließen, waren steinerne Werkzeuge beim Ausschlachten der Kadaver durchaus so leistungsfähig wie selbst die hochspezialisierten Greif-, Beiß- und Kauorgane der afrikanischen großen Raubkatzen oder Hyänen, in deren Nischen die frühen Hominiden erfolgreich konkurrieren konnten (Schick/Toth 1993). In Bezug auf die Nahrungskonkurrenz ließen sich die ersten primitiven Werkzeuge auch als Waffen wirkungsvoll einsetzen, indem man mit steinernen Wurfgeschossen, Knochen oder Holzknüppeln andere Raubtiere von ihrer Beute vertrieb. Schließlich konnte man mit den ersten Werkzeugen graben (z. B. nach Trinkwasser), die harten Schalen tropischer Früchte öffnen sowie Holz und Knochen bearbeiten.

Das auffälligste Merkmal, in dem sich die Hominiden von den verwandten Affenarten unterschieden, ist der aufrechte Gang. Seine Evolution muß mit einer Umorganisation der gesamten vormenschlichen Lebensweise, der Ökologie, dem Verhalten, der Fortbewegung und Wahrnehmung einhergegangen sein. Nur sein Bezug zur Evolution des Technikgebrauchs bleibt strittig, obgleich seine Funktion zunächst eindeutig darin zu bestehen schien, die Vordergliedmaßen für den Werkzeuggebrauch freizusetzen, wie bereits Charles Darwin vermutet hat (Foley 1992).

Nach dem derzeitigen Erkenntnisstand der Anthropologie ist der aufrechte Gang jedoch mindestens 1 Million Jahre älter als der dokumentierte Werkzeuggebrauch und läßt sich gegebenenfalls auch ohne Bezugnahme auf die Technikevolution erklären, nämlich als eine energiesparende Art und Weise der Fortbewegung und des Ressourcentransports über weite Strecken zur Ausbeute geographisch verstreuter Nahrungsquellen (Foley 1992). Die Umkehrung gilt jedoch nicht, der aufrechte Gang ist eine notwendige Präadaptation, die elementare anatomische und motorische Voraussetzungen für das Hantieren mit Gebrauchsgegenständen schuf. Bereits während der Altsteinzeit wurden die Anpassungsstrategien der frühen Menschheit zunehmend von der sozialen Organisation und intelligenten Planung der Technik abhängig. Herausragendes Beispiel ist das Auftreten der Großwildjagd, ein vergleichsweise junges Ereignis der Vorgeschichte, das vermutlich erst mit der Ausbreitung des anatomisch modernen Menschen eingetreten ist (Nitecki/ Nitecki 1987). Durch archäologische Funde nachgewiesen sind die unterschiedlichsten Jagdwaffen, arbeitsteiligen Jagdstrategien sowie genaue Kenntnisse und eine geschickte Ausnutzung des Geländes wie des tierischen Verhaltens. Diese Fähigkeiten haben den menschlichen Unterhalt zunehmend in Richtung auf die planmäßige, dauerhafte Ausbeute großer Säugetierarten mit ihrem reichen Angebot an Nahrungsmitteln, Nähr- und Rohstoffen sowie Gebrauchsmaterialien verlagert.

Beispiele dieser Art häufen sich mit fortschreitender kultureller Evolution. Neue Technologien treten auf mit völlig neuartigen ökologischen Auswirkungen. Spricht man von einer Umgestaltung der Natur durch die Technik, fällt hierunter der Gebrauch des Feuers als eine der ersten und folgenreichsten Erfindungen (vor 500 000 Jahren oder früher). Obgleich Brände mit natürlichen Ursachen in terrestrischen Ökosystemen mehr oder weniger regelmäßig auftreten, hat Feuer keine biologische Funktion und ist für den Organismus nicht Bestandteil des Energie- und Stoffwechsels. Erst die Technik macht vom Feuer planmäßig Gebrauch und verleiht ihm dadurch überhaupt irgendeine Funktion. Aus dem Feuer entwickelte sich mit der Zeit eine universell verwendbare Ressourcennutzungstechnik, die Schutz, Energie, Nahrung, Rohstoffe und schließlich mit der Materialverarbeitung (Metalle, Ton) und Geräteherstellung ganz neue technologische Möglichkeiten bot, verstärkt durch handwerkliche Spezialisierung und gesellschaftliche (berufliche) Arbeitsteilung. Die technische Ausbeute der ökologischen Energie- und Stoffkreisläufe im Wanderfeldbau kommt hinzu und dann, bereits in frühgeschichtlicher Zeit, die Manipulation organischer Wachstumsraten durch Vieh- und Pflanzenzucht (Klein 1989; Henke/Rothe 1994).

Über die Jahrtausende hinweg folgen die technischen Neuerungen und Entwicklungen der durchgängigen Grundtendenz, die ökologischen Chancen sozialer Gruppen zu verbessern. Sie fällt nirgendwo so unmittelbar ins Auge wie bei der Besiedelung fast sämtlicher Klimazonen und geographischen Gebiete zunächst der Alten Welt und schließlich, durch den modernen Homo sapiens, aller fünf Kontinente (Klein 1989). Die Siedlungsgeschichte stützte sich dabei notwendigerweise auf eine zunehmende Regelung der physikalischen, klimatischen („abiotischen") Bedürfnisse des menschlichen Organismus, vor allem der Temperaturregelung und des Witterungsschutzes durch Kleidung, Behausung und das Feuer.

6   Technisches Handeln und technische Rationalität

Die Kulturgeschichte der modernen (industriellen, ingenieurwissenschaftlichen) Technik wird zumeist von der sozialwissenschaftlichen und historischen Technikforschung bearbeitet, ist aber auch von erheblichem anthropologischem Interesse. Sie hat nicht nur Innovation und Ressourcenverbrauch gegenüber allen früheren Epochen enorm beschleunigt, sondern zeigt auch, wie die moderne Technik sich und ihre sozialen Organisationsformen rücksichtslos gegenüber allen traditionellen Lebensweisen in immer kürzeren Innovationsschüben und Ausbreitungszyklen über die gesamte Menschheit verbreitet. Längst vergessene, archaische Probleme des Technik-Natur-Verhältnisses stellen sich erneut: „Angepaßte" Technik, Knappheit an elementaren Umweltgütern, Klimawechsel, Übervölkerung, Hunger und Migration (Boyden 1987; Hardin 1993).

Seit seinen Anfängen steht der technisch-industrielle Fortschritt mit seiner scheinbaren Eigendynamik und Unaufhaltsamkeit gleichermaßen im Mittelpunkt des wissenschaftlichen Interesses wie der weltanschaulichen Auseinandersetzung. Doch erst unter den Prämissen einer evolutionstheoretisch orientierten Anthropologie wird verständlich, warum bei politischen, sozialen und ökonomischen Entscheidungen der technische Fortschritt trotz seiner inzwischen erkannten Risiken und paradoxen Folgen weithin als *die* bevorzugte Lösung gilt: Die Gebrauchswertoptimierung ist ein Fortschrittsmotiv der archaischen wie der modernen, rationalen Technik, für das es bei einem vergleichenden kulturwissenschaftlichen Ansatz zahllose Belege aus allen Epochen gibt. Im Wettbewerb um knappe ökologische Güter sind die Konkurrenten „von Natur aus" darauf angewiesen, technische Geräte in Hinblick auf ihrem Wettbewerbsvorteil zu beurteilen und derjenigen Technik den Vorzug zu geben, die netto den höchsten Ressourcenertrag verspricht. Offenbar hat die Menschheit im Laufe der Kulturgeschichte dieses elementare Grundmuster des Technikgebrauchs nicht erfunden oder erlernt, indem sie primitive Verhaltensweisen durch andere, intelligentere ersetzt hat, sondern mit dem Übergang von der primitiven Technik zur Zivilisation bloß einer fortschreitenden Rationalisierung und einem Funktionswandel unterzogen (Geiger 1998).

Ein solcher Funktionswandel liegt insbesondere bei der modernen, rationalen sozialen und ökonomische Entscheidung vor, bei der Nutzen, Kosten und Risiken einer technischen Anwendung nicht in *objektiven* biologischen Selektionsvor- und -nachteilen bilanziert werden: Rationales technisches Handeln erfolgt vielmehr nach einem Abwägen der möglichen Handlungsfolgen durch den Entscheidungsträger (Individuum oder Gruppe) und ist dabei an dessen *subjektiven* Zwecken oder Interessen orientiert, die – verhaltensbiologisch gesehen – beliebig gewählt sein können, sich also nicht unbedingt auf die Fortpflanzungschancen des Handelnden beziehen. Beispielsweise werden sich die Investitionsentscheidungen eines modernen Wirtschaftsunternehmens in aller Regel nach den gegebenen Marktchancen und nicht nach dem Fortpflanzungserfolg der Mitarbeiter richten. Ganz allgemein verstehen Anthropologie und Sozialwissenschaft unter Handeln ein Verhalten, mit dem der Handelnde selbst einen Sinn verbindet, etwa seine eigenen Präferenzen, Absichten, Wünsche oder Pläne verfolgt oder sich an den Erwartungen, Vorschriften, Ansprüchen anderer orientiert (soziales Handeln) (Weber 1972, 1f, 32f).

Die Gründe für den „Eigensinn" menschlicher Handlungen liegen im wesentlichen darin, daß menschliches Verhalten in unvergleichlich hohem Maße erlernt ist. Lernen können ansonsten Menschen *und* Tiere. So kann beispielsweise die kulturelle Überlieferung technischer Kenntnisse, Fähigkeiten und Geräte oft nicht oder nicht ausschließlich als biologischer Anpassungsprozeß interpretiert werden, weil sie stark auf Lernvorgängen beruhen (Boyd/Richerson 1985). Und die Kulturgeschichte der Technik zeigt neben Episoden einer sich geradezu sprunghaft steigernden biologischen Anpassungsleistung auch Episoden eines zivilisationsbedingten ökologischen Niedergangs. Ebenso kann die Fähigkeit zum Werkzeug- und Waffengebrauch zum Beispiel durch systematische Schulung und eine geeignete soziale Organisation für alle möglichen soziopolitischen Zwecke „instrumentalisiert" werden.

Technisches Handeln als planmäßige Umweltveränderung findet man typischerweise beim modernen technischen Eingriff in ökologische Naturprozesse – häufig mit dem Ziel einer Erweiterung der Ressourcenbasis. Herausragendes Beispiel ist die industrielle Technik. Ihrer Ressourcenbasis nach beruht sie im wesentlichen auf der Erschließung fossiler Energieträger gegenüber den herkömmlichen regenerativen Energiequellen der körperlichen Arbeit (Mensch, Tier), der Strömungsenergie von Wind und Wasser sowie der chemischen Bindungsenergie des pflanzlichen Gewebes (Brennholz). Neben der Erschließung neuartiger Ressourcen ist die industrielle Technik durch eine unvergleichliche Rationalisierungsleistung, eine quantitative Leistungssteigerung in Bezug auf den Nutzerbedarf gekennzeichnet. Denn der Energieertrag aus fossilen Energiequellen liegt im allgemeinen um ein Vielfaches höher als derjenige nachwachsender Energieträger (Fritsch 1991, 324).

Ökologisch gesehen ist der rationale technische Umwelteingriff nicht unbedingt eine ressourcenschonende Handlungsweise. Die rationale technische Leistung besteht oft nicht darin, den naturgegebenen Gütermangel effizient zu bewirtschaften, sondern ihn möglichst schnell und wirksam zu beseitigen. Je weniger der Nutzen der benötigten Ressource von den Kosten (etwa dem marktwirtschaftlichen Preis) und den ökologischen Nebenfolgen der Beschaffung, sondern nur von der subjektiv empfundenen Dringlichkeit des Bedarfs abhängt, desto deutlicher richtet sich der Einsatz technischer Mittel auf die Erschließung neuer statt auf eine effiziente Nutzung der vorhandenen Ressourcen. Beobachtbar ist dies in akuten physiologischen oder ökologischen Mangelsituationen wie Hunger, Krankheit oder Lebensgefahr oder wenn dem Entscheidungsträger der (berufliche, wirtschaftliche, militärische) Ruin droht.

Die skizzierten ökologischen Aspekte des technisch-rationalen Handelns müssen in aller Regel auch im Zusammenhang mit den Motiven des modernen ökonomischen und wissenschaftlichen Wandels untersucht werden (Geiger 1998). Soweit angedeutet, zeigt die Analyse jedoch, daß und wie technische Entwicklungen als Ergebnisse der biologisch-adaptiven wie der rationalen menschlichen Bedarfsdeckung in einem gemeinsamen begrifflichen Rahmen darstellbar werden, und zwar in der gesamten anthropologisch und soziologisch erforderlichen Breite. Insbesondere werden an diesem Punkt die Grundtendenzen des wissenschaftlich-technischen Fortschritts anthropologisch faßbar: Die zunehmende technische Effizienz, die mit steigendem Planungs-, Organisations- und Investitionsaufwand vorangetrieben wird; wissenschaftliche Erkenntnis als systematische Planungs- und Entscheidungsgrundlage für technisches Handeln; der Wettbewerbscharakter der technologischen Entwicklung, ablesbar am marktwirtschaftlichen Wettbewerb, an Rüstungswettläufen und an ähnlichen Formen der technologischen Konkurrenz, die sich als Folgen ökonomischer und politischer Interessenkonflikte ergeben; und schließlich die wachsende Umweltgefährdung durch immer leistungsstärkere Technologien als zwiespältiges Ergebnis einer durchaus rationalen Güterabwägung zwischen technischen Zwecken und Risiken.

7   Zukunftsperspektiven der technischen Zivilisation

Ein Großteil der technischen Neuerungen dient heute und in absehbarer Zukunft dem Abbau dringend benötigter Ressourcen, deren Erschöpfung sich aber abzeichnet und unwiderruflich ist, wenn der Verbrauch nicht drastisch eingeschränkt wird, insbesondere wenn die Weltbevölkerung weiterhin stark zunimmt. Daher ist der technische Raubbau an der Natur im Kern kein Verschwendungsproblem und beruht heute auch nicht mehr auf dem Unwissen um die schädlichen Spätfolgen der Technik. Ein schonender Verbrauch der vorhandenen Güter, gestützt auf eine technisch effizientere Ressourcennutzung, kann die ökologischen Grenzen des Wachstums nur hinausschieben, nicht aber beseitigen (vgl. Ausubel/Langford 1997; Geiger 1998). Für die Einschätzung der künftigen Chancen der menschlichen Zivilisation ist es daher nicht entscheidend, wie gut oder wie schlecht die Versorgungslage der Menschheit tatsächlich ist, ob sie richtig eingeschätzt wird und ob sie sich vielleicht durch eine sparsame Ressourcennutzung in Zukunft verbessern läßt. Wesentlich ist vielmehr, wo Perspektiven einer ausreichenden Güterversorgung jenseits des technisch-rationalen Handelns liegen.

Zunächst erscheint es aus der Sicht der evolutionstheoretisch orientierten Anthropologie so, daß die fortschreitende Rationalisierung der Technik auf die Dauer schwer zu beeinflussen ist, weil sie zu ganz verschiedenen, historisch wandelbaren Zwecken von ein und derselben verhaltensbiologischen Grundausstattung des Individuums Gebrauch macht. Nicht anders als in der Vergangenheit, unterliegt auch in Zukunft die Daseinsvorsorge der Menschheit ökologischen Einschränkungen, die zu lockern die Technik grundsätzlich die Mittel bereitstellt. Für rational handelnde Individuen und Gruppen liegt in der Verfügungsgewalt über geeignete Technologien dann auch der – wie immer zwiespältige – Anreiz, sich vom Druck des ökologischen Mangels zu entlasten. Daß die Grenze zwischen Bedarfsdeckung und Verschwendung dabei fließend ist, liegt nahe, ist aber für das handlungstheoretische Verständnis von Knappheitsproblemen unwesentlich.

Zu ähnlichen Schlußfolgerungen gelangt man, wenn man die Wohlstandsunterschiede zwischen den Industrieländern und der Dritten Welt berücksichtigt. Rein rechnerisch und ganz naiv betrachtet, können Hunger, Armut und Energieknappheit in einem Teil der Welt dadurch gemildert werden, daß ein anderer Teil seinen Überfluß mit den Bedürftigen teilt. Aber weder heute noch in Zukunft ist die *globale* ökologische Knappheit ein Problem der mangelnden Verteilungsgerechtigkeit, sondern in erster Linie eines der fehlenden Umverteilungsspielräume. Die Spielräume aber, innerhalb deren es überhaupt etwas zu verteilen oder effizient zu bewirtschaften gibt, ließen sich nur technisch, das heißt durch eine verstärkte Ressourcenausbeute erweitern. Heute besteht eine solche Situation praktisch bei allen begrenzten Ressourcen, deren Pro-Kopf-Erträge oder -Vorkommen mit wachsender Bevölkerungsdichte abnehmen (Trinkwasser, landwirtschaftliche Anbaufläche, Nahrungsmittelproduktion weltweit usw.). Denn durch bloße Umverteilung läßt sich weder an den Pro-Kopf-Werten selbst noch an der Tatsache etwas ändern, daß diese Werte sinken (vgl. Nentwig 1995).

Im Rahmen des gewählten anthropologischen Ansatzes liegt die Schlußfolgerung nahe, daß unter sehr realistischen Knappheitsbedingungen ein künftiger, am wohlverstandenen Bedarf aller Menschen orientierter Technikgebrauch in ein Dilemma mündet. Theoretisch gibt es durchaus Alternativen zu einer solchen Zukunftsperspektive. Ein Großteil der heute in aller Welt praktizierten Umweltschutzmaßnahmen beruht nämlich nicht auf dem aufgeklärten Selbstinteresse der rational handelnder Verbraucher, sondern auf einem breiten Spektrum institutionalisierter Verhaltensregeln, Verpflichtungen, Motivationen und Zwangsmittel einschließlich der staatlichen Gesetzgebung, Gewerbeaufsicht und Techniküberwachung. Um umweltwirksam zu sein, bedürfen sie weder der Einsicht noch der Einwilligung jedes einzelnen Mitgliedes der Gesellschaft und können sich dennoch mit den Interessen von Individuen und Gruppen decken, ja sogar interessenorientierte Handlungsweisen in ihrer Funktion unterstützen (Ostrom 1990).

Der fortdauernde, ungebremste weltweite Raubbau an knappen Umweltgütern könnte zwar in eine Krise führen, in der institutioneller und politischer Zwang zur nachhaltigen Steuerung der technische Entwicklung unausweichlich erschiene. Doch erscheint hier Skepsis angebracht: wegen der geschichtlichen Erfahrung, daß der technische Fortschritt – im Sinne einer bedarfsgerechten Optimierung technischer Leistungen – auf die Dauer keine traditionellen, weltanschaulichen und rechtlichen Schranken achtet; und wegen der modernen Rationalisierung aller gesellschaftlichen Lebensbereiche, die, von Max Weber einst mit einem „stahlharten Gehäuse" verglichen, praktisch keine Alternativen zuläßt und sich mit ihrer Dynamik im Zeitalter der „Globalisierung" als ungebrochen erweist.

Literatur

Ausubel J. H. u. H. D. Langford (Hg.): Technological Trajectories and the Human Environment, Washington D. C. 1997

Beck, B. B.: Animal Tool Behavior, New York 1980

Boesch, C.: Aspects of Transmission of Tool Use in Wild Chimpanzees, in: Tools, Language and Cognition in Human Evolution, hg. v. K. R. Gibson u. T. Ingold, Cambridge 1993, 171-184

Bonner, J. T.: The Evolution of Culture in Animals, Princeton 1980

Boyd, R. u. P. J. Richerson: Culture and the Evolutionary Process, Chicago 1985

Boyden, S.: Western Civilization in Biological Persepctive, Oxford 1987

Campbell, B.: Entwicklung zum Menschen, 2. dt. Aufl. Stuttgart 1979

Cavalli-Sforza, L. L. u. M. W. Feldman: Cultural Transmission and Evolution, Princeton 1981

Foley, R. A.: Evolutionary Ecology of Fossil Hominids, in: Evolutionary Ecology and Human Behavior, hg. v. E. A. Smith u. B. Winterhalder, New York 1992, 134-164

Fritsch, B.: Mensch, Umwelt, Wissen, Stuttgart 1991

Gehlen, A.: Der Mensch (1940), 13. Aufl. Wiesbaden 1986

Geiger, G.: Verhaltensökologie der Technik, Opladen 1998

Gibson, K. R. u. T. Ingold (Hg.): Tools, Language and Cognition in Human Evolution, Cambridge 1993

Goudie, A.: The Human Impact on the Natural Environment, Cambridge (Mass.) 1990

Hardin, G.: Living within Limits, Oxford 1993

Henke, W. u. H. Rothe: Paläoanthropologie, Berlin 1994

Immelmann, K., K. R. Scherer, C. Vogel u. P. Schmoock (Hg.): Psychobiologie, Stuttgart 1988

Ingold, T.: Tool-Use, Sociality and Intelligence, in: Tools, Language and Cognition in Human Evolution, hg. v. K. R. Gibson u. T. Ingold, Cambridge 1993, 429-446

Jones, S. et al.: The Cambridge Encyclopedia of Human Evolution, Cambridge 1992

Layton, R. H.: Are Sociobiology and Social Anthropology Compatible?, in: Comparative Socioecology, hg. v. V. Standen u. R. A. Foley, Oxford 1989, 433-455

Lumsden, C. J. u. E. O. Wilson: Genes, Mind and Culture, Cambridge (Mass.) 1981

Markl, H. (Hg): Natur und Geschichte, München 1983

McGrew, W. C.: Chimpanzee Material Culture, Cambridge 1992

Nentwig, W.: Humanökologie, Berlin 1995

Nitecki, M. H. u. D. Nitecki (Hg.): The Evolution of Human Hunting, New York 1987

Ostrom, E.: Governing the Commons, Cambridge 1990

Parker, S. T. u. C. Milbrath: Higher Intelligence, Propositional Language, and Culture as Adaptations for Planning, in: Gibson/Ingold 1993, 314-334

Richerson, P. J. u. R. Boyd: Cultural Inheritance and Evolutionary Ecology, in: Evolutionary Ecology and Human Behavior, hg. v. E. A. Smith u. B. Winterhalder, New York 1992, 61-92

Roth, G.: Das Verhältnis von Philosophie und Neurowissenschaften bei der Beschäftigung mit dem Geist-Gehirn-Problem, in: Philosophische Orientierung – Festschrift für Willi Oelmüller, hg. v. F. Hermanni u. V. Steenblock, München 1995, 139-151

Sachsse, H.: Anthropologie der Technik, in: Interdisziplinäre Technikforschung, hg. v. G. Ropohl, Berlin 1981, 59-69

Schick, K. D. u. N. Toth: Making Silent Stones Speek, New York 1993

Staddon, J. E. R.: Adaptive Behavior and Learning, Cambridge 1983

Standen, V. u. R. A. Foley (Hg.): Comparative Socioecology, Oxford 1989

Smith, E. A. u. B. Winterhalder (Hg.): Evolutionary Ecology and Human Behavior, New York 1992

Vogel, C. u. L. Eckensberger: Arten und Kulturen – Der vergleichende Ansatz, in: Psychobiologie, hg. v. K. Immelmann, K. R. Scherer, C. Vogel u. P. Schmoock, Stuttgart 1988, 563-606

Vogel, C. u. E. Voland: Evolution und Kultur, in: Psychobiologie, hg. v. K. Immelmann, K. R. Scherer, C. Vogel u. P. Schmoock, Stuttgart 1988, 101-130

Weber, M.: Wirtschaft und Gesellschaft, 5. Aufl. Tübingen 1972

Wickler, W.: Funktionen des Verhaltens, in: Psychobiologie, hg. v. K. Immelmann, K. R. Scherer, C. Vogel u. P. Schmoock, Stuttgart 1988, 76-100

Williams, G. C.: Adaptation and Natural Selection, Princeton 1966

Williams, G. C.: Natural Selection, Oxford 1992

Wahrnehmung und Bewertung von Technik
– was ist psychologisch relevant?

Swantje Eigner und Lenelis Kruse

1   Technik, Mensch und Natur

Seit Beginn der achtziger Jahre wird eine Technikpsychologie gefordert, die das menschliche Erleben und Verhalten innerhalb der Wechselwirkungen von Mensch, Technik und Umwelt untersucht (Kruse 1981). Doch stellen z.B. auch Bungard und Lenk (1988) noch fest, dass das Gebiet der Technikpsychologie kaum existent ist, jedenfalls nicht umfassend mit allen relevanten Aspekten. Vielmehr werden höchstens einzelne Mensch-Maschine-Interaktionen betrachtet oder ergonomische Fragestellungen bearbeitet. Der Psychologe Flick (1996) schlägt acht Jahre später vor, dass eine sozialwissenschaftliche Definition von Technik folgende Aspekte umfassen sollte: die Technik an sich, also die technischen Eigenschaften von Dingen und Geräten; die technische Einbettung, d.h. die Interaktion mit anderen technischen Systemen; das in Technik implementierte sowie zu ihrer Nutzung notwendige Wissen; die prozeduralen und deklarativen Umgangsweisen mit konkreten technischen Geräten; die funktionalen Verwendungsweisen sowie die individuellen, sozialen und kulturellen Projektionen der jeweiligen Technik. Rehse (1998) definiert Technik ähnlich, indem er sie immer auch als ein Mittel zur Befriedigung menschlicher – und zwar materieller, immaterieller, sozialer und emotionaler – Bedürfnisse ansieht. Technik in Form technischer Produktion und technischer Produkte stelle eine Art „Fingerabdruck" dar, der neben der Technik i.e.S. auch den soziokulturellen, den ökonomischen und den ökologischen Kontext enthält. Somit könne Technik als Teil und Ausdruck einer kulturellen Entwicklung verstanden werden.

Wenn von Technik die Rede ist, wird an Autos, Kühlschränke, an Fabriken oder industrielle Produktion gedacht. Doch gibt es auch die Technik der Rede, der Diskussionsleitung, der Organisation, der Verwaltung, eine Technik des Experimentierens, Atem- und Liebestechniken usw. In dieser Wortverwendung werden mit „Technik" gar nicht bestimmte Bereiche, Inhalte oder Ziele, sondern vielmehr bestimmte Vorgehensweisen gemeint (vgl. Krohn 1996; Ropohl in diesem Buch). MacKenzie und Wajcman (1985) weisen darauf hin, dass Technik sich auch auf Wissen und Handlungen der Menschen in Bezug auf Technik bezieht, ja dass sogar technische Dinge ohne dieses Wissen bedeutungslos sind. Noch deutlicher macht dies Altner (1986), indem er darstellt, dass „Technik" ursprünglich bedeutet, Kenntnis einer Praxis zu besitzen, damit der Mensch die Naturkräfte in seine Dienste stellen und Herrschaft über die Natur erlangen konnte. „Technische Betätigung" galt als Merkmal menschlicher Kultur; der Mensch wurde dargestellt als ein Mängelwesen, das seine mangelhafte Organausstattung kompensieren muss. Technik bedeutete somit Freiheit und Emanzipation aus biologischer Begrenzung. Technik und Wissenschaft galten damit zunächst ausnahmslos als Fortschritt.

Zweifel am Fortschritt durch Technik und Unbehagen an der Technik sind vorwiegend neueren Datums, sieht man einmal von den technologischen Varianten der Kulturkritik ab, wie etwa der Eisenbahnkritik bei der Einführung dieses Transportmitttels (Schivelbusch 1977). Erst durch negative Technikfolgen, wie z.B. durch den Atombombenabwurf in Hiroshima oder die Reaktorkatastrophe in Tschernobyl, machte sich auch Kritik an der Technik in der Öffentlichkeit bemerkbar, ineins mit der Frage nach neuer Ethik und Verantwortung des Menschen.

Im Zuge der Technisierung haben sich die Natur wie der Naturbegriff fundamental verändert. Auch die Situation des Menschen, der ja auch Natur ist, hat sich gewandelt (Böhme 1992). Bevor die technische Reproduktion die Natur für uns konkret umgestaltet hat, war diese Natur als wesentliches Element der europäischen Kultur bereits entwertet worden. Natur ist nicht mehr das Gegebene, sondern das im Prinzip durch Herstellung Mögliche. So ist z.B. eine klare Unterscheidung zwischen Kunststoffen, die vom Menschen durch Polymerisationsverfahren erzeugt wurden und solchen, die durch pflanzliche Verfahren entstehen, nicht mehr möglich. Trotzdem wünschen sich die Menschen, dass Produkte von Technik und Kunst wie Natur sein sollen, sie sollen „künstliche Natur" sein (Böhme 1992). Schon Aristoteles machte, wie Böhme in Erinnerung ruft, den Gegensatz von Natur und Technik deutlich (ebd., 185); die Unterscheidung sei ontologisch begründet: „Natürlich" ist, was das Prinzip seiner Bewegung in sich hat, d.h. in Fortentwicklung und Reproduktion durch sich selbst bestimmt ist; „technisch" ist, was das Prinzip seiner Entstehung, Organisation und Entwicklungsprinzip vom Menschen her hat. Auch Krohn (1996) stellt dar, dass Natur als Ressource letztlich die Bedingung aller materiellen und z.T. auch der immateriellen Technik darstellt. Natur zeigt sich außerdem als Ursprung und Herkunft aller Dinge und damit als Gegensatz zu Technik. Als Beispiele seien genannt: das natürliche Zeitgefühl gegen die mechanische Uhr; das natürliche Schmerzempfinden gegen die Anästhesie; das natürliche Klima gegen das durch Kohlendioxid veränderte Klima von heute.

In den folgenden Abschnitten soll die gegenseitige Beeinflussung von Mensch und Technik dargestellt werden. Welche Auswirkungen hat menschliches Verhalten auf die Technik und ihre Entwicklung und wie beeinflusst die Technik menschliche Wahrnehmung und menschliches Verhalten?

2   Gegenseitige Beeinflussung von Mensch und Technik

Zunächst haben Menschen die Technik durch zahlreiche Erfindungen geschaffen und geprägt. Politische Machtverhältnisse und die Interessen bestimmter sozialer Gruppen beeinflussen dabei die Art der technologischen Entwicklungen (Rohracher 1998). Unterschiedliche Nutzergruppen haben bestimmte Bedürfnisse und stellen verschiedene Anforderungen, die die Technik nach Möglichkeit erfüllen soll. Sie soll z.B. effektiv und zuverlässig sein, aber auch Komfort, Prestige oder ein besonderes Image bieten.

Die Partizipation von späteren Nutzern an technischer Produktentwicklung bei der Planung und Konstruktion, z.B. in der Autoindustrie oder bei der Gestaltung von Softwareprogrammen, ist allerdings noch kaum verbreitet; statt dessen wird viel mit Simulationen gearbeitet, indem z.B. Testfahrer zukünftige Kunden simulieren oder Teststrecken echte Straßenverhältnisse darstellen sollen (Renn/Zwick 1997).

Auf der anderen Seite prägt die Technik deutlich den Lebensstil der Menschen und auch die Umwelt. So ergeben sich durch höheren Komfort zunehmende Abhängigkeiten von Fachleuten; beispielsweise ermöglicht die eingebaute Elektronik im Auto einfaches Herunterlassen der Fensterscheiben und gleichzeitiges Telefonieren, doch wenn das Auto eine Panne hat, ist der Laie hilflos. Was früher beim klassischen „Volkswagen" der Nutzer leicht selbst reparieren konnte, das erfordert jetzt das Know-How des Fachpersonals. Mit der Einführung neuer Techniken und den damit verbundenen Automatisierungen gehen auch Fertigkeiten, bestimmte Arten des Handwerks und ganze Kulturen verloren (Ellul 1954). Wo z.B. immer mehr Teppiche in Fabriken hergestellt werden, lernen die Menschen immer seltener, wie Teppiche von Hand zu knüpfen sind.

Auch die Alltagsorganisation der Menschen wird durch Technik verändert. Zum einen haben Individuen durch technische Erleichterungen mehr Zeit für andere Dinge. So nehmen Waschmaschine, Trockner, Geschirrspülmaschine und ähnliche Geräte den Menschen viele Aufgaben ab, es kommt zu einer „Professionalisierung" des Alltags (vgl. Weingart 1988). Zum anderen kostet die Beschaffung technischer Geräte, d.h. die Auswahl zwischen vielen verschiedenen Produkten viel Zeit. Hinzu kommt durch häufigere Nutzung auch ein höherer Reparaturbedarf dieser Geräte als früher. So wird etwa heute viel öfter die Bettwäsche gewechselt und gewaschen als noch vor dreißig Jahren, so dass Waschmaschine und Wäsche schneller verschleißen (Meyer/Schulze 1993).

Außerdem kann die vermehrte Nutzung der Informationstechnik z.T. zur Isolation der Individuen führen (s.a. Zapf/Hampel/Mollenkopf/Weber 1989; vgl. Flick 1996). Auf der anderen Seite öffnet gerade das Internet auch völlig neue Horizonte und Kommunikationsmöglichkeiten und kann somit in Form von virtuellen Welten in ganz anderer Qualität dem Vereinzelungstrend entgegenwirken. Von großer Bedeutung ist auch die Auswirkung der Technikentwicklung auf soziale Kontexte und auf die Sprache. Ausdrücke aus der Technik werden zunehmend auch für die Beschreibung seelischer Zustände benutzt, wie die Verbreitung des Begriffs „Leerlauf" oder Redensarten wie „ich häng' total fest", „ich hab' einen Absturz", „ich drehe durch" usw. zeigen (s.a. Flick 1996; Turkle 1986; Hörning 1996).

Wächter (1998) spricht vom Leitbild der „sozialen Technik"; damit ist gemeint, dass Technik nicht nur angewandte Naturwissenschaft ist, sondern dass sie soziale Beziehungen, Entwicklungen oder Konflikte schafft, vermittelt oder verändert. Auch die Annahme, dass Technik einen Beitrag zum sozialen Fortschritt leisten kann, zählt Wächter zu diesem Leitbild, unter der Voraussetzung freilich, dass die Technologien zur bewussten und demokratischen Gestaltung der Gesellschaft genutzt werden. Technologien wie beispielsweise die Kernkraft könnten allerdings unter keinen Umständen zur „sozialen Technik" werden. Von „sozialer Technik" könne man auch nur dann sprechen, wenn Technik nicht, wie es oft der Fall ist, bestimmte Bevölkerungsgruppen wie Frauen oder sozial benachteiligte Menschen ausgrenzt, sondern wirklich allen Menschen gleichermaßen zugänglich ist und Vorteile verschafft.

Technik kann auch zu neuen Werten und zu neuen Arten der Sinnfindung führen. So wird etwa der Computer für viele Jugendliche zum Objekt der Sinnfindung, das – wie empirische Untersuchungen gezeigt haben – das Interesse an anderen Dingen stark einschränkt (Flick 1996). Bei vielen Jugendlichen aus Unterschichtfamilien, die zu Hause einen Computer haben, nehmen bestimmte Fähigkeiten und Fertigkeiten motorischer und kognitiver Art, aber auch die Phantasie ab (Flick 1996).

Die „vom Menschen gemachte" technische Produktion beeinflusst wiederum die natürliche und vom Menschen gestaltete Umwelt mit allen positiven und negativen Konsequenzen. So wirkt sich industrielle Technikproduktion durch Wasserverschmutzung, Müll, Gifte, Kohlendioxid-Belastung und Ressourcenverbrauch einerseits negativ auf die Umwelt und den Menschen aus, kann andererseits aber auch entlasten, wenn umweltfreundliche technische Produkte hergestellt werden, wie z.B. Windkraft- und Photovoltaikanlagen. Letztlich ist solche Technik aber erst dann erfolgreich, wenn sie tatsächlich von vielen Menschen eingesetzt wird. Das heißt: Entscheidend für die Effekte von Technik ist schließlich auch eine soziale Komponente, bei der Gewohnheiten, soziale Normen, Überzeugungen, Einstellungen usw. eine Rolle spielen.

Nach der Herstellung wirkt sich auch die Nutzung der technischen Geräte durch menschliche Individuen auf die Umwelt aus, z.B. durch Stromverbrauch, anfallenden technischen Müll usw. Mittlerweile hat man erkannt, dass sich technische Unfälle (vom Typ Tschernobyl) in weit stärkerem Maße auf das Kontrollbewusstsein und damit auf das Sicherheitsgefühl des Menschen auswirken als Naturkatastrophen wie z.B. Erdbeben (Fisher/Bell/Baum 1984; Oskamp/Spacapan 1990, 25). Der Eindruck des Kontrollverlusts zieht in der Regel ein Gefühl der Resignation nach sich: „Ich als Einzelner kann dagegen nichts machen, die Technik an sich ist zu stark für mich" (vgl. Kruse 1983).

3 Nutzung von Technik im Alltag

Wozu dient Technik, wozu wird sie heute konkret genutzt? Flick (1996) unterscheidet zwischen Technikentwicklern (z.B. Informatiker), professionellen Technikanwendern (z.B. Sozialwissenschaftler, die verschiedene Funktionen des Computers nutzen), Alltagsnutzern von Technik (Lehrer, die eine elektronische Schreibmaschine zur Erstellung ihrer Arbeitszettel benutzen). Zwischen Technikentwicklern und Technikanwendern sollte es eine möglichst enge Zusammenarbeit und Abstimmung geben, damit die Bedürfnisse der Anwender genügend berücksichtigt werden und diese auch ohne volles Verständnis der Funktionsweise der Geräte ausreichend bedienen können.

In diesem Zusammenhang stellt sich auch die Frage, wann eine Technik als „alt" zu bezeichnen ist. In Haushalten werden ständig neue Geräte angeschafft; aber heißt das zwangsläufig, dass die bisherige Technik „alt" ist? Ist Technik „alt", wenn Geräte kaputt sind oder wenn es neuere, bessere Technik gibt, wenn sie nicht

mehr genutzt wird, weil sie „out" ist? Oft sind „alte" Techniken, wie z.B. handwerkliche, nur noch in Museen sichtbar, obwohl sie den Grundstock vieler heuti-
ger Produktionsweisen und alltäglicher Gebrauchsgegenstände bilden
Seit Mitte der 80er Jahre wird Technik mehr und mehr mit Computern assoziiert.
Computer haben den Menschen viele Vorteile verschafft. So haben Computer Ar-
beitsvorgänge vereinfacht, die Menschen sind besser „vernetzt", sie gelangen leichter an Informationen; durch die sogenannten „virtuellen Welten" entstehen neue
Horizonte, die bis vor kurzem noch undenkbar waren. Computer bringen aber
auch Nachteile mit sich: Sie können zu Vereinsamung, zu Phantasieverlust führen.
Computer sind ein typisches Beispiel für eine Art von Technik, die sehr viele Menschen nutzen, aber sehr wenige in ihrer Funktionsweise durchschauen. Das heißt,
beim Umgang mit Computern können Gefühle der Abhängigkeit oder des Kontrollverlusts auftreten. Computer haben außerdem Unterhaltungsfunktion und
werden als „Spielzeug für Erwachsene" genutzt; Computer dienen als Statussymbole (Oskamp/Spacapan 1990). Zu beachten ist, dass Computer immer noch vermehrt von Männern, von jüngeren Leuten und von Besserverdienenden genutzt
werden. Ungeachtet der euphorischen Darstellung der Computertechnik in den
Medien muss festgehalten werden, dass nicht einmal die Hälfte der Bevölkerung
sich unter „Multimediadiensten", „World-wide-web", „Internet", „Daten-high-
way", „Set-top-Box" oder „Pay-TV-on-demand" irgendetwas vorstellen kann, also
auch keinen persönlichen Nutzen daraus zu ziehen vermag. Renn und Zwick
(1997) ziehen daraus den Schluss, dass nicht ein Zuwenig, sondern ein Zuviel an
Technik dazu führt, dass Menschen sich auf neue Produkte teilweise nicht einzu-
lassen vermögen. Sie erwähnen dabei auch die Orientierungslosigkeit von Compu-
teraspiranten im Wirrwarr verschiedener Hard- und Software-Systeme.

4 Technikbewertung

Ist Technik etwas Gutes, etwas Schlechtes, ist sie neutral zu bewerten? Technikbewertung sollte, um den vielen Konsequenzen von Technik gerecht zu werden, neben den natur- und ingenieurwissenschaftlichen auch wirtschafts-, sozial- und gei-
steswissenschaftliche Aspekte berücksichtigen (Jischa 1993; Ropohl 1996). Exem-
plarisch lassen sich Wahrnehmung und Bewertung von Technik immer wieder gut
an den technischen Geräten Computer, Fernsehen und Auto demonstrieren. Bungard und Schultz-Gambard (1988) betonen, dass eine fundierte Technikbewertung
voraussetzt, dass auch eine gründliche Auseinandersetzung mit Technik stattgefunden haben muss, also Hintergründe, Abläufe und Konsequenzen technischer
Veränderungen und Innovationen in irgendeiner Form beschrieben und erklärt
worden sein müssen. Bei einer Auseinandersetzung der Psychologie mit Technik
beträfe dies die Beziehungen zwischen Technik und menschlichem Erleben und
Verhalten. Diese Auseinandersetzung hat aber, Bungard und Schultz-Gambard zu
Folge, bisher nur partiell stattgefunden. Im folgenden sollen einige Standpunkte
der Technikbewertung kurz dargestellt und begründet werden. So lässt sich auf
der einen Seite von *Technik-Euphorie*, ja zum Teil sogar von Technik-Vergötterung,

sprechen. Man kann z.B. beobachten, dass im Dorf der Bauer mit dem größten Trecker die meiste Anerkennung findet; an einer Technischen Hochschule mag in einigen Disziplinen derjenige Professor am angesehensten sein, der den größten Computer hat. Auch hier wirkt dann Technik als Statussymbol, als Symbol der menschlichen Schaffenskraft und der Entlastung von körperlicher Arbeit. Auch die Technisierung von Freizeitaktivitäten hat zugenommen, so etwa beim Inlineskating, Surfen, Segeln, Bergsteigen oder Radfahren.

Grob (1991) stellt fest, dass der Technik- und Wissenschaftsglaube beim Nicht-Techniker als extreme Form externaler Kontrollüberzeugungen verstanden werden kann, derart, dass Menschen meinen, sie hätten zwar selber keinen Einfluss auf die Umwelt, aber „die Technik" könne viel bewirken. Damit verbunden, stellt Grob verschiedene Formen der Krisenüberwindung zur Diskussion: (1) technisch-wissenschaftlichen und ökonomischen Fortschritt, (2) gesellschaftlich-politische Veränderungen und (3) eine Kombination aus beiden. Umweltschützer bevorzugen den zweiten Lösungsweg, Vertreter der Industrie den technischen (Grob 1991). Dem entspricht, dass Umweltschutz oft auf „technischen Umweltschutz" verkürzt und das einschlägige umweltschützende Verhalten vernachlässigt wird. Umweltschutz ist genauso wie Umweltschmutz immer auch ein Verhaltensproblem (vgl. Kruse 1993). Die Berücksichtigung der Verhaltensbedingtheit spielt eine wachsende Rolle auch bei der Analyse der globalen Umweltveränderungen (vgl. Kruse 1995).

Zu den Einstellungen gegenüber Technik steht neben der Technik-Euphorie auch die *Technik-Angst (Technophobie)*. Diese zeichnet sich aus durch ein, oft latentes Unbehagen gegenüber der Technik und ihren Folgen, die der Mensch nicht überblicken kann, sowie durch Orientierungslosigkeit angesichts der Undurchschaubarkeit technischer Systeme und angesichts der Zersplitterung von Verhaltensweisen, wie sie z.B. in Fabriken vorherrschen, in denen keine ganzen Fertigungsabläufe mehr existieren, sondern Tätigkeiten auf die Durchführung einzelner Schritte oder auf die Produktion von Einzelteilen beschränkt sind. Damit kann eine Sinnentleerung und Entfremdung von Arbeitsvorgängen einher gehen.

Jungermann und Slovic (1993, zitiert nach Meier 1994) geben empirische Beispiele für Technik-Angst. Sie berichten von Umfragen, aus denen sich ergibt, dass in den westlichen Staaten, in Europa und Nordamerika, viele meinen, die von Menschen herbeigeführten Risiken seien ständig größer geworden, sie seien nur noch begrenzt beherrschbar, und sie würden in Zukunft weiter zunehmen. Immer mehr Bürger sähen sich eher als Opfer denn als Nutznießer neuer Technologien, was unter anderem mit der Undurchschaubarkeit hochkomplexer technischer Anlagen und Geräte zusammenhänge.

5   Technikakzeptanz

Menschen versprechen sich von technischen Entwicklungen mancherlei Positives. „Die Technik" soll das Leben sicherer, einfacher, schneller und möglichst auch bequemer machen. Technik soll Lösungen für Umweltprobleme, wenn nicht für die

Umweltkrise liefern („technological fix"): Statt menschliche Lebens- oder Konsumstile zu verändern, wird auf neue Technologien gesetzt. Statt beispielsweise „Car-Sharing" zu praktizieren oder öffentliche Verkehrsmittel zu nutzen, wird das 3-Liter-Auto propagiert, zumindest ein Katalysator eingebaut. Es wird auf neue technische Methoden für die Heilung von AIDS gehofft, statt beispielsweise „safer sex" zu praktizieren. (Oskamp/Spacapan 1990, 13).

Kulturvergleichende Untersuchungen zwischen Deutschland, Großbritannien und den Vereinigten Staaten von Amerika über die Einstellung zu Wissenschaft und Technik haben ergeben, dass damals Deutsche dem Nutzen der Technik am freundlichsten, Engländer am skeptischsten gegenüberstanden. Fietkau, Kessel und Tischler (1982) fanden dabei folgende Zusammenhänge: Je technikfreundlicher die befragten Personen waren, desto (1) zufriedener waren sie mit der nationalen Umweltpolitik, (2) desto materialistischere Werthaltungen wiesen sie auf, (3) desto höher bewerteten sie eine statusdifferenzierende Leistungsgesellschaft, (4) desto geringer nahmen sie die Umweltprobleme als bedrohlich wahr und (5) desto optimistischer bewerteten sie die Zukunft.

Welche Art von Technik heute die meiste Akzeptanz erfährt, zeigen Untersuchungen von Renn und Zwick (1997). So ist bei einem Vergleich unterschiedlicher technischer Anlagen und Geräte die mittlere Akzeptanz für eine Computerchip-Fabrik am höchsten, gefolgt von einer Arzneimittelfabrik; die Akzeptanz für Kohle- und Kernkraftwerke belegt die niedrigsten Werte, wobei andere technische Objekte zwischen diesen Extremen angesiedelt sind. Wo also Technik potenziell bzw. in der Wahrnehmung der Bevölkerung eher einen persönlichen Nutzen, beispielsweise für die Gesundheit, mit sich bringt, wird sie eher akzeptiert als in Bereichen, die mit Umweltschädigung und damit einhergehenden negativen Auswirkungen auf die menschliche Gesundheit in Zusammenhang gebracht werden.

Zwick (1995) führte eine Untersuchung durch, in der Techniken nach ihrem Nutzen einzuschätzen waren. Es ergab sich folgende Rangfolge, beginnend mit der am meisten bevorzugten Technik:

1. Windenergieanlage	13. Film/Video
2. Fahrrad	14. Organtransplantation
3. Endoskopische Operation	15. Mikrowelle
4. Waschmaschine	16. Chemietechnologie
5. Telefon	17. Weltraumtechnologie
6. Intercity-Express	18. Magnetschwebebahn
7. Telefax	19. Kohlekraftwerk
8. Ultraschall	20. Industrieroboter
9. Passagierflugzeug	21. Gentechnik
10. Kleincomputer	22. Künstliche Befruchtung
11. Anrufbeantworter	23. Kernenergie
12. Auto	24. Waffentechnik.

Diese Ergebnisse werden durch die oben angeführten von Renn und Zwick (1997) bestätigt. Beim Herstellen der Rangreihe mussten die Versuchspersonen von Zwick (1995) laut denken. Dabei zeigte sich, dass Urteile nur zum kleinen Teil Resultat kognitiver Argumente waren und stattdessen sehr oft auf gefühlsmäßigen

Einstellungen beruhten. Die Bedeutung von Emotionen bei der Technikbewertung wird oft unterschätzt, nicht ernst genommen oder mit kognitiven Entscheidungen verwechselt, wie auch Röglin (1994) sowie Jungermann und Slovic (1993) immer wieder festgestellt haben. Vor allem wenn es um Großtechnologien geht, sind Emotionen die besten Prädiktoren für Technikakzeptanz.

Meier (1994) weist auf ein Paradox hin, das wohl auch unterschiedliche Ergebnisse empirischer Untersuchungen verständlich macht. So werden zwar Risikoforschung und -management den Menschen immer wichtiger; trotzdem glauben die meisten Menschen weiterhin, dass technischer Fortschritt das Leben einfacher mache. Mehr denn je müsse die Industriegesellschaft heute um ihre soziale Akzeptanz bangen. Scheuch (1990) ergänzt, dass Technikablehnung allerdings nicht generell zu finden sei, sondern sich auf einzelne Bereiche beziehe. Darum seien Bündelungen der Aussagen zu allgemeinen Urteilen über „Segen" oder „Fluch der Technik" zu pauschal. Jaufmann und Kistler (1992) schlussfolgern auf der Grundlage von Sekundäranalysen, dass in Deutschland von einer durchgängigen Technikfeindlichkeit nicht die Rede sein kann, allerdings auch die Euphorie nicht so groß sei wie in den USA und Australien. Eine repräsentative Umfrage von Kuckartz (2000) ergab, dass die Technikfeindlichkeit, soweit sie in den 1990er Jahren bisweilen anzutreffen war, abgenommen hat und dass nur noch 21% der Befragten einen direkten Gegensatz zwischen Technik und Umwelt sehen; Frauen meinen seltener als Männer, dass Technik die Umweltprobleme schon lösen wird, und sie sehen noch immer eher als Männer schädliche Auswirkungen der Technik.

Technik kann sehr unterschiedliche Dimensionen haben. So gibt es die sogenannte „Großtechnik" (Beispiel: Kohlekraftwerk), die sich durch gigantisches sichtbares Ausmaß und viel sichtbaren Schmutz auszeichnet und dadurch für viele Menschen Bedrohlichkeit ausstrahlen kann. Demgegenüber existiert die sog. „Kleintechnik", zu der sich beispielsweise die Biotechnologie zählen lässt, die sich für Laien durch Intransparenz auszeichnet, die aber eher mit Sauberkeit im Labor, weißem Kittel und Wissenschaftlichkeit assoziiert ist. Nichts desto weniger erweckt auch die Kleintechnologie durch die Undurchschaubarkeit bei vielen Menschen Unbehagen. Diese Tatsache hat Streck (1994) empirisch belegen können. Er hat gefunden, dass sich die Deutschen am schlechtesten über die Gentechnik informiert fühlen und diese dementsprechend auch wenig akzeptieren. Unzureichendes Wissen über Biochemie, Biotechnologie und Gentechnik führt zu Ängsten vor dem „Unbekannten", dem „Unvorhersehbaren". Im privaten Bereich ist Technikakzeptanz wesentlich höher als in Bezug auf Großtechnologien: Fast alle Haushalte verfügen über Fernseher, Waschmaschinen und Telefone – trotz der vielfach beschworenen Gefahren des Fernsehens oder der Computertechnologie für Kinder. Auch Untersuchungen des Deutschen Bundestages zeigen, dass die Großtechnologien (Rüstungstechnik, Kerntechnik, Gentechnik) ein besonders negatives Image haben, während die Sonnenenergie und der Öffentliche Personen-Nahverkehr 1992 am meisten befürwortet wurden (Deutscher Bundestag 1994).

Banse und Bechmann (1998) fanden, dass man bei Risikosituationen verschiedene Rollenträger unterscheiden muss: „Entscheider", „Erzeuger", „Betroffene", „Nutznießer" und „Geschädigte", die ein Risiko aus höchst unterschiedlicher Perspekti-

ve wahrnehmen. Auch wird das Risiko neuer Technologien dabei als höher eingeschätzt und weniger akzeptiert als das Risiko altbekannter, erprobter Technologi-
en. Ein Beispiel ist das Risiko des Kohlebergbaus: Weil es von vielen über lange
Zeit in Kauf genommen wurde, erscheint es als nicht so bedrohlich.

Zusammenfassend ist festzustellen, dass die Akzeptanz von Technik sich nicht
pauschal als hoch oder niedrig darstellen lässt, sondern dass verschiedene Nutzergruppen verschiedene Techniken in unterschiedlichem Maße akzeptieren. Außerdem zeigt sich, dass gerade technische Bereiche, für die es anscheinend in wachsendem Maße Akzeptanz gibt – wie etwa die alternative Energiegewinnung –,
nicht auch entsprechend zügig entwickelt werden, so dass hier noch beträchtliche
Ausbaupotenziale liegen.

6   Auswirkungen von Technik

Was wird durch Technik tatsächlich bewirkt? Positiv sind zunächst die durch
Technik bedingten Arbeitserleichterungen, z.B. im Haushalt, in Fabriken, in der
Landwirtschaft, in der Bauwirtschaft. Technik spart – zumindest auf den ersten
Blick - Zeit. Allerdings ist auch der Zeitaufwand für die Installation und Wartung
von Technik zu berücksichtigen. Technik führt also auf der einen Seite zu einer
Beschleunigung des Lebens; auf der anderen Seite leiden trotzdem immer mehr
Menschen unter Zeitmangel, z.B. weil Technik die Anzahl an Wahlmöglichkeiten
für verschiedene Aktivitäten in Alltag und Freizeit erhöht hat (Hörning 1996).

Negative Konsequenzen von Technik sind vor allem Pannen und Katastrophen,
die oft auf „menschliches Versagen" zurückzuführen sind. Dieses Versagen kann
sich bei komplexen Systemen verheerend auswirken, was Menschen jedoch oft
verdrängen und nicht wahrhaben wollen (Dörner 1995). Auch Oskamp und Spacapan (1990) behaupten, dass häufig nicht die gegenständliche Technik die Schuld
an Unfällen und Krisen trägt, sondern deren Handhabung. Bestätigt wird dies
durch Untersuchungen von Majchrzak und Davis (1990), die festgestellt haben,
dass 75% der Computerprobleme in der Fertigung auf menschliches Versagen zurückgehen. Dem entsprechen auch Ergebnisse von Kanki und Foushee (1990), die
zeigen konnten, dass 65% aller Unfälle in der Luftfahrt auf menschlichen Fehlern
beruhen und nicht auf der technischen Ausstattung. Daraus folgt, dass das Thema
„Neue Technologien" viel umfassender verstanden werden muss, d.h. die gesamte
Mensch-Maschine-Interaktion mit berücksichtigen muss.

Bereits angeführt wurde das sogenannte „de-skilling", die Entwertung menschlicher Fertigkeiten. So verlangt z.B. der Computer von Menschen in der Produktion
oft nur noch sehr einfache Routine-Fähigkeiten und -Fertigkeiten, was bei manchen Menschen zu Langeweile und Abstumpfung führen kann. Eine weitere
Auswirkung der Techniknutzung sind Umweltbelastungen, die zum einen durch
den ständigen Einsatz von Transport- und Fabrikationsmaschinen, zum anderen
durch die Entsorgung von Abfallstoffen (z.B. Computermüll, radioaktiver Abfall)
und drittens durch technische Störfälle hervorgerufen werden. Die zahlreichen
problematischen Auswirkungen, die Technik und ihre Nutzung mit sich bringen

können, leitet über zum letzten Abschnitt über Technik und ihren Bezug zur Verantwortung.

7 Technik und Verantwortung

Lenk und Ropohl stellen schon 1987 fest, dass nahezu jede gesellschaftliche Anwendung einer technischen Fähigkeit dazu neigt, ins „Große" zu wachsen, mit
dem Ziel, die Technik noch „schneller, größer, besser" zu machen, da die Ansicht
vorherrsche, dass große Anlagen wirtschaftlicher als kleine seien. Dabei wird oft
nicht beachtet, dass großtechnische Anlagen einen wesentlich längeren Zeithorizont als kleine Anlagen erzwingen und darum die Berücksichtigung von Spätfolgen erfordern. Die Verantwortung für die Zukunft der Erde ist danach auch ein
Resultat technischer Möglichkeiten und stellt ein ethisches Novum dar (Jischa
1993). Die technischen Entwicklungen haben dazu geführt, dass wir in einer „Risikogesellschaft" (Beck 1986) leben, in der aber gleichzeitig die Verantwortlichkeit
zunehmend anonymisiert wird, so dass kein einzelner haftbar gemacht werden
kann. Gefahren können jedoch technisch nur minimiert, nie aber ausgeschlossen
werden. Die Wahrscheinlichkeit für Unfälle wächst mit der Zeit und mit der Anzahl eingesetzter Großtechnologien; ein „Restrisiko" bleibt immer. Denn, wie oben
dargestellt, ist für die meisten technischen Unfälle menschliches Verhalten verantwortlich. Deshalb mahnt Jischa, dass wir vor allem bei komplexen Problemen nicht
erst die schädlichen Folgen abwarten dürfen, um erst dann, wenn es zu spät ist,
darauf zu reagieren. Stattdessen müssen Ingenieure und Planer vorausschauend
Verantwortung für das übernehmen, was sie mit ihrem technischem Handeln bewirken werden.

Fleissner (1998) empfiehlt in diesem Zusammenhang und mit Blick auf „nachhaltige Technologiepolitik", zusätzlich zu den traditionell üblichen Indikatoren zur
Umweltverträglichkeit von Technologien auch technisch-soziale Faktoren zu berücksichtigen. Zu den nicht-technischen Nachhaltigkeitskriterien zählt Fleissner
die sozialen Folgen bestimmter Technologien (z.B. Erhaltung der traditionellen
Sozialleistungen) sowie die mit der Technologie in Verbindung stehenden psychischen Auswirkungen wie Autonomie- oder Isolationsgefühle. Unter der weiteren
Berücksichtigung von ökonomischen Bedingungen, der Arbeitsplatzrelevanz, der
ökologischen Gesamtbelastung des sozio-technischen Systems, der Demokratiever-
träglichkeit usw. kann z.B. Telearbeit je nach Kontext und Anwendungsbedingun-
gen unterschiedliche Effekte haben, die für oder gegen eine nachhaltige Entwicklung gerichtet sein können.

Konkret bedeuten diese Appelle, dass, weil viele technische Gefahren durch
menschliche Handlungen verursacht werden, der Umgang mit der Technik besser
gelehrt werden muss. Das gilt zum einen für junge Menschen; Kinder sollten z.B.
von klein auf lernen, dass man defekte Geräte nicht sofort wegwerfen, sondern
nach Möglichkeit reparieren sollte. Dazu ist aber auch eine entsprechende Infrastruktur vonnöten: Nur wo die Anbieter von Technik noch in der Lage sind, ihre
Produkte zu reparieren, wird auch eine solche Erziehung möglich sein, die zum

Beispiel in Schulen vermittelt werden sollte. In den individuellen Verantwortungsbereich jedes Einzelnen fällt die Aufgabe, vorhandene Technik nicht verschwen-
derisch zu nutzen. Auch hier wäre Unterstützung durch Schulen wünschenswert.
Ein weiterer Verantwortungsbereich betrifft alte Kulturtechniken, die durch neue
Technik verdrängt werden und so vielleicht verloren gehen. Bevor sie vorschnell
aufgegeben werden, sollte geprüft werden, was mit ihrer Hilfe jeweils über den
technischen Nutzen hinaus verbunden war und was die neue Technik eventuell
nicht bietet oder gar gefährdet.

Literatur

Altner, G. (Hrsg., 1986). Die Welt als offenes System. Frankfurt/M.
Altner, G., Mettler-Maibom, B., Simonis, U.E. u. von Weizsäcker, E.U. (Hrsg.), Jahrbuch der Ökolo-
gie 1995, 186-198. München: Beck.
Banse, G. u. Bechmann, G. (1998). Interdisziplinäre Technikforschung. Opladen: Westdeutscher
Verlag.
Beck, U. (1986). Risikogesellschaft. Auf dem Weg in eine andere Moderne. Frankfurt: Suhrkamp.
Böhme, G. (1992). Natürlich Natur. Über Natur im Zeitalter ihrer technischen Reproduzierbarkeit.
Frankfurt a.M.: Suhrkamp.
Bungard, W. u. Lenk, H. (Hrsg., 1988). Technikbewertung. Philosophische und psychologische Per-
spektiven. Frankfurt/M: Suhrkamp.
Bungard, W. u. Lenk, H. (1988). Einleitung. In Bungard/Lenk 1988, 7-18.
Bungard, W. u. Schultz-Gambard, J. (1988). Technikbewertung: Versäumnisse und Möglichkeiten
der Psychologie. In Bungard/Lenk 1988, 157-182.
Deutscher Bundestag (1994). Bericht des Ausschusses für Forschung, Technologie und Technikfol-
genabschätzung, Biologische Sicherheit bei der Nutzung der Gentechnik, Drucksache Nr.
12/7095, 16. März 1994, Bonn.
Dörner, D. (1995). Die Logik des Misslingens. Strategisches Denken in komplexen Situationen.
Hamburg: Rowohlt.
Ellul, J. (1954). La technique ou l'enjeu du siècle. Paris: Librairie Armand Colin.
Fietkau, H.-J., Kessel, H. u. Tischler, W. (1982). Umwelt im Spiegel der öffentlichen Meinung. Frank-
furt/Main: Campus.
Fisher, J. D., Bell, P. A. u. Baum, A. (1984). Environmental Psychology. New York: Holt, Rinehart u.
Winston.
Fleissner, P. (1998). Anforderungen an eine nachhaltige Technologiepolitik. In Wächter u.a. 1998,
45-56.
Flick, U. (1996). Psychologie des technisierten Alltags. Soziale Konstruktion und Repräsentation
technischen Wandels. Opladen: Westdeutscher Verlag.
Grob, A. (1991). Meinung – Verhalten – Umwelt. Ein psychologisches Ursachennetz-Modell um-
weltgerechten Verhaltens. Frankfurt a.M.: Peter Lang.
Hörning, K. (1996). Technik und Zeit: Alltägliche Verstrickungen und Auswege. In M. A. Schmutzer
u. Glock, F. (Hrsg.), Technik und Gesellschaft, 44-58. München: Profil.
Jaufmann, D. u. Kistler, E. (1992). Einstellungen zur Technik. Gibt es eine Technikfeindlichkeit unter
Jugendlichen? Das Parlament Nr. B 43/91, Beilage „Aus Politik und Zeitgeschichte", 26-27,
Bonn.
Jischa, M. F. (1993). Herausforderung Zukunft. Technischer Fortschritt und ökologische Perspekti-
ven. Berlin: Spektrum Akademischer Verlag.
Jungermann, H. u. Slovic, P. (1993). Die Psychologie der Kognition und Evaluation von Risiko. In G.
Bechmann (Hrsg.): Risiko und Gesellschaft. Grundlagen und Ergebnisse interdisziplinärer Risi-
koforschung, 167-276. Opladen: Westdeutscher Verlag.

Kanki, B. G. u. Foushee, H. C. (1990). Crew Factors in the Aerospace Workplace. In Oskamp u. Spacapan (Eds.), People's reactions to technology, 203-243. London: Sage.

Krohn, W. (1996). Technik und Natur – eine Geschichte beziehungsreicher Gegensätze. In M. A. Schmutzer u. F. Glock (Hrsg.), Technik und Gesellschaft, 115-134. München: Profil.

Kruse, L. (1981). Psychologische Aspekte des technischen Fortschritts. In G. Ropohl (Hrsg.), Interdisziplinäre Technikforschung, 72-82. Berlin: Schmidt.

Kruse, L. (1983). Katastrophe und Erholung – Die Natur in der umweltpsychologischen Forschung. In G. Großklaus u. E. Oldemeyer (Hrsg): Natur als Gegenwelt. Beiträge zur Kulturgeschichte der Natur, 121-135. Karlsruhe: von Loeper

Kruse, L. (1993). Umweltschutz und Umweltschmutz als Verhaltensprobleme. In R Zwilling u. W Fritsche (Hrsg) Ökologie und Umwelt, 229-243. Heidelberg: Heidelberger Verlagsanstalt.

Kruse, L. (1995). Globale Umweltprobleme – eine Herausforderung an die Psychologie. Psychologische Rundschau, 46, 115-119.

Kuckartz, U. (2000). Umweltbewusstsein in Deutschland 2000 – Ergebnisse einer repräsentativen Bevölkerungsumfrage. Berlin: Bundesministerium für Umwelt, Naturschutz und Reaktorsicherheit.

Lenk, H. u. Ropohl, G. (1987). Technik und Ethik. Stuttgart: Reclam

MacKenzie, D. u. Wajcman, J. (1985). Introductory Essay. In D. MacKenzie u. J. Wajcman (Hrsg.), The social shaping of technology, 2-25. Milton Keynes: Open University Press.

Majchrzak, A. u. Davis, D.D. (1990). The Human Side of Flexible Factory Automation: Research and Management Practice. In Oskamp u. S. Spacapan (Eds.), People's reactions to technology, 33-66). London: Sage.

Meier, B. (1994). Technikakzeptanz in der Diskussion. Beiträge zur Wirtschafts- und Sozialpolitik, Institut der deutschen Wirtschaft Köln, Nr. 220, 7/94. Deutscher Instituts-Verlag.

Meyer, S. u. Schulze, E. (1993). Technisiertes Familienleben. Ergebnisse einer Längsschnittuntersuchung 1950-1990. In S. Meyer u. E. Schulze (Hrsg.), Technisiertes Familienleben. Blick zurück und nach vorn, 19-39. Berlin: Edition Sigma.

Oskamp, S. u. Spacapan, S. (1990). People's reactions to technology. London: Sage.

Rehse, L. (1998). Entwicklung von Bewertungsfeldern für eine umweltbewusste Produktgestaltung. In Wächter u.a. 1998, 283-292.

Renn, O. u. Zwick, M. M. (1997). Risiko- und Technikakzeptanz. Berlin: Springer.

Röglin, H.-C. (1994). Technikängste und wie man damit umgeht. Düsseldorf: VDI.

Rohracher, H. (1998). Kann Technologiepolitik von sozialwissenschaftlicher Technikforschung profitieren? In Wächter u. a. 1998, 99-112.

Ropohl, G. (1996). Ethik und Technikbewertung. Frankfurt/Main: Suhrkamp.

Scheuch, E, (1990). Bestimmungsgründe für Technikakzeptanz. In E. Kistler u. D. Jaufmann (Hrsg.), Mensch – Gesellschaft – Technik. Orientierungspunkte in der Technikakzeptanzdebatte, 101-139. Opladen:

Schivelbusch (1977). Geschichte der Eisenbahnreise. München: Carl Hanser.

Streck, W.R. (1994). Deutsche Biotechnologieforschung mit großem Nachholbedarf. Ifo-Schnelldienst Nr. 18, München, 10-17.

Turkle, S. (1986). Die Wunschmaschine. Reinbek: Rowohlt.

Wächter, C., Getzinger, G., Oehme, I., Rohracher, H., Spök, A., Suschek-Berger, J., Tritthart, W. u. P. Wilding (1998, Hrsg.): Technik Gestalten. Wien: Profil Verlag.

Wächter, C: (1998). Frauen in der Technik – Pionierinnen in Technopatria. In Wächter u. a. 1998, 147-164.

Weingart, P. (1988). Differenzierung der Technik oder Entdifferenzierung der Kultur. In B. Joerges (Hrsg.), Technik im Alltag, 145-164. Frankfurt/Main: Suhrkamp.

Zapf, W., Hampel, J., Mollenkopf, H. u. Weber, U. (1989). Technik von Familien im Alltag. In B. Lutz (Hrsg.), Technik in Alltag und Arbeit, 57-75. Berlin: Edition Sigma.

Zwick, M. M. (1995). Das Erleben von Modernisierungsprozessen am Beispiel der Biotechnologien. Arbeitsbericht für die Akademie für Technikfolgenabschätzung in Baden-Würtemberg. Stuttgart.

Arbeitswissenschaft in der sich wandelnden Arbeitswelt

Hans-Jörg Bullinger und Martin Braun

1   Zur Definition der Arbeitswissenschaft

Die menschliche Arbeit wurde vergleichsweise spät als eigenständiges Feld wissenschaftlicher Betrachtungen etabliert. Zu den Arbeiten, die zu Beginn des 20. Jahrhunderts besondere Beachtung fanden, gehören zweifellos die „Grundsätze der wissenschaftlichen Betriebsführung" von Taylor (1913). Diese Arbeiten waren deutlich an betriebswirtschaftlichen Maximen und Zielen ausgerichtet, denen die menschliche Arbeit zu unterwerfen sei. Im Vordergrund stand die Überlegung, wie eine bessere Ausnutzung der menschlichen Leistungen erreicht werden kann, wobei man annahm, dass diese Ausnutzung bis zur maximalen Leistungsfähigkeit des Menschen zulässig sei. Das Aufzeigen entsprechender Grenzwerte der Belastung und Beanspruchung wurde als Aufgabe der Arbeitswissenschaft betrachtet, die sich dazu der Erkenntnisse anderer Disziplinen, z. B. der Medizin, Physiologie und Psychologie bediente. Die bevorzugte Orientierung an den Betriebswissenschaften, der Arbeitsphysiologie und Arbeitspsychologie führte zu einer Vernachlässigung sozialpsychologischer und soziologischer Perspektiven. Diese wurden erst in der zweiten Hälfte des 20. Jahrhunderts verstärkt in die Bemühungen der Arbeitswissenschaften einbezogen (vgl. Fürstenberg 1975), so dass es gegenwärtig gerechtfertigt erscheint, den interdisziplinären Charakter als besonderes Kennzeichen der Arbeitswissenschaft hervorzuheben (Kahsnitz/Ropohl/Schmid 1997).

Eine enge Beziehung der Arbeitswissenschaft besteht zu den Ingenieurwissenschaften (Fertigungstechnik, Konstruktionslehre, Fördertechnik, Werkstoffkunde, Sicherheitstechnik), zur Anatomie (Anthropometrie, funktionelle Anatomie, Biomechanik), zur Physiologie (der Muskeln, des Kreislaufs, der Atmung, der Sinne, der Ermüdung), zur Neurophysiologie, Psychologie, empirischen Soziologie und zur Ökonomie sowie zum Arbeitsrecht (Rohmert 1976).

Nach der von Luczak, Volpert et al. (1987) erarbeiteten Kerndefinition stellt die Arbeitswissenschaft die Systematik der Analyse, Ordnung und Gestaltung der technischen, organisatorischen und sozialen Bedingungen von Arbeitsprozessen dar, mit dem Ziel, dass die arbeitenden Menschen in produktiven und effizienten Arbeitsprozessen

– schädigungslose, ausführbare, erträgliche und beeinträchtigungsfreie Arbeitsbedingungen vorfinden

– Standards sozialer Angemessenheit nach Arbeitsinhalt, Arbeitsaufgabe, Arbeitsumgebung sowie Entlohnung und Kooperation erfüllt sehen sowie

– Handlungsspielräume entfalten, Fähigkeiten erwerben und in Kooperation mit anderen ihre Persönlichkeit erhalten und entwickeln können.

Diese Definition der Arbeitswissenschaft, die sich in ihrem Ansatz von tradierten Definitionen wesentlich unterscheidet, fand in der Fachwelt breite Zustimmung. Sie macht deutlich, dass neben die von Taylor und seinen Nachfolgern geforderte

Zielsetzung der ökonomisch optimalen Nutzung (unter dem Aspekt der Kapital-
verwendung) andere gleichrangige Ziele getreten sind, die sich auf individuellen
Gesundheitsschutz, soziale Angemessenheit der Arbeit und technisch-wirtschaftliche Rationalität beziehen.

Die Arbeitswissenschaft ist den Inhalten nach die Wissenschaft von

- der menschlichen Arbeit, speziell unter den Gesichtspunkten der Zusammenarbeit von Menschen und des Zusammenwirkens von Mensch, Arbeitsmittel und
  Arbeitsgegenstand,
- den Voraussetzungen und Bedingungen, unter denen die Arbeit sich vollzieht,
  den Wirkungen und Folgen, die sie auf Menschen, ihr Verhalten und damit
  auch auf ihre Leistungsfähigkeit hat sowie
- den Faktoren, durch die die Arbeit, ihre Bedingungen und Wirkungen men-
  schengerecht beeinflusst werden können (Hackstein 1977).

2   Humanisierung und Rationalisierung im Wandel der Zeit

Der Begriff Rationalisierung wird im Fremdwörter-Duden (2000) als „Ersatz über-
kommener Verfahren durch zweckmäßigere und besser durchdachte ..." erläutert.
Das Substantiv Humanisierung wird als „Zivilisierung und die Gestaltung (der
Welt) im Hinblick auf das Wohl des Menschen ..." erklärt. Die Arbeitswissenschaft
verfolgt beide Ziele der Humanisierung und der Rationalisierung von Arbeitssystemen (Bullinger 1981). Die Arbeitswissenschaftler fühlen sich gefordert, Verträg-
lichkeitsbedingungen für beide Zielsetzungen zu finden, was sich häufig schwierig
gestaltet.

Die wirtschafts- und gesellschaftspolitischen Entwicklungen und Veränderungen
der Arbeits- und Absatzmärkte sowie der rasche technische Wandel führten in den
vergangenen Jahrzehnten zur Entwicklung verbesserter oder gänzlich neuartiger
Organisationsformen in der betrieblichen Leistungserstellung. Unter der Prämisse
der Humanisierung erfolgten in den Unternehmen verstärkte Anstrengungen, dass
die Arbeitsorganisation den wachsenden Bedürfnissen des Einzelnen nach größeren Handlungsspielräumen in der Arbeit, nach Selbstverwirklichung und Selbstbe-
stätigung entspricht, um den arbeitenden Menschen besser zu motivieren und
letztlich mit seiner Arbeit zufriedener zu machen. Als Resultate erhoffen sich die
Unternehmen eine Verbesserung der Qualität ihrer Waren und Dienstleistungen,
einen Rückgang der Fluktuation und der Fehlzeiten und damit verbunden letztlich
eine Verbesserung der Qualität und Produktivität ihrer Wertschöpfungsprozesse.

Für die Zukunft der Arbeit ist offensichtlich, dass körperliche Arbeit, vor allem die
Schwerarbeit, in allen Beschäftigungssektoren sich weiterhin verringern wird; entsprechend spezialisierte oder adaptierbare Arbeitsmaschinen werden hierfür Sorge
tragen, zumal sie gleichzeitig auch der fortschreitenden Rationalisierung förderlich
sein dürften. Arbeitstätigkeiten werden in Zukunft verstärkt von Rechnern unterstützt werden; ebenfalls im Interesse der Rationalisierung wird vor allem regelmäßig wiederkehrende, routinisierbare Informationsarbeit zunehmende automa-
tisiert werden (Bubb 2000).

3 Untersuchungs- und Gestaltungsbereiche der Arbeitswissenschaft

3.1 Grundlegende Gestaltungsstrategien

Stellt man den arbeitenden Menschen in den Vordergrund der Betrachtung, so kann man bei der Humanisierung und Rationalisierung eines Arbeitssystems die folgenden Kriterien und Bewertungsebenen menschlicher Arbeit für die Beurteilung heranziehen (Rohmert 1976):

- Ausführbarkeit: anthropometrische, psychophysische, biomechanische Grenzwerte für kurze Belastungsdauer
- Erträglichkeit: arbeitsphysiologische, arbeitsmedizinische Grenzwerte für lange Belastungsdauer
- Zumutbarkeit: soziologische, gruppenspezifische und individuelle Grenzwerte für lange Belastungsdauer
- Zufriedenheit: individual- und sozialpsychologische Grenzwerte mit lang- und kurzzeitiger Gültigkeitsdauer.

Die Erläuterungen machen deutlich, dass die beiden zuerst genannten Kriterien – Ausführbarkeit und Erträglichkeit – eher durch ingenieurwissenschaftliche Maßnahmen zu erfüllen sind, während die beiden anderen – Zumutbarkeit und Zufriedenheit – von besonderem sozialwissenschaftlichem Interesse sind. Damit soll jedoch nicht der Eindruck erweckt werden, dass die beiden Ansätze bei der Arbeitsgestaltung voneinander getrennt behandelt werden könnten.

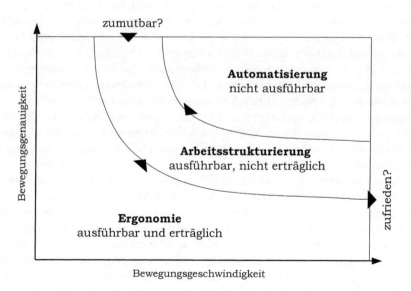

Bild 1   Bereiche der Arbeitsgestaltung

Betrachtet man vereinfachend eine manuelle Montagetätigkeit – z. B. das Fügen von Teilen – dann ergeben sich für den arbeitenden Menschen Grenzen im Hin-

blick auf die Ausführbarkeit, die aus der erforderlichen Bewegungsgeschwindig-
keit und der erforderlichen Bewegungsgenauigkeit resultieren. Bild 1 verdeutlicht
die Situation. Dort, wo die Kombination der aus der Arbeitsaufgabe resultierenden
Belastungsparameter zu nicht ausführbaren Arbeitsanforderungen führt, besteht
die vorrangige Aufgabe im Automatisieren. Dort, wo die Arbeit zwar ausführbar,
aber nicht erträglich ist, müssen vorrangig die Arbeitsinhalte geändert werden, d.
h. die Arbeit muss anders strukturiert werden. Dort, wo erträgliche Kombinationen vorliegen, sind ergonomische Bestlösungen anzustreben.
Die drei Ansätze der Arbeitsgestaltung sollte man unterscheiden, wenn über Humanisierung und Rationalisierung diskutiert wird. Dabei beinhaltet der Grenzbe-
reich – in dem die Arbeit zwar grundsätzlich ausführbar, aber nicht erträglich ist –
die meisten Probleme. Vergleichbares gilt auch für die Informationsarbeit.

3.2   Ergonomie

Aufgabe der Ergonomie ist es, durch Aufzeigen der Gestaltungsdimensionen die
Beeinflussung von Arbeitssystemen an den Kriterien der Belastung und Beanspruchung der eingesetzten Menschen darzustellen, und damit die Grundlagen für
menschengerechte Gestaltungen zu schaffen (Rohmert 1976). Zielsetzung der Ergonomie nach Murell (1965) ist es, eine Beeinträchtigung des Menschen zu verhindern, besonders durch Ausschaltung aller Einflüsse, die die Leistungsfähigkeit ein-
schränken oder körperliche Beeinträchtigungen verursachen können.
Zu dieser Aufgabenstellung hat die arbeitswissenschaftliche Forschung brauchbare
Ergebnisse vorzuweisen. Insbesondere die Methodik der anthropometrischen Arbeitsplatzgestaltung kann als so ausgereift bezeichnet werden, dass es überrascht,
dass man in der Praxis immer wieder Arbeitsplätze findet, wo wichtige Abmes-
sungsfragen unberücksichtigt blieben. Für die Arbeitsplatzgestaltung werden
mittlerweile u. a. rechnergestützte Menschmodelle eingesetzt, die neben anthropometrischen und biomechanischen Modulen auch Datenbanken zur Komfort-
abschätzung umfassen. Wie in Bild 2 beispielhaft dargestellt, erlauben digitale Si-
mulationsmodelle des menschlichen Körpers die maßliche Konzeption eines Ar-
beitsplatzes, ohne dass dabei reale Personen einbezogen werden müssten.
Ein weiteres Aufgabengebiet ist das der Produktergonomie. Dabei handelt es sich
um die menschengerechte Produktgestaltung im Hinblick auf die mit dem Produkt
auszuführenden Arbeiten. Die ergonomische Gestaltung von Produkten des tägli-
chen Gebrauchs ist ein Kriterium, welches heute kaum unbeachtet bleiben kann.
Vor allem bei Handwerkzeugen ist Ergonomie unverzichtbar, damit ein optimales
Arbeiten ermöglicht wird. Der Schmied, der früher eine Axt, eine Sense oder einen
Spaten anfertigte, lieferte ergonomische Maßanfertigungen: Er richtete sich nach
den Maßen der Person, die später damit arbeiten musste. Das Wissen um die
„richtigen" Produkte bestand aus überlieferten Erfahrungen. Moderne Produkte
sind jedoch häufig standardisiert und werden in großen Serien gefertigt. Sie sind in
der Regel sehr viel leistungsfähiger als die Alten und technisch bedeutend komplizierter; vor allem beschränken sie sich nicht mehr allein auf mechanische Funk-

tionen, sondern umfassen häufig auch moderne Informationstechnik. Die technische Produktentwicklung darf nicht Selbstzweck sein; der ergonomisch sensibilisierte Mensch soll im Mittelpunkt der Arbeit stehen. Das technisch optimale Produkt nutzt schließlich wenig, wenn der Mensch damit nicht das leisten kann, was möglich wäre (Bullinger 1994).

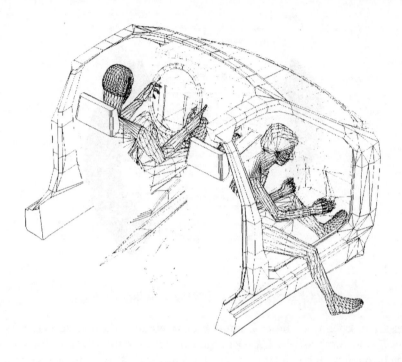

Bild 2   Einsatz des Menschmodells ANTHROPOS zur Fahrerarbeitsplatzgestaltung
(Grafik: TECMATH/IST)

Aufgrund vielfältiger Anforderungen hat die ergonomische Arbeitsgestaltung eine zunehmende Komplexität erlangt, die sich methodisch nur durch eine integrierte Vorgehensweise bewältigen lässt (vgl. Bild 3). Eine Integration findet dabei in drei Bereichen statt: Durch eine Anforderungsintegration werden alle für die Gestaltung relevanten Einflussfaktoren und Anforderungen erfasst. Im Sinne einer Methodenintegration gilt es, die in den einzelnen Gestaltungsphasen einzusetzenden Verfahren und Methoden zu definieren und miteinander zu kombinieren. Letztlich werden im Rahmen einer Organisationsintegration die Abläufe und Informationsflüsse innerhalb eines Gestaltungsprojektes auf die Beteiligten abgestimmt (Bullinger 1997).

3.3   Arbeitsstrukturierung

In Anlehnung an die Begriffsbestimmung der Philips-Werke (Philipboom 1975) wird Arbeitsstrukturierung definiert als „Organisieren der Arbeit, ihrer Situation und Bedingungen, so dass bei Erhalt oder Steigerung der Leistung der Arbeitsinhalt möglichst mit den Fähigkeiten und Strebenszielen des einzelnen Mitarbeiters übereinstimmt."

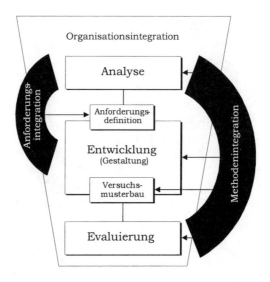

Bild 3   Bereiche der integrierten Arbeitsgestaltung

Interessant erscheint bei dieser Definition der Gebrauch der Begriffe *Leistung, Arbeitsinhalt* und *Strebensziele*. Die Definition der Arbeitsstrukturierung lässt demnach verschiedene Interpretationen zu. Entscheidend ist, welche Zielsetzung für Humanisierung und Rationalisierung mit einer solchen Maßnahme verfolgt wird, wie beispielsweise
- die Bewältigung wirtschaftlicher Probleme (wie unzureichende Flexibilität, schlechte Kapazitätsauslastung, mangelnde Qualität),
- die Bewältigung personeller Probleme (wie hohe Fluktuationszahlen, mangelnde Arbeitsmoral, Zeichen der Unzufriedenheit) sowie
- die Neugestaltung des technischen Systems und der betrieblichen Organisation.
Auf den ersten Blick entsteht der Eindruck, als ob sich wirtschaftliche und personelle Problemstellungen die Waage halten. Eine genauere Analyse der personellen Probleme zeigt jedoch, dass deren Beseitigung ebenfalls leistungssteigernd wirkt. Somit kann festgestellt werden, dass auch den personenbezogenen Gestaltungsmaßnahmen zur Humanisierung in den Unternehmen durchaus leistungsorientierte Motive zugrunde liegen. Eine andere Feststellung wäre in einer marktorientierten Wirtschaftsform auch nur schwer verständlich. Dies ist keine Absage an die Humanisierung, sondern fordert die Arbeitswissenschaftler heraus, Vorschläge für

menschengerechtere Gestaltungen zu machen, die auch den Wirtschaftlichkeits-
überprüfungen standhalten.

Gleichzeitig ist der Gesetzgeber aufgerufen, dort regulierend und wettbewerbs-
neutral einzugreifen, wo ein Nachweis der Wirtschaftlichkeit für eine Humanisie-
rungsmaßnahme nicht zu erbringen sein wird. Ein Beispiel dafür ist die Festschrei-
bung einer zulässigen Lärmobergrenze – wie sie z. B. in der Arbeitsstättenrichtli-
nie, dem Maschinenschutzgesetz und vergleichbaren Gesetzeswerken erfolgte.
Dies schließt nicht aus, dass solche Regelungen auch ohne staatliche Aufsicht von
anderen gesellschaftlichen Gruppierungen, z. B. von den Tarifpartnern, getroffen
werden.

Die Arbeitswissenschaft kann ihre Rolle zwischen Humanisierung und Rationalisierung nur wahrnehmen, wenn sie in einem interdisziplinären Ansatz neben
technisch-wirtschaftlichen auch sozialwissenschaftliche Erkenntnisse in ihre Überlegungen einbezieht. Der in Bild 4 gezeigte integrierte Untersuchungsansatz für
die Gestaltung von Arbeitssystemen hat sich dabei in der Vergangenheit bewährt.
Erst durch die ganzheitliche Berücksichtigung der sich aus diesen Analysen ergebenden unterschiedlichen Tatsachen, Restriktionen, Forderungen und Meinungen
können erfolgversprechende Ansätze zur Verbesserung abgeleitet werden.

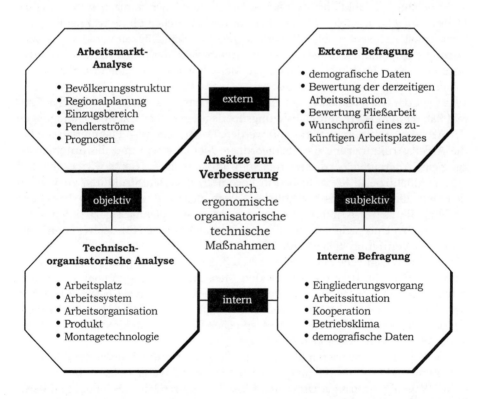

Bild 4   Integrierter Ansatz zur Arbeitsgestaltung

3.4   Automatisierung

Ziel der Automatisierung ist es, bisher vom Menschen ausgeführte Funktionen auf Maschinen zu übertragen. Der Grad der Automatisierung wird daran gemessen, wie viele Teilfunktionen vom Menschen und wie viele von der Maschine ausgeführt werden. Es bedarf an dieser Stelle keiner Beweisführung, dass der in den Industrienationen erreichte Wohlstand ganz entscheidend auf die Leistung der Ingenieure zur Produktivitätssteigerung – also zur Vervielfachung der Kräfte der Menschen – durch Automatisierung zurückzuführen ist. Daran ändert auch die Diskussion über die Folgen der Automatisierung nichts; diese trägt jedoch dazu bei, dass verstärkt an der Lösung der mit der Automatisierung verbundenen Probleme gearbeitet wird.

Unter dem hier zu diskutierenden Thema stellt sich die Forderung nach einer humanen und wirtschaftlich vertretbaren Automatisierung. Dieses Problem wird deutlicher, wenn man berücksichtigt, dass in vielen Fällen die Automatisierung aus wirtschaftlichen bzw. technischen Gründen nicht so erfolgen kann, dass der Mensch an solchen Arbeitsplätzen überflüssig würde. Für den Menschen verbleibt zumeist eine Aufgabe – dies geht schon aus der Automatisierungsdefinition hervor –, die wenige Teilfunktionen beinhaltet. Um es deutlicher zu machen: Nicht selten bleiben einfache, monotone Tätigkeiten für den Menschen übrig, während der anspruchsvollere Rest mit hoher Zuverlässigkeit und Schnelligkeit von der Maschine erledigt wird. Handelt es sich um einen Arbeitsplatz, der durch starke Umweltbelastungen gekennzeichnet ist, bleibt der Mensch in solchen Fällen möglichen Gefahren für seine Gesundheit ausgesetzt.

Was folgt daraus? Handelt es sich um einen Arbeitsplatz, der ein erträgliches Umfeld hat, dann müssen Automatisierungsüberlegungen verstärkt mit Überlegungen der Arbeitsstrukturierung verknüpft werden. Dabei sollte vom Planungsansatz her die Arbeitsstrukturierung die übergeordnete Methode sein und die Automatisierung eine Alternative bei dieser Problemlösung darstellen. Nur so wird es möglich sein, entqualifizierte Restaufgaben in hochmechanisierten Strukturen zu vermeiden. Für die arbeitswissenschaftliche Forschungsarbeit erscheint es besonders wichtig, die Arbeitsstrukturierung von vorn herein planmässig zu integrieren, damit sie den Unternehmen angemessene Vorgehensweisen für deren Planungsarbeiten zur Verfügung stellen kann.

Eine zweite wesentliche Forderung ist es, die Automatisierungstechnik derart weiter zu entwickeln, dass die arbeitenden Menschen von bestimmten Tätigkeiten gänzlich befreit werden, insbesondere dann, wenn die Umwelt belastend ist. Ein Beispiel dafür stellen die Handhabungsautomaten dar. Für die Humanisierungswirkung der Automatisierungstechnik sprechen bei richtigem Einsatz

– der Wegfall von monotonen Arbeiten,
– der Wegfall von schweren körperlichen Belastungen durch ungünstige Körperhaltung und Kraftanstrengung, z. B. beim Heben schwerer Teile,
– der Wegfall ungünstiger Umwelteinflüsse, z. B. durch Hitze, Schmutz und Lärm oder auch
– die Verringerung der Unfallgefahr (Bullinger et al. 1992).

4 Entwicklung der Arbeitswissenschaft in den 1980er und 1990er Jahren

Die letzten zwei Jahrzehnte des 20. Jahrhunderts waren nicht nur durch veränderte Arbeitsbedingungen als Folge des technischen und organisatorischen Wandels, sondern auch durch gesellschafts-, arbeits- und wissenschaftspolitische Veränderungen gekennzeichnet. In der Bundesrepublik Deutschland wurde und wird die Arbeitswissenschaft durch das staatliche Forschungsprogramm zur „Humanisierung des Arbeitslebens" sowie durch die nachfolgenden Programme „Arbeit und Technik" bzw. „Innovative Arbeitsgestaltung – Zukunft der Arbeit" gefördert. Eine weitere Entwicklung bestand darin, dass verstärkte Forderungen nach einer interdisziplinären, die Sozialwissenschaften stärker einbeziehenden Arbeitswissenschaft erhoben wurde. Infolge einer kontrovers geführten Standortbestimmung wurde von Luczak und Volpert (1987) eine Kerndefinition der Arbeitswissenschaft erarbeitet und durch einen Gegenstandskatalog ergänzt (vgl. Abschnitt 1). Diese Kerndefinition fand innerhalb der Arbeitswissenschaft sowie bei den Sozialpartnern eine breite Zustimmung.

Zu Beginn der 1990er Jahre prägten die Wiedervereinigung der beiden deutschen Staaten, Umstrukturierung und Neuaufbau das öffentliche Geschehen in Deutschland. Die Integration der arbeitswissenschaftlichen Vereinigungen der Bundesrepublik Deutschland und der ehemaligen Deutschen Demokratischen Republik führte zunächst zur Stärkung der ingenieur- und naturwissenschaftlichen Orientierung in der Arbeitswissenschaft (Raehlmann/Volpert 1997). Vergleicht man die Situation des Jahres 2000 mit der des Jahres 1980, so zeigt sich, dass manche Konstellationen und die damit verbundenen Probleme und Methoden ein erstaunliches Vermögen zur Beharrung und Wiederkehr haben. Festzustellen ist, dass die Vielfalt und die Qualität der arbeitswissenschaftlichen Aktivitäten zugenommen haben. Trotz einer Verstärkung traditioneller disziplinärer Grenzen lassen sich typische Ausrichtungen hierbei jedoch nur schwerlich identifizieren (vgl. Raehlmann/Volpert 1997).

Anhaltende Forderungen nach betrieblicher Neustrukturierung verschaffen den Themen einer interdisziplinären Arbeitswissenschaft neue Aktualität. Dabei ist die Tendenz nicht zu verkennen, dass anwendungsnahe ingenieurwissenschaftliche Einrichtungen im Rahmen von Gesamtpaketen auch arbeitswissenschaftliche Lösungen anbieten, was zu einer verkürzten Bearbeitung solcher Fragen führen kann.

5 Perspektiven in der Arbeitswissenschaft

Für die Zukunft der Arbeitswissenschaft eröffnen sich neue Anforderungen und Gestaltungsfelder, die aus gegenwärtigen und absehbaren Einflüssen auf die Arbeit resultieren. Im Folgenden werden die drei zentralen Bereiche der Informatisierung, der Bewältigung des demografischen Wandels und der Entwicklung innovativer Dienstleistungen umrissen. Dabei wird deutlich, dass neben der Humanisierung und der Rationalisierung der Arbeitsprozesse – die nach wie vor wesentliche Zielsetzungen der Arbeitsgestaltung darstellen – die Erschließung neuer Arbeits- und Beschäftigungspotenziale verstärkt in das Blickfeld der Arbeitswissenschaft gelangt.

5.1 Informatisierung

Bei aller Unsicherheit scheinen zukünftige Arbeitsformen durch den Trend zur Informatisierung bestimmt. Beim Übergang von der Industrie- zur Informationsgesellschaft erlangen Information und Wissen neben den materiellen Rohstoffen erfolgsentscheidende Bedeutung. So werden die Beschaffung, Verarbeitung und „Veredlung" von Informationen die zukünftige Arbeitswelt maßgeblich prägen. Geschätzt wird, dass die Erwerbstätigkeit in den Informationsberufen von 18 Prozent im Jahr 1950 auf 55 Prozent im Jahr 2010 anwachsen wird (Spinner 1998). Die Branchen Telekommunikation, Informationstechnik, Medien und Entertainment, die mit dem Terminus „TIME-Industrien" zusammengefasst werden, stellen dabei den Kernbereich des Informationssektors dar.

Es ist offenkundig, dass die Technologien und ihre Wirkungen entscheidende Triebkräfte des Wandels sind. Die zunehmende Durchdringung immer weiterer Arbeitsfelder mit Anwendungen der Informationstechnologie bewirken eine Umwälzung im 21. Jahrhundert. Bereits heute revolutionieren Ablaufplanungs- und Dokumentenmanagementsysteme sowie interaktive Gruppenkommunikationsmedien die Arbeitsprozesse. In Zukunft werden daneben elektronische Brainstorming-Hilfen und Kreativitätssysteme einen breiten Raum einnehmen. Elektronische Tapeten kreieren Wissenslandschaften, machen aus Räumen virtuelle Projektbüros und übertragen Wissen an andere Orte. Diese Innovationen basieren im wesentlichen auf drei Entwicklungen: Die Digitalisierung erlaubt das Übertragen, Kopieren, Bearbeiten und Anzeigen großer Informationsmengen mit hoher Geschwindigkeit und ohne Qualitätsverlust. Die Miniaturisierung führt zu kleinen Geräten mit verbessertem Preis-Leistungsverhältnis und erheblichen Leistungssteigerungen, welche die Omnipräsenz tragbarer Computerleistung in einem „mobilen Büro" erlauben. Die Integration verschiedener Anwendungen, wie Fax-, Kopier-, Scan- und Telefonfunktion, schafft schließlich multifunktionale, einfach zu handhabende Geräte.

Die Bedeutungszunahme von Information und Wissen als Wertschöpfungsfaktoren und eine verstärkte Dienstleistungsorientierung (vgl. Abschnitt 5.3) rücken das Büro als Ort der Informationsverarbeitung und wichtiges Feld zukunftsfähiger Arbeitsgestaltung in den Mittelpunkt des Interesses. Dabei ist der Begriff des Büros neu zu definieren. Das Büro der Zukunft wird nicht mehr die „Schreibstube" von gestern sein, sondern eher ein multifunktionelles Wissenszentrum.

War die Arbeit bislang überwiegend durch starre Arbeitszeiten, zentrale Organisationsstrukturen und fixe Orte bestimmt, so entstehen durch die Flexibilisierung dieser Parameter und durch eine informationstechnische Unterstützung vielfältige neue Arbeitsformen und -möglichkeiten. Arbeit wird daher flexibler organisiert werden müssen als bisher. Die Maxime „Arbeite in einer zentralen Struktur, am fixen Ort und zur festen Zeit" wird abgelöst von einer zeitlichen, räumlichen und strukturellen Mobilität (vgl. Bild 5). Vorreiter dieser Entwicklung war die Flexibilisierung der Arbeitszeit, die mit der Einführung der Gleitzeit begann. Hinzu kommt die räumliche Mobilität; das Arbeiten zu Hause, beim Kunden oder unterwegs gehört für viele bereits jetzt zum Alltag. Kennzeichnend für die zukünftige Entwicklung wird die zunehmende Auflösung starrer Unternehmensstrukturen hin zum virtuellen Unternehmen sein – einem temporären Netzwerk unabhängiger Firmen, die mittels leistungsfähiger Informationstechnologien eine Aufgabenstellung gemeinsam bearbeiten.

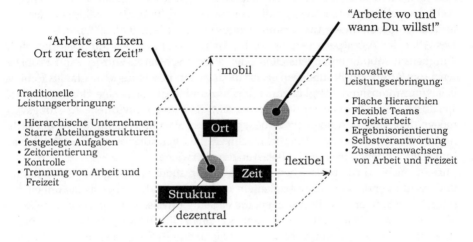

Bild 5   Koordinaten der Leistungserstellung

Die fortschreitende Informatisierung verändert die Wettbewerbsstrukturen rapide: Durch eine umfassende räumliche und zeitliche Verfügbarkeit von Informationen sind Leistungserstellungsprozesse nicht länger an Länder- oder Kulturgrenzen gebunden. Produkte werden weltweit dort hergestellt und eingekauft, wo Bedingungen und Preise günstig sind. Der Wettbewerb ist nicht national begrenzt, sondern offen für internationale Konkurrenz. So sehen sich die Unternehmen zunehmend einem internationalen Wettbewerb ausgesetzt, der wirkungsvolle Strategien zur Arbeitsgestaltung erfordert.

5.2   Bewältigung des demografischen Wandels

Weitreichende Auswirkungen auf die Arbeitsgestaltung und die Produktpaletten resultieren aus der demografischen Entwicklung, die sich als eine Zunahme des Anteils älterer Personen an der (Erwerbs-)Bevölkerung darstellt. Sinkende Geburtenraten und eine kontinuierliche Steigerung der Lebensdauer führen mittel- bis langfristig zu einer erheblichen Veränderung der Altersstrukturen in Deutschland wie auch in anderen Industrienationen. Prognosen gehen von einem Bevölkerungsrückgang aus, der mit einer Abnahme der Zahl der Erwerbsfähigen einher-

geht (Pack et al. 2000). Dramatischer als der Rückgang der absoluten Zahl der Erwerbsfähigen ist allerdings die Veränderung ihrer Alterszusammensetzung, da die
Zahl an Nachwuchskräften langsam aber kontinuierlich abnimmt und die Gruppe
der älteren Erwerbsfähigen bis zum Jahr 2020 ständig wächst. Vor diesem Hintergrund sind Engpässe bei der Rekrutierung des betrieblichen Nachwuchses und ein
erhöhtes Durchschnittsalter der Belegschaften zu erwarten. Jugendzentrierte Un-
ternehmensleitbilder, eine an kurzfristigen Logiken orientierte Personalpolitik,
Rahmenbedingungen, welche das frühzeitige Ausscheiden Älterer begünstigen
und eine nicht altersgerechte Arbeitsgestaltung werden diesem Trend nicht gerecht. Es stellt sich die Frage, ob die Leistungs- und Innovationsfähigkeit der Unternehmen durch diese Entwicklung gefährdet wird (Pack et al. 2000).

Das Alter der Arbeitpersonen als solches ist zunächst kein Faktum, das sich einer
Tätigkeitsausübung entgegenstellen oder diese erschweren würde. Zum Problem
wird das Altern im Berufsleben meist dann, wenn Beschäftigte auf lange Sicht in
belastungsintensiven Tätigkeiten verbleiben und wenn sich eine dort geforderte
spezifische Belastbarkeit so weit verbraucht, dass das individuelle Leistungsver-
mögen den Anforderungen am Arbeitsplatz immer weniger genügt. Das gilt nicht
nur für Berufe, in denen körperliche Schwerarbeit gefordert wird, sondern ebenso
für solche, in denen psychische Belastungen überwiegen.

Mitverursachend für physischen Verschleiß, für abnehmende geistige Flexibilität
und resultierende Lernschwierigkeiten sind andauernde Arbeitsbelastungen bei
schlecht gestalteten Arbeitssystemen, die einseitig physisch und psychisch belasten
oder zu geringe Anforderungen stellen. So führt z. B. eine körperliche Unterforde-
rung durch einseitige Körperhaltungen, wie ständiges Sitzen bei der Arbeit, zum
Abbau der körperlichen Leistungsfähigkeit und letztendlich zum gleichen Ergebnis wie eine Überlastung, nämlich zur Schädigung des Bewegungsapparates.

Der Gesundheitszustand eines Beschäftigten ist also nicht primär durch dessen
kalendarisches Alter determiniert, sondern vielmehr das Ergebnis der Arbeitsbedingungen der Vergangenheit. Eine Einschränkung der beruflichen Leistungsfähigkeit älterer Arbeitnehmer gilt also nicht allgemein; sie bezieht sich stets auf
ganz bestimmte Tätigkeiten und Arbeitsanforderungen und ist damit relativ. Beispielsweise kann ein bandscheibengeschädigter Frachtabfertiger möglicherweise
keine Fracht mehr abfertigen, wäre aber gegebenenfalls in Verwaltungsaufgaben
voll leistungsfähig. Beschäftigte sind nie generell qualifiziert oder unqualifiziert,
sondern stets in Bezug auf ganz bestimmte Anforderungen.

Es gibt keine Standardlösung, um Tätigkeiten, Personaleinsatz und Arbeitszeit al-
tersgerecht zu gestalten, aber es gibt eine Vielzahl unterschiedlicher Ansatzpunkte
und Maßnahmen. Welcher Weg für ein Unternehmen der „richtige" und gangbare
ist, hängt ab von den konkreten betrieblichen Ausgangsbedingungen, Problemlagen und Handlungsvoraussetzungen. Angesichts ständiger Innovationen und zunehmender Flexibilisierung wäre vor allem eine grundlegende soziale Sensibilität
gegenüber der Altersthematik wichtig.

Soweit Unternehmensstrategien ausschließlich auf kurzfristige Rationalisierungsef-
fekte und Ertragssteigerungen zielen, bleibt altersgerechte Arbeitsgestaltung notwendigerweise eine Illusion. Allerdings schaden solche Strategien langfristig den

Unternehmen selbst; das zeigen Beispiele eines missverstandenen „Lean Management", wo das an sich sinnvolle Programm, die Anzahl der Leitungsebenen zu verringern, zu einem überzogenen Personalabbau missbraucht wurde, der dann bald den Mangel an Planungskapazitäten und qualifizierten Arbeitskräften zur Folge hatte. Erfolgreiche Unternehmensbeispiele belegen dagegen, dass trotz aller ökonomischen Zwänge Spielräume für altersgerechte Arbeits- und Beschäftigungspolitiken vorhanden sind (Pack et al. 2000).

Um möglichen Gefahren des demografischen Wandels für die Innovationsfähigkeit der Wirtschaft zu begegnen, muss eine vorausschauende Arbeitsgestaltung darauf abzielen, die psychische und physische Leistungsfähigkeit der Arbeitnehmer während des ganzen Arbeitslebens zu fördern und das spezifische Leistungsangebot älter werdender Mitarbeiter in weit höherem Maße als bisher zu erschließen. Betrachtet werden müssen hierbei

- die psychischen und physischen Leistungsvoraussetzungen,
- die Möglichkeiten einer qualifikationserhaltenden und -entwickelnden Gestaltung von Arbeit und Personaleinsatz und
- die Potenziale einer frühzeitigen Integration arbeitswissenschaftlicher Gestaltungsgrundsätze in den Planungsprozess von Arbeitssystemen.

Bei der Gestaltung muss berücksichtigt werden, dass sich bei jeder Ausübung einer Arbeit mittel- bis langfristig je nach Anforderungen die körperliche und psychische Leistungsfähigkeit durch Trainings-, Lern- oder auch Abbauprozesse verändert. Daher sollte die Arbeit so gestaltet werden, dass sowohl vielfältig wechselnde Körperhaltungen und -bewegungen als auch vielfältig wechselnde psychische Anforderungen zur Bewältigung der Arbeitsaufgabe erforderlich werden. Standardisierte arbeitswissenschaftliche Instrumente zur menschengerechten Gestaltung von Arbeitssystemen in der Produktion liegen vor und werden in einer für Praktiker geeigneten Form bereits erfolgreich eingesetzt.

Bei der Gestaltung von Erwerbsverläufen kommt es darauf an, Anforderungen, Anreize und Belastungen im Berufsleben zeitlich so aufeinander folgen zu lassen, dass einem frühzeitigen gesundheitlichen Verschleiß entgegengewirkt wird und die Motivation und die Leistungsfähigkeit der Beschäftigten gefördert werden. Weil eingespielte Karrierewege aufgrund alternder Belegschaften und flacher Hierarchien zunehmend versperrt werden, müssen neue Pfade eines innerbetrieblichen Positionswechsels gezielt geplant und etabliert werden. Dabei rückt zunehmend die Möglichkeiten eines Tätigkeitswechsels auf der horizontalen Ebene in den Blickpunkt.

Wirksame Konzepte einer Gestaltung des Erwerbsverlaufs setzen nicht erst bei Älteren an, die bereits von Leistungseinschränkungen betroffen sind, sondern beginnen bereits mit dem Start in die Berufstätigkeit oder sogar in der Berufsausbildung. So frühzeitig wie möglich sollte einem absehbaren Verschleiß an Qualifikation, Gesundheit und Motivation entgegengewirkt werden. Dazu gehört auch ein Umdenken der Arbeitnehmer und der Führungskräfte. Entscheidende Kriterien für sinnvolle Mobilitätsprozesse sollten sein, dass durch den Wechsel zwischen verschiedenen Arbeitsanforderungen

- neues Wissen erworben wird,

- beginnende Fixierungen auf gesundheitsbeeinträchtigende Belastungs- und Beanspruchungs-Situationen unterbrochen werden,
- neue soziale Konstellationen (Arbeitsgruppen u. ä.) erlebt werden und dadurch neue organisatorisch-soziale Schlüsselqualifikationen erlernt werden und
- die individuelle Bereitschaft und Fähigkeit, sich in neuen Arbeitssituationen zurechtzufinden und sich an neue Arbeitsanforderungen anzupassen, aktiv unterstützt wird.

5.3 Entwicklung und Implementierung neuer Dienstleistungen

Für zukünftige Formen des Arbeitens und Wirtschaftens zeichnet sich ab, dass Wettbewerbspotenziale und damit nachhaltiger Unternehmenserfolg verstärkt im Bereich der Dienstleistung unter Einsatz innovativer Technologien zu finden sind (vgl. Bullinger 1998). Dies bedeutet jedoch nicht, dass die materielle Güterproduktion an Bedeutung verliert, sondern dass es zunehmend zu Verkoppelungen mit Dienstleistungen und dem Einsatz von Technologien kommt, um hierdurch Zusatznutzen für den Kunden zu stiften. Verdeutlichen lässt sich dies an einem Beispiel aus der Nutzfahrzeugproduktion: Ein Hersteller bietet seinen Kunden nicht mehr das isolierte Produkt „Lastkraftwagen" an, sondern die Bereitstellung einer integrierten Logistiklösung. Es wurde überlegt, worin der Bedarf der Kunden besteht, die Lastwagen nachfragen. Entstanden ist das Angebot, Transportkapazitäten bereit zu stellen, also das materielle Produkt zuzüglich eines Kranzes von Dienstleistungen, Logistik und Software. Hierzu kommen Finanzierungsangebote für das Fahrzeug, Versicherungen, Ersatzfahrer, wenn eigene Fahrer krank werden, Wartung und Reparatur der Fahrzeuge. Demnach steht nicht mehr so sehr das isolierte Produkt „Fahrzeug" im Vordergrund der Betrachtung, sondern es wird die Logistikleistung mit allen Nebenaspekten angeboten.

Zielsetzungen bei der Entwicklung innovativer Dienstleistungen sind gleichermaßen die Erhöhung von Wettbewerbschancen und die Erweiterung der Beschäftigungspotenziale. Wenn von der Entwicklung von Dienstleistungen die Rede ist, so wird darunter meist die Neuentwicklung von Dienstleistungen verstanden; daneben gilt es jedoch weitere Ausgangssituationen der Dienstleistungsentwicklung in die Diskussion einzubeziehen. Folgende Aufzählung (vgl. DIN-Fachbericht 1998) gibt einen Überblick:

- Neuentwicklung von Dienstleistungen: Hierunter sind erstmalige Entwicklungen von Dienstleistungen zu verstehen, die entweder auf dem gesamten Markt vorher unbekannt waren oder lediglich für ein Unternehmen neu sind, da sie bereits in ähnlicher Form am Markt angeboten werden.
- Hybride Dienstleistungen: Ausgangspunkt solcher Dienstleistungsangebote sind Sachgüter; die Dienstleistung wird hier in Ergänzung zu Sachgütern angeboten. Hybride Dienstleistungen haben insbesondere im Bereich der Investitionsgüterindustrie eine hohe Bedeutung und werden dort zunehmend als Differenzierungsmerkmale gegenüber Wettbewerbern eingesetzt.
- Dienstleistungsbündelung: Hier werden Sachgüter aus einzelnen Teildienstlei-

stungen zu einer neuen Dienstleistung zusammengesetzt. Hierdurch sollen Kundenbedürfnisse nicht nur punktuell, sondern umfassend befriedigt werden.
– Umgestaltung von Dienstleistungen: Auch bereits vorhandene Dienstleistungen können Gegenstand der Dienstleistungsentwicklung sein. Ziel kann sein, eine existierende Dienstleistung neu zu spezifizieren oder komplett neu zu entwickeln.

Werden diese Perspektiven der Dienstleistungsentwicklung betrachtet, lassen sich in jeweils spezifischer Gewichtung Probleme ausmachen, die hier nur stichwortartig angedeutet werden sollen, aber arbeitswissenschaftliche Handlungsfelder aufzeigen, die in Zukunft nicht nur in der Forschung wichtig werden, sondern vor allem auch für die Beteiligten in den Unternehmen:

– Mangel an geeigneten Vorgehensweisen, Methoden und Werkzeugen,
– hohe Komplexität bei der Produkt- und Prozessgestaltung,
– fehlendes integrierendes Innovationsmanagement,
– fehlende organisatorische Strukturen und
– mangelnde Verfügbarkeit der erforderlichen Qualifikationen.

Im Unterschied zur Entwicklung von Sachgütern sind bei der Entwicklung und Implementierung von Dienstleistungen das Design der Kundenschnittstelle, die Gestaltung der Dienstleistungsprozesse, die Kundenintegration sowie die Auswahl und Qualifikation der Mitarbeiter von Bedeutung, die wirksam nur im Rahmen interdisziplinärer arbeitswissenschaftlicher Gestaltungsansätze bearbeitet werden können. Dabei wird die Umsetzung erfolgreicher Dienstleistungsentwicklung und -implementierung als Bestandteil der Arbeitsgestaltung wesentlich von Kreativität und Wissen beeinflusst. Ein nachhaltiger Unternehmenserfolg bedarf hierbei derartiger Arbeitsbedingungen und -formen, die den gesamten Prozess des Kreativitäts- und Innovationsmanagements unterstützen (vgl. Ganz/Hermann 1998).

6   Schlussfolgerung und Ausblick

Angesichts der absehbaren technischen, gesellschaftlichen und ökonomischen Entwicklungen ist offenkundig, dass der Arbeitswissenschaft bei deren Gestaltung nach wie vor hohe Bedeutung zukommt. Dabei erfordern die beiden Ziele einer menschengerechten und wirtschaftlichen Gestaltung von Arbeit eine interdisziplinäre Betrachtungsweise.

Der strukturelle Wandel von der Industriegesellschaft zur vernetzten Informations- und Dienstleistungsgesellschaft ist anhand technischer, ökonomischer oder sozialer Entwicklungslinien allein nur unzureichend zu beschreiben und zu analysieren. Im Zusammenhang mit den gesellschafts- und wirtschaftsstrukturellen Veränderungen, den technischen Entwicklungen sowie der Globalisierung des Wettbewerbs bilden sich auch für arbeitswissenschaftliche Aufgabenstellungen zahlreiche neue Handlungsmöglichkeiten und Handlungsanforderungen heraus. Neben den Fragen der Markt- und Wettbewerbsentwicklung stellen u. a. die Entwicklung von altersgerechter Arbeit und Beschäftigung, die Veränderung von Mobilität durch die Nutzung von Informationstechnologien und Grundsatzfragen der Wissensorganisation wesentliche Forschungsfelder dar. Dabei lässt die Komplexität und Dynamik der Entwicklung jedoch immer seltener eine Orientierung an klar strukturierbaren Entwicklungslinien zu.

Literatur

Bubb, H.: Wie sehen die Arbeitsplätze der Zukunft aus? VDI Ingenium (2000) Nr. 5

Bullinger, H.-J.: Arbeitswissenschaft zwischen Humanisierung und Rationalisierung, in: Interdisziplinäre Technikforschung, hg. v. G. Ropohl. Berlin 1981, 83-97

Bullinger, H.-J., F. Kohlhaas, W. Bauer, P. Kern, D. Lorenz, P. Nicolaisen u. T. Wittig: Arbeitsschutz in flexibel automatisierten Produktionssystemen. Stuttgart 1992

Bullinger, H.-J.: Ergonomie – Produkt- und Arbeitsplatzgestaltung. Stuttgart 1994

Bullinger, H.-J.: Mechanische Werkzeuge und Maschinen, in: Handbuch der Arbeitswissenschaft, hg. v. H. Luczak u. W. Volpert. Stuttgart 1997, 598-601

Bullinger, H.-J. (Hg.): Dienstleistung 2000plus: Zukunftsreport Dienstleistungen in Deutschland. Stuttgart 1998

DIN-Fachbericht 75: Service Engineering - Perspektiven einer noch jungen Fachdisziplin, in: IM Information Management & Consulting, Sonderheft Service Engineering (1998), 37-39.

Duden: Das große Fremdwörterbuch, hg. vom Wissenschaftlichen Rat der Dudenredaktion. 2. Auflage. Mannheim 2000

Fürstenberg, F.: Konzeption einer interdisziplinär organisierten Arbeitswissenschaft. Göttingen 1975

Ganz, W. u. S. Herrmann: Kreativität – ein Wettbewerbsfaktor, in: Dienstleistungsinnovationen – Chancen und Trends für Unternehmen, hg. v. W. Risch u. G. Schick. Eschborn 1998

Hackstein, R.: Arbeitswissenschaft im Umriss. Bd. 1: Gegenstand und Rechtsverhältnisse. Essen 1977

Kahsnitz, D., G. Ropohl u. A. Schmid (Hg.): Handbuch zur Arbeitslehre. München/Wien 1997

Luczak, H., W. Volpert, A. Raeithel u. W. Schwier: Arbeitswissenschaft, Kerndefinition – Gegenstandsbereich – Forschungsgebiete. Eschborn 1987

Murell, K. F. H. Ergonomics. Man in his working environment. London 1965

Pack, J., H. Buck, E. Kistler, H. G. Mendius, M. Morschhäuser, H. Wolff: Zukunftsreport demographischer Wandel - Innovationsfähigkeit in einer alternden Gesellschaft. Bonn 2000

Philipboom, J. M. A. Erste Fallstudie N. V. Philips, in: Arbeiten ohne Fließband, Brennpunkte 2/1975, 91

Raehlmann, I. u. W. Volpert: Geschichte und Richtungen der Arbeitswissenschaft, in: Handbuch der Arbeitswissenschaft, hg. v. H. Luczak u. W. Volpert. Stuttgart 1997, 19-25

Rohmert,W.: Der Beitrag der Ergonomie zur Arbeitssicherheit, in: wt – Z. Ind. Fertigung 66 (1976) Nr. 1, 345-350

Spinner, H. F.: Die Architektur der Informationsgesellschaft. Bodenheim 1998

Taylor, F. W.: Grundsätze der wissenschaftlichen Betriebsführung, München 1913

Betriebswirtschaftliche Theoriebildung im Spannungsfeld von Organisation und Technik

Erich Staudt und Richard Merker

1   Zum Verhältnis von Technik und Ökonomie

Mit der Anwendung neuer Techniken werden heute grundlegende Veränderungen in Arbeitsverhältnissen, Wirtschaftsstruktur und Wettbewerbssituation eingeleitet. Bei einem Blick auf die heute verbreiteten „Produktionstypen" in Industrie, Dienstleistung und Verwaltung wird deutlich, dass sich die meisten Arbeitsorganisationen um zentrale Produkt- und Verfahrenstechniken ranken. Die in Betrieben installierten Organisationsstrukturen und –prozesse sind im wesentlichen technisch determiniert. War im Industriebetrieb der Gründerzeit die gesamte Produktion um Mühlrad oder Dampfmaschine angeordnet und der einzelne Arbeitsplatz über Transmissionsriemen an zentrale Antriebswellen gekoppelt, existieren heutzutage in einer Vielzahl von Wirtschaftssektoren ähnlich technisch determinierte Verhältnisse. Transmissionsriemen werden hierbei durch Standleitungen ersetzt, über die in Verbindung mit spezialisierten EDV-Systemen die Planung, Steuerung und Kontrolle weiter Teile des betrieblichen Geschehens erfolgt. Deutlich wird, dass durch den massiven Einsatz von Informations- und Kommunikationssystemen die Organisation durch eine zentrale Technik bestimmt ist. Der Begriff „Technik" wird hier nicht reduziert auf Sachsysteme, wie bspw. Maschinen, sondern in einem weiteren Sinn verstanden (Ropohl 1991, 16ff; in diesem Buch 16f).
In der früheren Ausarbeitung zur betriebswirtschaftlichen Theoriebildung im Spannungsfeld von Verhaltenswissenschaft und Technik (Staudt 1981) wurden erhebliche Defizite in der wissenschaftlichen Aufarbeitung der Schnittstelle von Technik und Organisation aufgezeigt. An diesem Defizit, so belegen die nachfolgenden Ausführungen, hat sich in den vergangen beiden Dekaden nur wenig verändert. Das Problemfeld der organisatorischen Integration von Technik in die betrieblichen Strukturen und Prozesse bleibt wissenschaftlich bislang weitgehend ausgeblendet.

1.1   Technisch determinierte Ökonomie

Während für Fach- und Führungskräfte in Unternehmen die Berücksichtigung der Wechselwirkung zwischen technischer Entwicklung und ökonomischem Erfolg eine Selbstverständlichkeit ist, besteht in der ökonomischen Theoriebildung ein erhebliches Defizit. Abgesehen von aktuellen Entwicklungen im Bereich der automatisierten Daten-, Informations- und Kommunikationstechnik und abgesehen von der Folgenbewertung des Technikeinsatzes in Entwicklungsländern, tut sich die ökonomische Theoriebildung mit der Technik schwer:
– In der makroökonomischen Theorie versuchen zwar neuere Ansätze, wie bspw.

der „innovation-based approach" (Grossman/Helpman 1991), Technik in ein endogenes Wachstumsmodell zu integrieren, jedoch krankt der Realitätsbezug an den zugrundeliegenden Modellprämissen. Daher übernimmt Technik in weiten Teilen der makroökonomischen Theoriebildung die Funktion einer Residualgröße, der alles zugeordnet wird, was nicht durch das Deskriptionsraster klassischer Produktionsfaktoren erfasst wird.

– In der Mikroökonomie rücken an die Stelle konkreter Befunde über Wechselwirkungen zwischen Technik und Betriebswirtschaft häufig Vermutungen oder Setzungen – dass bspw. die Wahl der Produktionsmethode vom jeweiligen Stand des technischen Wissens abhängt –, die das Verhältnis zur Technik in Form von ceteris-paribus-Klauseln definieren und ihr Abbild in Form von Produktionsfunktionen finden.

Resultate dieses Missverständnisses finden sich dann im reinen Glauben an die „Machbarkeit" der Technik oder aber in einer Abwehrhaltung, wenn nicht sogar Resignation vor unerwarteten und ungewollten Folgen technischer Neuerungen (Staudt 1983). Es sind oft Fehleinschätzungen, die das Verhältnis zwischen Technik und Ökonomie bestimmen und hierbei einen nicht unerheblichen Einfluss auf die Gestaltung zentraler Felder, wie bspw. der Forschungs- oder Arbeitsmarktpolitik, ausüben (Staudt 1998). Die Fixpunkte ökonomischer Theoriebildung, von denen aus dieses Verhältnis bestimmt wird, finden sich anderswo.

So verführen die Arbeiten von Rogers und anderen zu der Annahme, dass lediglich die positive Reaktion der Konsumentenseite – und somit die Ausrichtung auf die am Markt artikulierten Kundenbedürfnisse - den Erfolg einer Innovation determiniert (Rogers 1983, Kleinschmidt u.a. 1996). In der vornehmlich markt- und marketinggeprägten betriebswirtschaftlichen Theoriebildung erfreut sich die daraus folgende Orientierung am „wahrgenommenen" Bedarf besonderer Beliebtheit, da die Bedürfnisbefriedung und die Kundenorientierung als letztes „Fundament der ökonomischen Rechtfertigung" (Albert 1967) dient. Zugleich ermöglicht die Bedürfnisorientierung die Konstruktion einer in sich geschlossenen Ziel-Mittel-Hierarchie und zeigt so die Richtung einer Unternehmensentwicklung auf. Durch diese finale Orientierung an einem monistischen Zielsystem, wie z. B. den Bedürfnissen der Konsumenten, werden

– einerseits Hemmnisse und Barrieren bei der Umsetzung technischer Lösungen in markt- und konsumfähige Produkte und Prozesse unterschätzt und

– andererseits Gestaltungsmöglichkeiten bezüglich des Ressourcen- und somit auch des Technikeinsatzes auf der betrieblichen Ebene überschätzt.

Ersteres zeigt sich besonders dort, wo technische Potenziale auch ungewollt und unerwartet auftreten. Die Bedarfsrelevanz und Bedürfnisorientierung dieser Potenziale versteht sich nicht von selbst und wird so oftmals erst ex-post konstruiert. Ihre Umsetzung in neue Güter und Produkte wird gewöhnlich von spezialisierten Produzenten im Rahmen wettbewerblicher „Partisanenstrategien" vorgenommen. Oft besteht dafür noch nicht einmal Bedarf. Die Menschen haben auch vorher gelebt, ohne die Güter, die sie noch gar nicht kannten – ob Handy, Walkman oder Internet -, zu vermissen. Die Tatsache, dass solche Innovationen dann dennoch nachgefragt werden, beweist also keineswegs, dass sie nachfrageinduziert sind, sondern zeigt eine relative Autonomie der technischen Entwicklung und der sie umsetzenden Unternehmen gegenüber dem Konsumenten. Es wird nicht nur das vom Markt Gewünschte produziert, sondern es wird auch zugleich das technisch Machbare vermarktet.

Neben dem Bedarf determinieren somit autonom entstandene Potenziale die technische Entwicklung (Staudt/Kriegesmann 1997). Die aus unterschiedlichen Induktionsrichtungen ausgelösten Problemlösungs-, Ver- und Anwendungsinnovationen (Pfeiffer/Staudt 1974) vollziehen sich auf der Mikroebene. Sie sind einerseits aktives Element der Mitgestaltung und Schaffung von Kundenbedürfnissen, andererseits passives Element der Anpassung an die technische Entwicklung.

Schumpetersche Unternehmer, Innovationen fördernde Politiker und Neuerungen willig aufnehmende Konsumenten sind Lehrbuchgestalten. Die Innovationsfähigkeit der Individuen, Institutionen, Unternehmen und der Gesellschaft wird in aller Regel überschätzt, und es werden Widerstände gegen den technischen Wandel übersehen (Staudt 1983). Die Integration neuer Techniken wird vielmehr in weiten Bereichen, die als potenzielle Anwendungsfelder vermutet werden, be- oder verhindert, und zwar durch

– technikbedingte Innovationswiderstände,
– personell bedingte Innovationswiderstände und
– sozial bedingte Innovationswiderstände.

Diese führen in der Folge dazu, dass Unternehmen bei ihren Innovationsaktivitäten mit erheblichen Problemen konfrontiert sind, die einem breiteren Einsatz neuer Techniken in unterschiedlichen Anwendungsfeldern entgegenstehen (Staudt/ Krause/Kerka 1997).

Für eine erfolgreiche Einflussnahme auf innovatorische Wandlungsprozesse auf der mikro- und makroökonomischen Ebene reichen die bisherigen Ansätze des Technologiemanagements (bspw. Gerpott 1999) und der Technologiepolitik nicht aus. Ein Erfolg setzt die unrealistische Forderung nach Kenntnis der wahren Bedürfnisse des Marktes voraus und unterstellt die Kompetenz, anhand dieser Bedürfnisse die technische Entwicklung steuern zu können.

In einer marktwirtschaftlichen Ordnung fehlt Unternehmen somit in Teilen die autonome Verfügungsgewalt über Ressourcen, die aus der Perspektive der Einzelunternehmung selbst ein autonomes Verhalten aufweisen. Was und wie produziert werden kann, hängt damit nicht nur von den Konsumenten ab, sondern zugleich vom Stand der technischen Entwicklung. Und eben dieser Stand der technischen Entwicklung wird nicht autonom vom Einzelunternehmen, auch nicht vom forschungstreibenden, bestimmt, sondern zugleich von der Konkurrenz, dem verfügbaren Bestand an Wissen und Anwendungserfahrung, den politischen Rahmenbedingungen etc.

1.2   Ökonomisch determinierte Technik

Unternehmen leisten eine Mittlerfunktion zwischen Technik und Gesellschaft. Hieraus folgt aber nicht nur, dass Unternehmen durch den Stand der technischen

Entwicklung determiniert werden, sondern zugleich auch, dass sie ein Filter bilden, das insbesondere dann wirksam wird, wenn technische Entwicklungen verwirklicht und angewendet werden.

Betrachtet man bspw. die Entwicklung in sogenannten High-Tech-Branchen wie der Biotechnologie oder Mikrosystemtechnik, so wird deutlich, dass gerade in der personellen und organisatorischen Umsetzung technischer Erkenntnisse und Lösungen in die betrieblicher Anwendung und die Verwertung am Markt erhebliche Defizite existieren (Staudt/Kottmann 1999). Die Folge ist gerade in entwicklungsdynamischen und zukunftsorientierten Märkten ein technischer Anwendungsstau, so dass große Erwartungen an technologische Impulse regelmäßig unerfüllt bleiben.

Viele der hochaggregierten Erklärungsansätze des technischen Wandels in Industriegesellschaften basieren auf einer Art von Kurzschlusswirkungsprognosen, in denen von technischen Entwicklungen direkt auf einen ökonomischen Wandel geschlossen wird. Die mikroökonomische Vermittlungsebene - mit Teilfacetten wie der Arbeitsteilung oder Spezialisierung - wird hierbei häufig übersprungen und trotz ihrer zentralen Rolle als Säule der Vergesellschaftung weitgehend entproblematisiert (Staudt 1982).

Die praktizierte Technikfolgenabschätzung und die daraus abgeleiteten technokratischen Politikansätze ignorieren den pluralistischen Entwicklungs- und Anwendungsvorgang von Technik in Marktwirtschaften und kontern den wettbewerblichen – und daher chaotischen – Verlaufscharakter mit dem Anspruch vorausschauender Regelungen (Staudt 1991). Hieraus resultiert u.a. ein beachtliches Ausmaß an regulierenden Eingriffen in die technischen Entwicklungen, das seine Begründung in der Korrektur unerwünschter Marktergebnisse findet, und letztendlich auf eine Instrumentalisierung der Technologiepolitik durch verschiedenste Interessengruppen zurückzuführen ist. Einhergehend mit dem allgemeinen Hang zum Regelungsperfektionismus, ergänzt um die sozialtechnokratische Überheblichkeit, dass man eine noch unbekannte Technik schon vor ihrer Erforschung, Entwicklung und Umsetzung in ihren Folgen abschätzen und damit regelnd in die Genese eingreifen kann, hat aus der subjektiven Sicht des Marktteilnehmers einen Normenwirrwarr beschert, der die Funktionsfähigkeit des Marktmechanismus zunehmend beschränkt. Hier ergehen sich staatliche Akteure in planwirtschaftlichem Handeln, und an die Stelle von Innovationen treten Besitzstandsinteressen von Wirtschaft und Politik sowie eine Förderung „richtiger" Technikfelder von morgen, die in der Folge oftmals an Anwendungs- und Umsetzungsdefiziten kranken, scheitern oder an der Grenze zur wirtschaftlichen Bedeutungslosigkeit verharren (Staudt 1996).

Weite Teile der Technikfolgenabschätzung und der auf ihr basierenden Regelungsaktivitäten sind durch erhebliche Instrumenten- und Orientierungsdefizite in Verbindung mit einer Annäherung an den naiv-technokratischen Impetus planwirtschaftlicher Systeme gekennzeichnet, deren wesentliche Charakteristik nicht lediglich in der Festlegung der „richtigen technischen Entwicklung", sondern zugleich in der autonomen Verfügungsmacht der planenden Instanz über die Ressourcen besteht. Die Festlegung der „richtigen technischen Entwicklung" trifft dann vermutlich den Zeitgeist (bspw. „Technikangst") oder die Interessenlage zentraler politischer Akteursgruppen, negiert jedoch Informations- und Prognoseprobleme und beschneidet in der Folge die innovatorische – und somit mikroökonomische - Dimension des Wirtschaftens (Staudt 1991).

In marktwirtschaftlichen Ordnungen wird sowohl der überwiegende Teil natur-wissenschaftlich-technischer Erkenntnisgewinnung als auch die Umsetzung na-turwissenschaftlich-technischen Wissens in Produktion, Produkte und Dienstleistungen von Unternehmen betrieben. Damit wird deutlich, dass sich technische Innovationen in einer marktwirtschaftlichen Ordnung nicht durchsetzen, weil sie technisch machbar oder sozial erwünscht sind, sondern nur dann, wenn sie öko-nomisch sinnvoll erscheinen und personell wie organisatorisch umsetz- und be-herrschbar sind (Staudt 1983). Das heißt: Die zum technischen Fortschritt und so-mit auch zum Strukturwandel führenden Entscheidungen vollziehen sich im Mi-krobereich auf der Unternehmensebene. Somit determiniert die Fähigkeit zur öko-nomischen Umsetzung neuer Techniken ebenso wie die prognostische Analyse eben dieser betrieblichen Umsetzungsprozesse den Erfolg technischer Entwick-lung.

Während der Problembereich globaler Analysen technischer und ökonomischer Entwicklung und Leistungsfähigkeit mittlerweile zum politischen Alltag gehört (bspw. BMBF 2000), ist man von einer Analyse der betrieblichen Umsetzung, der dabei erforderlichen flankierenden Maßnahmen und kompensierenden Strategien und der damit einhergehenden mikroökonomischen Überlegungen noch weit ent-fernt (Grint/Woolgar 1997). Umso schwieriger ist es, angesichts dieses Defizits auf konkrete betriebliche Folgen, organisatorische Probleme und ökonomische Konse-quenzen des Technikeinsatzes einzugehen, ohne sich in Spekulationen, vagen Vermutungen oder dem Rat selbsternannter Experten zu verlieren. Hier besteht trotz wohllautender Ratschläge einer akademisch aufgeladenen Beraterszene eine Forschungslücke, die es zu schließen gilt, ehe man sich an aggregierte Aussagen über globale Folgen organisatorischer Veränderungen heranwagt. Trotz oder we-gen dieses Forschungsdefizits kommen Erklärungsansätze des Wandels industriel-ler Gesellschaften nicht umhin, über eben diese mikroökonomischen Umsetzungs-prozesse Annahmen zu tätigen, die auf technisch-ökonomischen Sachzwängen be-ruhen und bei näherer Betrachtung nicht frei von Widersprüchen sind (Staudt 1997). So wird unterstellt, dass organisatorische Probleme des Technikeinsatzes ohne weiteres zu bewältigen sind, und dies zudem in einem positiv intendierten Sinne, da die betriebliche Umsetzbarkeit von Technik gar nicht erst in Frage ge-stellt wird. Um andererseits auf dem hochaggregierten Niveau quantitative Be-rechnungen anstellen zu können, lässt man dynamische Reaktionen der in die Analyse einbezogenen Betriebe (z. B. kreative Lösungsvarianten) außer Ansatz, bezieht Wirkungsprognosen lediglich auf fiktive Verhältnisse einer stagnierenden Wirtschaft und unterstellt ein statisches Unternehmer- und Arbeitnehmerverhal-ten, dass genauso wenig Varianz zulässt, wie es Erklärungsansatz und Prognose verarbeiten können.

Zur Erfassung der Wirkungen technischer Neuerungen, ihrer konkreten Ausprä-gungen sowie der wirtschaftlichen und sozialen Folgen, ist eine tiefergehende

Analyse der sachökonomischen Zusammenhänge – und somit der Verbindung zwischen Technik und Ökonomie – notwendig (Staudt 1994). Aus der Zusammenwirken der hierbei sichtbar werdenden Tatbestände ergibt sich der durch die jeweilige Technik induzierte Strukturwandel. Erst aus dieser Analyse des Übergangs von der technischen Fiktion zur ökonomischen Realisierung, d.h. der Transformation des Wissens in die konkrete Anwendung, sind konkrete Vorstellungen über Auswirkungen neuer Technik ableitbar.

Angesichts der hohen Bedeutung der Wechselwirkungen zwischen Technik und Ökonomie sollte man erwarten, dass sich dieses Verhältnis auch in der ökonomischen Theoriebildung widerspiegelt. Inwieweit dies der Fall ist, soll im folgenden anhand einer kritischen Analyse der Entwicklung der Organisationstheorie deutlich gemacht werden. Insbesondere an der Theoriebildung zum organisatorischen Wandel lässt sich ablesen, ob neuere betriebswirtschaftliche Theorien in der Lage sind, die Interdependenzen zwischen Technik und Ökonomie zu bewältigen und damit eine Basis für Technikbewertung zu schaffen.

2   Die Verdrängung der Technik aus der betriebswirtschaftlichen Organisationstheorie

2.1   Betriebswirtschaftliche Organisationslehre als angewandte Verhaltenswissenschaft

Die betriebswirtschaftliche Organisationslehre war lange Zeit darum bemüht, auf der Basis einer Verwissenschaftlichung und Professionalisierung der Organisations- und Führungstechniken - insbesondere im Rahmen der Trennung von Kopf- und Handarbeit sowie intensiver Kontroll- und Koordinationsaktivitäten - eine Verbesserung des Zusammenwirkens von Organisation und routinisierter Technik zu bewirken. Auf der wissenschaftlichen Ebene waren die zugrundeliegenden Annahmen und die resultierenden Erfolge breiter Kritik ausgesetzt (bspw. Spitzley 1980). So bezog sich die traditionelle betriebswirtschaftliche Organisationslehre – bedingt durch die vorherrschende Orientierung an den Grundsätzen wissenschaftlicher Betriebsführung - sehr stark auf das technische Betriebsgeschehen (Kieser 1999). Organisationen wurden hier als Maschinen, Arbeitskräfte als Mensch-Maschinen begriffen, deren Einsatz als rational gestaltbar galt. Dieser „Primat des Technischen" fand seinen Ausdruck bspw. in den Organisationsansätzen von Taylor, Fayol und Ford, wurde von Gutenberg abstrahierend in Form von Produktionsfunktionen gefasst und findet heute breite Anwendung in Verbindung mit einer Weiterentwicklung der REFA-Methodenlehre. Die Orientierung an Technizität und Ökonomität brachten ihr jedoch den Vorwurf ein, nur ein „Maschinensystem" des - im übrigen soziotechnischen - Betriebes abzubilden. In Reaktion auf den Vorwurf der mechanistischen Behandlung des Betriebsgeschehens formierte sich eine Strömung innerhalb der betriebswirtschaftlichen Organisationslehre, die vom „organischen System" ausgeht und verhaltenswissenschaftliche Aspekte in den Vordergrund rückte (vgl. bspw. Walther-Busch 1996).

Veranlasst durch die Defizite technikgeprägter Organisationsansätze wandte sich, beeinflusst durch Arbeiten Barnards (1938) und Konzepte der soziotechnischen Systemgestaltung im angelsächsischen Raum, die betriebswirtschaftliche Organisationslehre der Verhaltenswissenschaft zu (bspw. March/Simon 1958, Cyert/March 1963). Sichtbar wurde eine Tendenz, die Beschreibung und Gestaltung des organisatorischen Wandels an den Verhaltenswissenschaften und der Analyse von Entscheidungs- und begleiteten Sozialprozessen in Unternehmen auszurichten.

Dieser Perspektivenwechsel vom unternehmergesteuerten „Maschinen-System" zur verhaltensgesteuerten Unternehmung machte die traditionelle Fächerbegrenzung zwischen Betriebswirtschaftslehre, Psychologie, Sozialpsychologie und Soziologie durchlässig; er findet heutzutage seinen Niederschlag in Modezyklen der Managementlehre. In der Folge hat die entscheidungsorientierte Betriebswirtschafts- und Managementlehre (Heinen 1992, Kirsch 1992) auch Einzug in die Hochschulausbildung und in die organisationstheoretische Standardliteratur gehalten. Da sich der „akademische Mainstream" mit Entscheidungen der Organisation zur Bestandssicherung und Anpassung an externe Änderungen beschäftigte, erschien es vielen Vertretern dieser Richtung naheliegend, die einzelnen Disziplinen als eine Art „angewandte Verhaltenswissenschaft" zu integrieren. Bei der Auseinandersetzung mit Fragen der begrenzten Rationalität, der Gestaltung von Anreiz-Beitrags-Gleichgewichten oder der Deskription entscheidungsspezifischer „Mülleimer-Modelle" (March 1994) wurden Sachen und damit also auch die technischen Artefakte, Dinge, Geräte – die Realtechnik – praktisch völlig vergessen. Von den historischen, natürlichen und technischen Bedingungen der menschlichen Existenz wird weitgehend abstrahiert. Die rein soziale Beziehung „alter – ego" wird zum genuinen Objekt der sozialwissenschaftlichen Forschung.

Die Verbreitung verhaltenswissenschaftlicher Erklärungsansätze und die darin implizierte Dominanz des Humanen wird nur vor einem kulturkritischen Hintergrund verständlich: Die Ablösung der im Unternehmer personifizierten Unternehmung durch das tragende Sozialsystem rückte die theoretische Beschreibung der Realität ein Stück näher. Wenn die verhaltenswissenschaftliche Betrachtung die Intentionen von Individuen gegenüber einem mechanistischen „Maschinenmodell" der Organisation in den Vordergrund rückte, entsprach das auch den Emanzipationsbemühungen der Zeit. Der hierdurch geschaffene organisationstheoretische Untersuchungsrahmen wurde in der Folge auch in Deutschland bei einer Anzahl von Studien angewandt (bspw. Kreuter 1996, Witte/Hauschildt/Grün 1988, Müller 1984).

Die betriebliche Realität wird auf Hypothesen oder empirische Aussagen über individuelles Verhalten reduziert und auf den Integrationsversuch, die im Grunde unlösbare Aggregation dieser individuellen Verhaltensprämissen anzugehen. Dies bleibt nicht nur Reaktion auf zu bewältigende Sachzwänge, sondern führt im Rahmen der Sozialsystemkonzepte zu einer evidenten Sachblindheit. Zwar kan man ein optimiertes Anreizsystem konzipieren, reale Entscheidungsprozesse sowie intraorganisatorische Beziehungen bei der Technikbeschaffung dokumentieren und analysieren, jedoch werden die Sachnotwendigkeiten der Integration der Technik in betriebliche Strukturen und Prozesse weitgehend entproblematisiert.

2.2   Verhaltenswissenschaftlich vermittelte „Technik"

Abgeschwächt wurde dieses technisch-ökonomische Defizit nicht durch sachliche Integration der traditionellen betriebswirtschaftlichen Organisationslehre mit den Verhaltenswissenschaften, sondern lediglich durch Übernahme eines weiteren Entwicklungstrends in den Verhaltenswissenschaften. Hier entdeckten im Verlauf der fünfziger und sechziger Jahre Psychologen, Sozialpsychologen und Soziologen die „Technik" im Rahmen der strukturvergleichenden Forschung. Insbesondere die Pionierarbeiten Woodwards (1958) regten weltweit Organisationswissenschaftler zu breiten Studien an. Woodward untersuchte bei industriellen Klein- und Mittelunternehmen, inwieweit die eingesetzte Produktionstechnik entsprechend den spezifischen Umweltanforderungen gestaltet wurde und bildete so einen der Vorläufer der später einsetzenden Diskussion um den sog. „Organizational fit" (Miles/Snow 1984). Schon die empirische Feststellung, dass die eingesetzte Fertigungstechnik erheblichen Einfluss auf die Ausgestaltung klassischer Organisationsparameter ausübt, grenzte an eine wissenschaftliche Kompetenzüberschreitung. Diese Studien fanden zahlreiche Nachahmer und wurden vielfach variiert, da nun empirisch fundierte Aussagen für organisatorische Problemsituationen möglich schienen (bspw. Lawrence/Lorsch 1967). Der Situations- bzw. Kontingenzansatz (Staehle 1973) strukturvergleichender Organisationsforschung, der die Chance aufzeigte, wissenschaftlich begründete Aussagen zur Gestaltung von Unternehmen zu treffen, wurde auch in Deutschland adaptiert (bspw. Kieser/Kubicek 1976) und erfreut sich nach wie vor weltweiter Beliebtheit.

In der betriebswirtschaftlichen Organisationslehre stellte der Rekurs auf die verhaltenswissenschaftlich verstandene „Technik" eher einen Rückschritt gegenüber den Bemühungen der traditionellen betriebswirtschaftlichen Organisationslehre dar. Bei einer Betrachtung der in soziotechnischen bzw. situativen Ansätzen üblichen Klassifikationsmuster wird deutlich, dass weder technische Funktionen noch ihre naturgesetzliche Basis erfasst werden. Es handelt sich vielmehr um Ausprägungen von Technik, die nur bezüglich der sozialen Organisationsstruktur relevant sind, wie die „Komplexität der Fertigung", wobei offen bleibt, was die Klassifikation Woodwards oder bspw. die Intervallskalen von Hickson/Pugh/Pheysey (1969) abbilden.

Ohne die Pionierleistung dieser Organisationswissenschaftler schmälern zu wollen, bleibt der Eindruck, dass die jeweiligen Typen recht diffus sind und das Problemgebiet „Technik" nur andeuten. Interdependenzen zwischen eingesetzter Fertigungstechnik und betrieblicher Organisation bleiben zu großen Teilen Gegenstand von Interpretationen und sind nicht - oder nur sehr bedingt - auf neuere Fertigungskonzepte übertragbar (Kieser/Kubicek 1992). Die Ergebnisse der Studien weisen für einzelwirtschaftliche Problemstellungen völlig unzureichende Lösungsansätze auf. Auswirkungen des Technikeinsatzes auf Teildimensionen der Organisationsstruktur sind nicht eindeutig und hinsichtlich der Wirkungsreichweite innerhalb des Unternehmens ungewiss (Kieser 1999). Darüber hinaus lässt der Kontingenzansatz vor dem Hintergrund betrieblicher Bedarfe gesichertes Wissen außer Acht und vernachlässigt die Kenntnis konkreter technischer Funktionen in Verbindung mit der Verwendung von mess- und beobachtbaren naturwissenschaftlichen Attributen zugunsten verhaltenswissenschaftlicher Messsysteme, die nach wie vor um ihre Reliabilität und Validität kämpfen (Becker 1998). Darüber hinaus wird eine Eigenständigkeit betriebswirtschaftlicher Methodenlehre aufgegeben zugunsten einer – zum Teil dilettantischen – Reproduktion von Erkenntnissen aus verhaltenswissenschaftlichen Nachbardisziplinen. Bewährtes technisch-ökonomisches Wissen bleibt so ungenutzt.

Bislang wird trotz intensiver Forschungsaktivitäten der Faktor „Technik" in soziotechnischen bzw. situativen Ansätzen inhaltlich nicht angemessen erfasst. Zu hinterfragen ist die Aussagekraft des situativen Ansatzes auch vor dem Hintergrund, dass Techniken und Technologien einen zunehmenden Grad an Flexibilität aufweisen und in unterschiedlichen Konstellationen eine Anpassung zwischen Technik, Organisation und Umwelt zulassen (Staudt 1982). Trotzdem kehren mit der Verbreitung neuer Informations- und Kommunikationstechnologien derzeitig wieder zentrale Strömungen des situativen Ansatzes in die Organisationswissenschaft zurück (bspw. Charan 1991, Davidow/Malone 1997).

Im Zeitablauf folgende organisationswissenschaftliche Theoriekonzepte, wie bspw. interpretative und prozessorientierte Ansätze (Weick 1969, 1979), die Populationsökologie und Evolutionstheorie (Hannan/Freeman 1989), konstruktivistische Herangehensweisen (Berger/Luckmann 1980, Luhmann 1984) oder aber der Institutionalismus (Scott 1992) und Strukturalismus (Giddens 1988) trugen wenig zur Erhellung der Interdependenzen zwischen Technik und Organisation bei. So wurde bspw. die Veränderung der technischen Umwelt als Determinante des Überlebens der Organisation begriffen, bei der damit verbundenen Effizienzbetrachtung der Integrationsaspekt jedoch weitgehend ausgeblendet. Dies ist um so verwunderlicher, als in den letzten beiden Dekaden die Rolle der Technik beim Aufbau und der Weiterentwicklung von Wettbewerbsvorteilen in anderen Fachdisziplinen der Betriebswirtschaftlehre sowie der praxisorientierten Literatur zunehmend breitere Berücksichtigung fand (bspw. Piore/Sabel 1985).

2.3 Revitalisierung der Technik in neueren organisationstheoretischen Ansätzen?

Im Zusammenhang mit der Diskussion um neue Managementkonzepte und Organisationsformen wendet sich die praxisorientierte Organisationslehre zunehmend der Frage zu, wie die Technik in das organisatorische Geschehen auf geeignete Weise zu integrieren ist. Die damit verbundene Diskussion verfolgt vorwiegend das Ziel, das betriebliche Leistungsspektrum elastischer zu gestalten. Das heißt, organisatorische und technische Entwicklungen sollen darauf ausgerichtet werden, die Anpassungsfähigkeit der Organisation an wechselnde Absatzmarktverhältnisse und eine sich ständig verkürzende Dauer von Technologiezyklen zu erhöhen (Staudt 1984).

Die Praxis
– experimentiert bei der „Lean Organization" mit modularisierten Formen der Fertigungssegmentierung, „just-in-time"-Konzepten, „Simultaneous Engeneer-

ing" und „Total-Quality"-Management in Verbindung mit integrierten technischen Informations- und Koordinationslösungen (Womack/Jones/Roos 1991);
- ergründet beim „Business Process Reengineering" die Möglichkeiten einer radikalen technischen und organisatorischen Reformierung von Wertschöpfungsketten (Hammer/Champy 1994);
- diskutiert bei Virtuellen Unternehmen über organisatorische Netzwerklösungen, die eine Integration von Informationsflüssen, Wertschöpfungsprozessen und organisatorischen Rahmenbedingungen ermöglichen sollen (Scholz 1997).

Die traditionelle Organisationswissenschaft tut sich mit den neuen Entwicklungen in der Praxis teilweise schwer. Neue Techniken – wie bspw. der Einsatz von Informationstechnik, aber auch von Biotechnologie – strapazieren klassische Organisationsansätze und führen dazu, dass diese zunehmend hinsichtlich ihres Erklärungsgehaltes hinterfragt werden (Roberts/Grabowski 1996). Mit dem zunehmenden Stellenwert der Informationstechnologie im betrieblichen Geschehen hat sich in den letzten Jahren die Rolle der Wirtschaftsinformatik von einer Art Stabsfunktion zu einem „Querschnittpromotor" im betriebswirtschaftlichen Fächerkanon gewandelt. Neuere Organisationskonzepte kommen nicht mehr ohne die offensive Behandlung prozessualer und struktualer Schnittstellenprobleme bei der Integration technologischer Teilkomponenten aus (Dosi/Teece/Chytry 1998). So findet auch in der deutschsprachigen Organisationslehre eine zunehmende Hinwendung zu einer gemeinsamen Betrachtung von Technologie und Organisation statt – bspw. im Zusammenhang mit Ansätzen zur virtuellen oder grenzenlosen Organisation (bspw. Picot/Reichwald/Wigand 1998) –, jedoch ist die Auseinandersetzung mit der Thematik derzeitig noch durch Definitionsprobleme bestimmt (bspw. Kortzfleisch 1999) und vernachlässigt weitgehend Aspekte einer Technikintegration.

Es verbleibt der Eindruck, dass heutige Manager für unternehmerische Entscheidungen zur Steigerung der Effektivität, Effizienz und Flexibilität betrieblicher Prozesse und Strukturen, bei denen sie neben technischem Sachverstand eines umfassenden Innovationsverständnisses zur organisatorischen und personellen Bewältigung neuer Techniken bedürfen (Staudt/Barthel-Hafkesbrink 1993), von Seiten der betriebswirtschaftlichen Organisationslehre wenig Hilfestellung erwarten können.

Anstelle der in diesem Theorievakuum erhobenen Forderungen nach überfachlicher „Schlüsselqualifikation" oder betrieblicher Flexibilitätssteigerung ist vielmehr der Fokus auf eine stärkere Verzahnung von individueller und organisatorischer Kompetenz mit der Technik- und Unternehmensentwicklung zu richten. Erfahrungen der Praxis zeigen auf, dass gerade durch eine systematische und anwendungsorientierte Ansteuerung fachlicher, methodischer und sozialer Kompetenzen die Technikintegration in betriebliche Strukturen und Prozesse gefördert wird (Staudt/Kottmann/Merker 1999). Die Aufgabe, Kompetenzpotenziale zu erkennen, zu entwickeln und für die Unternehmensentwicklung nutzbar zu machen, wird daher zum Kernelement bei der Erhaltung und dem Ausbau der Wettbewerbsfähigkeit. Kompetenzentwicklung tritt so in das Zentrum des betrieblichen Innovationsmanagements zur kommerziellen Umsetzung technischer Entwicklungen im Unternehmen (Staudt et al. 1997).

3 Zum Stellenwert technischen Sachverstandes für die ökonomische Theoriebildung

3.1 Verhaltenswissenschaftliche Asymmetrie der Modelle des organisatorischen Wandels

Der Stellenwert, den Technikeinsatz und -integration vor dem Hintergrund organisatorischer Bedarfe in der betrieblichen Praxis einnehmen, spiegelt sich jedoch nur unzureichend in den Überlegungen wieder, die zum konkreten Vollzug von organisatorischen Wandlungsprozessen angestellt werden. Obwohl weitgehende Übereinstimmung darüber besteht, dass das Erkenntnis- bzw. Gestaltungsobjekt soziotechnischen Charakter hat, dominieren wie gesagt verhaltenswissenschaftliche Betrachtungsweisen, die, anstelle einer integralen Sicht von Faktoren, die Technik in den „Kontext" verweisen.

Die weithin zu beobachtende Ausrichtung organisatorischer Gestaltungsansätze an verhaltenswissenschaftlichen Grundlagen bleibt auf den geeigneten Einsatz von „Change-Agents", „Taskforces", „Cross-Functional Teams" oder „Key-Stakeholders" beschränkt (bspw. HBR 1999) und so in ihrer Leistungsfähigkeit auf Sozialsysteme begrenzt. Ungeachtet ihrer zunehmenden Orientierung an Barrieren und Hemmnissen bei der Implemetierung von Innovationen, sind sie ungeeignet, den realen organisatorischen Wandel soziotechnischer Systeme hinreichend zu erklären (bspw. Roth/Kleiner 2000). Trotz der unbestreitbaren Rolle bei realen Reorganisationsprozessen bleiben so auch Organisationsentwicklungsstrategien auf das Kurieren an Symptomen begrenzt. Sie stellen sowohl in dem Versuch, die Effizienz des organisatorischen Wandels zu steigern, als auch in dem Bemühen, die Selbstverwirklichung der Betroffenen zu gewährleisten, einen normativen Aktivismus dar, der in seinem Erfolg offen bleiben muss, weil mangels Sachkenntnis Effekte der Sachverwendung ignoriert werden. Notwendige Gestaltungsfunktionen im Hinblick auf technische, strukturelle oder prozessuale Wandlungsprozesse werden so von verhaltenswissenschaftlich geprägten Organisationskonzepten nicht geleistet.

3.2 Einbeziehung spezifischer Techniken, ihrer Entwicklungslinien und ihre ökonomische Umsetzung zur Erklärung des organisatorischen Wandels

Aktuelle Entwicklungstrends von Mikroelektronik, Informations- und Kommunikationstechnologie weisen ein breites Spektrum an organisatorischen Wirkungsbereichen auf (Staudt 1998):

- zunehmende Substitution des Menschen in Bereichen niederer technischer und organisatorischer Intelligenz sowie in Kombination damit zunehmende Substitution konventioneller technischer Ausführungsfunktionen im Handhabungsbereich;
- zunehmende Entkopplung des Menschen vom Papier- und Materialfluss, verbunden mit einer zunehmenden Abhängigkeit von der Kommunikation auf der

Steuerungs- und Regelungsebene sowie von kommunikativen Vernetzungen zwischen Menschen miteinander und mit technischen Aggregaten;
- zunehmende Technisierung der informatorischen und kommunikativen Tätigkeiten;
- zunehmende räumliche und zeitliche Entkopplung der Teilstufen organisatorischer Wertschöpfungsprozesse.

Diese Effekte sind mit Kenntnissen individuellen und sozialen Verhaltens nur unzulänglich aufzubereiten. Um ein Gleichgewicht zwischen der sozialen und der technischen Dimension bei Erklärung und Gestaltung des organisatorischen Wandels soziotechnischer Systeme vor dem Hintergrund aktueller Entwicklungsprozesse zu erreichen, läge es nahe, vornehmlich die relevanten technischen Funktionen und funktionalen Zusammenhänge des Zusammenwirkens von Technik und Organisation aufzubereiten.

Dies führt zunächst zu der fatalen Erkenntnis, dass ganz im Gegensatz zu dem äußerst begrenzten Fundus an bewährten verhaltenswissenschaftlichen Hypothesen, wie es sich bspw. im Modell der Lernenden Organisation darstellt, in der Technik eine Fülle von Gesetzes- und Erfahrungswissen vorliegt. Dies gilt vor allem vor dem Hintergrund der zunehmenden Bedeutung sogenannter Schlüsseltechnologien, die aus dem synergetischen Zusammenwirken verschiedener naturwissenschaftlicher und technischer Disziplinen entstehen. Das Problem, technisches Gesetzes- und Erfahrungswissen nur schwer in einer umfassenden Theorie oder einem geschlossenen Modellansatz vereinigen zu können, potenziert sich dementsprechend. Die verhaltenswissenschaftlich geprägten intellektuell anspruchsvollen Modelle des organisatorischen Wandels erweisen sich angesichts dessen dann doch als recht schlicht vereinfachende Abbildungen der realen Verhältnisse.

Technikzentrierung wird dann der Humanorientierung gegenübergestellt, und der Taylorismus soll durch flächendeckende Einführung von Gruppenarbeit überwunden werden. Die hier ersichtliche Unfähigkeit, arbeitorganisatorische Lösungen als Verbindungen des menschlichen Arbeitseinsatzes und des Technikeinsatzes zu konzipieren und zu beurteilen, führt letztlich zu einer Unschärferelation bei der Bestimmung und Gestaltung der technisch-organisatorischen Lösungsalternativen. Im einzelnen bedeutet dies, dass
- für gleiche Technik ein sehr breites differierendes Einsatzspektrum mit verschiedenartigen Lösungen gegeben ist und
- für gleiche Einsatzbereiche unterschiedliche Techniken bzw. unterschiedliche Technikentwicklungsniveaus, verbunden mit alternativen organisatorischen Lösungen, zum Einsatz kommen können,

ohne dass differierende Folgen derartiger Varianten als Wirkungen nachgewiesen werden. In dieser Unschärfe wurde in den letzten Jahren Gruppenarbeit propagiert (Pfeiffer/Staudt 1980). Nach sehr grundsätzlichen Diskussionen in den 1970er Jahren führten z.T. neue Interpretationen japanischer Orientierungsmuster zur weiteren Verbreitung. Die im modischen Reorganisationstrend eingeführte Gruppenarbeit bewirtschaftet zwar vorhandene organisatorische Unschärfen, wirft aber zugleich eine Reihe neuer Fragen auf, die erst aus einem größeren organisatorischen Zusammenhang zu beantworten sind.

Festzustellen ist in diesem Zusammenhang, dass der soziallastige „Suchschein-werfer" vieler herkömmlicher Erklärungsansätze des Wandels nur Teile der Hand-ungsrealität aufblendet. Daraus resultieren bspw. erhebliche Fehleinschätzungen der Wirkungszusammenhänge zwischen Gruppenarbeit und Organisationsent-wicklung, bleiben dynamische Reaktionen außer Ansatz, werden Freiräume weder analytisch erschlossen noch nutzbar gemacht. Technische Entwicklungspotenziale und die Realität klaffen darum auseinander. Die Organisationsentwicklungsnsätze der 80er und 90er Jahre vermögen den Verbund von technischer Entwicklung und organisatorischer Gestaltung nicht zu bewältigen.

Es erscheint die provozierende Frage angebracht, ob die ausschließliche Orientie-rung an Erkenntnissen der Organisationspsychologie oder –soziologie nicht eher eine Vereinfachung als eine Bereicherung einer betriebswirtschaftlichen Organisa-tionslehre darstellt, die ihr Erkenntnisinteresse lange Zeit auf die integrative Struk-turierung von Gesamtheiten und die Organisation von Ganzheiten richtete (Kosiol 1974, Nordsieck 1972, Grochla 1982). Wichtige Determinanten und Facetten orga-nisatorischer Gestaltungsprobleme verbleiben im Nebulösen, so dass die Anwen-dungsorientierung der Organisationslehre nicht ohne Grund der Kritik aus der Praxis ausgesetzt ist. Soweit es Fälle von erfolgreicher Organisationsentwicklung gibt, scheinen diese nicht *mit*, sondern *trotz* der Hilfestellung der bisherigen Denk-ansätze gelungen zu sein.

Zieht man dann weiter in Betracht, dass die „Bestandsgültigkeit" technischen Wis-sens immer weiter abnimmt und Technologiezyklen immer kürzer werden (Nelson 1998), dann erfordert eine konzeptionelle Durchdringung organisatorischer Ände-rungsprozesse die Einbeziehung eben dieses technischen Wandels, wie es in An-sätzen im Wissensmanagement der Fall ist (vgl. Staudt et al. 1997). Warum also sollte man nicht die technische Entwicklung selbst mit den dort zur Verfügung stehenden Hilfsmitteln beschreiben? Der organisatorische Wandel wird schließlich nicht allein durch soziale, sondern – wie im Wirtschaftsteil der Tagespresse zu studieren - zunehmend durch technische und technologische Entwicklungen be-stimmt. Diese Entwicklungen sind durchaus als Ergebnis sozialer Aktivitäten zu werten, jedoch vornehmlich durch bestehende Sachverhältnisse bedingt, und die in diesen Sachverhältnissen agierenden Personen können über den jeweiligen Einsatz nur in Ausnahmefällen selbständig entscheiden. Die Konstitution und Qualität der Entscheidungen sind historisch – bspw. durch den Stand der verfügbaren und be-herrschbaren Technik – bedingt und häufig von außen vorgegeben. Sie sind somit geprägt durch den Stand der technischen Entwicklung, durch zeitlich vorgelagerte Entscheidungen sowie früher getätigte Investitionen.

Diesen komplexen Entstehungsprozess der vorgefunden Sachverhältnisse in seiner psycho-sozialen Genese beschreiben und erklären zu wollen, ist Illusion, und der Versuch, damit zukünftige technische Entwicklungen erfassen, erklären und an-steuern zu können, erscheint utopisch. Es ist deshalb angebracht, organisatorischen Wandel in seiner technisch-ökonomischen Bedingtheit – und somit mehrdimensio-nal - zu erklären. „Während ökonomische und zunehmend sozialwissenschaftliche Wissensgebiete eine angemessene Vertiefung erfahren, werden ... die Erkenntnisse der Natur- und Ingenieurwissenschaften, welche für zahlreiche Unternehmen ... oft das Rückgrat der Wettbewerbsfähigkeit darstellen, kaum oder nur ungenügend in die deskriptiven bzw. präskriptiven Aussagen über Führung und Ausführung von Unternehmensaktivitäten einbezogen" (Tschirky 1999, 77).

Dies verlangt jedoch einen sehr aufwendigen Rekurs auf das Wissen technischer Disziplinen, der angesichts der hier vorzufindenden Vielfalt fundierten Wissens vielleicht wirksamer und erfolgsversprechender erscheint als der Ausflug in die Verhaltenswissenschaften. Wissenschaft und Praxis in Hochtechnologiefeldern erkennen längst die zentrale Stellung von Schnittstellenkompetenzen, die naturwissenschaftlich-technische und betriebswirtschaftliche Perspektiven bei der Gestaltung betrieblicher Strukturen und Prozesse miteinander verbinden (Staudt/ Kottmann 1999). Auch wenn die Wichtigkeit einer integralen organisatorischen Gestaltungsperspektive bekannt ist, steht eine Hilfestellung seitens der Wissenschaft in diesem komplexen Feld bislang noch aus. Angesichts der Größe, Komplexität und Dynamik der Probleme an der Schnittstelle der Anwendung neuen technischen Wissens und der Umsetzung in organisatorische Strukturen und Prozesse wird verständlich, warum eine systematische theoriegeleitete Aufarbeitung der technisch-ökonomischen Bedingtheit von Veränderungsprozessen im Rahmen der betriebswirtschaftliche Organisationslehre bislang noch nicht geleistet wurde.

4   Zur technisch-ökonomischen Bedingtheit des organisatorischen Wandels

Für die ökonomische Theoriebildung ist es notwendig, eine naive verhaltenswissenschaftlich vermittelte Betrachtung der „Technik" durch Heranziehung originärer Erkenntnisse der Technik- und Naturwissenschaft abzulösen. Hierbei geht es nicht darum, als Antithese zum verhaltenswissenschaftlichen einen techniktheoretischen Absolutheitsanspruch zu formulieren. Eine intensive Beschäftigung mit spezifischen Techniken, ihren Entwicklungslinien, ihren ökonomischen und organisatorischen Umsetzungsfolgen – wie man sie beispielsweise von der Fertigungswirtschaft oder Wirtschaftsinformatik kennt – dürfte über das bislang eklektische Technikverständnis hinweghelfen. Willkürlich aufgeblendete Problemaspekte können so in einen Systemzusammenhang eingeordnet werden, der die Erklärung des organisatorischen Wandels der Realität ein Stück näher bringt.

Dies sollte freilich ohne Wiederholung des Fehlers der verhaltenswissenschaftlichen Orientierung gelingen: Aus der betriebswirtschaftlichen Organisationslehre darf keine angewandte Technikwissenschaft unter Aufgabe des Erreichten werden. Integration ist nicht als Subsumption unter die gerade fruchtbar erscheinende Nachbardisziplin zu verstehen.

4.1   Die relative Autonomie technischer Entwicklung und ihre Auswirkungen auf Organisationen

Dass technisch-ökonomische Analysen zur Erhellung des organisatorischen Wandels beitragen können, zeigt ein Blick auf das organisatorische Potenzial des Einsatzes moderner Informations- und Kommunikationstechniken. Die Miniaturisierung und Verbilligung elektronischer Komponenten und das Vordringen in die Bereiche der Informations- und Kommunikationstechnik führt zu fortschreitender Verbesserung der technischen Hilfsmittel bis hin zur Automation der gesamten Informationsverarbeitung. Unternehmen wandeln sich zu Technologiekonsumenten (Grint/Woolgar 1997). Hierbei werden mentale Informationsprozesse des Menschen zunehmend durch den Einsatz spezifischer Soft- und Hardwarekomponenten technisch unterstützt. Im Bereich der Kommunikation erfolgt der Informationsaustausch ebenfalls zunehmend unter Zuhilfenahme technischer Systeme, wobei hier – bedingt durch Innovationen - im Zeitablauf Verschiebungen zwischen einzelnen Medien (bspw. Telefon, Telex, Telefax, Email) zu beobachten sind. In jedem Falle führt die Kombination nicht-technischer Kommunikation und technischer Informations- und Kommunikationstechnik zu einem breiten Anwendungsfeld dieser Technologien. Damit werden bspw. technische Potenziale genau in denjenigen organisatorischen Subsystemen verfügbar, wo lange Zeit Rationalisierungsgrenzen bestanden (Staudt/Hafkesbrink/Barthel 1991). Diese Grenzen waren durch die Abhängigkeit vom Informationsstrom sowie durch die Kopplung der Steuerungs- an die Ausführungsebene bedingt.

Die Potenziale neuer Informations- und Kommunikationstechnologie drängen hier aufgrund technischer Adaptionsfähigkeit, zunehmender Verbilligung und hoher Elastizität zur Anwendung. Für den organisatorischen Spielraum bedeutet dies, dass insbesondere starre Bindungen in Mensch-Mensch- und Mensch-Maschine-Systemen in einer ersten Stufe durch Informations- und Kommunikationstechnologien entkoppelbar werden. Mit der Speicherbarkeit der ausgetauschten Informationen in Verbindung mit zumindest teilautomatisierten Selbstregulationseinrichtungen wird in der zweiten Stufe auch eine zeitliche Entkopplung möglich. Damit fallen aber zugleich die letzten Kopplungsgrenzen, die konventionelle Arbeitsstrukturen determinierten und bspw. Ursache starrer Zeitreglemetierungen sind. Telekooperation, EDV-gestützte Heimarbeit oder Group-Decision-Support-Systeme sind hierfür lediglich Beispiele. Das Entkopplungspotenzial neuer Techniken lässt Weiterungen zu, hebt traditionelle Zwänge auf und eröffnet Optionen für eine Flexibilisierung der Organisation, ihrer Teileinheiten und der in ihr stattfindenden Arbeitsbeziehungen, die mit dem Begriff des virtuellen Unternehmens nur angedeutet werden können (Brill/de Vries 1998).

Technische Entwicklung vollzieht sich aus der Sicht einzelner Wirtschaftssubjekte relativ autonom. Wenn man diesen Umstand anerkennt, muss man die bislang vorherrschende Auffassung aufgeben, der organisatorische Wandel werde vor allem interpsychisch gesteuert und geregelt. Deutlich wird, dass organisatorischer Wandel wesentlich durch technisch-ökonomische Sachverhältnisse bedingt und beeinflusst ist. Technisch-ökonomische Sachverhältnisse sind nicht mehr nur Mittel für vorgegebene Zwecke, sondern können aufgrund ihrer relativ autonomen, unvollständig voraussehbaren Entwicklung zugleich selbst zu Generatoren neuer Zwecke und Organisationslösungen werden. Technik wird zum Hilfsmittel im ehemals rein humanen Organisationsprozess und wandelt sich, indem sie bedarfsorientiert angepasst wird, zu einer kostengünstig verfügbaren Elastizitätsreserve der Organisation (Staudt 1982). Die ökonomische Komponente dieser Entwicklungen bedarf keiner expliziten Ausführung.

4.2   Bewältigung des Sachzwangs durch Sachverstand

Die Einbeziehung der Technik als unabhängige Variable in den Erklärungsansatz des organisatorischen Wandels führt vordergründig zur Anerkennung des Sachzwangs und zugleich zum Widerspruch zu Vertretern verhaltenswissenschaftlich orientierter Theorien des organisatorischen Wandels, die die Ablösung des Nur-Maschinen-Modells aus idealistischen oder humanistischen Motiven fordern. Für sie ist das organische Modell (Morgan 1994), weil von den Organisationsteilnehmern gesteuert, nicht nur Erklärungsansatz, sondern zugleich Programm zur Überwindung des dem Maschinen-Modell immanenten Sachzwangs. Aber, so bleibt zu fragen, ist die Leugnung eben dieses Sachzwangs in einem sachverhaltsleeren Erklärungs- und Gestaltungsansatz wirklich schon Überwindung? Modellbildung anhand von Wunschvorstellungen – so zeigen auch Ergebnisse zu Humanisierungspotenzialen der Arbeit - bleibt ein ungeeignetes Mittel, um in der Betriebspraxis erkannte Missstände zu beseitigen.

Die technische Entwicklung – und somit der verbannte Sachzwang - fällt jenen sachblinden Vertretern unvermutet in den Rücken. Da die technisch-ökonomische Bedingtheit des organisatorischen Wandels als Störvariable empfunden und ausgeblendet wurde, sind weder Risiken noch Chancen technischer Entwicklung vorab erkennbar und nutzbar. Indem Entwicklungsprozesse außerhalb der wohlfeil konstruierten Modellwelt stattfinden und nicht in verhaltenswissenschaftlich geprägten Parametern abbildbar sind, bleiben auch daraus abgeleitete Handlungsempfehlungen weitgehend inhaltslos und konzentrieren sich darum im organisatorischen Wandel ausschließlich auf Transformationsbarrieren innerhalb des Sozialsystems (bspw. Kotter 1996). Somit ist eine engere Verzahnung der Organisationswissenschaft mit den Erkenntnissen des Technik- und Innovationsmanagements dringend notwendig. Geschieht dies nicht, lassen sich auf diesem Boden vortrefflich irrationale Technikängste züchten. Diese Ängste finden ihren Niederschlag in „Entweder-Oder"-Diskussionen um Fluch und Segen neuer Techniken, führen zur Sorge um Besitzstandsverluste oder zur Furcht von den nichtvorhersehbaren Folgen unüberschaubarer Technik, was im Zusammenhang mit der Datumsumstellung auf das Jahr 2000 in den Einstellungen zum Computereinsatz gut zu beobachten war. Zugleich lassen sich so Tendenzen kultivieren, technische Entwicklungen selbst dort zu blockieren, wo sie Optionen zur Überwindung erkannter Nachteile enthalten.

Beispiele hierfür sind in Feldern wie der Kommunikationstechnologie, Nanotechnologie und Biotechnologie und ihrer ökonomischen Nutzung zu erkennen. So ermöglicht die technisch-ökonomische Entwicklung der Informationstechnologie eine Option für den Wiedergewinn von Autonomie der Beschäftigten in der Produktion. Der Technikeinsatz ermöglicht zugleich eine Entkopplung von Mensch-Maschine-Systemen, die das Gegensatzpaar „Maschinen-Modell" und „organisches Modell" aufhebt, weil sich eine soziotechnische Integration zumindest in Teilbereichen erübrigt und weil die Schnittstelle zwischen Mensch und Technik entschärft wird (Staudt 1992).

Zur Entschärfung der organisatorischen Schnittstelle zwischen Mensch und Technik ist vielmehr eine enge Verzahnung von Technik- und Kompetenzentwicklung notwendig. Der Gefahr des technischen Anwendungsstaus in den Betrieben kann durch eine aktive Ansteuerung der individuellen und organisatorischen Handlungsfähigkeit begegnet werden (Staudt et al. 1997). Notwendig ist hierbei die systematische, individuelle und organisatorische Kompetenzentwicklung – d.h. der Aufbau von Wissen, Fertigkeiten und Erfahrungen – bei der Integration technischer Lösungen in betriebliche Prozesse und Strukturen. Indem in Kompetenzentwicklungsmaßnahmen bspw. unter Nutzung aktueller technischer Erkenntnisse die Erfahrungen der Vergangenheit strukturiert aufbereitet werden, sind Um- und Durchsetzungsdefizite in der Anwendung neuer Techniken im organisatorischen Wandel reduzierbar.

Ein Blick auf die Entwicklungsverläufe der Vergangenheit zeigt somit auf, dass die betriebswirtschaftliche Organisationslehre in der wissenschaftlichen Aufarbeitung nicht umhin kommt, die technischen und ökonomischen Bedingungen des organisatorischen Wandels wieder in die Erklärungsansätze zu integrieren. Technisch-ökonomischer Sachverstand wird dann zum Mittel, unerwünschten Sachzwang zu überwinden (Staudt 1997).

Literatur

Albert, H.: Rationalität und Wirtschaftsordnung. Grundlagenprobleme einer rationalen Ordnungspolitik, in: Jahrbuch für Sozialwissenschaft, 1963, S. 86-113.

Barnard, C.I.: The Function of the Executive, Cambridge 1938.

Becker, F.G. Grundlagen betrieblicher Leistungsbeurteilungen, 3. Aufl., Stuttgart 1998.

Berger, P./Luckmann, T.: Die gesellschaftliche Konstruktion der Wirklichkeit, Frankfurt a.M. 1980.

Brill, A./de Vries, M. (Hrsg.) : Virtuelle Wirtschaft, Opladen 1998.

Bundesministerium für Bildung und Forschung (BMBF): Zur technologischen Leistungsfähigkeit Deutschlands - Zusammenfassender Endbericht 1999, Berlin 2000.

Charan, R.: How Networks Reshape Organizations – for Results, in: Harvard Business Review 26 (1991), September/October, S. 104-115.

Cyert, R.M./March, J.G.: A Behavioral Theory of the Firm, Englewood Cliffs 1963.

Davidow, W./Malone, M.: Das virtuelle Unternehmen, 2. Aufl., Frankfurt a.M. 1997.

Dosi, G./Teece, D.J./Chytry, J. (Hrsg.): Technology, Organization and Competitiveness, Oxford 1998.

Gerpott, T.J.: Innovations- und Technologiemanagement, in: Vahlens Kompendium der Betriebswirtschaftslehre, Bd. 2, 4. Aufl., hrsg. v. M. Bitz et al., S. 289-338.

Giddens, A.: Die Konstitution der Gesellschaft. Grundzüge einer Theorie der Strukturierung, Frankfurt a.M. 1988.

Grint, K./Woolgar, S.: The Machine at Work: Technology, Work and Organization, Cambridge 1997.

Grochla, E.: Grundlagen organisatorischer Gestaltung, Stuttgart 1982.

Grossman, G.M./Helpman, E.: Innovation and Growth in the Global Economy, Cambridge 1991.

Hammer, M./Champy, J.: Business Reengineering, Frankfurt a.M./New York 1994.

Hannan, M.T./Freeman, J.: Organizational Ecology, Cambridge 1989.

HBR (Hrsg.): Harvard Business Review on Change, Boston 1999.

Heinen, E. (Hrsg.): Industriebetriebslehre: Entscheidungen im Industriebetrieb, 9. Aufl., Wiesbaden 1991.

Hickson, D.J./Pugh, D.S./Pheysey, D.L.: Operations Technology and Organization Structure: An Empirical Reappraisal, in: Administrative Science Quarterly 14 (1969), S. 378-397.

Kieser, A./Kubicek, H.: Organisation, 1. Aufl., Berlin/New York 1976; 3. Aufl., Berlin/New York 1992.

Kieser, A.: Der Situative Ansatz, in: Organisationstheorien, 3. Aufl., hrsg. v. Kieser, A., Stuttgart/Berlin/Köln 1999, S. 169-198.

Kieser, A.: Management und Taylorismus, in: Organisationstheorien, 3. Aufl., hrsg. v. A. Kieser, Stuttgart/Berlin/Köln 1999, S. 65-99.

Kirsch, W.: Kommunikatives Handeln, Autopoiese, Rationalität: Sondierungen zu einer evolutionären Führungslehre, München 1992.

Kleinschmidt, E./ Geschka, H./ Cooper, R.G.: Erfolgsfaktor Markt. Kundenorientierte Produktinnovation, Berlin et al. 1996.

Kortzfleisch, H. v.: Virtuelle Unternehmen, in: Die Betriebswirtschaft 59 (1999), S. 664-685.

Kosiol, E.: Die Unternehmung als wirtschaftliches Aktionszentrum, Reinbek b. Hamburg 1974.

Kotter, J.P.: Leading Change, Boston 1996.

Kreuter, A.: Entscheidungsfindung in Reorganisationsprozessen, in: Zeitschrift für Organisation 65 (1996), S. 116-123.

Lawrence, P.R./Lorsch, J.W.: Organization and Environment, New York 1967.

Luhmann, N.: Soziale Systeme, Frankfurt a.M. 1984.

March, J.G.: A Primer on Decision Making – How Decisions Happen, New York 1994.

March, J.G./Simon, H.A.: Organizations, New York 1958.

Miles, R.E./ Snow, C.C.: Fit, Failure and the Hall of Fame, in: California Management Review 26 (1984) 3, S. 10-28.

Morgan, G.: Images of Organization, London, Thousand Oaks, New Delhi 1986, repr. 1994.

Müller, A.: Entscheidungsprozesse in öffentlichen Verwaltungen und privaten Unternehmen, Frankfurt a.M. 1984.

Nelson, R.G.: The Co-Evolution of Technology, Industrial Structure, and Supporting Institutions, in: Technology, Organization and Competitiveness, hrsg. G. Dosi/D.J. Teece/J. Chytry, Oxford 1998, S. 319-335.

Nordsieck, F.: Betriebsorganisation, 4. Aufl., Stuttgart 1972.

Pfeiffer, W./Staudt, E.: Innovation, in: Handwörterbuch der Betriebswirtschaft, hrsg. v. E. Grochla, 4. Aufl., Stuttgart 1974, S. 1943-1953.

Pfeiffer, W./Staudt, E.: Teilautonome Arbeitsgruppen, in: Handwörterbuch der Organisation, hrsg. v. E. Grochla, 2. Aufl., Stuttgart 1980, S. 112-118.

Picot, A./Reichwald, R./Wigand, R.: Die grenzenlose Unternehmung, 3. Aufl., Wiesbaden 1998.

Piore, M.J./Sabel, C.F.: Das Ende der Massenproduktion, Berlin 1985.

Roberts, K.H./Grabowski, M.: Organizations, Technology and Structuring, in: Handbook of Organization Studies, hrsg. v. S.R. Clegg/C. Hardy/W.R. Nord, London/Thousand Oaks/New Delhi 1996, S. 409-423.

Rogers, E.M.: Diffusion of Innovations, 3rd ed., New York 1983.

Ropohl, G.: Technologische Aufklärung. Beiträge zur Technikphilosophie. Frankfurt a.M. 1991.

Roth, G./Kleiner, A.: Car Launch –The Human Side of Managing Chang. New York/Oxford 2000.

Scholz, C.: Strategische Organisation: Prinzipien zu Vitalisierung und Virtualisierung, Landsberg/Lech 1997.

Scott, W.R.: Organizations, 3rd ed., Englewood Cliffs 1992.

Spitzley, H.: Wissenschaftliche Betriebsführung, Köln 1980.

Staehle, W.H.: Organisation und Führung soziotechnischer Systeme, Stuttgart 1973.

Staudt, E.: Betriebswirtschaftliche Theoriebildung zwischen Verhaltenswissenschaften und Technik, in: Interdisziplinäre Technikforschung – Beiträge zur Bewertung und Steuerung der technischen Entwicklung, hrsg. v. G. Ropohl, Berlin 1981, S. 111-121.

Staudt, E.: Entkopplung im Mensch-Maschine-System durch neue Technologien als Grundlage einer Flexibilisierung von Arbeitsverhältnissen, in: Mikroelektronik und Dezentralisierung, hrsg. v. K.M. Meyer-Abich et al., Berlin 1982, S. 53-76.

Staudt, E.: Missverständnisse über das Innovieren, in: Die Betriebswirtschaft 43 (1983) 3, S. 341-356.

Staudt, E.: Wachsende Freiräume in der Gestaltung von Arbeitsorganisationen, in: Mitteilungen aus der Arbeitsmarkt- und Berufsforschung 17 (1984), S. 94-104.

Staudt, E.: Die betriebswirtschaftlichen Folgen der Technikfolgenabschätzung, in: Zeitschrift für Betriebswirtschaft 61 (1991) 8, S. 883-894.

Staudt, E.: Technologie als Entkopplung von organisatorischen Zwängen, in: Die Zukunft der Arbeitsgesellschaft , hrsg. v. C. Scholz/E. Staudt/U. Steger, Frankfurt a.M. 1992, S. 98-135.

Staudt, E.: Bedürfniserfüllung – Anspruch und Wirklichkeit, in: Technikfolgeneinschätzung als politische Aufgabe, 2. Aufl., hrsg. v. R. Graf von Westphalen, München 1994. S. 176-210.

Staudt, E.: Forschungs- und Technologiepolitik, in: Globalisierung der Wirtschaft: Konsequenzen für Arbeit, Technik und Umwelt, hrsg. v. U. Steger, Berlin et al. 1996, S. 133-143.

Staudt, E.: Technische Entwicklung und betriebliche Restrukturierung oder Innovation durch Integration von Personal- und Organisationsentwicklung, in: Lernen der Organisation durch Gruppen- und Teamarbeit, hrsg. v. H. Schnauber/M.Kröll, Berlin et al 1997, S. 35-106.

Staudt, E.: Kompetenz zur Innovation – Defizite der Forschungs-, Bildungs-, Wirtschafts- und Arbeitsmarktpolitik, in: Liberale Grundrisse einer zukunftsfähigen Gesellschaft, hrsg. v. P. Klemmer/D. Becker-Soest/R. Wink, Baden-Baden 1998, S. 171-182.

Staudt, E./Barthel-Hafkesbrink, R.: Der Manager als Technikkenner – Anforderungen an das Rollenverhalten von Managern im Innovationsprozeß, in: Personalentwicklung für die neue Fabrik, hrsg. v. E. Staudt, Opladen 1993, S. 283-302.

Staudt, E./Kriegesmann, B.: Technische Entwicklung und Innovation, in: Handbuch zur Arbeitslehre, hrsg. v. D. Kahsnitz/G. Ropohl/A. Schmid, München, Wien 1997, S. 235-248.

Staudt, E./Kottmann, M.: Employability von Naturwissenschaftlern und Ingenieuren, in: Innovation: Forschung und Management, hrsg. v. E. Staudt, Nr. 15 , Bochum 1999.

Staudt, E,/Hafkesbrink, J./Barthel, R.: Neue Technologien im Spannungsfeld alter Systeme, in: Systemmanagement und Managementsysteme – Festschrift für G. v. Kortzfleisch, hrsg, v. P. Milling, Berlin 1991, S. 125-155.

Staudt, E./Kottmann, M./Merker, R.: Kompetenzdefizite von Naturwissenschaftlern und Ingenieuren behindern den Strukturwandel und verhindern Innovationen, in: Zeitschrift für Personalforschung 13 (1999) 1, S. 5-28.

Staudt, E./Krause, M./Kerka, F: Innovationsbarrieren und Transfermaßnahmen in der Mikrosystemtechnik, in: Berichte aus der angewandten Innovationsforschung, hrsg. v. E. Staudt, No 168, Bochum 1997.

Staudt, E./Kailer, N./Kriegesmann, B./Meier, A.J./Stephan, H./Ziegler, A.: Kompetenz und Innovation – Eine Bestandsaufnahme jenseits von Personalentwicklung und Wissensmanagement, in: Innovation: Forschung und Management, hrsg. v. E. Staudt , Nr. 10, Bochum 1997.

Tschirky, H.: Auf dem Weg zur Unternehmenswissenschaft? – Ein Ansatz zur Entsprechung von Theorie und Realität technologieintensiver Unternehmen, in: Die Unternehmung 53 (1999) 2, S. 67-87.

Walther-Busch, E.: Organisationstheorien von Weber bis Weick, Amsterdam 1996.

Weick, K.: The Social Psychology of Organizing, Reading et al. 1969; 2. Aufl., Reading et al. 1979.

Witte,. E./Hauschildt, J./Grün, O. (Hrsg.): Innovative Entscheidungsprozesse. Die Ergebnisse des Projekts „Columbus", Tübingen 1988.

Womack, J.P./Jones, D.J./Ross, D.: Die zweite Revolution in der Automobilindustrie, Frankfurt a.M. 1991.

Woodward, J.: Management and Technology, London 1958.

Volkswirtschaftslehre

Gerd Fleischmann

1   Technische Entwicklung und die Bedürfnisse der Nutzer

In den Forschungsprogrammen der Ökonomik wurde die zentrale Bedeutung der technischen Entwicklung für den „Wohlstand der Nationen" durchaus erkannt. Bereits Adam Smith demonstrierte (1776) den positiven Zusammenhang zwischen produktivitätssteigernder Arbeitsteilung und Technisierung am Beispiel der Stecknadelproduktion. Er erkannte jedoch auch, dass extreme Arbeitsteilung zu Nachteilen für die betroffenen Arbeiter führen kann, z.B. durch Monotonie der Tätigkeit. Die technischen Artefakte und das mit ihnen verbundene Wissen – im folgenden als „Technologie" bezeichnet – wurden allerdings nicht zum Gegenstand ökonomischer Forschung. Die vorhandenen Technologien wurden als Daten bzw. exogene Größen angesehen, die den ökonomischen Prozess bestimmen, die aber nicht unmittelbar von ökonomischen Größen determiniert werden (Eucken 1952, 377-378). Welche Beziehung zwischen der Entstehung von Technologien und den Bedürfnissen der Nutzer bestehen, wurde daher nicht systematisch untersucht.

1.1   Erklärung von technologischer Entwicklung durch ökonomische Größen

In meinem Beitrag zu dem von Günter Ropohl herausgegebenen Buch (Fleischmann 1981, 123-135) habe ich seinerzeit versucht zu zeigen, dass es inzwischen ökonomische Theorien gibt, in denen die Entwicklung technischen Wissens und die Verbreitung neuer technischer Artefakte auf ökonomische Größen zurückgeführt wird, direkt auf Gewinnchancen und indirekt auf Bedürfnisse der Nachfrager. Bahnbrechend waren Untersuchungen von Jakob Schmookler (1966) und Edwin Mansfield (1968). Schmookler vermutete, dass die Intensität der Erfindertätigkeit, gemessen an der Zahl von Patenten, von den Gewinnchancen und diese von den Wachstumsraten der Nachfrage in den jeweiligen Branchen abhängt. Empirische Untersuchungen bekräftigten die Hypothese. Und Mansfield vermutete, dass die unterschiedliche Diffusionsgeschwindigkeit von neuen Techniken wesentlich durch die damit verbundenen Gewinne bestimmt werden. Ökonometrische Untersuchungen bestätigten, dass die Diffusionsgeschwindigkeit mit der Gewinnhöhe zunimmt und mit der Höhe des in den technischen Artefakten gebundenen Kapitals abnimmt.
Die Untersuchungen von Schmookler und Mansfield sind in der Folgezeit kritisiert worden, jedoch nicht in erster Linie, weil sie technische Prozesse mit ökonomischen Variablen zu erklären trachteten (statt sie als Daten zu behandeln), sondern eher, weil ihre Erklärungen nicht tief genug gingen. So bemängeln Mowery/Rosenberg (1979, 139), dass Schmookler nur Verschiebungen in der Allokation von

Ressourcen für Erfindungen erklärt, aber nicht jene Faktoren, die am Markt für die Umsetzung von Erfindungen in erfolgreiche Innovationen sorgen. Allgemein kann festgestellt werden, dass das Bemühen von Ökonomen, sich mit Wechselwirkungen zwischen technologischem und ökonomischem Wandel zu befassen, in der Zeit nach dem 2. Weltkrieg weiter zugenommen hat. Dieses Bemühen äußert sich vor allem in vielfältigen ökonomischen Evolutionstheorien, die mehr oder weniger stark an das frühe vorbildhafte Werk von Josef Schumpeter über die „Theorie der wirtschaftlichen Entwicklung" ([1]1911, [5]1952) anknüpfen. Ein Überblick über die neuere Entwicklung von Evolutionstheorien in der Ökonomik ist bei Ulrich Witt zu finden (1987, 31-99; 1994, 503-512).

1.2   Nachfrageorientiertes Forschungsprogramm in der Ökonomik der technologischen Entwicklung

Ich habe die Forschungsrichtung, die sich mit dem Zusammenhang von Nachfrageentwicklung und Erfindungstätigkeit bzw. Diffusionsgeschwindigkeit neuer Technologien beschäftigt, in meinem Beitrag von 1981 als „nachfrageorientiertes Forschungsprogramm" bezeichnet und darauf hingewiesen, dass in ihm Anomalien vorkommen, d.h., dass Fälle auftreten, in denen Konflikte zwischen technologischer Entwicklung und Bedürfnissen der Nutzer erkennbar sind. Dabei bin ich auf nicht marktfähige Bedürfnisse (am Beispiel des Bedürfnisses nach Umweltschonung), auf von den Nutzern selbst nicht artikulierte Bedürfnisse (am Beispiel der Inkaufnahme belastender Arbeitsplätze) und auf Suchtbedürfnisse (am Beispiel der Gefährdung durch Zucker und Zigaretten) eingegangen, sowie auf die Frage, wie diese Konflikte gelöst werden können.

In den letzten Jahren hat sich in den nachfrageorientierten Forschungsprogrammen der Ökonomik ein bedeutsamer Ansatz für die Analyse von Technologien mit Netzwerkeffekten entwickelt. Netzwerkeffekte sind Vorteile für die Nutzer von Technologien, die um so größer werden, je mehr andere Nutzer von der betreffenden Technologie Gebrauch machen. Auf vielen Wachstumsmärkten der Gegenwart sind diese Technologien von zentraler Bedeutung.

2   Netzwerkeffekte und Wettbewerb um Standards

Netzwerkeffekte von Technologien sind nicht neu. Seit Bell 1877 die ersten funktionsfähigen Telefonapparate verkaufte (König 1997, Bd. 4, 495), setzte sich die Telefontechnik immer schneller gegen die bereits etablierte Telegrafie durch: Heute ist das Telefonnetz das global größte technische System. Der Anschluss an das Telefonnetz ist für den einzelnen um so vorteilhafter, je mehr andere Teilnehmer er erreichen kann. Gäbe es dagegen kein Netz, in dem weitere Telefonanschlüsse existieren, wäre das einzelne Telefon wertlos. Gegenwärtig werden nun immer mehr Technologien entwickelt und vermarktet, die für die Nutzer um so wertvoller sind, je mehr andere Anwender die betreffende Technik nutzen.

2.1 Zunehmende Bedeutung von Technologien mit Netzwerkeffekten

Das weltumspannende Netz, das zunächst nur der sprachlichen Kommunikation diente, ist gegenwärtig die Grundlage für immer mehr umfassende Dienste. Durch die Umstellung der analogen Übertragungstechnik auf eine digitale und von der elektromechanischen Vermittlungstechnik auf die elektronische sowie durch den Anschluss von Computern an das Netz können neben Sprache auch Texte, Bilder und Daten mit hoher Qualität und Geschwindigkeit übertragen werden. Innerhalb weniger Jahre haben sich dabei mit dem Internet Standards für die Übertragung aller Kommunikationsmedien herausgebildet, mit denen sich viele Arten von Transaktionen durchführen lassen. Über den häuslichen Computer kann man elektronische Briefe dem Empfänger sofort zustellen, Bankgeschäfte erledigen, Einkäufe tätigen, Informationen weltweit beschaffen oder Konferenzgespräche mit Bildübertragung führen. Für alle diese Dienste gilt: Je mehr Haushalte, Unternehmen und sonstige Organisationen an das Netz angeschlossen sind, um so größer ist der Vorteil für jeden Nutzer.

Nicht nur die Computer im weltweiten Telefonnetz revolutionieren die ökonomische Situation der Netznutzer, auch Computer ohne diesen Anschluss weisen Netzwerkeffekte auf, die darin bestehen, dass mit der Zahl der Nutzer der Computer eines bestimmten Typs die Wahrscheinlichkeit steigt, ein breites Angebot an Software vorzufinden, so dass auch Programme dabei sein werden, die den eigenen Bedürfnissen entgegen kommen. Ebenfalls steigt die Wahrscheinlichkeit, im Familien- und Freundeskreis jemanden zu finden, der bei Computerproblemen helfen kann.

Immer mehr Güter weisen einen internen unsichtbaren Computer auf. Automobile haben eine aufwendigere Computersteuerung als die ersten Mondfähren. Gewerbliche und private Häuser haben noch selten, aber wahrscheinlich bald häufiger eine elektronische Vernetzung verschiedener Funktionsbereiche (wie Beleuchtung, Heizung, Sicherheit). Je mehr Nutzer sich für einen Vernetzungsstandard entscheiden, um so größer ist die Zahl der Bereiche, für die es sinnvolle Anwendungen gibt.

2.2 Zwei mögliche Anomalien bei Netzwerkeffekten: Dominanz schwächerer Technologien und Verfehlen der sozial-optimalen Menge

Wie oben erwähnt, gibt es bei Gütern ohne Netzwerkeffekte offenbar Anomalien für ein nachfrageorientiertes Forschungsprogramm. Wenn Arbeitnehmer an belastenden Arbeitsplätzen tätig und bereit sind, sich Beeinträchtigungen der Gesundheit durch Gefährdungszulagen kompensieren zu lassen, kann das als ein Mangel an Voraussicht interpretiert werden. Bei sorgfältiger Überlegung hätten sie selbst oder ihre Interessenvertretung diesen nachteiligen Tausch ablehnen müssen. Man mag allerdings darüber streiten, ob tatsächlich eine Anomalie für ein nachfrageorientiertes Forschungsprogramm vorliegt, wenn Unternehmen bei der Wahl und Entwicklung der Produktionstechnologie die Bedürfnisse ihrer Arbeitnehmer nicht genügend berücksichtigen. Es ließe sich einwenden, dass der Wettbewerb um Arbeitnehmer die Unternehmen veranlassen werde, auf deren Bedürfnisse zu achten. Dennoch enthalten behauptete und bezweifelte Anomalien die Chance, den Gehalt der betreffenden Theorien tiefer zu verstehen und die Theorien zu verbessern.

Kann eine Dominanz schwächerer Technologien mit Netzwerkeffekten auftreten? Bei der Analyse des Wettbewerbs zwischen Technologien mit Netzwerkeffekten gibt es eine heftige Kontroverse über die Möglichkeit, dass sich eine schwächere (inferiore) Technologie auf Kosten einer stärkeren (superioren) Technologie durchsetzt oder behauptet. Wenn zum Beispiel die stärkere Technologie ihre hohe Anziehungskraft erst dann ausspielen kann, wenn ein großer Anteil der potentiellen Nutzer sich für sie entschieden hat, kann sich die schwächere Technik durchsetzen, wenn sie bereits bei einer geringen Zahl von Teilnehmern einen höheren Nutzen aufweist und daher zunächst gewählt wird. An einem Zahlenbeispiel und an Fallbeispielen soll das unten näher erläutert werden.

Kann sich eine sozial suboptimale Nachfragemenge bei Technologien mit Netzexternalität ergeben? Die zweite Anomalie ergibt sich daraus, dass sich bei Technologien mit Netzwerkeffekten nicht nur für den einzelnen neuen Nutzer ein Vorteil ergibt, sondern auch für alle bisherigen Nutzer. In der Beitrittsentscheidung des einzelnen berücksichtigt dieser jedoch in der Regel nur seinen eigenen Nutzen, nicht den Nutzen, der für die bereits im Netzwerk befindlichen Individuen durch seinen Beitritt entsteht. Dieser sog. externe Effekt kann dazu führen, dass von der betreffenden Technologie eine geringere Menge als die sozial optimale nachgefragt wird.

3   Arten von Netzwerkeffekten

Netzwerkeffekte bei einer Technologie liegen nach überwiegender Auffassung in der ökonomischen Literatur dann vor, wenn ein positiver Zusammenhang zwischen der Zahl der Nutzer und der Wertschätzung der Dienste der Technologie oder des betreffenden Gutes bei den einzelnen Nutzern besteht. Die Bezeichnung „Netzwerkeffekt" ist inzwischen gebräuchlich (Thum 1995, 5), aber auch die Bezeichnung „Netzexternalität" (Blankart/Knieps 1992, 78) oder „Netzwerkexternalität" (Katz/Shapiro 1986, 823; auch bei Thum 1995, 5). Die folgende Unterscheidung in „direkte" und „indirekte" Netzwerkeffekte wurde bereits von M.L. Katz und C. Shapiro (1985, 424) eingeführt.

3.1   Direkte Netzwerkeffekte in physischen und virtuellen Netzen

Direkte Netzwerkeffekte ergeben sich daraus, dass die durch ein physisches Netz miteinander verbundenen Individuen einen um so höheren Nutzen erfahren, je mehr Personen an das Netz angeschlossen sind. Das Beispiel des Telefonnetzes wurde bereits erwähnt und die auf der physischen Basis aufbauenden Kommunikationsnetze von Fernschreibern, Faxgeräten und Computern. Die Zahl der Kommunikationswege k steigt nach „Metcalfe's Law" (Shapiro/Varian 1999, 184) überproportional zur Zahl der Nutzer: $k = n * (n-1) = n^2 - n$, für große n also näherungsweise gleich n^2. Wenn der Wert einer Kommunikationsverbindung im Netz für jeden Nutzer mit 1 DM angenommen wird, beträgt der Gesamtwert des Netzes bei 10 Nutzern etwa 100 DM, bei 100 Nutzern aber bereits rund 10.000 DM.

Direkte Kommunikation zwischen den Nutzern einer Technologie ist jedoch auch ohne physisches Netz möglich. Eine Kommunikation von Computernutzer zu Computernutzer kann zwar über das Telefonnetz erfolgen (z.B. mit elektronischer Post), aber bei größeren Datenmengen ist vorläufig der Austausch über Datenträger (Disketten, CD u.ä.) günstiger, vorausgesetzt, dass die Computerhardware und -software kompatibel sind, also z.B. den „Wintel"-Standard aufweisen (Windows-Software von Microsoft und Prozessoren von Intel). Bei der Anschaffung eines Computers wird daher der Käufer das virtuelle Netz (Ropohl 1998) bevorzugen, bei dem er mit möglichst vielen potentiellen Kommunikationspartnern Daten austauschen kann.

3.2 Indirekte Netzwerkeffekte : Komplementäre Produkte, Lernen und Sicherheit

Als indirekt lassen sich alle Netzwerkeffekte von Technologien bezeichnen, in denen Vorteile für die Netzwerknutzer nicht dadurch entstehen, dass sie miteinander kommunizieren können, sondern dadurch, dass sich mit der Zahl der Nutzer der jeweiligen Technologie größere Vorteile erwarten lassen (vgl. auch Thum 1995, 8-12).

Für das Funktionieren der Produkte mancher Technologien sind *komplementäre Produkte* erforderlich oder vorteilhaft, beim Computer z.B. Peripheriehardware – wie Drucker und Scanner – und Software – wie Textverarbeitungs- und Tabellenkalkulationsprogramme –, beim Videorekorder z.B. bespielte und unbespielte Videokassetten. Je größer die Zahl der Nutzer einer Technologie ist, um so größer ist die erwartete Vielseitigkeit der dazu angebotenen komplementären Produkte, denn für die Anbieter dieser Produkte ist der Anreiz, ergänzende Produkte zu entwickeln, um so größer, je größer der Markt ist. Um eine größere Auswahl an komplementären Produkten zu haben, ist es daher für die Käufer vorteilhaft, sich für eine Technologie zu entscheiden, die bereits einen hohen Marktanteil hat.

Positive Rückkopplungen durch *Lernen* im Produktionsprozess der Unternehmen sind seit langem bekannt. Besonders eindrucksvoll ist bereits vor dem Zweiten Weltkrieg der Produktivitätsfortschritt bei der Montage von Flugzeugen eines bestimmten Typs nachgewiesen worden, der darauf zurückzuführen ist, dass die beteiligten Arbeitskräfte beim Montieren gelernt haben. Andere Ursachen konnten weitgehend ausgeschlossen werden, weil die anderen Bedingungen der Produktion konstant blieben. Aber *Lernprozesse* ereignen sich auch bei den *Konsumenten neuer Technologien*. Welche Nutzung bei einer hinreichend komplexen Technik die wichtigste wird, stellt sich oft erst im Laufe der Anwendungen heraus. So wurde der Videorekorder von Sony vor allem für Videofilm-Amateure entwickelt, aber es stellte sich bald heraus, dass den Konsumenten die Möglichkeit zu zeitlich versetztem Fernsehen wichtiger war und bald noch wichtiger die Wiedergabe von Spielfilmen, die man in den sich schnell vermehrenden Videotheken entleihen konnte.

Zusätzliche Nutzungsmöglichkeiten einer neuen Technologie zu lernen ist nur einer der Vorteile, die einem Konsumenten durch andere Konsumenten vermittelt werden. Ein weiterer Vorteil besteht darin, dass bei komplexen Technologien neue Nutzer Lernhilfen von bereits erfahrenen Nutzern erhalten können. Je mehr Käufer z.B. einen bestimmten Computer erworben haben, um so größer ist die Chance, einen Experten zu finden, der einem helfen kann, immer wiederkehrende Fehler zu vermeiden.

Bei Gütern, die über viele Jahre hinweg zu nutzen und relativ teuer sind, ist es für die Käufer von erheblicher Bedeutung, ob bei Ersatzteil- und Reparaturbedarf nach einigen Jahren auch eine entsprechende *Dienstleistungssicherheit* angeboten wird. Je mehr Konsumenten sich für eine bestimmte Technologie entschieden haben, desto eher werden potentielle Käufer erwarten, dass die Nachfrage der Nutzer nach Serviceleistungen groß genug ist, um eine entsprechende Versorgung zu gewährleisten.

Die aufgeführten indirekten Netzwerkeffekte sind nicht erschöpfend, denn neue Technologien können *neue indirekte Netzwerkeffekte* hervorrufen. Wenn gegenwärtig die Kenntnis der Verbreitung einer bestimmten Computertechnologie für Konsumenten wichtig ist, dann deshalb, weil bei den Geräten viele Fehlbedienungen möglich sind, deren Ursache der Benutzer nicht durchschaut. Er weiß, dass er oft Hilfe von erfahrenen Benutzern braucht, und je mehr Kontakte er zu solchen Experten hat, um so besser. Wenn jedoch einfache Computer entwickelt werden, die sich auf wenige Funktionen beschränken, können Kontakte zu Computernutzern mit Expertenwissen eher hinderlich sein, denn Experten bevorzugen in der Regel neue Geräte, die mehr Funktionen erfüllen können als die bisherigen (vgl. Norman 1998, 31-36). Dann würde die Kompetenz zur Nutzung von IBM-kompatiblen oder Apple Computern in den Hintergrund treten gegenüber der Beherrschung jener einfachen elektronischen Informationsgeräte (z.B. elektronische Kalender- und Adressengeräte, sog. Organizer). Testberichte in Computerzeitschriften helfen bei solchen Vergleichen meistens wenig, weil sie von Experten organisiert werden, welche die Fülle der Funktionen höher schätzen als die Einfachheit der Bedienung; so wäre es, nebenbei bemerkt, wohl die Aufgabe von Verbraucherzeitschriften, durch entsprechende Testberichte die einfachen, "unsichtbaren" Computer gebührend zu würdigen.

4 Die Stärke von Netzwerkeffekten und die kritische Masse

4.1 Zur Unterscheidung von Basisnutzen und Netzwerkeffekten

Bei vielen Gütern ist für den Konsumenten der Nutzen entscheidend, den die Güter an sich haben, unabhängig davon, wie viele andere Konsumenten das Gut gebrauchen. Dieser Nutzen wird – zur Unterscheidung von Nutzen aus Netzwerkeffekten – auch „Basisnutzen" genannt. Beim Kauf eines billigen Rasierapparates für die Nassrasur ist es unerheblich, wie viele ihn sonst noch nutzen, denn aus negativen Erfahrungen kann man ohne größere Kosten lernen und sich einen anderen Rasierapparat anschaffen. Das andere Extrem bildet der Telefonapparat, der keinen Basisnutzen hat, denn ohne Netzanschluss und ohne Kommunikationspartner ist er wertlos. Außerdem sind der Preis des Telefonapparats und die Kosten der laufenden Nutzung viel höher als beim Rasierapparat. Es ist daher nicht erstaunlich, dass sich der Rasierapparat schnell in allen Haushalten verbreitete, während es beim Telefon – anders als in Wirtschaftsbetrieben – mehrerer Generationen bedurft hat, bis es alle Haushalte erreicht hatte.

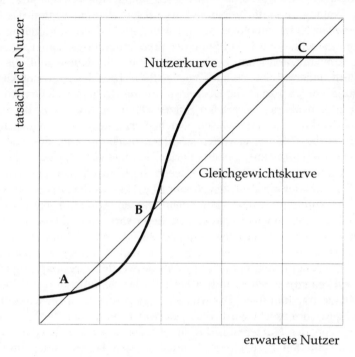

Bild 1   *Kritische Masse bei Netzwerkeffekten*

4.2   Kritische Masse bei Netzwerkeffekten

Eine neue Technologie, bei der das Gewicht von Netzwerkeffekten im Verhältnis zum Basisnutzen groß ist, kommt unter Umständen über ein Nischendasein nicht hinaus, weil erst bei einer hohen Zahl von vorhandenen Nutzern weitere Nutzer veranlasst werden können, ihre Skepsis gegenüber der neuen Technologie zu überwinden. An Hand von Bild 1 soll das erläutert werden (vgl. Ehrhardt 2001).

Dem dargestellten Zusammenhang liegt die Hypothese zugrunde, dass zwischen der Zahl der von den Konsumenten erwarteten Nutzer und der Zahl der tatsächlich die Technologie kaufenden Nutzer ein positiver Zusammenhang besteht. Als Beispiel möge die Kaufentscheidung für Mobilfunkgeräte dienen. Zu Anfang kaufen nur solche Konsumenten, für die es ausreichend ist, dass die eigenen Familienmitglieder jederzeit erreichbar sind. Diese Einschätzung lässt sich als Basisnutzen interpretieren. Ein potentieller Käufer, für den der Basisnutzen geringer als der Nachteil des Kaufpreises ist, der aber entdeckt, dass schon mehr Bekannte erreichbar sind, als er erwartet hatte, mag sich schon durch diesen Netzwerkeffekt zum Kauf entscheiden. Aber die Zahl der tatsächlichen Nutzer wird zunächst nur langsam zunehmen.

Erst wenn potentielle Nutzer zu ihrer Überraschung feststellen, dass sehr viele ihrer Kontaktpersonen über Mobilfunk erreichbar sind, wird die Zahl der Käufer schnell zunehmen. Die Kurve der Nutzer hat daher eine *steigende* und *S-förmige* Gestalt. Zu Anfang verläuft die Nutzerkurve flach, weil am Beginn der Verbreitung einer neuen Netztechnologie nur mit wenigen Nutzern und geringen Netzwerkeffekten gerechnet wird. Am Ende der Erschließung des Käuferpotentials erwarten die Konsumenten kaum noch eine Zunahme der Nutzerzahl, die Nutzerkurve verläuft daher schließlich auch wieder flach. Die Gleichgewichtskurve (mit einer Steigung von 45°) zeigt die Übereinstimmung der tatsächlichen Anzahl der Nutzer mit der Anzahl der erwarteten Nutzer. Die Schnittpunkte A, B und C zwischen der Nutzerkurve und der Gleichgewichtskurve stellen Gleichgewichtspunkte dar: Dort ist die Zahl der erwarteten Nutzer gleich der Zahl der tatsächlichen Nutzer. Wenn die Nutzerkurve oberhalb der Gleichgewichtskurve verläuft (links von Punkt A und zwischen B und C), erleben die Konsumenten positive Überraschungen: Die Zahl der tatsächlichen Nutzer ist größer als die Zahl der erwarteten. Es besteht ein Anreiz für weitere potentielle Nutzer, Anschlussgeräte zu kaufen. Erst in A und C stimmen wieder die Zahlen der erwarteten und tatsächlichen Nutzer überein; es besteht ein Gleichgewicht. Verläuft die Nutzerkurve unterhalb der Gleichgewichtskurve (zwischen A und B, sowie rechts von C), werden in diesen Bereichen die Konsumenten enttäuscht. Manche werden ihre ursprüngliche Entscheidung rückgängig machen, indem sie z.B. das gebrauchte Gerät verkaufen oder den Mietvertrag kündigen. Das wird so lange geschehen, bis wieder in A oder C ein Gleichgewicht erreicht wird. Weil jede Abweichung der Zahl der tatsächlichen Nutzer von der Nutzerzahl, die in A oder C auftritt, wieder zu diesen Gleichgewichtspunkten zurückführt, handelt es sich bei A und C um stabile Gleichgewichte.

Sollte zufällig der Punkt B erreicht werden – weil etwa in der Presse über eine Welle der Kaufbereitschaft berichtet wird –, so handelt es sich nur um ein instabiles Gleichgewicht. Sinkt nämlich die Zahl der tatsächlichen Nutzer etwas unter B – weil etwa die Nutzer der Pressenotiz nicht mehr vertrauen –, entsteht ein negativer Zirkel, da die Zahl der tatsächlichen Nutzer geringer ist als die der erwarteten Nutzer; dieser Zirkel ist so lange wirksam, bis in Punkt A wieder ein stabiles Gleichgewicht erreicht wird. Steigt die Zahl der erwarteten Nutzer ein wenig über B hinaus, entsteht ein positiver Zirkel, da die Zahl der tatsächlichen Nutzer größer ist als die Zahl der erwarteten Nutzer, so lange, bis C erreicht ist. Das instabile Gleichgewicht in B wird auch als „kritische Masse" bezeichnet: Nur wenn die Technologieanbieter eine höhere Zahl von Nutzern als in B haben, fallen sie nicht in die Nische in A zurück.

Gewiss ist es denkbar, dass Unternehmen den Basisnutzen der Technologie, z.B. durch Forschung und Entwicklung, gezielt erhöhen, auf diese Weise die Anzahl der tatsächlichen Nutzer nach oben verlagern, die Überlegungen der Konsumenten zur Zahl der erwarteten Nutzer, z.B. durch Werbung oder Preissenkungen, beeinflussen und dadurch die Nutzerkurve steiler werden lassen. Sonst aber ist die Vermutung begründet, dass lediglich historische Zufälle – wie etwa die erwähnte Zeitungsmeldung – darüber entscheiden, ob das Nischengleichgewicht A oder das auf hohem Niveau liegende Gleichgewicht C erreicht wird. Aber Unternehmen, die neue Technologien anbieten, befinden sich nicht in vollständiger Konkurrenz, in der sie eine gegebene Technologie und gegebene Preise hinnehmen müssen. Unter diesem Blickwinkel geben Liebowitz und Margolis (1999, 60-64) zu bedenken, dass Unternehmen nicht darauf warten müssen, bis historische Zufälle für die Überwindung der kritischen Masse sorgen, sondern dass ihnen eine Vielzahl von Strategien zur Verfügung steht, mit denen sie die Gefahr einer Nischenposition vermeiden können.

5. Netzwerkeffekte und Kompatibilitätsstandards

5.1 Die Bedeutung von Standards bei Netzwerkeffekten

Wenn zwei Technologien auf einem Markt konkurrieren, wird es bei Vorliegen von Netzwerkeffekten für beide Technologien noch schwieriger, die kritische Masse zu übertreffen als für eine einzelne Technologie, wie das im vorigen Abschnitt behandelt wurde. Das gilt insbesondere dann, wenn sich die Technologien und die Bedürfnisse der potentiellen Nutzer nur wenig unterscheiden. Handelt es sich z.B. um zwei sehr ähnliche Telefontechnologien, die gleichzeitig angeboten werden, und ist es den potentiellen Nutzern einerlei, durch welches Telefonsystem sie mit ihren Kommunikationspartnern sprechen, so kann für beide Anbieter die Situation eintreten, dass die Zahl der frühen Nutzer zu gering ist, um über das Nischengleichgewicht hinaus zu gelangen. Und wenn beide Anbieter keine schnelle Möglichkeit erkennen, durch eine Innovation bei ihrem System eine starke Erhöhung des Basisnutzens zu erzielen, um dadurch eine ausreichende Zahl früher Nutzer zu gewinnen, werden sie ein hohes Interesse daran haben, sich mit dem Konkurrenten auf einen gemeinsamen Standard zu einigen, so dass jeder Telefonkunde des einen Netzes mit jedem Kunden des anderen Netzes sprechen kann. Der gemeinsame Standard muss keineswegs so weit gehen, dass alle Einzelheiten der beiden Technologien gleich sind. Es genügt, dass die beiden Technologien kompatibel hinsichtlich der Übertragung von Gesprächen von einem Netz zum andern sind. Man kann das natürlich auch so beschreiben, dass durch den gemeinsamen Standard eine Art von Supernetz geschaffen worden ist, in das die konkurrierenden Anbieter ihre Teilnetze sozusagen integriert haben. Für die Teilnahmeentscheidung des einzelnen Nutzers spielt es dann keine besondere Rolle, ob er sich der einen oder der anderen Technologie anschließt; denn die Nutzer der anderen Technologie sind in einer solchen Situation für ihn genau so wertvoll wie die Nutzer des eigenen Telefonsystems, eben weil alle von den Vorteilen des Verbundnetzes profitieren können.

5.2   Ursachen für das Streben zur Schaffung von Standards

Die Frage ist jetzt, unter welchen Bedingungen das Bestreben, Standards zur Herstellung von Kompatibilität zwischen verschiedenen Technologien zu entwickeln, besonders ausgeprägt ist (vgl. auch Thum 1995, 13-16).

Die wichtigste Ursache für das Streben nach Standards ist die *Stärke der Netzwerkeffekte im Verhältnis zum Basisnutzen*. Wie aus dem vorigen Abschnitt bereits hervorgeht, ist das Streben nach Kompatibilität zwischen verschiedenen Technologien um so größer, je stärker bei ihnen die Netzwerkeffekte sind. Besonders in physischen Kommunikationsnetzen sind starke Netzwerkeffekte zu erwarten. Trotz der tiefgreifenden Innovationen in der Telefontechnik – beispielsweise in der Mobilfunktelefonie, in der im Jahr 2000 in Deutschland Sendelizenzen für den neuen UMTS-Standard in Höhe von fast 100 Mrd. DM ersteigert wurden – ist es selbstverständlich, dass alle Telefonanschlüsse der bisherigen Technik weiterhin erreichbar bleiben: Kaum jemand würde ein neues Mobilfunkgerät kaufen, mit dem er zwar überall und jederzeit das Internet nutzen, mit dem er aber viele seiner bisherigen Kommunikationspartner nicht mehr erreichen kann.

Wie bereits erläutert, sind bei vielen neuen Technologien *komplementäre Produkte unerlässlich*, für Computer z.B. Anwendungsprogramme, durch die indirekte Netzwerkeffekte entstehen. Komplementäre Produkte müssen zu der Haupttechnologie – dem betreffenden Computer etwa – kompatibel sein, sie müssen den gleichen Standard aufweisen. Diese Kombinierbarkeit mit den in einer Periode vorhandenen komplementären Produkten wird auch *horizontale Kompatibilität* genannt. Wenn eine vorhandene Technologie durch eine neue ersetzt werden soll, ist es für den Nutzer wichtig, dass er seine angeschafften komplementären Produkte weiterhin verwenden kann, vor allem auch die *selbst erstellten komplementären Produkte*, etwa in Form von eigenen Textdateien oder bespielten Videokassetten. Diese Verwendbarkeit alter komplementärer Produkte in einer neuen Technologie wird als *vertikale* oder *Rückwärtskompatibilität* bezeichnet. Die Forderung nach Rückwärtskompatibilität zu komplementären Produkten begrenzt allerdings die Innovationshöhe neuer Technologien.

Zu den Ursachen von Netzwerkeffekten wurde bereits ausgeführt, dass bei dauerhaften Gütern Technologien mit hohem Marktanteil bevorzugt werden, weil sie eher erwarten lassen, dass ein künftiger Reparaturservice geboten wird. Sofern bestimmte dauerhafte Güter auch sehr teuer sind, stärkt das den Wunsch nach einem einheitlichen Standard. *Hohe Kosten der Anschaffung* sind eine Ursache für das Streben nach Kompatibilität; sind nämlich die dauerhaften Güter billig, lassen sich nicht kompatible Produkte nebeneinander verwenden. Wenn z.B. ein Betamax-Videorekorder und ein VHS-Videorekorder in der Zeit, in der beide Technologien angeboten wurden, jeweils nur 100 DM gekostet hätten, wäre die Auswahl zwischen den verschiedenen Standards unwichtig gewesen, weil man sie beide hätte kaufen und unterschiedliche bespielte Videokassetten für beide Rekorder hätte entleihen können. Aber weil sie zunächst mehr als den zehnfachen Preis hatten, wurde der Wettbewerb um einen einheitlichen Standard für den Massenmarkt fast unvermeidlich.

Wenn zwei nebeneinander bestehende Technologien mit starken Netzwerkeffekten nicht miteinander kompatibel sind, ist es – wie oben gezeigt – für die Nutzer vorteilhaft, wenn beide Technologien einen gemeinsamen Standard aufweisen. Weisen z.B. zwei Orte, an denen sich viele Nutzer abwechselnd aufhalten, Elektrizitätsnetze mit unterschiedlicher Wechselstromspannung auf, würden die Nutzer es begrüßen, wenn eine einheitliche Netzspannung eingeführt würde, weil sie sonst mobile Elektrogeräte für jedes Netz getrennt erwerben müssten. Ist jedoch ein *preiswerter Konverter* vorhanden, der die Verwendung desselben Gerätes an den verschiedenen Netzen erlaubt, ist die Unterschiedlichkeit der Netztechnologien unerheblich. In vielen Elektrogeräten ist ein preiswerter Konverter für die Anpassung an 110 und 220 Volt bereits eingebaut. Aber bei komplexen Technologien, wie z.B. bei Textverarbeitungsprogrammen, genügen manchmal selbst eingebaute Konverter nicht, obwohl sie kostenlose Zusätze zu den jeweiligen Programmen sind. Es lassen sich zwar die Texte von einem Programm zum anderen Programm übertragen, aber nicht alle Formatierungen, so dass eine teure, weil zeitaufwendige Neuformatierung des übertragenen Textes erforderlich wird. Das ist eine der Ursachen dafür, dass das Textverarbeitungsprogramm von Microsoft der führende Standard geworden ist.

6 Wettbewerb um den Standard bei Netzwerkeffekten

In den vorangegangenen Abschnitten wurde die Frage behandelt, warum Technologien mit Netzwerkeffekten eine zunehmende Bedeutung erlangt haben (2), welche Arten von Netzwerkeffekten es gibt (3), von welchen Ursachen die Stärke der Netzwerkeffekte abhängt (4) und unter welchen Bedingungen sich eine Tendenz zu einem einheitlichen Standard auf einem Markt mit unterschiedlichen Technologien ergibt (5). Im folgenden Abschnitt geht es um die Klärung der bereits in Abschnitt 2 gestellten Frage, warum bei der Entwicklung von Technologien mit Netzwerkeffekten zwei Anomalien auftreten können, nämlich die Blockierung (lock-in) einer stärkeren durch eine schwächere Technologie und ein zu geringes oder zu großes Maß an Standardisierung, und ob zwei näher untersuchte empirische Fälle die Realität der möglichen Anomalien bestätigen oder nicht.

6.1 Blockierung einer stärkeren Technologie durch eine schwächere

Die wahrscheinlich am meisten beachteten Modelle zur Erklärung der Möglichkeit der Blockierung (lock-in) einer stärkeren (superioren) durch eine schwächere (inferiore) Technologie stammen von Arthur (1989) und sind auf der Grundlage des sog. verallgemeinerten Polya-Urnen-Modells von Arthur, Ermoliev und Kaniowsky entstanden. An einem einfachen Beispiel, in dem die Nutzer konkurrierende Techniken im Prinzip gleich bewerten, zeigt Arthur, wie es zu einer Blockierung kommen kann, wenn die Nutzer gleichmäßig nacheinander von Periode zu Periode in den Markt treten, wenn sie sich jeweils für die Technologie entscheiden, deren Gesamtnutzen (Basisnutzen und Netzwerknutzen) in der augenblicklichen Wahlsituation am höchsten ist und wenn sie danach an der gewählten Technologie festhalten, so dass immer nur die noch hinzutretenden Nutzer vor der Wahl zwischen den Technologien A und B stehen. Die folgende Übersicht 2 ist, in der Zahlenreihe etwas gekürzt, dem Artikel von Arthur entnommen (vgl. Heimer 1993, 151f).

Zahl der Nutzer	0	10	20	30	40	...	100
Nutzen Technologie A	10	11	12	13	14	...	20
Nutzen Technologie B	4	7	10	13	16	...	34

Tabelle 1   Nutzenerwartungen bei rivalisierenden Techniken (Arthur 1989, 119)

Arthur gibt kein anschauliches Bespiel für die rivalisierenden Technologien. Da die folgende Tabelle darum häufig missverstanden worden ist, sollen folgende Annahmen über die Technologien gemacht werden. Es handele sich um die Telefontechnologien A und B, die sich dadurch unterscheiden, dass A einen langsameren Verbindungsaufbau hat als B, dafür aber preiswerter ist. Beide Technologien lassen sich ohne Verbindung mit der Zentrale zur internen Kommunikation zwischen den Zimmern in einem Haus verwenden. Auch hier sei A billiger als B. Die Kommunikation im Haus kann als Basisnutzen interpretiert werden. Der Basisnutzen ist bei A größer, weil A billiger ist. Der Netzwerknutzen, also der Nutzen der Kommunikation mit anderen Telefonanschlüssen außerhalb des Hauses, wächst wegen des langsameren Verbindungsaufbaus bei A in geringerem Maße als bei B, denn mit dem Netz von Technologie B kann man pro Zeiteinheit mehr Anschlüsse erreichen, was um so vorteilhafter ist, je mehr Anschlüsse vorhanden sind. Darum wächst der Nutzen bei B mit der Zahl der Anschlüsse schneller als bei A. Es bestehe keine Möglichkeit, von Netz A einen Teilnehmer von Netz B zu erreichen und umgekehrt, denn die Technologien sind inkompatibel. In jeder Woche entschließe sich ein weiterer Hauseigentümer, eine Telefonanlage zu erwerben, entweder bei Netz A oder B.

Der erste Nutzer der neuen Technologie A entscheidet sich auf Grund des höheren Basisnutzens (10 gegenüber 4) für A. Er kann zwar nicht mit Bewohnern anderer Häuser telefonieren, aber immerhin zwischen den Räumen in seinem Haus. Die folgenden Nutzer haben neben dem Basisnutzen – das Telefonieren im Haus – auch einen zusätzlichen Netzwerknutzen – das Telefonieren im Telefonnetz zwischen Häusern –, so dass beim zehnten Nutzer von A der Gesamtnutzen für diesen Nutzer auf 11 gestiegen ist (Basisnutzen von 10 und Netzwerknutzen von 1). Für das Netz B entscheidet sich der 10. Nutzer nicht, weil sich wegen des geringeren Basisnutzens noch niemand angeschlossen hat und dessen Nutzen darum nach wie vor 4 beträgt (vgl. das hervorgehobene Feld bei Technologie B). Aber selbst wenn sich bereits 9 Hauseigentümer für B entschieden hätten, wäre der Gesamtnutzen nur 7 (Basisnutzen 4 und Netzwerknutzen 3), für den 10. Nutzer also geringer als bei Netz A in Höhe von 11. Das Gleiche wiederholt sich beim 20. Nutzer. Der Gesamtnutzen für diesen ist bei A wiederum gestiegen (12 Einheiten), während bei B, da sich noch kein einziger Nutzer dafür entschieden hat, weiterhin lediglich der Basisnutzen 4 vorliegt; darum also wird weiterhin A gewählt. Beim 40. Nutzer würde wegen der schnelleren Zunahme des Netzwerkeffekts zwar B einen größeren Gesamtnutzen als A geben, aber da bisher B nicht gewählt wurde, ist der Nutzenvergleich von A zu B nicht 14 zu 16, sondern von 14 zu 4. Am Beispiel der Telefonnetze: Der 40. Hauseigentümer steht vor der Wahl zwischen beiden inkompatiblen Telefonnetzen. 39 Häuser sind über Netz A bereits erreichbar, aber noch kein anderes Haus über Netz B. Er wird sich also für A entscheiden, denn die Überlegung, dass er bei Netz B einen höheren Gesamtnutzen hätte, wenn sich bereits 39 Wohnungseigentümer für B entschieden hätten, ist für ihn rein fiktiv.

Wenn weder die Anbieter von Technologie B Anstrengungen unternehmen, den überlegenen Netzwerknutzen ihrer Technologie von vorn herein in Anreize für die ersten Nutzer umzusetzen – z.B. durch Preiszugeständnisse, die später durch höhere Preise und Gewinne wieder wett gemacht werden –, noch die späten Nutzer in Voraussicht auf die künftig höheren Netzwerkeffekte bei B sich auf eine Kompensation der frühen Nutzer verständigen – z.B. durch eine Geldzahlung –, so dass sie B statt A wählen, ist eine Blockierung (lock-in) durch die schwächere Technologie (also A) im vorliegenden Beispiel unvermeidlich. So wird an diesem einfachen Modell deutlich, dass eine schwächere Technologie mit hohem Basisnutzen, aber geringem Netzwerknutzen sich gegen eine stärkere Technologie mit geringerem Basisnutzen, aber höherem Netzwerknutzen durchsetzen kann. Im folgenden soll der praktische Fall eines Wettbewerbs zwischen zwei Technologien betrachtet werden, in dem die anscheinend schwächere Technologie zum Standard wird, bei denen jedoch, im Unterschied zum Modell von Arthur, beide Technologien zusätzlich gefördert werden, da die Unternehmen, welche die Technologien entwickelt haben, sich bemühen, die eigene Technologie als den dominierenden Standard auf dem Markt zu etablieren.

6.2 Ein praktisches Beispiel: Wettbewerb zwischen Video-Speichersystemen

Nachdem es vielen Firmen lange Zeit misslungen war, sich mit Videorekordern für Konsumenten auf dem Markt durchzusetzen, vereinbarten die japanischen Firmen Sony und JVC nach einem anfänglichen Fehlschlag eine Fortsetzung ihrer bisherigen Kooperation zur Herstellung eines Erfolg versprechenden Gerätes. Sony brachte seinen „Betamax Recorder" 1975 zu erst auf den Markt in der Hoffnung, Betamax zum Standard zu machen, der die vielen inkompatiblen Geräte ablöst. Zuvor hatte Sony den Partnern technische Informationen über Betamax mitgeteilt und die Lizenzierung angeboten. JVC arbeitete aber an einem eigenen Gerät, genannt „Video Home System" (VHS). Ein Jahr nach dem Verkaufsbeginn von Betamax verglichen die Partner die beiden Gerätetypen. Die Ingenieure von Sony stellten verärgert fest, dass JVC entscheidende technische Neuerungen von Sony übernommen und nur das Gerät kleiner gehalten hatte, aber dafür die Videokassette größer: Die Videokassette für Betamax erlaubte eine Spieldauer von einer Stunde, die für VHS von zwei Stunden; das sollte sich später als wichtig herausstellen. Der Plan eines gemeinsamen Standards wurde begraben (vgl. Liebowitz/Margolis 1999, 120-127; Cusumano et al. 1992, 51-94).

Ende 1976 brachte JVC den „VHS-Recorder" auf den Markt, so dass es nunmehr eine Konkurrenz zwischen zwei sehr ähnlichen, aber inkompatiblen Geräten gab. Gerade wegen der hohen Qualität und der Ähnlichkeit der beiden Aufnahmegeräte entbrannte ein intensiver Wettbewerb zwischen Sony und JVC; allerdings waren Fachleute der Ansicht, dass die Qualität des Gerätes von Sony höher war, vor allem hinsichtlich der Bildqualität und der Möglichkeit der Bandbearbeitung (vgl. Rosenbloom/Cusumano 1987). Während Sony sich mit Lizenzen eher zurück hielt oder relativ hohe Gebühren verlangte, war JVC bemüht, durch eine offene Lizenzierung und geringe Gebühren schnell eine hohe Produktionskapazität aufzubauen und durch starke Rationalisierung der Massenproduktion den Marktanteil auszudehnen, so dass bereits 1978 mehr Geräte mit dem VHS-Standard als mit dem Betamax-Standard hergestellt wurden.

Wesentlich unterstützt wurde dieser Expansionsprozess durch den Umstand, dass unerwartet Videotheken aufkamen, bei denen man Spielfilme auf Videokassetten preiswert ausleihen konnte. Weil auf die VHS-Kassetten, im Gegensatz zu den zunächst kleineren Betamax-Kassetten, ein ganzer Spielfilm kopiert werden konnte, kam diese Entwicklung wieder VHS zugute. Der Marktanteil von Betamax schrumpfte immer mehr, bis Sony ab 1988 für den Massenmarkt auch nur noch VHS-Geräte herstellte (Cusumano et al. 1992) und Betamax nur noch für den professionellen Gebrauch anbot.

Anders als in dem einfachen Modell von Arthur setzt sich in diesem realen Fall nicht das Betamax-System durch, für das sich die ersten Nutzer entschieden hatten, sondern das VHS-System, das erst Nutzer gewinnen musste. Gründe für diese Entwicklung scheinen darin zu liegen, dass die Markteinführung des VHS-Systems mit grösserem Nachdruck betrieben wurde, dass die zunächst längere Spieldauer der Kassetten einen Vorteil bot und dass dadurch der unvorhersehbare Verleih und Verkauf von Spielfilmkassetten möglich wurde. So konnte sich eine Technik durchsetzen, obwohl sie in den Augen der Fachleute als die schwächere Lösung galt (vgl. David/Greenstein 1990, 8). Das wird, auch wenn Liebowitz und Margolis (1999, 120-127) dieser Deutung mit interessanten Argumenten widersprechen, in der ökonomischen Literatur über Netzwerkeffekte überwiegend so gesehen.

6.3   Wettbewerb zwischen etablierter und neuer Technologie

In dem im folgenden angeführten spieltheoretischen Modell von Farrell und Saloner (1986) wird die Situation behandelt, in der eine neue Netzwerktechnologie einer seit längerem etablierten Netzwerktechnologie den Markt streitig macht, entweder dadurch, dass sich zunächst neu auf dem Markt hinzukommende Nutzer der neuen Technologie zuwenden können oder dass nur die alten Nutzer zur neuen Technologie wechseln können. Es soll der Fall aufgegriffen werden, in dem neu hinzukommende Nutzer zwischen einer eingeführten und einer neuen Technik wählen können. Dann erhebt sich die Frage, ob es zu einer übermäßigen Trägheit (excess inertia) in der Beibehaltung der alten Technologie kommt oder zu einer übermäßigen Beschleunigung (excess momentum) im Wechsel zur neuen Technologie. Mit „betonter Trägheit" und „Beschleunigung" ist eine Entwicklung gemeint, die dann eintritt, wenn die wohlfahrtstheoretisch optimale Lösung – eine Situation, in der kein Beteiligter besser gestellt werden kann, ohne dass ein anderer schlechter gestellt wird –, verfehlt wird.

Voraussetzung für eine übermäßige Trägheit ist, dass die neuen Nutzer die Kosten der Inkompatibilität scheuen, die sie bei der neuen Technologie zunächst wegen der noch geringen Netzwerkeffekte tragen müssten, obwohl die neue Technologie langfristig, d.h. bei genügend großem Netzwerk, der alten Technologie im Gesamtnutzen überlegen wäre. Da also die kurzfristigen privaten Vorteile geringer wären als die langfristigen sozialen, ergibt sich, wenn die neu hinzukommenden Nutzer die alte Technologie wählen, eine Situation, in der langfristig die wohlfahrtsoptimale Lösung verfehlt wird. Farrel und Saloner (ebd., 947) zeigen, dass übermäßige Trägheit in ihrem Modell immer dann vorkommen kann, wenn für den nächsten neu hinzutretenden Nutzer der Gesamtnutzen (Basisnutzen und Netzwerknutzen) aus der alten Technologie den Basisnutzen aus der neuen Technologie übertrifft: Kein potentieller Nutzer macht den ersten Schritt, auch wenn der Übergang zur neuen Technologie langfristig für jeden vorteilhaft wäre. Farrell und Saloner nennen das den „Pinguin Effekt" (ebd., 943).

6.4 Das Beispiel der QWERTY-Tastatur und die Niederlage der überlegenen Dvorak-Tastatur

Das berühmteste Beispiel für die Blockierung (lock-in) einer stärkeren Lösung durch eine schwächere (inferiore) Technologie wurde 1985 von Paul A. David berichtet: die Geschichte der QWERTY-Tastatur und des vergeblichen Versuchs, diese Tastatur durch die überlegene Dvorak-Tastatur zu verdrängen. Die Entwicklung der mechanischen Schreibmaschinen hat viele Jahrzehnte gedauert. Erfolgreich wurde schließlich der 1867 patentierte „Type Writer". Er wurde von Christopher Sholes sechs Jahre lang verbessert. Störend war unter anderem, dass sich die Typenhebel bei schnellem Schreiben verhakten. Die anfangs alphabetische Reihenfolge der Buchstaben auf den Typenhebeln wurde solange durch Versuch und Irrtum geändert, bis die Störquelle weitgehend beseitigt war. Das Ergebnis war die bis heute übliche Tastaturbelegung, die in der oberen Buchstabenreihe mit „QWERTY" – in Deutschland mit „QWERTZ" – beginnt. Für die Akzeptanz der Schreibmaschine war wichtig, dass die Waffenfabrik E. Remington 1873 die Maschine für die Massenproduktion serienreif und für den Dauergebrauch tauglich machte. 1874 wurden die ersten „Type Writer" ausgeliefert. In den nächsten Jahrzehnten wurden die Schreibmaschinen in hohen Stückzahlen produziert und ständig weiter entwickelt. Später traten an die Stelle von Typenhebeln Typenräder oder Kugelköpfe, aber obwohl dort das Verhaken von Hebeln kein Problem mehr war, blieb die QWERTY-Tastatur der Standard. Und auch als 1932 August Dvorak ein Patent für eine andere Tastaturbelegung erteilt wurde, mit der eine wesentlich höhere Schreibgeschwindigkeit erreichbar sein sollte, fand sie, als sie auf Schreibmaschinen preiswert installiert werden konnte, kaum Nutzer. Selbst als Apple die Dvorak-Tastatur für einen Computer als Alternative zur QWERTY-Tastatur anbot, blieb sie ohne Resonanz.

Eigentlich müsste der Basisnutzen der Dvorak-Tastatur groß genug sein, um die Neuerung attraktiv zu machen. Gab es einen Netzwerkeffekt, der zur Beibehaltung des inferioren Standards veranlasste? David fand diesen Effekt, den er auf zwei historische Zufälle zurückführt. Mrs. L. V. Longley erfand 1882 eine Acht-Finger-Schreibmethode, angepasst an den „Remington Type Writer", die unter dem Namen „Typewriter Lessons" veröffentlicht und in ihren Schreibmaschinenkursen angewendet wurde, und der Gerichtsstenograph Frank E. McGurrin gewann auf einer Remington im Jahr 1888 mit einer All-Finger-Technik einen viel beachteten Geschwindigkeitswettbewerb, ohne auf die Tastatur zu sehen. Beide Ereignisse führten nun dazu, dass zunehmend Schreibmaschinenkurse für die QWERTY-Tastatur angeboten wurden. Für die vielen Unternehmen, die sich von der Handschrift auf Schreibmaschinenschrift umstellten, war es demnach naheliegend, Schreibmaschinen mit dieser Tastatur zu kaufen.

Diese positive Rückkopplung geht auf zwei indirekte Netzwerkeffekte zurück. Für Personen, die sich für eine Typisten-Ausbildung entschieden hatten, war die Beherrschung einer bestimmten Tastatur um so vorteilhafter, je häufiger diese auf potentiellen Arbeitsplätzen bereits anzutreffen war. Und Unternehmen, die sich für die Anschaffung von Schreibmaschinen entschieden hatten, war der Kauf einer bestimmten Maschine um so vorteilhafter, je mehr Typistinnen dafür ausgebildet waren. Welchen Anreiz sollten neu hinzukommende Typisten haben, sich für die mehr Geschwindigkeit versprechende Dvorak-Tastatur ausbilden zu lassen, wenn diese in Unternehmen nicht vorhanden ist? Und welchen Anreiz sollten die Unternehmen haben, sich Schreibgeräte mit Tastaturen anzuschaffen, für die keine Typistinnen ausgebildet sind? Zufällige Ereignisse haben nach David zur Resistenz der schwächeren Technologie geführt. Liebowitz und Margolis sind dagegen der Ansicht, dass die QWERTY-Tastatur darum weiter dominiert, weil es keinen klaren Beleg für die Überlegenheit der Dvorak-Tastatur gibt. Bei einer wirklich überlegenen Technologie würden Unternehmen meistens Wege finden, den gesellschaftlichen Vorteil auch zum eigenen Vorteil zu nutzen (vgl. 1999, 37-39).

7   Schlussbemerkungen und offene Fragen

7.1   Notwendigkeit empirischer Prüfungen von Blockierungen

Ökonomische Analysen von Technologien mit Netzwerkeffekten haben gezeigt: Beim Wettbewerb zwischen solchen Technologien ist unter bestimmten Bedingungen die Resistenz einer schwächeren Technologie möglich. Allerdings genügt der modelltheoretische Nachweis einer solchen Möglichkeit nicht, sondern es sind empirische Prüfungen der Hypothesen erforderlich. Die empirische Überprüfung von Theorien ist schwierig. Bestätigungen für eine Hypothese lassen sich meistens finden, wenn man nur lang genug sucht. Überprüfungen sollten daher, wie Karl Popper gezeigt hat, versuchte Widerlegungen sein (1994, 162-166). Bei der Analyse empirischer Fälle dominierten aber bisher Versuche zu zeigen, dass es solche Blockierungen gibt: QWERTY vs. Dvorak, VHS vs. Betamax, IBM-PC vs. Macintosh. Es ist daher zu begrüßen, dass sich Liebowitz und Margolis intensiv darum bemüht haben, die Behauptung, dass unter bestimmten Bedingungen – z.B. bei starken Netzwerkeffekten – Blockierungen auch tatsächlich aufgetreten sind, zu widerlegen (1999, 19-44 und 119-134). Bedauerlich ist nur, dass sie ihre Widerlegungen als Bestätigung für das übertriebene Motto „Gute Produkte gewinnen" auffassen.

7.2   Analyse der Strategien von Unternehmen zur Abwehr von Blockierungen

In den Theorien über Technologien mit Netzwerkeffekten sind auch Analysen über die Wirkung von Unternehmensstrategien auf Wohlfahrt und Wettbewerbsordnung zu finden, bei Farrell und Saloner z.B. die Wirkung von Produktvorankündigungen und vorübergehenden Preissenkungen (1986, 940-955). Es gibt jedoch nur wenige Analysen über strategische Möglichkeiten von Unternehmen, mit denen sie erreichen können, dass Blockierungen durch schwächere Technologien vermieden werden. Ein wichtiger Beitrag für die Praxis stammt von zwei bekannten ökonomischen Theoretikern auf dem Gebiet der Netzwerkeffekte, Carl Shapiro und Hal R. Varian, die einen strategischen Führer in die Netzwerk-Ökonomie verfasst haben (1999). Einen weiteren interessanten Beitrag hat Marcus Ehrhardt verfasst, in dem der Zusammenhang von theoretischer Grundlage und Anwendung auf Unternehmensstrategien noch klarer ist (2001). Bemerkenswert ist in diesen Beiträgen die Feststellung, dass Blockierungen auch darauf zurückzuführen sind, dass die Unternehmen über die Wirkung von Netzwerkeffekten und über die Vermeidung von Blockierungen zu wenig wissen (vgl. auch Gröhn, 1999, 143).

7.3   Interdisziplinarität: Netzwerktechnologie und soziale Institutionen

Märkte funktionieren nicht ohne soziale Institutionen; sie brauchen formelle Institutionen, wie Eigentumsrechte, Wettbewerbsrechte, Gerichte, usw., aber auch informelle Regeln der Reziprozität, der Toleranz und des Vertrauens, weil sonst die Transaktionskosten für die Durchsetzung der formellen Regeln zu hoch wären. Die wirtschaftliche Entwicklung eines Landes hängt daher nicht nur von der Ausstattung mit natürlichen Ressourcen, ausgebildeten Menschen und technischen Artefakten sowie von der Fähigkeit zu technologischem Fortschritt ab, sondern auch von Institutionen, die diese Ressourcen fruchtbar werden lassen. Douglas C. North, der berühmte Wirtschaftshistoriker, hat gezeigt, wie wichtig die informellen Institutionen sind. Nord- und Südamerika gaben sich nach dem Ende der Kolonialzeit eine ähnliche Verfassung und hatten beide eine reiche Ausstattung mit

Ressourcen. Das große Entwicklungsgefälle zwischen Nord und Süd viele Jahre später führt North darauf zurück, dass die informellen Institutionen als Erbe der kolonialen Herrschaft sehr unterschiedlich waren: im Norden die informellen Regeln, die mit einer dezentralen parlamentarischen Patrimonialherrschaft verbunden sind, im Süden die Regeln, die sich in einer autoritären Herrschaft mit einer zentralistischen Bürokratie ausgebildet haben. Auf die naheliegende Frage, warum sich die vorteilhaften informellen Regeln aus dem Norden nicht auch bei den Wettbewerbern im Süden durchsetzten, antwortet er – unter Hinweis auf Arthur und David – mit der Pfadabhängigkeit von Institutionen, die sie mit Netzwerktechnologien teilen. Die Vorteile von beiden steigen mit der Zahl der Teilhaber am Netzwerk, und welche Technologie oder Institution sich durchsetzt, hängt von historischen Zufälligkeiten ab. Der einsame Wechsel zu neuen Institutionen – wie zu neuen Technologien – ist für einen rational kalkulierenden Einzelnen riskant, weil er die Vorteile des jeweiligen Netzwerks verliert – bei informellen Institutionen vor allem den Vorteil zu wissen, mit welchen Reaktionen anderer Menschen er rechnen kann –, ohne sicher zu sein, dass die wahrscheinlich überlegene Institution oder Technologie sich durchsetzen wird.

Die Übertragung der Theorie der Netzwerktechnologie auf die neuen ökonomischen Theorien der Wirtschaftsgeschichte mag noch nicht als ein Ansatz zur Interdisziplinarität gewertet werden. Sehr wohl ist das der Fall bei der politikwissenschaftlichen Theorie der Erklärung des Nord-Süd-Gefälles in Italien, die Robert D. Putnam (1992) vorgelegt hat. Im Rahmen einer 20-jährigen empirischen Untersuchung der Folgen der Einführung einer föderalen Verfassung in Italien hat er gezeigt, dass die höhere Effizienz in der Einführung der Reform in Norditalien im Vergleich zu Süditalien auf einen ähnlichen Unterschied in den informellen Institutionen wie in Amerika zurückzuführen ist, nur dass in diesem Fall die Blockierung bei den informellen Regeln offenbar bereits seit dem Ende des Mittelalters besteht. Es ist zu hoffen, dass diese Anwendung der Theorie der Netzwerkeffekte wiederum Rückwirkungen auf die Volkswirtschaftslehre hat, denn informelle Institutionen sind in der Wirtschaft nicht minder wichtig als in der Politik.

Literatur

Arthur, B.W.: Competing Technologies, Increasing Returns, and Lock-In by Historical Events, in: The Economic Journal 99 (1989), 116-131

Blankart, C. B., und G. Knieps: Netzökonomik, in: Jahrbuch für Neue Politische Ökonomie, 11, Tübingen 1992, 73-88

David, P. A: Clio and the Economics of QWERTY, in: American Economic Review, Papers and Proceedings 75 (1985) 2, 332-337

Dosi, G.: Technological paradigms and technological trajectories. A suggested interpretation of the determinants and directions of technical change. In: Research Policy 11 (1982) 147-162

Eucken, W.: Grundsätze der Wirtschaftspolitik, Bern und Tübingen 1952

Ehrhardt, M.: Netzwerkeffekte, Standardisierung und Wettbewerbsstrategie, Wiesbaden 2001

Farrell, J., und G. Saloner: Installed Base and Compatibility: Innovation, Product Announcements and Predation. In: American Economic Review 76 (1986) 940-955

Fleischmann, G., Technische Entwicklung und ökonomische Steuerung, in: Interdisziplinäre Technikforschung, hg. v. G. Ropohl, Berlin 1981, 123-135

Fleischmann, G., 1994, Ökonomische Theorien der Standardisierung inferiorer Technologien, in: Gesellschaft Macht Technik, hg. von H.D. Schlosser, Frankfurt am Main 1994, 95-115

Fleischmann, G., , Stabilität und Wandel von Technologien: Paradigma, Leitbild, Standard, in: Soziale Schließung im Prozess der Technologieentwicklung – Leitbild, Paradigma, Standard, hg. von J. Esser, G. Fleischmann, T. Heimer, Frankfurt am Main 1998, 10-35.

Gröhn, A.: Netzwerkeffekte und Wettbewerbspolitik. Eine ökonomische Analyse des Softwaremarktes, Kieler Studien 296, Tübingen 1999

Heimer, T.: Zur Ökonomik der Entstehung von Technologien: Eine theoretische und empirische Erörterung am Beispiel des „Intelligent Home", Marburg 1993

Katz, M. L., und C. Shapiro: Network Externalities, Competition and Compatibility, in: American Economic Review 75 (1985) 3, 424-440

Katz, M., und C. Shapiro: Technology Adoption in the Presence of Network Externalities, in: Journal of Political Economy 94 (1986) 4, 822-841

König, W.: Massenproduktion und Technikkonsum. Entwicklungslinien und Triebkräfte der Technik zwischen 1880 und 1914, in: Propyläen Technikgeschichte, 4. Bd., Netzwerke, Stahl und Strom: 1840-1914, hg. v. W. König und W. Weber, Berlin 1997, 265-536

Liebowitz, S. J., und S. Margolis: Winners, Losers & Microsoft. Competition and Antitrust in High Technology, Oakland, CA, 1999

Mansfield, E.: Industrial Research and Technological Innovation, New York 1968

Mowery, D., N. Rosenberg: The influence of market demand upon innovation. A critical review of some recent empirical studies, in: Research Policy 8 (1979), 102-153

Norman, D. A.: The Invisible Computer, Cambridge, MA, London 1998

North, D. A.: Institutionen, institutioneller Wandel und Wirtschaftsleistung, aus dem Amerikanischen übersetzt v. M. Streissler, Tübingen 1992

Popper, K., Vermutungen und Widerlegungen. Das Wachstum der wissenschaftlichen Erkenntnis, übersetzt aus dem Englischen v. G. Albert, M. Mew, K. R. Popper, G. Siebeck, Tübingen 1994

Putnam, R. D.: Making Democracy Work. Civic Traditions in Modern Italy, Princeton, NJ, 1993

Ropohl, G.: Technische Netzwerke, in ders.: Wie die Technik zur Vernunft kommt, Amsterdam 1998, 97-108

Rosenbloom, R. S., und M. A. Cusumano: Technological Pioneering and Competitive Advantage: The Birth of the VCR Industry, in: California Management Review 24 (1987), 51-76

Schmookler, J.: Invention and Economic Growth, Cambridge, MA, 1966

Schumpeter, J.A.: Theorie der wirtschaftlichen Entwicklung. Eine Untersuchung über Unternehmergewinn, Kapital, Kredit, Zins und den Konjunkturzyklus, Berlin 5. Aufl. 1952 (1. Aufl. 1911)

Shapiro, C. und H. R. Varian: Information Rules. A Strategic Guide to the Network Economy, Boston, MA, 1999

Thum, M.: Netzwerkeffekte, Standardisierung und staatlicher Regulierungsbedarf, Tübingen 1995

Witt, U.: Individualistische Grundlagen der evolutorischen Ökonomik, Tübingen 1987

Witt, U.: Wirtschaft und Evolution. Einige neuere theoretische Entwicklungen, Wirtschaftswissenschaftliches Studium 32 (1994) 10, 503-512

Technik – das Andere der Gesellschaft?

Bernward Joerges

Zum Beginn des neuen Jahrtausends habe ich an Kollegen und Freunde eine elektronische Postkarte mit einer Eule verschickt. Die Copyright-Zeile (siehe Abbildung unten) läßt erkennen, dass es sich dabei um eine recht hybride Entität handelt, die aus dem Film *Blade Runner* stammt. Dieses Motiv eines Mischwesens aus einer technischen Zukunftsprojektion soll mir im Weiteren dazu dienen, einige Tendenzen der techniksoziologischen Entwicklung der vergangenen zwanzig Jahre zu skizzieren.

Systematische Überblicke liegen vor.[1] Die folgenden Überlegungen und Bewertungen konzentrieren sich deshalb, in durchaus autobiographischer Färbung, auf einige wenige Aspekte, die mir für diese Entwicklung symptomatisch erscheinen. Um es vorwegzunehmen: Seit Günter Ropohl in „Interdisziplinäre Technikforschung" das „Neue Technikverständnis" formuliert hat, das auf eine dezidiert interdisziplinäre und auf „technologische Aufklärung" zielende Allgemeine Technologie abhebt (Ropohl 1981, 23), hat die soziologische Technikforschung, unter der formelhaften Bezeichnung „Neue Techniksoziologie", einige Wendungen erfahren, die sie, alles in allem, von Ropohls Desideraten eher entfernt haben.

1 Einstimmung im Stil der Neuen Techniksoziologie

Eine Richtung der Neuen Techniksoziologie, die sich quer durch die weiter unten unterschiedenen Trends zieht, betrachtet Technik als *Text*, und versucht, inspiriert von Literaturtheorien, technische Artefakte im Hinblick auf ihre symbolischen Gehalte zu interpretieren. Was also sagt uns die Eule?

Sie spielt eine kleine Neben-Rolle in einem spektakulären Film, über den viel geschrieben worden ist. Gerade auch von Soziologen, insbesondere Urbanisten, ist *Blade Runner* immer wieder angezogen worden.[2] Ältere werden sich an den Film erinnern; es war in mancher Hinsicht *der* Kult-Film der frühen 80er Jahre, einer Zeit, zu der auch die Techniksoziologie kräftig in Bewegung kam. Der Streifen spielt im Los Angeles des Jahres 2019 und erzählt die Geschichte einer Gruppe von Androiden oder Replikanten, wie sie im Film heißen, künstlichen Menschen mit einprogrammiertem Sterbedatum. Sie werden als Arbeits- und Lust-Sklaven zur Erschließung der Weltraumkolonien eingesetzt. Denn um das Jahr 2019 sind große Teile der besseren Schichten aus dem ökologisch zerstörten Los Angeles ausgewandert. Vier dieser Roboter gelangen nach einem Aufstand illegal zurück zur Erde. Sie werden im Lauf des Films von einem sogenannten *Blade Runner* getötet - in den Ruhestand versetzt, wie es politisch korrekt heißt. *Blade Runner* sind auf die Erkennung und Jagd von Replikanten spezialisierte Detektive.

Die Replikanten gehören der sechsten Generation des Nexusmodells an, das von Doctor Eldon Tyrell entwickelt worden war. Doctor Tyrell hatte Elektronik und

Genetik zusammengeführt. Jetzt leitet er aus seiner pyramidalen Konzernzentrale hoch über dem brodelnden ökologischen Sumpf von Rest-Los Angeles das mächtigste Unternehmen seiner Zeit. Als der *Blade Runner* im Film Tyrells Räume betritt, fliegt ihm eine prächtige Eule entgegen.

© Doctor Eldon Tyrell © Ridley Scott © Philip K. Dick © Bernward Joerges

"Ist die Eule echt?", fragt er die schöne Rachel, die ihn begrüßt. Nein, sagt Rachel, aber unermesslich wertvoll. Später stellt sich heraus, dass Rachel selber eine Replikantin ist, das erste, noch experimentelle Exemplar ohne eingebaute Obsoleszenz. Das erste vor allem, dem Doctor Tyrell menschliche Kindheitserinnerungen einprogrammiert hat. Er hofft, mit ihm die Testverfahren zu überlisten, die man zur Identifikation von Replikanten entwickelt hatte.

Um die kleine Episode mit der Eule zu verstehen, muss man sich diese Turing-Tests zur Unterscheidung von echten und falschen Menschen genauer ansehen, und man muss auf den Roman zurückgehen, der dem Film zugrunde liegt. Als Hauptkriterium für die Unterscheidung von Menschen und Replikanten verwenden die Tests deren Reaktion auf hypothetische Fragen über ihr emotionales Verhältnis zu Tieren. Im Film wird nicht gezeigt, welche Bedeutung nichtmenschlichen Lebewesen zu dieser Zeit zukommt. In der Romanvorlage von Philip Dick mit dem Titel *Do Androids Dream of Electric Sheep?* (Träumen Androiden von elektrischen Schafen?) sind alle lebenden Organismen für tabu, ja für heilig erklärt worden. In einer emotional und ökologisch verarmten Welt halten sich zahlungskräftige Leute deshalb Replikanten-Tiere, zum Beispiel künstliche, vom Tyrell-Konzern produzierte Ersatzschafe.

Im Roman zeichnen sich echte Menschen vor den artifiziellen Replikanten nur noch dadurch aus, dass sie anderes Leben als sakrosankt respektieren. Die künstlichen Ersatztiere sind einerseits Statussymbole, denn nur die Allerreichsten haben *illegal* noch Zugang zu echten Lebewesen; die künstliche Eule des Doctor Tyrell könnte also durchaus echt sein. Sie sind andererseits Identifikationsobjekte, bei denen sich die, die es sich leisten können, emotionale Zuwendung holen.

Was für ein Ding ist diese Eule, wie würde man sie techniksoziologisch einordnen? Sie wird von vornherein als Roboter-Eule identifiziert und wäre damit etwa so wie ein Computer zu betrachten. Wäre sie eine echte Eule, wäre sie wie ein Tier zu behandeln. Aber Mensch-Tier-Beziehungen sind ja traditionellerweise kein Gegenstand der Techniksoziologie. Im Film ist die Eule also zunächst *identisch* mit Rachel. Beide gehören zu den fortgeschrittensten und auch schönsten Exemplaren ihrer jeweiligen Entwicklungsreihen, beide sind noch nicht auf dem Markt. Sie gehören vorerst Doctor Tyrell, der fest darauf vertraut, dass der *Blade Runner* die wahre Identität Rachels als Roboterin nicht feststellen kann. Und in der Tat, Rachel scheitert *nicht* an den tierbezogenen Fangfragen des Replikantentests.

Andererseits ist die Eule aber auch das Wappentier des Tyrell-Konzerns. In dieser Lesart steht die Eule wie gehabt für Wissen, Weisheit, unsterbliche Seele, Motive, die im Roman und im Film auf verquast-religiöse Weise zusammengemixt werden. Das technische Wissen, über das die Tyrell-Corporation verfügt, hat Roboter von höchster Perfektion – mit dem Technikphilosophen Max Bense könnte man sagen: Gebilde „von höchster spiritueller Reinheit" - hervorgebracht.[3] Der ganze Film stellt das klassische Verhältnis von Menschen und Artefakten auf den Kopf und handelt letzten Endes von der Überlegenheit der Maschinen-Menschen über die richtigen Menschen.

Das betrifft nicht nur ihre überlegenen körperlichen *Kräfte* und intellektuell-emotionellen *Leistungen*. In einer angsterfüllten und ökologisch verkommenen Welt sind sie den Menschen auch *moralisch* überlegen. Der tragische Anführer der Replikanten-Gruppe versucht sich Zugang zu seinem Schöpfer Doctor Tyrell zu verschaffen und ihn zur Löschung seines Abschaltdatums zu bringen. Der *Blade Runner* behält schließlich in einem blutigen Kampf die Oberhand über den Spitzenroboter und terminiert ihn. *Blade Runner*-Fans haben daraus geschlossen, dass er unerkannt selber ein Replikant ist. Der Geist des Anführers andererseits verläßt schließlich seinen Maschinenkörper in Gestalt einer Taube.

Derartige Ausdeutungen der symbolischen Genealogie der Eule könnte man natürlich beliebig weitertreiben. Zum Beispiel in Richtung darauf, dass sie für Athena steht, die Zeusgeborene, jungfräuliche Lichtgestalt. Athena wiederum steht für eine Abwendung von der chthonischen und matriarchalischen Unterwelt der Erinnyen.[4] Die Eule-Athena repräsentierte demnach eine aufgeklärte, rationale, und eben auch geschlechtslos gedachte Sozialordnung. Doctor Tyrell wäre eine Art Zeus. Die Replikantin Rachel verkörpert im Filme eine Frau, die verzweifelt versucht, sich an die Mutter zu erinnern, die sie nie haben durfte. Insofern würde die Eule, als Symbol einer geschlechtslosen Ratio, auch das *Andere* von Rachel symbolisieren. (Interessant, dass unter *Blade Runner*-Fans eine lebhafte Diskussion darüber geführt wird, ob es sich bei *Blade Runner* nicht um einen zutiefst misogynen Film handle, vor allem, weil alle Frauen, die in ihm vorkommen, Replikanten seien...).[5]

Worauf es mir bei dieser Übung ankommt, ist Folgendes: Roman und Film präsentieren ein verwirrendes *Vexierspiel von Identitäten und Differenzen*, oder Veranderungen, wie man im Sprachspiel der Alterität sagen könnte. Und etwas Ähnliches ist auch zu einem Kennzeichen vieler techniksoziologischer Texte der letzten zwei Jahrzehnte geworden. Techniksoziologen und –soziologinnen haben solche Vexierspiele auch in unserer alltäglichen gesellschaftlichen Realität entdeckt und aufgespürt. Man denke etwa an die techniksoziologische Variante Donna Haraways, die nur noch *Cyborgs* kennt, Mischwesen aus somatischem und extra-somatischem Material (z.B. 1996).

2   Ein Blick zurück

Das war ja einmal anders. In einem frühen Aufsatz zur Techniksoziologie habe ich an den Karlsruher Soziologen Hans Linde angeknüpft (Joerges 1979). Linde hatte in den 70er Jahren einer Weberianisch orientierten Soziologie vorgeworfen, sie habe natürliche und technische *Sachen* aus der Soziologie „exkommuniziert". In einem übersozialisierten Bild der Welt wurden Dinge der äußeren Welt radikal *verandert* und zu Nicht-Gegenständen der Sozialwissenschaften erklärt. Technische Artefakte, Geräte wie Linde sagte, wurden als das Andere von Gesellschaft dem Erklärungs- und Deutungsanspruch der Sozialwissenschaften entzogen und als Gegenstände anderer Wissenschaften deklariert.

Heute würden nur wenige Techniksoziologen doktrinär sagen, technische Artefakte seien *kein* legitimer Gegenstand der Soziologie. Das bedeutet allerdings nicht, dass man sich auf ein gemeinsames Programm ihrer Resozialisierung geeinigt hätte. Höchst vereinfachend lassen sich in der Entwicklung der vergangenen zwei Jahrzehnte drei konkurrierende Tendenzen ausmachen, wobei eine faire Zuordnung einzelner Autoren schwierig bleibt und zeitbedingte Verschiebungen im Werk einebnen würde.

Soziologie des technischen Umgangs: Hier wurden technischen (und anderen) Dingen nur insofern soziale Bedeutungen und Handlungsattribute zugestanden, als im gesellschaftlichen Vollzug ein intentionaler Bezug auf sie hergestellt wird. Das entspricht dem klassisch Weberianischen Zugriff auf Technik. So etwas wie ein eigenständiges, in ihrer Materialität begründetes gesellschaftliches Wirkungspotential wird ihnen allerdings abgesprochen. Am Beispiel der Eule: Sie ist hier durchaus ein Träger symbolischer Bedeutungen, als Roboter kann sie auch mit den verschiedensten praktischen Bedeutungen versehen werden. Solange sie aber als unecht klassifiziert werden muss, kann sie nicht als eigenes, inhärent soziales Handlungssystem konstruiert werden.

Soziologie der Sachverhältnisse: Gegen diese Art von reiner Zuschreibungssoziologie haben andere Techniksoziologen versucht, die Materialität technischer Dinge ernster zu nehmen. Nach einer solchen Auffassung sind in technische Artefakte soziale Attribute eingebaut, die dann wirklich dort sind oder abgelesen werden können, Attribute, die dann mehr oder weniger zwingend bestimmte Anschlusshandlungen nach sich ziehen. Die Artefakte führen in dieser Sicht sozusagen ein soziales Eigenleben. Allerdings benutzt diese Konzeption nicht das ganze emphatische Vokabular der Gesellschaftstheorie für sie. So gesehen bleibt die Welt der Artefakte auch in dieser Perspektive eine sub-soziale Welt, die man berücksichtigen muss, die aber eine andere bleibt. Die Eule würde hier bestimmte Dinge tun können, aus sich heraus. Man würde aber etwa nicht von ihr sagen, dass sie sinnvoll handeln könne.

Soziologie der Akteurs-Netzwerke: Im Gefolge von Autoren wie Michel Callon, Bruno Latour und John Law wird darüber hinaus drittens ein Ansatz entwickelt, der als *actor-network*-Theorie bekannt geworden ist (vgl. dazu z. B. Schulz-Schaeffer 2000).[6] Hier wird gesagt, man müsse die Annahme von vornherein aufgeben, dass es prinzipielle Unterschiede gäbe zwischen menschlichen und nicht-menschlichen, also vor allem auch technisch konstruierten Aktoren. Deshalb müsse man sie symmetrisch behandeln, das heißt in derselben Sprache über sie und ihre Beziehungen zueinander sprechen. Im Fall der Eule: sie spielt ihre Rollen in einem Netzwerk von Aktoren, dem auch Dr. Tyrell, die Rachel, ihre photographierten Erinnerungen, die anderen Androiden, die Konzernarchitektur, die Testmaschinerie und vieles andere mehr angehören. Die Eule kann zum Beispiel Status- und Gefühlsarbeit für vermögende Konsumenten leisten, genau so wie Kinder oder Ehefrauen (bzw. Ehemänner). Und alle diese Aktoren muss man gleichberechtigt behandeln bzw. besprechen. In *actor-network*-Ansätzen kommt es dann darauf an, herauszufinden, wie das heterogene Netzwerk verschiedener Aktoren geknüpft wird. Denn welcher Aktor hier stark oder schwach ist, was jeder Aktor zum *distribuierten Gesamtsinn des Netzwerks* beiträgt, hängt nicht von seiner Eigenart ab. Es hängt davon ab, mit wem er oder sie oder es assoziiert ist.

Es wäre aussichtslos, an dieser Stelle in eine Diskussion der verwickelten sprachphilosophischen, ontologischen und epistemologischen Probleme einzutreten, die mit diesen drei Positionen verbunden sind - oder auch nur eine Zuordnung einzelner Autoren zu versuchen, die eine genaue Lektüre ihrer Texte überstünde. Aber es ist klar: die techniksoziologische Landschaft hat sich seit Linde nachhaltig verändert. In meiner Wahrnehmung hat das vor allem mit drei Vorgängen zu tun, die in den achtziger und verstärkt in den neunziger Jahren die Forschung geprägt haben: mit den Computern; mit der Konkurrenz, die der Techniksoziologie durch andere, *populärere* Medien erwachsen ist; und mit den gesellschaftstheoretischen Ansprüchen, die in einer neuen, konstruktivistischen Wissenschafts- und Techniksoziologie vorgetragen wurden.

3   Die Computer kommen

Es war vor allem die *Ankunft der Computer*, die bewirkt hat, dass auch Soziologen den Handlungscharakter von Sachen nicht weiter ignorieren konnten. Man könnte ziemlich genau angeben, wie eine gewisse Renaissance der Techniksoziologie seit den 80er Jahren über die Auseinandersetzung mit Computern gelaufen ist. Als die Computer kleiner und besser wurden und aus ihren militärischen, korporativen und laborwissenschaftlichen Käfigen ausbrachen, wurden sie von Techniksoziologen alsbald zu Akteuren, zum zweiten Selbst, bisweilen zu lebenden Wesen und evolutionären Weiterentwicklungen, oder zu personalen Partnern stilisiert. Die reinliche Trennung zwischen Sozialem und Nicht-Sozialem kam gründlich durcheinander.

Zum Teil geschah das, wie bei Sherry Turkle, im Sinn einer ethnographischen Beschreibung der Erfahrungen, die Kinder und Computerwissenschaftler gleichermaßen mit diesen eigenartig evokativen Geräten machen. Zum Teil geschah es im Sinn einer wissenstheoretischen Neu-Kategorisierung des Gegenstands. Das wiederum musste irgendwie Anlass zu einer Überprüfung grundlegender Kategorien der Kultur- und Sozialwissenschaften geben.

Ein Beispiel für diese zweite Variante ist Steve Woolgar, der zu Beginn der 80er Jahre verkündet hat: „Wir müssen ... einen soziologischen Ansatz entwickeln, der in den Mittelpunkt die menschlich/mechanische Sprach-Community stellt; die Community, die sich aus ‚Experten-Maschinen' und ‚Maschinen-Experten' zusammensetzt." Woolgar hat damals gefordert, die Soziologie der *Künstlichen Intelligenz* müsse intelligente Maschinen als *Subjekte*, nicht Objekte, der Untersuchung fassen. Es gibt, schrieb er, „keine prinzipiellen Schwierigkeiten, in diesem Ansatz soziologische Standardmethoden zu verwenden... Ein solches Projekt kann nur denen bizarr erscheinen, die nicht gewillt sind, intelligenten Maschinen menschliche Intelligenz zuzugestehen" (1982, 567).

Dieser Angriff auf das Allerheiligste der Gesellschaftstheorie wurde zentral von Autoren vorgetragen, die der Soziologie selber, bzw. den Wissenschaften überhaupt, ihren Rang als rationales Sonderwissen streitig gemacht haben. In Übereinstimmung mit einem verbreiteten Trend - Stichwort *linguistic turn* - wurde herausgearbeitet, alle Wirklichkeit, einschließlich der naturwissenschaftlichen, sei unhintergehbar sprachlich konstituiert und jede sprachliche Konstruktion, auch die mit universalistischen Ansprüchen ausgestattete der Wissenschaft, sei kulturrelativ. Mit anderen Worten, kein Wissen sei *per se* anderem Wissen überlegen oder unterlegen.

An diesem Punkt ist die radikale Veranderung der Geräte in eine radikale Eingemeindung der Computer umgeschlagen. Diese Eingemeindung ist dann auch auf andere, mindere Maschinen verlängert worden, von Woolgar auf Küchenmaschinen, von Michel Callon auf elektrische Vehikel und Muscheln, von John Law auf portugiesische Schiffe, von Bruno Latour auf Schlüssel und Türen und jedweden anderen Aktanten, der semiotisch als solcher fungiert. Insofern hat eine Soziologie sach-technischer Artefakte durchaus von dem frischen Wind profitiert, der durch die Computer in die Techniksoziologie gelangt ist. Aber insgesamt kam es doch zu einer Überprivilegierung der neuen Haustiere, man hat sie zu Maschinen einer *ganz besonderen* Art erklärt.

Es gibt aber vorerst keine guten theoretischen Gründe, Computern *Handlungsfähigkeit*, was immer man darunter im Einzelnen versteht, *anders* zuzuschreiben als anderen Dingen. Die techniksoziologische Verklärung der Computer, die Bereitschaft, sie bevorzugt zuzulassen als Kandidaten für eine Eingemeindung ins Reich des Sozialen, war in diesem Sinn problematisch. Insgesamt hat sie dazu beigetragen, dass andere Sachen kategorial ausgeklammert bleiben, jedenfalls außerhalb einer radikal-konstruktivistisch angelegten Techniksoziologie.[7]

Diese umgekehrt hat dann ein anderes Problem: Sie hat die konsequente Nivellierung aller Unterschiede zwischen Aktoren betrieben, die konventioneller Weise in natürliche *oder* technische *oder* soziale eingeteilt werden. Das hat dazu geführt, dass man die Frage der Differenzen offen gelassen hat. Tendenziell hat man es versäumt, Prozessen der *Konstitution* und *Institutionalisierung* von Exklusion und Unterschieden nachzugehen, weil man vorwiegend an Inklusion und Äquivalenzen interessiert war.

Die Situation ist nicht unähnlich der, die Bruno Latour mit seiner symmetrischen Anthropologie geschaffen hat. In „Wir sind nie modern gewesen" beschäftigt sich Latour mit der totalen Veranderung und Exotisierung nicht-moderner Kulturen, der Scheidung der Welt in „West und nicht-westlichen Rest". Er sagt, diese Exotisierung sei das Resultat einer grundlegenden Fehldeutung der Moderne. Diese Fehldeutung bestehe darin, dass die kategoriale Trennung von Natur und Gesellschaft, von Nicht-Menschlichem und Menschlichem, ihre Ursache *nicht* in einem vorgängigen *Getrenntsein* dieser Bereiche habe. Vielmehr sei das Getrenntsein das *Resultat* einer Reinigungsarbeit. In dieser Reinigungsarbeit würde eine unreduzierbar aus Natur *und* Gesellschaft *bestehende* Welt von „Quasi-Objekten" säuberlich getrennt in Natur *oder* Gesellschaft. Man müsse aber begreifen, dass beides, Gesellschaft *und* Natur, politisch konstituiert werde.

In modernen Gesellschaften wird die Trennung durch Wissenschaft legitimiert. In anderen Kulturen wird es anders gemacht und führt zu anderen Grenzziehungen. Nur weil wir Moderne das nicht erkennen und unsere eigenen Quasi-Objekte verleugnen, können wir die Angehörigen nicht-westlicher Gesellschaften zu vormodernen *Aliens* erklären. Würden wir diesen Umstand begreifen, dann müßten wir erkennen, dass auch wir nie modern gewesen sind...

Latour hebt die Differenzen zwischen modernen und nicht-modernen Kulturen auf. Das Problem scheint mir zu sein, dass die Einebnung der Unterschiede zwischen den Kulturen auch nicht viel weiter führt als totale Veranderung und Exotisierung. Ähnliches gilt für den Umschlag von einer Exkommunikation zu einer Eingemeindung der Artefakte: Auch techniksoziologisch muss man sorgfältig klären, wie in konkreten Akteursnetzwerken *Unterschiede* konstituiert und institutionalisiert werden. Unterläßt man das, dann wird man die Dinge der Natur und der Technik zwar vielleicht nominell eingemeinden. Aber mit Ausnahme vielleicht der Computer werden sie dennoch nicht zu ihrem Recht kommen.

4 Populäre Medien machen der Soziologie Konkurrenz

Die Computer und die Befassung mit computergestützt hergestellten virtuellen Realitäten sind der Techniksoziologie weitestgehend von *außen*, von den Multimedien selbst aufgedrängt worden. Das führt zu meinem nächsten Punkt: zur der Frage, welche Veränderungen im *Umfeld* des soziologischen Mediums zu dieser Entwicklung beigetragen haben mögen. Populäre und populärwissenschaftlichen Konstruktionen von Technik machen uns Soziologen ja kräftig Konkurrenz. Wissenschaft und *Science Fiction* vermischen und durchdringen einander in einem augenscheinlich wachsenden Maß. Man denke an die Inszenierungen der Science Parks und Technikmuseen, an den Millennium Dome, aber auch an die verschiedenen Formen der Selbstinszenierung von Wissenschaft in den populären Medien. Wie verhalten sich wissenschaftliche und ausserwissenschaftliche Genres zueinander?

Wieder kann *Blade Runner* gute Dienste leisten. Der Film eignet sich deshalb gut
für eine Demonstration, weil vermutlich kein anderer Film so oft in der sozialwissenschaftlichen Literatur erwähnt worden ist. An ein paar Beispielen lässt sich vor-
führen, wie *Blade Runner* in den Stadtwissenschaften und darüber hinaus genutzt
wurde und wie verweisungsreich diese Nutzung ist.

Fangen wir bei einer wissenschaftlichen Peripherie an, bei der Stadtplanung: Mark
Pisano, Leiter des größten Planungsverbands der USA, macht sich 1992 Sorgen
über mögliche Zukünfte von Städten wie Los Angeles. Zitiert sei aus dem Schluss-
kapitel von *LA 2000: The Final Report of the Los Angeles Millennium Committee*: „Wo
wird Los Angeles 2000 seine Community finden? Natürlich ist da das *Blade Runner*
Szenario: die Verschmelzung individueller Kulturen zu einem gemeinen Polyglot-
tismus voller ungelöster Feindseligkeiten. Da steht auch die Möglichkeit bevor,
dass bewaffnete *Lager* fortbestehen, aus denen gelegentlich Angriffe oder Waffen-
stillstandsverhandlungen vorgetragen werden" (Garreau 1992, 218). Städtische Segregation eskaliert zu gewaltsamer Konfrontation. Wie in vielen anderen Berichten
zur Planung und Kontrolle zukünftiger Metropolen werden auch in diesem Bericht
die Exklusions- und Inklusionsverhältnisse städtischer Gesellschaften in einen engen Zusammenhang gebracht mit der material-räumlichen Gestalt und Ausstattung des Riesenartefakts Stadt. Als Anschauungsmaterial dient *Blade Runner*.

Aber auch Stadtwissenschaftler im engeren Sinn sind infiziert: Der Urbanist Joel
Garreau zum Beispiel beschreibt *edge cities*, auf Deutsch vielleicht Randstädte, als
„Blade Runner Landscapes", als Stadtlandschaften, die ähnlich aussehen wie Los
Angeles in *Blade Runner*. Nicht besonders plausibel, aber effektvoll wie eine Ridley
Scott-Sequenz sagt er zum Beispiel: „*Blade Runner* ist ein Kultfilm-Klassiker, in dem
die Idee, was Los Angeles im Jahr 2019 sein könnte, mit einem Filmgenre zusam-
mentraf, das man am besten als strudelnd-hyperkoloriert-kybernetisch-punkver-
liebt bezeichnen könnte. Und in der Tat... Dillon, der über Nord-Dallas schreibt,
hat Nord-Dallas mehr oder weniger zurecht ,*Blade Runner*-Welt' genannt. Das
stimmt zu einem solchen Grad, dass man all das, was sich da abspielt, am besten
im Hundertkilometertempo aus einem Kabrio mit völlig unbeeinträchtigter
Rundumsicht in sich aufnimmt... und dann beginnt der Ansturm auf die Sinne"
(1992, 218). Stadtsoziologie durchs Auge der Kamera. Der Stadtwissenschaftler
Garreau bezieht sich hier auf den Kunsthistoriker David Dillon, der das Konzept
Edge City erfunden hat, einen gegenwärtig in der Urbanistik viel diskutierten und
theoretisierten Stadttypus.

Oder betrachten wir die feministische Kultursoziologin Elizabeth Wilson, nebenbei
auch Autorin von London-Romanen. Wilson nimmt *Blade Runner* in ihrer schönen
Studie *The Sphinx in the City* über das ambivalente Verhältnis von Frauen zur grossen Stadt auf: „In *Blade Runner*, einem der gefeiertsten ,postmodernen' Filme, ent-
kommt der Held am Ende aus einem futuristischen (und doch beinahe mittelalterlichen) Los Angeles, bevölkert von einem chinesischen Subproletariat (rassistische
Anklänge der ,gelben Gefahr'), und rettet sich mit seiner Roboter-Geliebten in eine
leere ländliche Gegend" (1992, 139). Im weiteren nutzt sie den Film im Kontext der
alten Gegenübersetzung von böser, artifizieller (männlicher) Stadt und erlösen-
dem, natürlichem (weiblichem) Land.

Auch Norman Denzin, Theoretiker der postmodernen Gesellschaft, verfällt dem Zauber der Bilder. Er sieht in dem Streifen ein Paradebeispiel für Filme, „die sich über zeitgenössische Sozialformen und Mythen lustig machen... indem sie den Betrachter mit ‚unpräsentierbaren' gewaltsamen Bildern von Sex und städtischem Verfall konfrontieren" (1992, 10). Denzin bezieht sich seinerseits auf Jean Baudrillards bekanntes *America*-Buch und nennt Baudrillard tatsächlich *„Baudrillard the Blade Runner"*. Der Sozialwissenschaftler, wenn wir Baudrillard einmal als solchen durchgehen lassen, als Spezialist für simulierte Wirklichkeiten, der vielleicht selbst eine solche ist...

Die Reihe solcher Zitate ließe sich beliebig fortsetzen, zum Beispiel natürlich mit den Los-Angeles-Untersuchungen *City of Quartz* und *Ecology of Fear* von Mike Davis, der aus dem Film allerlei Evidenzen bezieht. *Blade Runner* zu nennen scheint geradezu eine Pflichtübung, wenn man „postmoderne" Stadtformen beschreiben möchte.[8] Wieso zeigen sich so viele Sozialwissenschaftler gerade von diesem Film inspiriert? Und wie kommt es, dass er immer wieder herhalten muss für das Argument, das Medium des literarischen Films sei wichtig für eine Theorie zeitgenössischer Gesellschaften, insbesondere eine Theorie der postmodernen Stadt?[9] Warum hat der Film die Sinne, wenn schon nicht den Geist so vieler Sozialwissenschaften angesprochen?

Eine Antwort auf diese Frage hängt damit zusammen, dass *Blade Runner* eine Metapher blendend illustriert, die in der Stadtforschung eine sehr lange Geschichte hat: die Metapher von der *Dual City* oder der „Geteilten Stadt", die zahllosen stadtsoziologischen und stadtökonomischen Texten zugrunde liegt. Es geht dabei stets um die These, große Städte folgten einem Grundmuster der fortschreitenden Spaltung in arm und reich, in eine offizielle und eine informelle Ökonomie, und damit korrespondierend in räumlich-baulich immer stärker segregierte Einheiten.[10] In allen diesen Theorien wird eine Verbindung hergestellt zwischen der sozialen und der materiellen Ausstattung der Städte. Sieht man auf die Architektur- und Verkehrslandschaft des Films, dann beeindruckt in der Tat eine Stadtgestalt, die in einer Mischung von *Metropolis* und babylonischem Kitsch radikal zweigeteilt ist - nicht nur politisch-organisatorisch, ökonomisch, kulturell, sondern eben auch topographisch, verkehrsmäßig, technisch. Gezeigt wird eine zukünftige und zugleich archaische Metropolengesellschaft, in der verschiedene Schichten und ethnische Gruppen horizontal wie vertikal brutal segregiert sind. Die Stadt wird von einer Oberwelt der Investoren und Konzerne in den pyramidalen Hochhäusern und einer mafiösen Unterwelt auf Straßenebene beherrscht. Zwischen diesen beiden Ebenen gibt es gewisse Korrespondenzen, vermittelt durch die Polizei, die in ihren amphibischen Vehikeln aus den Höhen der Zitadellen in die Tiefen der brodelnden Straßen und verwüsteten Vorstädte taucht, um dort für eine Art Ordnung zu sorgen. Stadtbürger und Stadtverwaltung im „europäischen" Sinn kommen nicht mehr vor. Polizeisystem, formelle und informelle Ökonomie funktionieren im Interesse eines alles beherrschenden, planetaren Elektronikkonzerns. Das ist die *Dual City* des *Blade Runner*.

Nun könnte man ja sagen: Gut, *Blade Runner* präsentiert eben eine literarisch überhöhte Fiktion, die auf die Erregung von Kinogängern abhebt. Was hat das mit so-

zialwissenschaftlicher Stadttheorie zu tun? Liest man dann zum Beispiel den Global City-Theoretiker Manuel Castells, dann sieht man, dass er ein nicht unähnli-
ches Bild entwirft: „Wir bewegen uns von einer Situation sozialer Ausbeutung zu
einer Situation funktionaler Irrelevanz. Wir werden den Tag sehen, an dem es ein
Privileg sein wird, ausgebeutet zu werden, denn noch schlimmer als ausgebeutet
zu werden ist, ignoriert zu werden" (1991, 213).
Wie viele andere Globalisierungstheoretiker zeichnet Castells die Metropolen als
fortschreitend gespalten. Gespalten in Kernzonen, sozusagen die Vororte *einer*
ortlosen, zusammenhängenden planetaren Weltstadt, und bedeutungslose, nicht
einmal mehr ausbeutbare Peripherien, bevölkert von örtlichen Sub-Sub-Proleta-
riaten. Die Segregation der geteilten Stadt erreicht hier noch einmal eine neue
Qualität: globale Kerne, aus denen die nutzlosen „Bürger" ausgestoßen sind, auf
der einen Seite, Reststädte, die abgeschrieben sind, auf der anderen. *Blade Runner*
illustriert diese Vision hervorragend. Der theoretische Text und der fiktive Text
laufen zwanglos ineinander.
Saskia Sassen, eine andere Global-Cities-Forscherin, bemerkt nun sehr treffend:
„Die beherrschende Erzählfigur in Theorien der ökonomischen Globalisierung ist
eine Geschichte der Vertreibung. Die Schlüsselkonzepte der *mainstream*-Theorien
über die Weltwirtschaft, diejenigen, die um die Vorstellung von der zentralen
Rolle der Telekommunikation und der Informationstechnologien kreisen, diese
Schlüsselkonzepte legen uns nahe, Orte hätten keine Bedeutung mehr. In dieser
Version wird die Bedeutung globaler Übertragungsprozesse und der Konzernar-
chitekturen herausgestellt, die diese Übertragung ermöglichen" (1993, 11).
Man kann Sassen hier dahingehend interpretieren, dass die Vertreibungsstory der
Global-City-Rhetoriker vor allem in den *Theorien* stattfindet: Sie zeigt mit anderen
Worten, welchen Anteil *Stadtökonomen selber* daran haben, die wertmäßigen Voraussetzungen für die Globalisierung zu schaffen. Und sie plädiert dann für zweier-
lei: erstens für eine viel genauere Beschäftigung mit dem produktiven Beitrag und
den materiellen Kulturen der ausgesonderten Subproletariate, Einwanderergrup-
pen und anderen Minoritäten. Zweitens für mehr Reflexivität der eigenen Wissenschaft gegenüber.
Für das Verhältnis wissenschaftlicher und außerwissenschaftlicher Medien, um
das es mir hier geht, ergibt sich Folgendes: Filme wie *Blade Runner* oder andere
unterhaltsame Inszenierungen von Technik bieten wenig Reflexivität. Die verfüh-
rerische Resonanz von *Blade Runner* in der Stadtforschung und darüber hinaus
stimmt skeptisch. Gerade deshalb ist aber die Konfrontation von *populären* Medien
und Bildern und *soziologischen* Diskursen und Bildern lehrreich: sie macht darauf
aufmerksam, dass auch theoretisch anspruchsvoll daherkommende Stadt- und
Technikforscher nicht immer das Maß an Reflexivität aufbringen, das Soziologen
sonst gerne in Gegenüberstellung zu den Massenmedien ihrem eigenen Medium
zuschreiben.
Techniksoziologen, oder in diesem Fall Stadtsoziologen, können sich dem Stim-
mengewirr der Medien nicht entziehen. Die Zeit reinlich getrennter, institutionell
abgeschirmter Diskurse ist vorbei, wenn es sie denn je gegeben hat. Der Philosoph
Nelson Goodman sagte einmal, in einem Text „Zur intellektuellen Eroberung der

Städte": „Die Merkmale einer Stadt, die einer erzählerischen oder beschreibenden Charakterisierung bedürfen, sind ... nicht nur ihr Plan, die Gebäude, Silhouetten, Farben, ... Die Mittel der Darstellung umfassen Prosa und Poesie, Malerei, Graphik, Photographie, Modelle, Pläne, Diagramme, Statistiken, Kino, Musik, Drama, Tanz und Schauspiel und ebenso Kombinationen dieser Fertigkeiten...". Und er fährt dann fort: „Der Versuch einer Systematisierung ist nicht das Ergebnis einer leidenschaftlichen Kategorisierungswut, sondern hat sein Motiv in der Notwendigkeit, die so überaus vielfältigen und chaotischen Mittel der Verweisung, die oftmals *grundlegende* Unterscheidungen verdunkeln und *elementare* Verbindungen zerreißen, in eine überschaubare Ordnung zu bringen" (1989, 181).

Das könnte man auch für Techniksoziologen gelten lassen: Sie müssen eben versuchen, die „überaus vielfältigen und chaotischen Mittel der Verweisung", die man in den multimedialen Welten geboten bekommt, in eine intellektuelle Ordnung zu bringen, grundlegende *Unterscheidungen* nicht zu verdunkeln und elementare *Verbindungen* nicht zu zerreißen. Das ist nun leichter gesagt als getan und führt zum dritten Punkt, den gesellschaftstheoretischen Ansprüchen einer in wachsendem Maß sich konstruktivistisch orientierenden Techniksoziologie.

5   Techniksoziologie als Gesellschaftstheorie

Können neue Techniksoziologen den alten Gesellschaftstheorien Konkurrenz machen? Der Ansturm der Computer und der unvermeidliche Druck, der durch andere Medien der Imagination und Beschreibung technisierter Welten entstanden ist, hat die Lage in der Techniksoziologie verändert. Kann man in dieser Lage Techniksoziologie wie gehabt als Bindestrich-Soziologie betreiben? Oder müßte man nicht versuchen, technik- bzw. wissenschaftssoziologische Deutungen für einen *umfassenderen Perspektivewechsel in der Betrachtung der Konstitution von Gesellschaft* anzubieten? Autoren wie der oben zitierte Woolgar haben ja genau das verlangt. Aber geschieht es auch? Eine systematische Einschätzung aktueller Trends in der Wissenschafts- und Technikforschung soll hier nicht gegeben werden, geschweige denn ihrer Chancen, gesellschaftstheoretische Wirkungen zu erzeugen. Stellvertretend sei statt dessen noch einmal an Latours symmetrische Anthropologie angeknüpft, denn Latour ist vielleicht der Autor, der sich gesellschaftstheoretisch am weitesten vorgewagt hat.

Seine These noch einmal in aller Kürze: Wie jede Gesellschaft beruhen auch moderne Gesellschaften auf einer fortlaufenden Übersetzungs- und Vermittlungspraxis, in der in einem rasanten Tempo ständig neue Eulen, neue Mischwesen aus Natur und Kultur entstehen. Latour nennt sie „Quasi-Objekte". Der Grundzug *moderner* Gesellschaften besteht nun darin, dass diese Quasi-Objekte untergründig bleiben und durch eine zweite, vordergründige Reinigungsarbeit *zerlegt* werden in Gesellschaft und Natur. Die Mischwesen werden dabei als Technik verkleidet naturalisiert. Als objektiv verfügbare Mittel werden sie einer Natur zugeschlagen, deren man sich für gesellschaftliche und politische Zwecke bedienen kann, ohne sie in einen ordentlichen politischen Prozess einbeziehen zu müssen.

Die Übersetzungs- und Vermittlungsarbeit, sagt Latour, wird systematisch geleugnet. Die *Ergebnisse* der Reinigungsarbeit werden zu deren *Ursachen* erklärt, obwohl
sie doch die Wirkungen der Reinigungsarbeit sind. Damit wird Technik exterrito-
rialisiert, verandert, nicht als Teil oder Mitglied des politischen Kollektivs anerkannt, ähnlich, wie in früheren Phasen der Modernisierung das Proletariat durch
das Bürgertum oder die Wilden durch den Westen verandert wurden. Die bekannten Auswege aus dem Dilemma, rationalistischer Realismus *oder* Kultur-Relativis-
mus, lehnt Latour ab. Er weigert sich aber auch, bei der ihm noch sympathischsten
postmodernistischen Position der Dekonstruktion dieser Auswege stehen zu bleiben. Er möchte die Vermittlungsarbeit und ihre Resultate, die Quasi-Objekte und
Mischwesen, öffentlich rehabilitieren: „Die Vermittler", sagt er in „Wir sind nie
modern gewesen", „tragen alles, während die Extreme [d. h. die reinliche Trennung von Natur und Gesellschaft], sind sie einmal isoliert, nichts mehr darstellen"
(1995, 161).
Die Rehabilitation der Quasi-Objekte wird bei Latour politisch motiviert. Die, wie
er sagt, „wahnsinnige Vermehrung" der als Technik verkannten und naturalisier-
ten, radikal veranderten Quasi-Objekte schreitet fort und schafft Probleme. Das
Ozonloch, den Rinderwahnsinn, Aids, die Zerstörung des Regenwalds. Diese Probleme kann man nicht mit dem Argument wegdiskutieren, man wisse eben noch
nicht genug über sie. Die Proliferation der Quasi-Objekte kann nur gemäßigt und
reguliert werden, wenn man sie erkennt und als Teil des Kollektivs anerkennt.
Wenn man Arenen schafft, mit anderen Worten, in denen sie zugleich wissenschaftlich *und* politisch repräsentiert werden. Ein Thing für Dinge, sagt er den
Germanen in Anspielung auf das angelsächsische Wort *thing* für Ding... (Latour
1998)·
Der wissenschafts- und techniksoziologisch hergeleitete Latour'sche Generalan-
griff, der alle Grundkategorien durcheinanderbringen will, wird wohl nicht funktionieren. Nicht weil er uninteressant wäre, sondern weil die Wissenschaften ihre
moderne Verfassung vorerst nicht verlieren dürften. Dazu ist sie zu nützlich. Auf
der anderen Seite muss man sehen, dass der Grundgedanke, wir bestünden aus
Quasi-Objekten, die erst nachträglich in objektivierende Aussagen gegossen werden, durchaus Fuß gefaßt hat. Und zwar in all jenen Theorien oder Gesellschafts-
entwürfen, die heute unter dem Etikett *Wissensgesellschaft* firmieren. Denn hier
wird Wissen eben nicht als ein System von Aussagen, sondern eher als ein Netz
von Teilhaben an höchst heterogenen und ständig verwandelten Wissensobjekten
verstanden. Stellvertretend sei Gernot Böhme zitiert:
"...wir müssen die Tatsache bedenken, dass wir heute in einer Wissensgesellschaft
leben, und diese Situation kann nicht mehr mit einem philosophischen, sondern
muss mit einem soziologischen Wissensbegriff beschrieben werden... Wissen
kann... nicht mehr als Repräsentation von Sachverhalten in Aussagen verstanden
werden, sondern ist vielmehr eine Form der Partizipation an diesen Sachverhalten.
Etwas wissen heißt so viel, wie einen Zugang zu diesem Etwas zu haben, sich in
ihm orientieren zu können, mit ihm umgehen zu können..." (1999, 51).
Das klingt fast wie eine popularisierende Übersetzung von Thesen und Befunden
der „neueren" Wissenschafts- und Technikforschung. Aber es bedeutet *auch*, dass

das Konzept der Wissensgesellschaft nicht viel beiträgt zur Lösung doch ziemlich komplizierter innerwissenschaftlicher Kontroversen über den richtigen theoretischen Weg.

6   Ausblick auf die nächsten zwei Jahrzehnte

Würde man mich nach der grundlegendsten Kontroverse in der gegenwärtigen Lage der Wissenschafts- und Technikforschung fragen, dann würde ich antworten: die Kontroverse *Naturalisierung der Geschichte* versus *Historialisierung der Natur*. Dazu abschließend eine Bemerkung.

Mit dem Begriff „Naturalisierung der Geschichte" ist Folgendes gemeint: Man kann seit geraumer Zeit beobachten, wie biologische Disziplinen den physikalischen Disziplinen die Rolle einer „Leitwissenschaft" streitig machen. Im Zuge dieser Entwicklung mehren sich in jüngerer Zeit Versuche von Evolutionsbiologen, ihre Erklärungsansprüche weit auf das Feld *gesellschaftlicher und kultureller* Evolution auszuweiten. Verwiesen sei etwa auf Edmund Wilson (1998) oder Jared Diamond (1998), die auch hierzulande populär geworden sind. Historische Prozesse werden hier umstandslos zu Anpassungsprozessen an wechselnde (durchaus gesellschaftlich produzierte) Umweltbedingungen erklärt. Im Gegenzug zu *narrativ* orientierten Kulturwissenschaften wird dabei rigoros *szientistisch* argumentiert: Man verspricht, empirische Gesetzmäßigkeiten eines Allgemeinheitsgrads formulieren zu können, von dem positivistisch gesinnte Soziologen nur träumen konnten. Man betreibt, um noch einmal mit Latour zu sprechen, eine starke „Politik der Erklärung".

Dem steht eine ebenso radikale Wissenschaftsforschung gegenüber, in der Natur konsequent historisiert wird. Autoren wie Hans-Jörg Rheinberger und natürlich Bruno Latour schließen jede Möglichkeit aus, Aussagen über invariante Beziehungen *auch in der Natur* zu machen. Denn diese Beziehungen werden selbst in einem fortlaufenden historischen Prozess ständig neu erfunden und überholt.[11] In dieser Perspektive tritt Erklären völlig hinter Beschreiben und Nacherzählen zurück. Biologische Reduktionisten tendieren derweil dazu, derartige Überlegungen als postmodernes Geschwätz abzutun.

In dieser Kontroverse geht es also um eine Neukartierung der Grenzziehungen zwischen den sozialen und den naturalen Anteilen historischer und damit auch technischer Entwicklungen. In den Sozial- und Kulturwissenschaften herrscht insgesamt wohl doch eine ziemliche Ratlosigkeit gegenüber der Welt der technischen Artefakte und ihrer Hervorbringungen. Gegenüber selbstbewusst argumentierenden Soziobiologen bleiben sie deshalb in der Defensive. Aber die laufende Neukartierung hat ja durchaus praktische Folgen. Auseinandersetzungen über die technische Entwicklung, über die ständige Erweiterung der Welt der Artefakte, werden in modernen Gesellschaften durchgängig mit Hilfe wissenschaftlicher Expertise geführt. Deshalb ist es nicht ganz unerheblich, wer wissenschaftliche Definitionsmacht beanspruchen darf, wessen Expertise herangezogen wird und welche Repräsentationen sich durchsetzen.

In der techniksoziologischen Forschung wird man nicht darum herumkommen, Eulen und alle die anderen technischen Dinge im Kontext äußerst unübersichtlicher Komplexe zu betrachten. In diesen Komplexen findet man immer schon unzählige und höchst verweisungsreiche Gegebenheiten vor: naturale, artifiziell-gegenständliche und *andere* sozio-kulturelle. Man sollte sich von vorn herein immer klar machen, dass diese Komplexe kaum aus einer vereinheitlichenden Perspektive rekonstruierbar sind. Im Augenblick zeichnet sich allerdings eine Tendenz in Richtung einer Art *Evolutionssoziologie* ab, die dann gerade in techniksoziologischen Ansätzen ihre Adepten finden und auf diesem Weg in vielen Feldern wissenschaftlicher Expertise auch ihre Theorieeffekte entfalten wird.

Das ist gut so, insofern damit Natur und „aus Natur gebastelte" technische Einrichtungen definitiv *nicht* mehr als das *Andere der Gesellschaft* gedacht werden können. Es wäre aber nicht so gut, wenn damit *andere*, kulturwissenschaftlich inspirierte und vor allem: ausserwissenschaftliche Deutungsangebote delegitimiert würden. Anders gesagt: Ich würde mir gerne die Vieldeutigkeit der Eule erhalten.

Anmerkungen

1 Siehe zuletzt den ausgezeichneten Überblick von Jörg Strübing (2000), der gleichzeitig eine Gegenüberstellung der „ungleichen Schwestern" Technikforschung und Wissenschaftsforschung versucht, sowie Rammert (1998a, 2000) und Schulz-Schaeffer (1999); zur Soziologie des Internet siehe Gräf/Krajewski (1997), auch Rammert (1998b).

2 Sein Regisseur, Ridley Scott, hat auch die *Alien*-Filme gedreht, in denen es um den Umgang mit extremer *Alterität*, oder Veranderung, geht.

3 „Über die spirituelle Reinheit der Technik" (in Bense 1952, 63-89).

4 „Chthonisch" bedeutet untergründig, chthonische Götter sind Todesgötter. Sie wurden als geflügelte weibliche Wesen dargestellt mit in die Haare eingeflochtenen Schlangen, Fackeln und Geißeln, sowie Blutstropfen, die aus den Augen treten. Die Erinnyen fuhren mit Brüllen und Bellen einher. Die Römer nannten sie Furien.

5 Auch in Scotts *Alien*-Film kommen archaische Muttersymbole vor. Der Computer an Bord des düsteren Raumschiffs Nostromo wird *Mother* genannt und steht natürlich für den Mutterkonzern, der das phallische Fetisch-Objekt des *Alien* über die Sorge für seine Kinder, die Schiffsbesatzung stellt... Aber die zentrale Auseinandersetzung in *Blade Runner* dreht sich sicher nicht um männlich/weiblich, sonder um menschlich/nicht-menschlich, oder genauer um wirklich/nicht-wirklich, wenn man dem Film wohlgesinnt ist, vielleicht auch um wirkliches Leben/ Kino...

6 Die extreme Position nimmt hier sicher Bruno Latour ein, siehe zuletzt Latour (1999).

7 Sie dazu diverse Beiträge in Joerges (1996).

8 Am Rande sei vermerkt, dass viele Filmtheoretiker den Film ausdrücklich als nicht-postmodern eingestuft haben. Vgl. zum Beispiel O'Brien (1993).

9 Philip Dick hielt nichts von der *Blade Runner*-Verfilmung und setzte sie in eine Reihe mit Ridley Scotts *Alien*, über den er sagte: „Bei aller glänzenden Wirkung hat *Alien* uns doch nichts Neues gebracht in Richtung auf Konzepte, die den Geist aufrütteln statt die Sinne" (zitiert nach Sutin 1991, 275).

10 Zur Karriere des Konzepts in der Stadtforschung siehe Scott 1988, Fainstein/Harloe 1992; für repräsentative Untersuchungen, in denen das Konzept zentral verwendet wird, zum Beispiel Mollenkopf/Castells 1994, Fainstein/Gordon/Harloe 1992, Sassen 1992.

11 Ein insofern interessanter Vertreter dieser intellektuellen Bewegung, als er sich eben zentral mit den Erschaffungen der Biologie befasst, ist - neben Bruno Latour - Hans-Jörg Rheinberger (zum Beispiel 1992).

Literatur

Bense, Max: Plakatwelt. Stuttgart: Deutsche Verlagsanstalt 1952.

Böhme, Gernot: Bildung als Widerstand. Ein Versuch über die Zukunft des Wissens. Die Zeit, Nr. 38, 16. Sept. 1999, 51.

Castells, Manuel: Die zweigeteilte Stadt - Arm und Reich in den Städten Lateinamerikas, der USA und Europas. In Tilo Schabert (Hg.), Die Welt der Stadt. München: Piper 1991, 192-216.

Davis, Mike: City of Quartz. Berlin: Schwarze Risse 1994 (englisch: City of Quartz. New York: Verso 1990).

Denzin, Norman K.: Images of Postmodern Society. Social Theory and Contemporary Cinema. London etc.: Sage 1992.

Diamond, Jared: Arm und Reich. Die Schicksale menschlicher Gesellschaften. Frankfurt: Fischer, 2. Aufl. 1998 (Englisch: Guns, Germs, and Steel: The Fates of Human Societies. New York/London: Norton & Company 1997).

Fainstein, Susan S., Ian Gordon and Michael Harloe (eds.): Divided Cities. Cambridge: Blackwell 1992.

Garreau, Joel: Edge City. Life on the New Frontier. New York etc: Doubleday 1992.

Goodman, Nelson: Die Eroberung der Städte. Kunstforum, 100, 1989, 181-182.

Gräf, Lorenz/Krajewski, Markus (Hg.): Soziologie des Internet. Frankfurt: Campus 1997.

Haraway, Donna: Modest Witness@Second Millennium: Femaleman Meets Oncomouse. London: Routledge 1996.

Joerges, Bernward: Überlegungen zu einer Soziologie der Sachverhältnisse. Leviathan, 7 (1), 1979, 125-37.

Joerges, Bernward: Technik – Körper der Gesellschaft. Frankfurt: Suhrkamp 1996.

Latour, Bruno: Wir sind nie modern gewesen. Berlin: Akademieverlag 1995.

Latour, Bruno: Ein Ding ist ein Thing - eine philosophische Plattform für eine europäische Linkspartei. In Werner Fricke (Hg.), Innovationen in Technik, Wissenschaft und Gesellschaft, Forum Humane Technikgestaltung, Bd. 19, Friedrich-Ebert-Stiftung, Bonn 1998, 165-82.

Latour, Bruno: When Things Strike Back: a Possible Contribution of Science Studies to the Social Sciences. British Journal of Sociology 51 (15), 1999, 105-123.

Mollenkopf, John H., and Manuel Castells (eds.): Dual City: Restructuring New York. New York: Russel Sage Foundation 1994.

O'Brien, Geoffrey: The Phantom Empire. New York: Norton 1993.

Rammert, Werner: Was ist Technikforschung? In: B. Heintz und B. Nievergelt (Hg.), Wissenschafts- und Technikforschung in der Schweiz. Zürich: Seismo, 161-93.

Rammert, Werner: Technik aus soziologischer Perspektive 2. Wiesbaden: Westdeutscher Verlag 1998a.

Rammert, Werner: Giddens und die Gesellschaft der Heinzelmännchen. In Thomas Malch (Hg.): Sozionik. Berlin: edition sigma 1998b.

Rheinberger, Hans-Jörg: Experiment - Differenz - Schrift. Zur Geschichte epistemischer Dinge. Marburg: Basilisken-Presse 1992.

Ropohl, Günter: Das neue Technikverständnis. In: Günter Ropohl (Hg.), Interdisziplinäre Technikforschung, Berlin: E. Schmidt 1981, 11-23.

Sassen, Saskia: The Global City. Princeton: Princeton University Press 1992.

Sassen, Saskia: Hard Times in the City. The Times Literary Supplement, Sept. 18, 1993, 11.

Schulz-Schaeffer, Jürgen: Technik und die Dualität von Regeln und Ressourcen. Zeitschrift für Soziologie, 28 (6), 1999, 409-28.

Schulz-Schaeffer, Jürgen: Akteur-Netzwerk-Theorie. In Johannes Weyer (Hg.), Soziale Netzwerke. München: Oldenbourg 2000, 187-209.

Scott, Allen J.: Metropolis: From the Division of Labor to Urban Form. Berkeley, CA: University of California Press 1988.

Strübing, Jörg: Von ungleichen Schwestern. Was forscht die Wissenschafts- und (was die) Technikforschung? Soziologie 3, 2000, 61-80.

Sutin, Lawrence: Divine Invasions. A Life of Philip K. Dick. London: Harper Collins 1991.

Wilson, Edward O.: Die Einheit des Wissens. Berlin: Siedler 1998 (englisch: Consilience: The Unity of Knowledge. New York: Knopf 1998).

Wilson, Elizabeth: The Sphinx in the City: Urban Life, The Control of Disorder, and Women. Berkeley: University of California Press 1992.

Politik und Technik

Schwerpunkte politikwissenschaftlicher Technikforschung

Edgar Grande

1   Einleitung: Grundlagen politikwissenschaftlicher Technikforschung

Die politikwissenschaftliche Beschäftigung mit Fragen der Technik und dem Verhältnis von Politik und Technik basiert auf zwei – inzwischen weitgehend unstrittigen – Erkenntnissen der modernen Technikforschung. Zum einen geht sie von der *prinzipiellen Ambivalenz technischer Entwicklungen* aus. Der einseitige und eindeutige Fortschrittsoptimismus oder -pessimismus, der lange Zeit mit der Technik verbunden war, wurde ersetzt durch die differenziertere Vorstellung, dass die Technik in ihrem gesellschaftlichen Nutzen vielfach zwiespältig ist, dass sie Chance und Risiko zugleich ist.

Die Politik wird dadurch mit zwei widersprüchlichen Anforderungen konfrontiert. Einerseits soll der Staat die Generierung neuen Wissens und die technische Entwicklung beschleunigen und intensivieren. Bildung, Forschung und technische Entwicklung gelten in hochentwickelten Gesellschaften als Bereiche, die besonderer – gerade auch staatlicher – Förderung bedürfen; und mit der Globalisierung der Wirtschaft hat die Bedeutung des Wissens und einer wissensbasierten Infrastruktur noch weiter zugenommen. Helmut Willke (1992, 269-309) zum Beispiel sieht in der Entwicklung einer wissensbasierten Infrastruktur die Hauptaufgabe des modernen Staates im 21. Jahrhundert. Andererseits ist jedoch gerade die Förderung und Anwendung moderner „Schlüsseltechnologien" (z.B. Kernenergie, Biotechnologie) mit besonderen Risiken verbunden, und auch die Vermeidung dieser Risiken gilt als vorrangige Aufgabe des Staates. Der Staat wird durch die moderne Technik mit einem neuen Typus von Aufgaben konfrontiert: der Vermeidung zivilisatorischer Risiken. Damit sind – im Anschluß an Ulrich Beck (1993, 40) – solche ökologischen, chemischen und kerntechnischen Gefahren und Bedrohungen (z.B. Umweltbelastungen, Kernenergie, Gentechnik) gemeint, die durch menschliche *Entscheidungen* ausgelöst werden. Es handelt sich also um Risiken, die vom Menschen in die Welt gesetzt werden, ohne dass sie von ihm wieder aus der Welt geschafft werden könnten. Dies hat weitreichende Folgen für das Verhältnis von Politik und Technik: „Auf der Tagesordnung hochentwickelter Gesellschaften steht heute die Aufgabe, die Folgen der zivilisatorischen Überwindung naturwüchsiger Evolution unter Kontrolle zu bringen durch eine *Zivilisierung der technischen Entwicklung*" (Willke 1992, 27; Hervorhebung durch d. Verf.).

Die Durchsetzung der neuen gesellschaftlichen Erwartungen an die staatliche Techniksteuerung wird entscheidend begünstigt durch eine zweite Erkenntnis der modernen Technikforschung, die sich in den 1970er Jahren durchzusetzen begann: Die Einsicht in die *gesellschaftliche Gestaltung und Gestaltbarkeit der technischen Entwicklung*. Die Entwicklung und Nutzung der Technik erfolgt nicht, wie in technik-

deterministischen Konzepten lange Zeit angenommen, ausschließlich einer Eigen-
logik und Eigengesetzlichkeit, sie ist vielmehr maßgeblich gesellschaftlich beeinflusst. Und die Technikgeneseforschung hat gezeigt, dass dabei eine ganze Reihe
von Faktoren eine Rolle spielen können: ökonomische, rechtliche, kulturelle – und
auch politische.

Die Politikwissenschaft sieht ihre Aufgabe in diesem Zusammenhang vor allem
darin, *empirisch* zu ermitteln, welchen spezifischen Einfluss die Politik auf die
Entwicklung und Nutzung moderner Technik besitzt. Carl Böhret hat dies auf dem
Bochumer Politologentag im Jahr 1985, der sich mit dem Thema „Politik und
Technik" beschäftigte, programmatisch formuliert: „Es ist eine vordringliche Aufgabe der Politikwissenschaft, zu zeigen, dass und wie sehr die Politik für die Gestaltung und das Funktionieren des Gemeinwesens verantwortlich ist – und dass
dies eben nicht an die Technik oder an irgendwelche 'Sachzwänge' abgeschoben
werden kann. Ob und wie sehr Politik autonome Handlungsmöglichkeiten besitzt
und diese realisieren kann, oder ob sie nur abhängige Variable unterschiedlich er-
klärter Gesetzmäßigkeiten ist, das wird freilich strittig bleiben, und muß jeweils
neu analysiert und begründet werden" (Böhret 1986, 22). Von besonderem Interesse sind hierbei die folgenden *Fragen*:

– Über welche Möglichkeiten verfügt die Politik, um die Nutzenpotentiale neuer
  Technologien zu fördern und die Folgeprobleme und Risiken moderner Technik
  zu vermeiden oder zumindest zu bewältigen?
– Von welchen politischen, institutionellen und organisatorischen Faktoren hängt
  der Erfolg einer politischen Techniksteuerung im konkreten Fall ab?
– Wie läßt sich die Entwicklung und Nutzung moderner Technik mit den normativen Anforderung moderner Demokratien an politische Legitimation und demokratische Beteiligung vereinbaren?

Im Mittelpunkt der politikwissenschaftlichen Forschung zu diesen Fragen stand in
den vergangenen dreißig Jahren die *Rolle des Staates*. Damit ist nicht gesagt, dass
sich der gesamte Bereich der Politik einfach auf den Staat reduzieren lässt, dass
Staat und Politik das gleiche sind. Das politische System reicht bekanntlich weit
über das staatliche Institutionensystem hinaus und schließt all jene gesellschaftlichen Akteure und Organisationen mit ein, die bewusst Einfluss auf kollektiv verbindliche Entscheidungen nehmen. Für das Verhältnis von Politik und Technik
wurde diese Unterscheidung von immer größerer Bedeutung, denn Fragen der
Entwicklung und Nutzung moderner Technik werden nicht mehr nur in politischen Expertenzirkeln und Ministerialverwaltungen behandelt, sie wurden zunehmend Thema öffentlicher Debatten und Gegenstand außerparlamentarischer
Konflikte. Die Kernenergie ist zweifellos das beste Beispiel für diese neuen Formen
der Politisierung der Technik. Dennoch spielt der Staat noch immer eine zentrale
Rolle im Bereich der politischen Techniksteuerung: Als Förderer neuen Wissens
und neuer Technologien in Hochschulen, Forschungseinrichtungen und Unternehmen, als Betreiber (groß)technischer Systeme, als Kunde von technikproduzie-
renden Unternehmen, als Regulierer von Sicherheitsstandards und Nutzungsbedingungen der Technik, um nur einige seiner wichtigsten Funktionen zu nennen
(Ellwein 1981).

Aus diesem Grund ist es durchaus sinnvoll, den Staat in das Zentrum einer Betrachtung des Verhältnisses von Politik und Technik zu stellen. Der folgende Beitrag unternimmt den Versuch, dieses Thema in vier Schritten zu behandeln. Er wird sich zunächst (2) mit der Bedeutung des Staates bei der Entwicklung und Nutzung moderner Technik beschäftigen; er wird dann (3) auf die spezifischen Handlungsbedingungen des Staates bei der Steuerung moderner Technik eingehen und im dritten Schritt (4) die Leistungen und die Leistungsfähigkeit staatlicher Techniksteuerung behandeln. Abschließend werden (5) aktuelle Forschungsfragen und Forschungsprobleme der politikwissenschaftlichen Technikforschung vorgestellt.

2 Aufstieg und Rückzug: Zur Bedeutung des Staates für die Techniksteuerung in Deutschland

Wissenschaft, Forschung und technische Entwicklung sind Bereiche, in denen ein Engagement des Staates aus wirtschaftlichen, militärischen, kulturellen und anderen Gründen als unverzichtbar gilt. In Deutschland wurde diese Aufgabe in den 1960er Jahren als eigenständiges Politikfeld – die Forschungs- und Technologiepolitik – in Form eines eigenständigen Fachressorts institutionalisiert, nachdem bereits 1955 ein Ministerium für Atomfragen eingerichtet worden war, das sich mit der staatlichen Förderung der zivilen Nutzung der Kernenergie beschäftigte (Stucke 1993). Dies bedeutet nicht, dass das Bundesforschungsministerium in der Folgezeit das einzige Bundesministerium war, das sich mit Fragen der Technik und der Techniksteuerung beschäftigte. Die Entwicklung und Nutzung moderner Technik fällt in den Aufgabenbereich zahlreicher weiterer Fachressorts, insbesondere jener für Wirtschaft, Verteidigung, Verkehr und Umwelt (sowie – bis zu seiner Auflösung – Post und Telekommunikation).

Im Mittelpunkt staatlicher Förderung standen zunächst vermeintliche „Zukunftstechnologien" wie die Kernenergie und die Raumfahrt. Da die immer größeren finanziellen und apparativen Aufwendungen für die Forschung in diesen Bereichen die finanziellen Möglichkeiten der Wirtschaft zu überfordern schienen, wurde es als staatliche Aufgabe angesehen, „Großforschungseinrichtungen" zu errichten und zu betreiben, um diese Techniken bis zu ihrer kommerziellen Reife zu entwickeln. Dies hat in den 1950er und 1960er Jahren zur Gründung zahlreicher außeruniversitärer staatlicher Forschungseinrichtungen in Deutschland geführt (vgl. Hohn/Schimank 1990). Wissenschaftshistoriker haben hieraus geschlossen, es gebe einen „säkulare[n] Trend zur Großforschung" (Ritter 1992, 48) – und das hieß nicht zuletzt auch: einen Trend zur Verstaatlichung von Forschung und technischer Entwicklung.

Als sich dann spätestens in den 1970er Jahren zeigte, dass die Bedeutung der Großforschung als besonderem Typus von Forschung überschätzt worden war, führte dies zunächst zu keinem Rückzug des Staates aus der Forschungs- und Technologiepolitik, sondern in erster Linie zu einem Wechsel ihrer Ziele, Instrumente und Adressaten. Die Forschungs- und Technologiepolitik wurde ein Instrument zur

„Modernisierung der Volkswirtschaft" (Hauff/Scharpf 1975); ihr wichtigstes Ziel wurde die Verbesserung der internationalen Wettbewerbsfähigkeit der deutschen Wirtschaft. Vorrangige Adressaten der Politik wurden die Unternehmen in solchen Industriesektoren, denen entscheidende Bedeutung für die ökonomische Wettbewerbsfähigkeit zugeschrieben wurde (u.a. Datenverarbeitung, Mikroelektronik, Fertigungstechnik).

Bereits in jener Zeit hat in Deutschland allerdings ein Wandel im Stellenwert und im Rollenverständnis des Staates in der Forschungs- und Technologiepolitik eingesetzt. Das zeigt schon der Blick in die Forschungsstatistik. Dieser lässt deutlich erkennen, dass der Staatsanteil am Forschungssektor in der Bundesrepublik nicht zugenommen hat, sondern – ganz im Gegenteil – deutlich abgenommen: 1962 finanzierte der Staat noch die Hälfte aller Aktivitäten in Forschung und Entwicklung (im Folgenden mit „FuE" abgekürzt), 1997 betrug sein Anteil nur noch knapp 38% (BMBF 1998, 371). Entgegen der zur Blütezeit der „Großforschung" in den 1960er Jahren weit verbreiteten Erwartung fand in der Bundesrepublik keine „Verstaatlichung" der Forschung statt, sondern ihre schleichende Privatisierung.

Dabei handelt es sich übrigens nicht um eine deutsche Sonderentwicklung. Auch in den USA, dem Mutterland der „Big Science", hat die Bedeutung des Staates im nationalen Forschungssystem abgenommen. Dort war der Staatsanteil an der Finanzierung von Forschung und technischer Entwicklung aufgrund der großen Bedeutung militärischer Forschung und der Raumfahrtprogramme bis Mitte der 1960er Jahre auf zwei Drittel (1964: 66,5%) angestiegen; in den 1970er und 1980er Jahren sank er dann aber unter 50% (vgl. Mowery 1992, 134).

Der Rückzug des Staates betrifft nicht nur die Finanzierung der „Großforschung", sondern auch die Förderung von „Schlüsseltechnologien" in der Industrie. Die Förderung von Forschung und Entwicklung in der gewerblichen Wirtschaft durch den Bund lag 1998 mit knapp 4,5 Mrd. DM auf der gleichen Höhe wie im Jahr 1982, – und dies trotz des vereinigungsbedingten Wachstums des gesamten Forschungsbudgets und des starken Anstiegs der Kosten für Forschung und Entwicklung in der Wirtschaft. Dies hatte zur Folge, dass der Anteil der staatlichen Fördermittel an den FuE-Ausgaben der Unternehmen deutlich zurückging. Im Fall der Firma Siemens zum Beispiel, lange Zeit einer der größten Mittelempfänger, ging der Anteil der staatlichen FuE-Fördermittel in den 1980er Jahren von 10% auf 3% zurück; inzwischen beträgt er nur noch etwa 2% (Grande/Häusler 1994, 377).

Hinzu kommt, dass der Bedeutungsverlust des Staates in der Techniksteuerung nicht auf den Bereich der Forschungs- und Technologiepolitik beschränkt ist. Neben der Forschungs- und Technologiepolitik gibt es bekanntlich eine Reihe von weiteren Politikfeldern, die mehr oder weniger unmittelbaren Einfluss auf das Verhältnis von Politik und Technik haben. Dazu zählten die Infrastrukturpolitik (Verkehr, Telekommunikation, Energieversorgung), die Wirtschaftspolitik, die Medienpolitik, die Bildungspolitik und andere mehr. In einigen dieser Bereiche hat der Staat in den vergangenen zwanzig Jahren auf Einfluss und Steuerungsmöglichkeiten verzichtet, unter anderem durch die Privatisierung öffentlicher Unternehmen und Verwaltungen sowie durch die Liberalisierung und Deregulierung von Märkten in Infrastrukturbereichen wie der Telekommunikation und der Elektrizitätswirtschaft. Dies hat zur Folge, dass sich in diesen Bereichen Entscheidungen über Forschungs- und Entwicklungsaktivitäten, Investitionen in technische Systeme, Diensteangebote und Nutzungsbedingungen inzwischen in erster Linie an Kriterien betriebswirtschaftlicher Rationalität und Rentabilität orientieren und öffentliche Interessen nur noch eine untergeordnete Rolle spielen. Dadurch ist der Aktionsradius der staatlichen Techniksteuerung merklich geschrumpft.

3 Handlungsbedingungen und Handlungsspielräume staatlicher Techniksteuerung

Die politikwissenschaftliche Technikforschung beurteilte die Möglichkeiten des Staates zur „Politisierung" von Wissenschaft, Forschung und technischer Entwicklung von Beginn an eher skeptisch. Das lag zunächst daran, dass die Eigengesetzlichkeiten der Technik überschätzt worden waren. Später war der Grund vor allem, dass die Politikwissenschaft den staatlichen Akteuren, insbesondere dem Bundesforschungsministerium, gegenüber der Wirtschaft nur geringe autonome Handlungs- und Entscheidungsspielräume einräumte. Es wurde angenommen, dass die Planungs- und Steuerungskapazitäten des Staates strukturell begrenzt sind, unter anderem aufgrund mangelnder personeller und finanzieller Ressourcen und fehlender Informationen. Die staatliche Forschungs- und Technologiepolitik musste deshalb von Beginn an in enger Abstimmung mit ihren Adressaten aus Wirtschaft und Wissenschaft formuliert und implementiert werden. Staat, Industrie und Wissenschaft wurden hierdurch auf vielfältige Weise miteinander vernetzt. Inzwischen besteht eine Vielzahl von formellen und informellen Formen der Kommunikation zwischen staatlichen Akteuren, Wissenschaftlern und Unternehmen auf allen Ebenen und mit den unterschiedlichsten Funktionen. Das hatte häufig zur Folge, dass die Autonomie staatlicher Akteure eingeschränkt war und die Interessen von Wirtschaft und Wissenschaft in technologiepolitischen Entscheidungsprozessen dominierten (vgl. Ronge 1977).

In der Vergangenheit war angenommen worden, dass die geringe Handlungsautonomie staatlicher Akteure weitreichende und überwiegend negative Auswirkungen auf die Inhalte staatlicher Entscheidungen und die Ergebnisse staatlicher Politik hat. Die staatliche Techniksteuerung galt als Paradefall für eine rein *reaktive Politik*, die lediglich auf die Wünsche von Wirtschaft und Wissenschaft reagiere und diese verwirkliche. Für diesen Sachverhalt konnten zahlreiche Beispiele angeführt werden. Allerdings ist unverkennbar, dass sich die Beziehungen zwischen Staat, Wirtschaft und Wissenschaft seit den 1980er Jahren merklich geändert haben. Inzwischen haben sich die klientelistischen Beziehungen zwischen der staatlichen Forschungsverwaltung und den Großunternehmen, die in der Forschungsförderung zweifellos lange Zeit bestanden hatten, merklich gelockert. Vielfach wurden sie ersetzt durch lose geknüpfte Verhandlungsnetzwerke, die für die beteiligten Akteure nur noch eine geringe Verbindlichkeit besitzen.

Für diese Veränderungen in den Beziehungen zwischen Staat, Wirtschaft und Wissenschaft waren vor allem Entwicklungen verantwortlich, die man als Regionalisierung, Europäisierung und Globalisierung kennzeichnen kann. Die Veränderungen im staatlichen Akteursystem, die durch die *Europäisierung und Regionalisierung der Forschungs- und Technologiepolitik* verursacht wurden (vgl. u.a. Grande 1993; Grande i.E), führten dazu, dass es die Unternehmen und Wissenschaftsorganisationen längst nicht mehr nur mit einem einzigen, nationalen Forschungsministerium zu tun haben, an das sie ihre Erwartungen und Forderungen adressieren können. In den vergangenen zwanzig Jahren haben immer mehr öffentliche Akteure Einfluss auf die Forschungs- und Technologiepolitik gewonnen. Dies ist zum einen eine Folge von Kompetenzübertragungen auf die Europäische Gemeinschaft, die ihre Aktivitäten im Bereich der Forschungs- und Technologiepolitik seit der Mitte der 1980er Jahre beträchtlich ausgeweitet hat. Und zur gleichen Zeit haben auch die Bundesländer die Forschungs- und Technologiepolitik als Instrument im regionalen „Standortwettbewerb" entdeckt und gestärkt. Das hat zu einer merklichen Ausdifferenzierung staatlicher Handlungsebenen geführt. Unternehmen und Wissenschaftsorganisationen haben es inzwischen selbst im engeren Bereich der Forschungs- und Technologiepolitik mit mehreren Ministerien des Bundes und der Länder, verschiedenen Kommissariaten und Generaldirektionen der Europäischen Kommission, sowie mehreren nationalen und europäischen Parlamenten und Parlamentsausschüssen zu tun, und damit sind nur die wichtigsten staatlichen Akteure genannt. Staatliche Entscheidungsprozesse haben hierdurch eine enorme Komplexität erhalten. Dies stellt nicht nur erhebliche Anforderungen an die interne Abstimmung, es macht es auch außerordentlich schwierig, die staatliche Politik gezielt von außen zu beeinflussen.

Hinzu kommen Veränderungen auf Seiten der Unternehmen. Infolge der *Globalisierung von Märkten und Technologien* lässt sich seit den 1980er Jahren in allen Hochtechnologie-Industrien eine sprunghafte Zunahme von strategischen Allianzen, Joint Ventures, Forschungskooperationen und eine beträchtliche Dezentralisierung und Internationalisierung der Forschungsorganisationen der Unternehmen beobachten (Meyer-Krahmer 1999; OECD 1999). Gerade auch im Bereich von Forschung und technischer Entwicklung entstanden zwischen den Unternehmen komplexe, globale Beziehungsnetzwerke. Auch diese Entwicklung lässt sich am Beispiel der Firma Siemens gut nachvollziehen. Seit der Mitte der 1980er Jahre hat sich bei Siemens der Anteil des ausländischen FuE-Personals von 15 auf 30 Prozent verdoppelt; im Jahr 1998 beschäftigte das Unternehmen 14.000 FuE-Mitarbeiter im Ausland, die auf 28 Länder und 56 Standorte verteilt waren (Weyrich 1998, 62). Mit der Globalisierung der Wirtschaft hat sich eines der wichtigsten Objekte der staatlichen Techniksteuerung grundlegend geändert. Der Staat hat es nicht mehr wie früher mit einem kleinen, überschaubaren und untereinander klar abgegrenzten Kreis von nationalen Unternehmen zu tun. Der Adressat der staatlichen Politik ist inzwischen ein immer unübersichtlicheres, äußerst wechselhaftes, vielfach multinationales Netzwerk von industriellen Akteuren.

Zusammengenommen haben diese beiden Entwicklungen zur Folge, dass die Beziehungen zwischen den staatlichen Akteuren und den Unternehmen lockerer geworden sind. Es gibt zwar nach wie vor eine Vielzahl von Gesprächskreisen, Ausschüssen und Beiräten, in denen Unternehmen, Verbände und Wissenschaftsorganisationen vertreten sind. Die staatlichen Akteure haben aber zunehmend Probleme, in einer sich globalisierenden Wirtschaft verläßliche Kooperationspartner zu finden; und die Unternehmen tun sich immer schwerer, ihre Interessen in den komplizierten – und immer komplizierter werdenden – staatlichen Entscheidungsprozeß wirkungsvoll einzubringen.

4   Leistungen und Leistungsfähigkeit staatlicher Techniksteuerung

Betrachtet man die politikwissenschaftlichen Fallstudien zur staatlichen Techniksteuerung in der Zusammenschau, dann fällt die Bilanz der bundesdeutschen Forschungs- und Technologiepolitik bislang eher dürftig aus (vgl. u.a. Keck 1984; Schneider 1989; Grande/Häusler 1994). Spektakuläre Erfolgsgeschichten, wie sie aus Japan – und neuerdings auch aus anderen asiatischen Ländern – berichtet werden, sind in Deutschland nicht zu finden. Die vergleichende Studie von Henning Klodt war bereits in den 1980er Jahren zu dem Ergebnis gekommen: „Die direkte Förderung industrieller Großprojekte hat sich als Fehlschlag erwiesen. [...] Zahlreiche Fallbeispiele machen deutlich, dass die Chronik staatlich subventionierter Großprojekte eine Aufreihung von Mißerfolgen ist. Kosten- und Terminüberschreitungen von erheblichem Ausmaß sind die Regel; durchschlagende Markterfolge sind selten" (Klodt 1987, 110).

An diesem Befund hat sich seither wenig geändert. Staatliche Großprojekte und Förderprogramme in der Kernenergie, der Datenverarbeitung, der Mikroelektronik oder der Verkehrstechnik haben ihre ursprünglichen Ziele deutlich verfehlt und blieben weit hinter den Erwartungen von Politik und Wirtschaft zurück. Während neoklassische Ökonomen in solchen Fehlschlägen lediglich ein weiteres Indiz für die prinzipielle Unfähigkeit des Staates sehen, Marktprozesse direkt positiv zu beeinflussen, machen politikwissenschaftliche Analysen vor allem politische und institutionelle Faktoren für diese Fehlschläge verantwortlich. Zwei Aspekte werden dabei besonders betont: *Institutionelle Mängel* einerseits, *demokratische Defizite* andererseits.

Die bundesdeutsche Forschungs- und Technologiepolitik wurde ständig begleitet von Diskussionen um die angemessene Organisation staatlicher Aufgaben, sei es im Hinblick auf die Kompetenzverteilung zwischen Bund und Ländern (und neuerdings der EU), sei es im Hinblick auf die Verteilung von Zuständigkeiten zwischen den Bundesministerien. So wurde angesichts der Erfolge japanischer Industriepolitik in der Automobilindustrie und in der Informationstechnik vorgeschlagen, nach dem Vorbild des japanischen Industrieministeriums MITI die Wirksamkeit der bundesdeutschen Technologieförderung durch eine stärkere Konzentration der Zuständigkeiten für die Wirtschafts-, Forschungs- und Technologiepolitik zu verbessern. Ausgangspunkt dieser Diskussionen ist die Annahme, dass die bundesdeutsche Forschungs- und Technologiepolitik eine Reihe von institutionellen Schwachstellen aufweise. Nach dieser Auffassung ist es nicht der Staat an sich, der für das unbefriedigende Ergebnis der Politik verantwortlich ist, sondern seine *unzulängliche interne Organisation*: „der konzeptionslose, in sich unkoordinierte

Staat" (Hauff/Scharpf 1975, 123), den Volker Hauff und Fritz W. Scharpf bereits in den 1970er Jahren als Schwachpunkt der seinerzeitigen Bemühungen um eine „aktive(re)" Politik identifiziert haben.

Diese Diskussionen sind nicht ohne Folgen geblieben. Im vergangenen Jahrzehnt haben sie zunächst – neben anderen, sachfremden Überlegungen – zur Zusammenlegung der Bundesministerien für Bildung und Forschung zu einem neuen „Zukunftsministerium" geführt; und nach dem Regierungswechsel 1998 wurden die technologiepolitischen Kompetenzen dieses „Zukunftsministeriums" dem Wirtschaftsministerium übertragen. Ähnliche Bemühungen sind in der Europäischen Kommission in Brüssel zu beobachten. Auch dort sind die Zuständigkeiten für die Techniksteuerung auf mehrere Generaldirektionen verteilt, und auch dort wurden in den 1990er Jahren die Aufgabenbereiche mehrfach neu organisiert.

An diese institutionellen Reformen sollten allerdings nicht allzu große Erwartungen geknüpft werden. Die politikwissenschaftliche Technikforschung hat gezeigt, dass hinter den institutionellen Steuerungsproblemen ein grundsätzliches Problem der politischen Techniksteuerung verborgen liegt, das mit einer Neuverteilung von Kompetenzen nicht befriedigend gelöst werden kann. Worin besteht dieses Problem? Aus der innovationsökonomischen Forschung ist bekannt, dass dem Staat ein umfangreiches und breitgefächertes Repertoire an Instrumenten zur Verfügung steht, mit dessen Hilfe er Einfluss auf die Technikentwicklung nehmen kann. Dazu gehören die finanzielle Forschungsförderung, Steuererleichterungen für Unternehmen, die öffentliche Beschaffungspolitik, rechtliche Regulierungen, Normen und Standards und anderes mehr (Porter 1990). Entsprechend hat die deutsche Forschungs- und Technologiepolitik in den vergangenen zwanzig Jahren ihr Instrumentarium beträchtlich ausgeweitet und ausdifferenziert. Die Instrumente der staatlichen Techniksteuerung sind jedoch nicht gleichwertig und auch nicht beliebig austauschbar. Während die staatliche Förderung von Forschungsprojekten in der Industrie vor allem geeignet ist, neue Technologien zu generieren und in ihrer Entwicklungsrichtung zu beeinflussen, sind andere, indirekte oder nachfrageorientierte Förderinstrumente eher in der Lage, die Diffusion einsatzreifer Techniken zu beschleunigen. Als besonders aussichtsreich gilt die Kombination von angebots- und nachfrageorientierten Instrumenten der Technologieförderung (Meyer-Krahmer 1992).

Dies lässt sich allerdings nur schwer in die Praxis umsetzen. Das liegt nicht nur an der sachlichen Komplexität vieler technischer Entwicklungen und den häufig sich ergebenden politischen Zielkonflikten. Hinzu kommt, dass die Zuständigkeiten für die einzelnen Instrumente in der Regel auf verschiedene staatliche Handlungsebenen und mehrere Fachressorts verteilt sind. Die Folgen sind offensichtlich: Je ambitionierter die Förderstrategie, desto größer ist der politische und administrative Koordinationsbedarf. Bei umfassenden Konzepten zur Verbesserung der industriellen Wettbewerbsfähigkeit, wie sie auf der nationalen und auf der europäischen Ebene in den vergangenen zwanzig Jahren entwickelt wurden, wird die Forschungs- und Technologiepolitik zur Querschnittspolitik, die weder einem einzigen Politikbereich noch einem bestimmten Fachressort zugeordnet werden kann. Der Koordinationsbedarf einer solchen – tendenziell umfassenden – „Innovations-

politik" ist enorm, und die bisherigen Erfahrungen zeigen, dass er auch durch einen Neuzuschnitt von Zuständigkeiten zwischen Ministerien nicht wesentlich
verringert werden kann. Die staatliche Techniksteuerung gerät damit immer wieder in ein *Dilemma*: Förderstrategien, die im Rahmen der bestehenden institutionellen Ordnung realisierbar sind, sind in der Regel nicht problemadäquat; problem-
gerechte Förderstrategien hingegen überfordern vielfach die gegebenen institutionellen Handlungsmöglichkeiten der staatlichen Akteure.

Es scheint, als ob die staatliche Techniksteuerung damit an *institutionelle Grenzen*
stieße, die durch institutionelle Reformen der Organisation der Forschungs- und
Technologiepolitik und ihrer Verfahren allein nicht überwunden werden können.
Dies ist der Ansatzpunkt für einen zweiten Kritikpunkt an der gängigen Praxis
staatlicher Forschungs- und Technologiepolitik. Auch in diesem Fall wird für die
unbefriedigenden Ergebnisse staatlicher Techniksteuerung keine unüberwindbare
Eigengesetzlichkeit von Wirtschaft und Technik verantwortlich gemacht, sondern
in erster Linie der „etatistische" Ansatz staatlicher Techniksteuerung. Es wird behauptet, dass die Forschungs- und Technologiepolitik in Deutschland unter einem
schwerwiegenden *Demokratiedefizit* leidet, und dieses Demokratiedefizit wird im
weiteren für die Unzulänglichkeiten der Politik verantwortlich gemacht.

Das Demokratiedefizit staatlicher Techniksteuerung wurde zunächst vor allem an
der schwachen Rolle der Parlamente festgemacht. In Deutschland standen insbesondere die geringen Mitwirkungsmöglichkeiten des Bundestages und seines zuständigen Fachausschusses im Mittelpunkt der Kritik. Die Forschungs- und Technologiepolitik, aber auch andere Fachpolitiken mit starken Technikbezügen wie
die Telekommunikations- und die Verkehrspolitik, galten lange Zeit als Beispiele
für eine weitgehend „administrative Politik", bei der das Parlament von der Mini-
sterialverwaltung dominiert wird. Das wurde nicht zuletzt damit erklärt, dass dem
Parlament und seinen Abgeordneten vielfach das Fachwissen fehle, das für Entscheidungen im Bereich der Techniksteuerung erforderlich ist. Diese Entmachtung
der Parlamente war dann wiederum eine Voraussetzung für die enge Abstimmung
der Forschungs- und Technologiepolitik mit den Interessen der Wirtschaft, also für
die Herausbildung jener vielkritisierten „Grauzonen des Korporatismus" (Beck
1986, 308) in der staatlichen Techniksteuerung.

In den vergangenen gut zwanzig Jahren gab es mehrere Bemühungen, die Rolle
des Parlaments bei Entscheidungen zu technischen Entwicklungen zu stärken und
auf diese Weise die demokratischen Defizite staatlicher Techniksteuerung abzu-
bauen. Ansatzpunkt dieser Reformbestrebungen waren die Informations- und
Wissensdefizite des Parlaments und seiner Abgeordneten (Dierkes/Petermann/
Thienen 1986). Diese Defizite sollten insbesondere durch zwei Einrichtungen abgebaut werden: durch Enquête-Kommissionen des Bundestages und durch die Einrichtung des Büros für Technikfolgenabschätzung beim Deutschen Bundestag.

Die zeitlich befristete Einsetzung von *Enquête-Kommissionen* bietet dem Parlament
die Möglichkeit, zu bestimmten Themenfeldern gezielt und umfassend Informationen zu beschaffen (vgl. Kleinsteuber 2000). Dabei werden in der Regel Fachleute
von außerhalb des Parlaments zur Unterstützung hinzugezogen. Das Instrument
der Enquête-Kommission wurde in den vergangenen zwanzig Jahren insbesondere

auch zur Behandlung von solchen Fragen der technischen Entwicklung genutzt, die in der Öffentlichkeit sehr kontrovers diskutiert wurden. Etwa die Hälfte der Enquête-Kommissionen in diesem Zeitraum behandelten technikbezogene Themen im weitesten Sinne, darunter die Kernenergie, die Gentechnik und die Informations- und Kommunikationstechniken. Die praktische Arbeit der Kommissionen und ihre Ergebnisse lassen jedoch Zweifel aufkommen, ob sie tatsächlich in der Lage sind, durch die Einbeziehung von externen Sachverständigen ein Gegengewicht zur Ministerialbürokratie aufzubauen. Ein „Erfahrungsbericht" aus der Enquête-Kommission „Zukunft der Medien" kam unlängst zu dem ernüchternden Ergebnis: „Die Hoffnung, daß dadurch externer Sachverstand in das Parlament hineingebracht werden könnte, muß allerdings gedämpft werden.[...] Die technische Kompetenz fast aller Beteiligten (der Autor dieser Zeilen eingeschlossen) ist gering, von der Ausbildung und der beruflichen Sozialisation her dominieren Juristen, Ökonomen und in geringem Umfang Sozialwissenschaftler. Es besteht die Möglichkeit, daß Ingenieur- und Technikwissen über externe Experten hereingeholt werden kann. Aber auch dies ist nur in geringem Umfang geschehen. Was bleibt, ist eine Sammlung von Stellungnahmen und Analysen aus Politik, Wirtschaft und Wissenschaft, welche einen repräsentativen Überblick über dominierende Interessenlagen und Positionen im politischen und wissenschaftlichen ‚Mainstream' gibt. Minderheitenvorstellungen und periphere Einschätzungen haben dagegen nur geringe Chancen" (Kleinsteuber 2000, 297f.).

Die zweite Einrichtung, mit der die Kompetenz des Parlaments gestärkt werden sollte, ist das Büro für Technikfolgenabschätzung (TAB) beim Deutschen Bundestag, das dort seit 1990 arbeitet und 1993 als ständige Einrichtung etabliert wurde. Das Büro hat insbesondere die Aufgabe, im Auftrag des Bundestages Projekte zur Technikfolgenabschätzung in bestimmten Technologiefeldern durchzuführen und wissenschaftlich-technische Entwicklungen und ihre möglichen Auswirkungen zu beobachten. Auf diese Weise soll das Parlament frühzeitig über technische Entwicklungen informiert und bei seinen Entscheidungen unterstützt werden. Mit der Einrichtung des Büros für Technikfolgenabschätzung konnte die Informationskapazität des Bundestages in technikbezogenen politischen Entscheidungsprozessen durchaus verbessert werden. Bei der Institutionalisierung des Büros und in seiner praktischen Arbeit zeigten sich allerdings auch sehr deutlich die Probleme einer ausschließlich parlamentsbezogenen Technikfolgenabschätzung (vgl. Petermann 1994). Auf der einen Seite sollte das Büro für Technikfolgenabschätzung unmittelbar in die bestehenden Parlamentsstrukturen und –abläufe einbezogen werden, um die Effektivität seiner Beratungstätigkeit zu gewährleisten, andererseits sollte aber auch sichergestellt werden, dass dadurch die bestehenden Rechte des Parlaments nicht geschmälert werden, dass mit der neuen Einrichtung also keine „Sachverständigendemokratie" geschaffen wird. Dies sollte durch eine Reihe von Verfahrensregeln für die Arbeit des Büros erreicht werden, unter anderem dadurch, dass es seine Studien nicht auf eigene Initiative, sondern nur im Auftrag des zuständigen Bundestagsausschusses erstellen darf. Da die Vergabe von Studien zumindest in den Anfangsjahren bewusst immer im Konsens der Fraktionen im Ausschuss erfolgte, waren deren Themen „eher am Rande von möglichen Technikkontroversen angesiedelt" (Catenhusen 1994, 294), aber nicht in deren Zentrum. Das Beispiel der Enquête-Kommissionen wie auch die Einrichtung des Büros für Technikfolgenabschätzung zeigen die Grenzen einer Demokratisierung der staatlichen Techniksteuerung durch die Stärkung des Parlaments in technikbezogenen politischen Entscheidungsprozessen. Die Bemühungen um eine Verbesserung der Informationsbasis der Politik und um eine Intensivierung technikbezogener Diskussionen konkurrieren und kollidieren immer wieder mit den Eigeninteressen des Parlaments, mit etablierten Routinen und Verfahren parlamentarischer Arbeit und mit parteipolitischen Taktiken und Machtspielen (Mai 2001). Nicht zuletzt deshalb werden seit einiger Zeit neue Modelle der partizipativen Technikfolgenabschätzung und der „partizipativen Risikopolitik" (Rehmann-Sutter/Vatter/Seiler 1998) diskutiert und in ersten Ansätzen praktiziert (vgl. Renn/Webler/Wiedemann 1995); im Mittelpunkt solcher Modelle stehen neue Verfahren der demokratischen Beteiligung und der politischen Konfliktbewältigung, die offen sind für gesellschaftliche Gruppen und Interessen außerhalb des Parlaments.

5 Aktuelle Forschungsprobleme der politikwissenschaftlichen Technikforschung

Die bisherigen Ausführungen haben deutlich gemacht, dass die Rolle des Staates in der Forschungs- und Technologiepolitik, sein Stellenwert und seine Handlungsbedingungen sich in den vergangenen zwanzig Jahren ganz erheblich verändert haben. Dies ist ein Hinweis darauf, dass das Verhältnis von Politik und Technik in hochentwickelten Gesellschaften sehr viel komplizierter und die Bedingungen einer staatlichen Techniksteuerung wesentlich anspruchsvoller geworden sind. Gleichzeitig sind die gesellschaftlichen Erwartungen an die Vermeidung technologischer Risiken und die Förderung neuen Wissens durch den Staat beim Übergang zur Risiko- und Wissensgesellschaft beträchtlich gestiegen.

Dies hat dazu geführt, dass in der politikwissenschaftlichen Technikforschung seit zehn Jahren intensiv diskutiert wird, ob in der staatlichen Techniksteuerung ein „Paradigmenwechsel" notwendig ist (Martinsen/Simonis 1995; Kuhlmann 1998). Angesichts der weitreichenden Veränderungen in den gesellschaftlichen und wirtschaftlichen Rahmenbedingungen der Technikentwicklung und des politischen Handelns wurde vorgeschlagen, das Verhältnis von Technik und Politik und die staatliche Steuerungsfähigkeit grundlegend neu zu bestimmen. Veränderungsbedarf wurde sowohl bei der Praxis staatlicher Techniksteuerung gesehen als auch bei den politikwissenschaftlichen Analysekonzepten.

Von der staatlichen Techniksteuerung wird in diesem Zusammenhang erwartet, dass sie ihren hierarchisch-bürokratischen Charakter aufgibt und sich erstens *antizipativ* der potentiellen Folgen technischer Entwicklung annimmt; dass sie zweitens versucht, mit neuen, *„weichen" Steuerungsinstrumenten* Anreize für Wirtschaft und Wissenschaft zu bieten, um deren Anstrengungen in ganz bestimmte, politisch gewünschte Richtungen zu lenken; und dass sie sich schließlich drittens bemüht, *kooperativ* und *partizipativ* die am Prozess der Technikentwicklung maßgeblichen

Akteure und die von ihren Ergebnissen Betroffenen in den politischen Entscheidungsprozess einzubeziehen. Die Praxis staatlicher Techniksteuerung in Deutschland ist von diesem neuen Leitbild „reflexiver Techniksteuerung" freilich noch ein ganzes Stück weit entfernt.

Aber auch die politikwissenschaftliche Technikforschung wurde durch die Veränderungen in den ökonomischen, politischen und gesellschaftlichen Bedingungen der Technikentwicklung vor neue empirische und konzeptionelle Herausforderungen gestellt. Dies hat in den vergangenen zehn Jahren zu einer bemerkenswerten Intensivierung politikwissenschaftlicher Technikforschung geführt. Ihre Ergebnisse finden sich unter anderem in den Publikationen des Arbeitskreises „Politik und Technik" der Deutschen Gesellschaft für Politische Wissenschaft (DVPW) dokumentiert, der im Jahr 1988 gegründet wurde (vgl. Grimmer et al. 1992; Süß/Becher 1993; Martinsen/Simonis 1995 und 2000; Martinsen 1997; Martinsen/Saretzki/Simonis i.E.). Drei Problembereiche stehen neuerdings im Mittelpunkt der Forschung:

(a) Politikwissenschaftliche Analysen der *Koordinationsmechanismen und –probleme* staatlicher Techniksteuerung gehen inzwischen davon aus, dass der Staat selbst in einem Politikfeld wie der Forschungs- und Technologiepolitik nicht als homogener, monolithischer Akteur begriffen werden kann, sondern als ein multiorganisatorisches Akteursystem, in dem die einzelnen staatlichen Akteure höchst unterschiedliche, vielfach konkurrierende oder konfligierende Interessen und Strategien verfolgen. Mit der Europäisierung und Regionalisierung der Forschungs- und Technologiepolitik hat die Binnenkomplexität des Staates weiter zugenommen. Dadurch sieht sich die Forschungs- und Technologiepolitik mit zahlreichen neuartigen Kooperations- und Koordinationserfordernissen konfrontiert. Klärungsbedürftig sind in diesem Zusammenhang insbesondere die folgenden Fragen: Welche Arbeits- und Kompetenzaufteilung läßt sich zwischen den verschiedenen staatlichen Akteuren finden? Wie lassen sich die Koordinationsprobleme zwischen den einzelnen staatlichen Ebenen und Akteuren verringern? Mit welchen Instrumenten und Mechanismen kann die Handlungsfähigkeit und Wirksamkeit der staatlichen Techniksteuerung verbessert werden?

(b) Die Analyse *neuer Beziehungsmuster* zwischen staatlichen, wirtschaftlichen und wissenschaftlichen Akteuren, die an den Prozessen staatlicher Techniksteuerung beteiligt sind, muss die Globalisierung der Wirtschaft, die Europäisierung und Regionalisierung staatlicher Techniksteuerung und die Politisierung der Technikentwickung in Rechnung stellen. Diese Beziehungsmuster sind dadurch gekennzeichnet, dass die Akteure eine größere Zahl von strategischen Handlungsmöglichkeiten besitzen als zuvor und dass die Beziehungen zwischen ihnen offener, flexibler und unverbindlicher geworden sind. Welche Konsequenzen sich hieraus für die staatliche Techniksteuerung ergeben, ist noch nicht hinreichend geklärt. Zumindest die folgenden Fragen sind noch offen: Kann die Technikentwicklung in global operierenden Unternehmen überhaupt noch politisch beeinflusst werden? Welche Rolle spielt der Staat in den neuen, oftmals internationalen „Politiknetzwerken"? Kann der Staat die „neue Unverbindlichkeit" nutzen, um die Leistungsfähigkeit seiner Politik zu verbessern?

(c) Die Analyse *neuer politischer Partizipationsformen und Konfliktlösungsmuster* muss an die häufig negativen Erfahrungen mit der Einführung neuer Technologien anknüpfen. Diese Erfahrungen haben gezeigt, dass es nicht ausreicht, dass etwas technisch machbar und wirtschaftlich nützlich ist. Neue Technologien müssen gleichzeitig auch politisch durchsetzbar und vor allem gesellschaftlich akzeptiert und genutzt werden. Es ist offensichtlich geworden, dass sich die Gestaltung neuer Technik nicht nur auf die Expertise von Wissenschaft und Wirtschaft stützen darf, sondern die Interessen und Anforderungen von Betroffenen, Anwendern und Nutzern neuer Technik mit berücksichtigen muß. Die bisherigen Formen einer parlamentszentrierten Technikfolgenabschätzung werden diesen Anforderungen jedoch nicht gerecht. Die Frage ist dann allerdings, in welcher Form eine solche Beteiligung am sinnvollsten stattfindet. Auch hier stellen sich eine Reihe von offenen Fragen: Wie läßt sich die Partizipation von Betroffenen und Interessierten am besten organisieren und institutionalisieren? Welche Rolle könnte hierbei der Staat spielen, beispielsweise als Moderator zwischen gegensätzlichen Interessen? Wie lassen sich in Konfliktfällen Interessengegensätze überbrücken? Wie können Konflikte gelöst oder zumindest entschärft werden, bevor sie eskalieren?

Alle diese Fragen machen deutlich, dass das Gebiet der politikwissenschaftlichen Technikforschung noch voll ist von neuen – oder erneut klärungsbedürftigen – Problemen. Ausgelöst durch die heftige Kontroverse um die zivile Nutzung der Kernenergie können wir zwar in Deutschland – wie auch in den anderen westlichen Demokratien – eine erhebliche Politisierung des Verhältnisses von Politik und Technik feststellen. Technische Entwicklungen werden nicht mehr einfach als unabwendbare „Sachzwänge" akzeptiert, und sie werden auch nicht mehr unhinterfragt als „Fortschritt" bewertet. Das Verhältnis von Politik und Technik ist zweifellos kritisch und kontrovers geworden, auch wenn die Klagen um die fehlende „Technikakzeptanz" in Deutschland überzogen sein mögen. Inzwischen wird zwar die Notwendigkeit einer politischen Techniksteuerung kaum mehr bestritten, aber es bestehen noch immer erhebliche Unkenntnisse und Unsicherheiten über ihre Bedingungen, Möglichkeiten und Grenzen. Hier ist auch die politikwissenschaftliche Technikforschung gefordert.

Literatur

Beck, U.: Risikogesellschaft: Auf dem Weg in eine andere Moderne, Frankfurt a.M. 1986

Beck, U.: Die Erfindung des Politischen, Frankfurt a.M. 1993

BMBF (Bundesministerium für Bildung, Wissenschaft, Forschung und Technologie): Faktenbericht 1998, Bonn 1998

Böhret, C.: Politik und Technik – Eine Aufgabe fachwissenschaftlicher und multidisziplinärer Forschung, in: Politik und die Macht der Technik, hg. v. H.-H. Hartwich, Opladen 1986, 12-22

Catenhusen, W.-M.: Technikfolgenabschätzung beim Deutschen Bundestag – Erfahrungen und Perspektiven, in: Jahrbuch Arbeit und Technik 1994, 283-294

Dierkes, M., Th. Petermann u. V. v. Thienen: Technik und Parlament. Technikfolgen-Abschätzung: Konzepte, Erfahrungen, Chancen, Berlin 1986

Ellwein, Th.: Technik und Politik, in: Interdisziplinäre Technikforschung, hg. v. G. Ropohl, Berlin 1981, 169-183

Grande, E.: Die neue Architektur des Staates: Aufbau und Transformation nationalstaatlicher Handlungskapazität – untersucht am Beispiel der Forschungs- und Technologiepolitik, in: Verhandlungsdemokratie, Interessenvermittlung, Regierbarkeit. Festschrift für Gerhard Lehmbruch, hg. v. R. Czada u. M. G. Schmidt, Opladen 1993, 51-71

Grande, E.: Von der Technologie- zur Innovationspolitik – Europäische Forschungs- und Technologiepolitik im Zeitalter der Globalisierung, in: Politik und Technik – Analysen zum Verhältnis von technologischem, politischem und staatlichem Wandel am Anfang des 21. Jahrhunderts, hg. v. R. Martinsen, Th. Saretzki u. G. Simonis, Opladen (im Erscheinen)

Grande, E. u. J. Häusler: Industrieforschung und Forschungspolitik. Staatliche Steuerungspotentiale in der Informationstechnik, Frankfurt a.M. 1994

Grimmer, K., J. Häusler, S. Kuhlmann, G. Simonis (Hg.): Politische Techniksteuerung, Opladen 1992

Hauff, V. u. F. W. Scharpf: Modernisierung der Volkswirtschaft: Technologiepolitik als Strukturpolitik, Köln 1975

Hohn, H.-W. u. U. Schimank: Konflikte und Gleichgewichte im Forschungssystem, Frankfurt a.M. 1990

Keck, O.: Der schnelle Brüter: Eine Fallstudie über Entscheidungsprozesse in der Großtechnik, Frankfurt a.M. 1984

Kleinsteuber, H. J.: Technikberatung in der Demokratie: Die Enquête-Kommission des Deutschen Bundestages zu „Zukunft der Medien". Ein Erfahrungsbericht, in: Demokratie und Technik – (eine) Wahlverwandtschaft, hg. v. R. Martinsen u. G. Simonis, Opladen 2000, 271-303

Klodt, H.: Wettlauf um die Zukunft: Technologiepolitik im internationalen Vergleich, Tübingen 1987

Kuhlmann, S.: Politikmoderation in der Forschungs- und Technologiepolitik, Baden-Baden 1998

Mai, M.: Technikbewertung in Politik und Wirtschaft, Baden-Baden 2001

Martinsen, R. (Hg.): Politik und Biotechnologie. Die Zumutungen der Zukunft, Baden-Baden 1997

Martinsen, R. u. G. Simonis (Hg.): Paradigmenwechsel in der Technologiepolitik?, Opladen 1995

Martinsen, R., Th. Saretzki u. G. Simonis (Hg.): Politik und Technik – Analysen zum Verhältnis von technologischem, politischem und staatlichem Wandel am Anfang des 21. Jahrhunderts, Opladen (im Erscheinen)

Martinsen, R. u. G. Simonis (Hg.): Demokratie und Technik – (eine) Wahlverwandtschaft, Opladen 2000

Meyer-Krahmer, F.: Strategische Industrien im internationalen Vergleich, in: Jahrbuch Arbeit und Technik 1992, 116-126

Meyer-Krahmer, F. (Hg.): Globalisation of R&D and Technology Markets. Consequences for National Innovation Policies, Heidelberg 1999

Mowery, D.: The U.S. National Innovation System: Origins and Prospects for Change, in: Research Policy 21 (1992), 125-144

OECD: Globalisation of Industrial R&D: Policy Issues, Paris 1999

Petermann, Th.: Das Büro für Technikfolgen-Abschätzung beim Deutschen Bundestag: Innovation oder Störfaktor?, in: Regieren und Politikberatung, hg. v. A. Murswieck, Opladen 1994, 79-99

Porter, M. E.: The Competitive Advantage of Nations, New York 1990

Rehmann-Sutter, Ch., A. Vatter u. H. Seiler: Partizipative Risikopolitik, Opladen 1998

Renn, O., Th. Webler u. P. Wiedemann (Hg.): Fairness and Competence in Citizen Participation, Dordrecht 1995

Ritter, G. A.: Großforschung und Staat in Deutschland, München 1992

Ronge, V.: Forschungspolitik als Strukturpolitik, München 1977

Schneider, V.: Technikentwicklung zwischen Politik und Markt. Der Fall Bildschirmtext, Frankfurt a.M. 1989

Stucke, A.: Institutionalisierung der Forschungspolitik: Entstehung, Entwicklung und Steuerungsprobleme des Bundesforschungsministeriums, Frankfurt a.M. 1993

Süß, W. u. G. Becher (Hg.): Politik und Technologieentwicklung in Europa, Berlin 1993

Weyrich, C.: Industrieforschung vor globalen Herausforderungen, in: Innovation in Technik, Wissenschaft und Gesellschaft, hg. v. W. Fricke, Bonn 1998

Willke, H.: Die Ironie des Staates, Frankfurt a.M. 1992

Rechtswissenschaft

Alexander Roßnagel

1 Technikrechtswissenschaft vor 20 Jahren

In den letzten zwei Jahrzehnten haben sich sowohl das Technikrecht als auch die rechtswissenschaftliche Behandlung der Technik und des Technikrechts gewandelt und entfaltet. Seine Übersicht vor 20 Jahren begann R. Lukes (1981) nach einer Definition von Recht als Ordnung des gesellschaftlichen Zusammenlebens und Technik als dem Einsatz von Naturkräften zur Befriedigung menschlicher Bedürfnisse mit einer Bestandsaufnahme des Rechts für technische Anlagen und Geräte. Danach sei das Instrumentarium des Rechts zur Steuerung der Technik von der Grundstruktur her auf dem Stand des beginnenden letzten Jahrhunderts verblieben. Es habe mit der raschen technischen Entwicklung nicht mithalten können und umschreibe daher die Beschaffenheits- und Verhaltensanforderungen hinsichtlich technischer Gegenstände durch sogenannte unbestimmte Rechtsbegriffe. Durch deren Unschärfe entstand ein sich ständig vergrößerndes Regelungsdefizit, das von den Verwaltungen und Gerichten nicht geschlossen werden könne. Keine Lösung des Problems sah Lukes darin, nicht rechtssatzmäßige Regelungen, wie Verwaltungsanweisungen oder überbetriebliche technische Normen privater Normungsorganisationen, in die Technikregulierung einzubeziehen. Vielmehr sprach er sich für neue Formen der Rechtsetzung aus und empfahl angemessene Detailregelungen durch „Unterparlamente auf Fachebene" oder in die Verwaltung eingegliederte Ausschüsse, in denen jeweils naturwissenschaftlich-technische Experten zu beteiligen seien.

Während sich die Vorschläge als nicht sachgerecht erwiesen haben, trifft die ihnen zugrunde liegende Analyse auf das klassische Technikrecht und den klassischen Bereich der Industrieanlagen und -produkte noch weitgehend zu. Eine Übersicht über das Technikrecht und seine Wissenschaft kann heute auf dieser Bestandsaufnahme aufbauen und sie fortführen (2). Sie muss allerdings den Blick erheblich weiten und auf neue Technikformen und Regelungsprobleme ausdehnen (3). Diese führen zu neuen Fragestellungen und Einschätzungen in der Rechtswissenschaft (4), die nicht ohne Folgen bleiben für ein neues Verständnis von Staat und Recht (5) sowie neue Formen rechtlicher Technikregulierung (6). Die künftige Entwicklung wird geprägt sein aus dem Nebeneinander klassischen Technikrechts und dem Experimentieren mit neuen Regelungskonzepten und –formen (7).

2 Regelungsstruktur und Regelungsdefizite des klassischen Technikrechts

Für den klassischen Bereich des Anlagen- und Gerätesicherheitsrechts trifft die Analyse von Lukes grundsätzlich noch heute zu. Um Einzelne, die Gesellschaft und die Umwelt vor Schäden zu schützen, verwendet das Technikrecht weiterhin überwiegend unbestimmte Rechtsbegriffe wie „Stand der Technik", „allgemein anerkannte sicherheitstechnische Regeln" oder „gesicherte wissenschaftliche Erkenntnisse". Die Rechtsregeln fordern damit letztlich ausreichend sichere Systeme, beantworten aber die Frage, was ausreichende Sicherheit bedeutet, nicht selbst, sondern verweisen – da auch Rechtsprechung und Verwaltung kaum zu ihrer Konkretisierung beitragen (Roßnagel 1998, 78 ff.) – auf die Bewertung der Technik durch andere soziale Systeme wie Wissenschaft, technische Normung oder industrielle Praxis.

Dies ist wenig problematisch, soweit dadurch auf gesellschaftlichen Konsens verwiesen wird, der auf langjähriger Erfahrung im Umgang mit der Technik beruht. Die Bezugnahme auf gesellschaftliche Erfahrung ist allerdings aus drei Gründen immer seltener möglich. Zum einen werden neue oder veränderte technische Systeme in zunehmend schnellerer Abfolge entwickelt und eingesetzt. Zum anderen muss Recht aus Gründen der Prävention wie des Investitionsschutzes schon frühzeitig zur Unterscheidung von zulässigen und unzulässigen Risiken bemüht werden. Drittens ist bei vielen Anlagen das Schadenspotential so hoch, dass gesellschaftliche Erfahrungsbildung nach dem Prinzip von Versuch und Irrtum bei ihnen nicht möglich ist. Aus allen drei Gründen kann die Rechtsentscheidung immer seltener auf sozialer Erfahrung im Umgang mit der Technik beruhen. Da der Gesetzgeber zur Bewertung der Technikrisiken keine eigenen Kriterien formuliert hat, entsteht die Gefahr, dass die sozialen Systeme, auf die das Recht verweist, zum Ersatzgesetzgeber werden, ohne hierfür demokratisch legitimiert zu sein (Denninger 1991).

Entscheidend für die Sicherheitsgewährleistung in einem bestimmten Technikfeld ist die dort praktizierte Sicherheitsphilosophie. Sie bestimmt, welche Schutzziele für welche Schutzobjekte mit welchen Maßnahmen erreicht und nachgewiesen werden sollen (Roßnagel 1993, 130). Sie stellt die Grundlage jeder Sicherheitsaussage dar. Soll demokratische Techniksteuerung effektiv erfolgen, muss diese sich hinsichtlich technischer Risiken auf die Sicherheitsphilosophie beziehen (Ekardt u.a. 2000, 271 ff.). Solange sie dies nicht tut, bleibt die Risikoregulierung im klassischen Technikrecht trotz Gesetzesflut inhaltlich Nichtsteuerung durch Recht.

3   Neue Technikentwicklungen und Rechtsfragen

3.1   Neue Techniken und neue technikbezogene Fragen

Wenn daher die Beschreibung der Grundstruktur des klassischen Technikrechts heute weitgehend noch zutrifft, ist doch festzustellen, dass die Technik in den letzten 20 Jahren erheblich weiterentwickelt wurde und dadurch auch neue Rechtsfragen hervorgerufen hat. Entwicklung und Nutzung der Technik bieten bisher unbekannte Chancen und Herausforderungen und fordern dadurch auch neue Antworten für die rechtliche Ordnung des technisch geprägten Zusammenlebens.

Die Rechtsordnung muss vielfach für völlig neue Techniken und Techniknutzungen Lösungen finden. Genannt sei nur die vor 20 Jahren noch nicht absehbare explosionsartige Entwicklung der Informations- und Kommunikationstechniken und ihre weltweite Zusammenführung durch globale Vernetzung. Sie ermöglichen nicht nur, Informationssammlung und -verarbeitung um ein Vielfaches zu potenzieren, sie eröffnen mit der Möglichkeit elektronischen Handels und elektronischer Verwaltung auch einen neuen Sozialraum. Nahezu alle sozialen Eigenschaften und Handlungen können auch in den Cyberspace übertragen werden, mit allen Vor- und Nachteilen für das Zusammenleben.

Völlig neue Fragen wirft beispielsweise auch die Entwicklung der Medizintechnik und der Gentechnik auf. Die Entschlüsselung des menschlichen Genoms, Eingriffe in die menschliche Keimbahn, Manipulationen an Embryonen, pränatale Diagnostik, die gezielte industrielle Züchtung neuer Rassen und Pflanzen stellen neue Fragen nach dem Menschen- und Naturbild, nach Gesundheit und Krankheit, nach Leben und Tod, nach Grenzen und Verantwortung für ergriffene und unterlassene Maßnahmen.

In neuem Licht erscheinen auch Gewinnung und Verbrauch von Energie und Ressourcen – insbesondere hinsichtlich des ungebremsten Wachstums des Verkehrs. Sie verursachen bisher unbekannte regionale – wie Waldschäden – und globale Umweltschutzprobleme – wie die Erderwärmung und die Zerstörung der stratossphärischen Ozonschicht. Diese Technikfolgen stellen neue Fragen wie die nach einer globalen Klimavorsorge und der Nachhaltigkeit des Wirtschaftens.

Schließlich haben Erfahrungen mit katastrophalem Technikversagen wie bei dem Reaktorunfall in Tschernobyl oder bei der Explosion der Raumfähre Challenger die Grenzen der Hochsicherheitstechnik und des Menschen in ihr deutlich werden lassen. Sie haben Fragen neu akzentuiert, ob Techniksysteme, die im Versagensfall Katastrophen nationalen oder kontinentalen Ausmaßes oder die wie Plutonium in zeitlicher Hinsicht Risiken für Tausende von Generationen verursachen, noch verantwortet werden können.

3.2 Herausforderungen des Rechts

Diese neuen Fragen schufen in den vergangenen Jahren neue Herausforderungen für das Recht. Die Globalisierung und Virtualisierung des Handelns in Datennetzen zwingen den Staat und das Recht zu Ohnmachtserfahrungen. Staat und Recht sind national konzipiert, basieren auf national ausgerichteter Demokratie. In dieser Form sind sie in der neuen Welt globaler Netze oft nicht mehr in der Lage, ihre Bürger zu schützen und Allgemeininteressen durchzusetzen. Globale Datennetze sind von ihnen nicht mehr zu kontrollieren. Sie erlauben jedem, sich durch Verlagerung oder Umlenkung seiner Tätigkeiten allgemeinverbindlichen Vorgaben zu entziehen. Mangels Grenzkontrollen können Zielsetzungen etwa der Außenhandelskontrolle oder des Datenschutzes nicht gewährleistet werden. Auch Inhaltskontrollen sind im Netz kaum durchsetzbar. Gewaltverherrlichung, Pornographie, unlauterem Wettbewerb, Urheberrechts- oder Ehrverletzungen kann der Staat kaum wirkungsvoll entgegentreten. Hierauf müssen sich Staat und Recht im neuen Jahrhundert einstellen (Schlink 1990; Schoch 1998; Trute 1998).

Von der Globalität der Problemlage her stellen sich für die Regulierung der neuen Entwicklungen in der Medizin- und Gentechnik sowie für die rechtliche Bewältigung der weltweiten Herausforderungen im Umweltbereich ähnlich schwierige Fragen. Im Gegensatz zur virtuellen Welt der Netze finden die Handlungen, die das Recht beeinflussen soll, jedoch in der körperlichen Welt statt. Sie sind damit zumindest für das Herrschaftsgebiet des jeweiligen Staats leichter rechtlich beeinflussbar (Ipsen 1990; Murswiek 1990).

Die neuen Technikentwicklungen haben für das Recht auch eine neue Aufgabe gebracht. Rechtliche Regelungen sollen sich nicht mehr auf die nachträgliche Regulierung und Begrenzung von Technikfolgen beschränken, sondern der technischen Entwicklung vorangehen und technische Innovationen ermöglichen und fördern. Während vor 20 Jahren zum Verhältnis von Technik und Recht das Verständnis vorherrschte, die technische Entwicklung schreite unaufhaltsam voran und das Recht hinke hinter ihr her (Lukes 1981), wird Recht heute zunehmend als Innovationen ermöglichende Rahmenordnung gesehen. Rechtliche Regelungen sollen die gesellschaftlichen Voraussetzungen von Innovationen herstellen, auf die Innovatoren angewiesen sind, die sie aber selbst nicht herstellen können. Ein Beispiel sind die Regelungen des Signaturgesetzes und des Teledienstedatenschutzgesetzes, die das Vertrauen schaffen sollen, das elektronischen Handel und Verwaltung erst ermöglicht. Recht soll helfen, die durch wissenschaftliche Dekontextualisierung entwickelte Technik für die gesellschaftliche Nutzung zu rekontextualisieren: Die Integration einer Innovation in gesellschaftliche Strukturen und Abläufe setzt die vorherige rechtliche Einpassung der Technik in diese voraus. Schließlich kommt Recht die Aufgabe zu, zur Zukunftsfähigkeit technischer Innovationen beizutragen – etwa dadurch, dass frühzeitige und nicht wettbewerbsverzerrende Anforderungen an langfristig wirkende Sicherungsmaßnahmen präzisiert werden (Roßnagel 1999a).

Zugleich mit der Aufgabe, der Entwicklung vorgreifend künftige Innovationsvoraussetzungen sicherzustellen, wurde auch die Gestaltbarkeit der Technik durch Recht deutlich. Wie neue Anforderungen im Umwelt-, Signatur- und Datenschutzrecht zeigen, gibt sich das Recht nicht mehr mit einer nachträglichen Folgenregelung zufrieden, sondern beeinflusst die künftige technische Entwicklung, indem es zwischen technischen Optionen selektiert oder der Technik Entwicklungsziele vorgibt.

Eine besonders drastische Form der Technikgestaltung ist die rechtlich regulierte verbindliche Beendigung einer Techniknutzung. Der Ausstieg aus der Kernenergie markiert nicht nur einen neuen Abschnitt in der Energiepolitik, sondern bildet eine Zäsur im Verhältnis zwischen Technikentwicklung und demokratischer Techniksteuerung (Koch/Roßnagel 2000). Zum ersten Mal wird eine durch hohe Investitionen und beachtliche Energiebeiträge gesellschaftlich relevante Technik aufgrund ungelöster Zukunftsprobleme, übergroßer, nicht sicher auszuschließender Schadenspotenziale und mangelnder Zustimmung seitens der Gesellschaft beendet. Gelingt die geordnete Beendigung, wie gegenwärtig vorgesehen, tatsächlich, muss der rechtlich geregelte Abbruch einer technischen Entwicklung in ähnlichen Fällen keine nur einmalig aktualisierte Funktion von Recht gewesen sein.

3.3　Neue Rahmenbedingungen für rechtliche Techniksteuerung

Das Verhältnis von Recht und Technik wurde in den letzten zwei Jahrzehnten nicht nur durch neue Entwicklungen in der Technik, sondern auch durch neue Entwicklungen im Recht nachhaltig beeinflusst. Für die Rahmenbedingungen rechtlicher Techniksteuerung ist auf nationaler Ebene vor allem die Tendenz zur Deregulierung und Privatisierung entscheidend. Deregulierung hat gerade im Technikbereich nicht zu weniger, sondern meist zu mehr Regelungen geführt. Soweit einfache und klare Verwaltungsstrukturen zugunsten von konkurrierenden Entscheidungträgern, übersichtliche Monopol-Zuständigkeiten zugunsten von unübersichtlichen Marktstrukturen aufgegeben wurden, entstand ein höherer Bedarf an rechtlicher Koordination und Konfliktlösung. Zugleich hat aber das Streben nach einer „Verschlankung" der Verwaltung und einer Privatisierung öffentlicher Aufgaben dazu geführt, dass die Vollzugsdefizite im Technikrecht eher zunehmen als abnehmen.

Eine starke Veränderung des Technikrechts hat dessen Europäisierung bewirkt. Dies gilt sowohl für die Rechtsetzung wie auch für den Rechtsvollzug. Um gleiche Wettbewerbsbedingungen in einem gemeinsamen europäischen Markt zu schaffen, ist der europäische Gesetzgeber zunehmend dazu übergegangen, Anforderungen an Technik zu vereinheitlichen (Jarass/Neumann 1994). Nachdem sich dies für Beschaffenheitsanforderungen als zu mühsam erwiesen hat, beschränkt sich die EG nach der „Neuen Konzeption" seit 1985 darauf, in Technikrichtlinien nur noch abstrakte Leistungsanforderungen zu beschreiben und deren Ausfüllung auf private europäische Normungsorganisationen zu übertragen. Dieses so geschaffene europäische Recht soll in nationales Recht überführt werden, indem der nationale Gesetzgeber die Inhalte der Technikrichtlinie in ein Gesetz oder eine Verordnung aufnimmt und indem die nationale Normungsorganisation die europäische Techniknorm als nationale Norm übernimmt (z.B. Gerätesicherheitsgesetz, Bauproduktegesetz). Diese Form der Rechtsetzung verschärft die von Lukes analysierte Ineffektivität rechtlicher und die Legitimationsprobleme privater Technikregelungen (Roßnagel 1996).

Für den Gesetzesvollzug kommt hinzu, dass dieser nach der „Neuen Konzeption" privatisiert wird, um die freie Handelbarkeit normkonformer Produkte innerhalb der Gemeinschaft auch gegenüber hemmendem staatlichem Umwelt-, Sicherheits- und Verbraucherschutzrecht zu gewährleisten. Die Kontrolle, ob die Techniknormen eingehalten sind, wurde auf Selbstregulationskräfte der Wirtschaft übertragen, ein staatliches Zulassungsverfahren untersagt. Ob ein Produkt richtlinienkonform ist und das CE-Zeichen tragen darf, wird je nach Ausgestaltung des Verfahrens aufgrund einer Erklärung des Herstellers, einer herstellereigenen Überwachung, einer betrieblichen Qualitätssicherung oder einer Überprüfung durch eine der etwa 10.000 anerkannten privaten Prüfstellen festgestellt. Die Verbreitung eines Produkts mit CE-Zeichen darf nicht behindert werden. Systematische Verfahren der Vorab- oder Nachmarktkontrolle sind unzulässig. Nur bei konkreter Gefährdung darf der Mitgliedstaat vorläufige Maßnahmen treffen, die aber von der Europäischen Kommission bestätigt werden müssen (Roßnagel 1996, 1183 ff.).

Ähnlich stark ist der Einfluss des Europarechts auf Rechtsetzung und Vollzug des nationalen Umweltrechts oder neuerdings auch des Rechts der Informations- und Kommunikationstechniken. Im gesamten Bereich des Technikrechts werden Rechtsänderungen überwiegend durch Anpassungspflichten an europäische Richtlinien initiiert, selten nur noch durch nationale Technikpolitik. Deutsche Technikregelungen sind nur in beschränktem Maß autonom veränderbar, weil sie weitgehend durch Richtlinien der Europäischen Gemeinschaft determiniert sind (Roßnagel 1997a, 122 ff.).

Zunehmend orientiert sich die Technikrechtsordnung auch an weltweiten Rechtsentwicklungen. Beispielsweise wurden zur Koordination der Bemühungen zum Schutz des Klimas oder der stratossphärischen Ozonschicht internationale Abkommen getroffen, die vom deutschen Recht zu beachten sind. Umgekehrt hat das deutsche und das europäische Recht die Rechtsentwicklung in vielen anderen Staaten beeinflusst. Ein wichtiges Beispiel hierfür ist die Anpassung vieler außereuropäischer Datenschutzregelungen an die EG-Datenschutzrichtlinie (Roßnagel 2000a).

4   Neue Fragestellungen in der Rechtswissenschaft

Die neuen Techniken, Regelungsprobleme und Regelungsrahmen haben die Rechtswissenschaft in den letzten 20 Jahren stark beschäftigt. Das Technikrecht, insbesondere das Umweltrecht und das Recht der neuen Medien, waren für die Fortentwicklung des Rechts und der Rechtswissenschaft stark prägend. In der Rechtswissenschaft wird der weit überwiegende Anteil der Anstrengungen auf die notwendige und praktisch bedeutsame dogmatische Systematisierung und Bearbeitung technikrechtlicher Probleme in Kommentaren, Lehrbüchern, Monographien und Aufsätzen gerichtet. Dies erfolgte in den letzten 20 Jahren aber weiterhin mit den üblichen Methoden rechtswissenschaftlicher Dogmatik. Auf diese Anstrengungen wird daher im Folgenden nicht näher eingegangen. Vielmehr werden beispielhaft einige neue Ansätze in der mit Technikfragen sich beschäftigenden Rechtswissenschaft vorgestellt, die über die dogmatische Bearbeitung bestehenden Rechts hinausgehend neue wissenschaftliche Fragestellungen und Konzepte verfolgten.

4.1   Unmöglichkeit rechtlicher Techniksteuerung?

Angeregt durch die soziologische Systemtheorie und gestützt auf erste Plausibilitätsargumente aus dem Steuerungsversagen rechtlicher Regelungen wurde in den 80er und Anfang der 90er Jahre die Antiquiertheit des Rechts (Wolf 1987) und sogar die prinzipielle Unmöglichkeit rechtlicher Techniksteuerung propagiert. Nach dieser Theorie gibt es auf Grund der Autonomie der Funktionssysteme in Wirklichkeit kein gesellschaftliches Steuerungszentrum. Vielmehr besteht die Gesellschaft aus gleichgeordneten autopoietischen Systemen. Jede Funktion wird allein von einem Teilsystem wahrgenommen. Die Funktionssysteme können nicht wechselseitig für einander einspringen, sich ersetzen oder auch nur entlasten. Obwohl die Verselbständigung der Funktionssysteme zu massiven negativen Effekten für andere Funktionssysteme und die gesamte Gesellschaft führt, ist eine gezielte Steuerung eines gesellschaftlichen Funktionssystems durch ein anderes wegen der jeweils selbstreferentiellen, autopoietischen Geschlossenheit nicht möglich (Luhmann 1986, 97f., 203 ff.; Willke 1992, 8, 136f.; Teubner 1989, 89f.).

Auch der Staat – oder die Politik – ist nur ein Funktionssystem neben anderen und prinzipiell nicht in der Lage, soziale, ökonomische und ökologische Probleme zu lösen und die gesellschaftliche Entwicklung in eine gewünschte Richtung zu steuern. Das Recht gilt ebenfalls als ein autopoietisches Funktionssystem. Es ist zwar kognitiv offen, das heißt: Es verarbeitet in sich ständig Probleme, die andere Funktionssysteme ihm vorlegen. Es kann sie aber nur als Rechtskonflikte operativ geschlossen nach seinem Code „Recht/Unrecht" verarbeiten (Teubner 1989).

Umgekehrt wird Recht für andere Funktionssysteme nur im Kontext ihrer eigenen Autopoiesis relevant. Sie schalten der Differenz von Recht und Unrecht zumeist eine andere Differenz vor, „nämlich die von Erwischtwerden und Nichterwischtwerden". Im Wirtschaftssystem beispielsweise gilt es als rational, die Befolgung von Rechtsnormen von der Höhe der Sanktion und der Wahrscheinlichkeit der Sanktionierung abhängig zu machen (Teubner 1989, 98; Willke 1992, 195). Nicht die Gesetzgebung schafft in den Funktionssystemen Ordnung, vielmehr sind es die Teilsysteme, die mit Gesetzen hoch selektiv umgehen und sie recht willkürlich dazu benutzen – oder auch nicht benutzen, um sich ihre eigene Ordnung aufzubauen (Teubner 1989, 93).

Mit dieser Theorie lässt sich leicht erklären, warum rechtliche Techniksteuerung misslingen muss. Zwar ist unter Systemtheoretikern unklar, ob auch die Technik ein gesellschaftliches Funktionssystem ist. Doch selbst wenn man in ihrem Gedankengebäude Technik als ein solches mit der Behauptung ansehen wollte, technische Kommunikation orientiere sich an dem basalen Code von Machbar/Nichtmachbar und sei operativ geschlossen und kognitiv offen, kann die These nicht überzeugen, dass weder der Staat noch das Recht in der Lage sein sollten, Technik zu steuern.

Adressaten rechtlicher Steuerung sind nicht die gesellschaftlichen Funktionssysteme, sondern die darin handelnden individuellen und kollektiven Akteure, die Techniksysteme meist im Rahmen von organisationsinternen oder organisationsübergreifenden Netzwerken entwickeln und realisieren. Diese handeln zwar in den jeweiligen Funktionssystemen, allerdings in allen zugleich. Die Unternehmen zum Beispiel bestehen nicht nur aus einer Buchhaltung, in der – um in der Sprache der Systemtheorie zu bleiben – nach dem Code Haben/Nichthaben kommuniziert wird, sondern beispielsweise auch aus der Rechtsabteilung, die den Code Recht/Unrecht beachtet, und der Forschungsabteilung, die sich am Code Wahr/Unwahr orientiert. Aufgabe des Managements ist es, die unterschiedlichen Handlungsmaximen und Sprachcodes unter dem übergeordneten Code Gewinn/Verlust zu integrieren. Für die Unternehmen stellt sich daher die Frage der Steuerung durch Recht in einer ganz anderen Weise als für gesellschaftliche Funktionssysteme. Sie sind hinsichtlich rechtlicher Interventionen keineswegs operational geschlossen. Sie müssen rechtliche Daten zu Kenntnis nehmen, ins eigene Handlungskalkül einbeziehen und mitunter mit erheblichen Konsequenzen akzeptieren. Lassen sie etwa bestimmte Sicherheitsstandards unberücksichtigt, kann dies zur Schließung der technischen Anlage und zum Konkurs des Unternehmens führen. Daher sind zur Analyse der Technikentstehung System- und Handlungsrationalitäten gemeinsam zu betrachten (Ekardt 1994, 169f.).

Die soziologische Systemtheorie allein ist zu unterkomplex, um der komplizierten und verwobenen Praxis der Technikgenese gerecht werden zu können. Daher kann auch ihre These, Technik könne durch Recht nicht gesteuert werden, nicht überzeugen (Roßnagel 1999b). Allerdings gibt sie Hinweise auf die Untauglichkeit bestimmter Rechtsformen für bestimmte Steuerungsabsichten. Will Recht bestimmenden Einfluss auf technische Entwicklungen ausüben, muss es rechtliche Anforderungen in der Sprache der Technik formulieren (Roßnagel 1993, 254 ff.). Wird diese Kommunikationsebene verfehlt, wird sich die eigenorganisierte Kommunikation technischen Denkens gegenüber solch unspezifischen Einflussnahmen abkoppeln (Ekardt u.a. 2000, 104 ff., 205 ff.).

4.2   Rechtliche Techniksteuerung und -gestaltung

Im Gegensatz zu diesen theoretischen Ableitungsversuchen haben Untersuchungen zur Technikgenese gezeigt, dass rechtliche Einflussnahmen auf die technische Entwicklung möglich ist. Dies gilt für ganze Techniklinien (Roßnagel 1993, 256 ff.) aber auch für konkrete Systeme, Anlagen und Produkte (Hammer u.a. 1990; Ekardt u.a. 2000). Allerdings sind diese Steuerungsmöglichkeiten je nach Techniksystemen, Techniklinien und Technikfamilien für die einzelnen Phasen der Technikentwicklung sehr unterschiedlich. Dies gilt sowohl für die gesellschaftliche Makro- als auch die Mikroebene, sowohl für Produkte als auch für technische Infrastrukturen (Rammert 1992, 21 ff.; Ekardt u.a. 2000, 79 ff.). Die ersten Ursprünge einer neuen Technik entstehen weitgehend nach autonomen, gesellschaftlich kaum beeinflussbaren Bedingungen, oft durch zufällige Entdeckungen und Erfindungen. Nicht alles aber, was technisch machbar ist, wird auch Anwendung finden. Vielmehr bewerkstelligen eine Reihe von gesellschaftlichen Institutionen eine Anpassung der sich „wildwüchsig" entwickelnden Technik an menschliche und gesellschaftliche Bedürfnisse. Zu diesen Selektionsinstanzen gehört auch das Recht. Dabei können den einzelnen Phasen der Technikgenese spezifische Ansatzpunkte und Instrumente rechtlicher Techniksteuerung zugeordnet werden (Roßnagel 1994, 440 ff.; Ekardt u.a. 2000, 104 ff., 145 ff.).

Für Infrastrukturanlagen konnte festgestellt werden, dass die normative Beeinflussung der Technikentwicklung arbeitsteilig durch die drei Steuerungsmedien Recht, technische Normen und professionelle Normen erfolgt. Dabei wird das Entwurfshandeln vor allem durch professionelle Normen, die Auslegung und Bemessung durch technische Normen und Sicherheitskommunikation im Netzwerk der Beteiligten vor allem durch rechtliche Regelungen beeinflusst (Ekardt u.a. 2000). Die

Erkenntnis der Beeinflussbarkeit technischer Entwicklung hat zu neuen Zielsetzungen geführt: Technikauswahl und Technikgestaltung (Roßnagel 1993). Für die Technikauswahl können als Beispiel eine Reihe von umweltrechtlichen Vorgaben, die nur mit dem Einsatz bestimmter Techniken erreicht werden können, oder die Belastung fossiler Energieformen durch die Ökosteuer und die Förderung regenerativer Energieformen durch das Gesetz für den Vorrang Erneuerbarer Energien gelten.

Ansätze zur rechtlichen Gestaltung der Technik wurden vor allem im Bereich der Informations- und Kommunikationstechniken entwickelt. Ein Ansatz zur rechtlichen Technikgestaltung ist die Methode zur Konkretisierung rechtlicher Anforderungen (KORA), die von der „Projektgruppe verfassungsverträgliche Technikgestaltung (provet)" unter Leitung des Verfassers entwickelt und in verschiedenen Projekten zur rechtlichen Gestaltung informationstechnischer Systeme genutzt worden ist; das waren beispielsweise digitale Telefonanlagen (ISDN), Datendienste, Sprachspeichersysteme, Signaturverfahren („elektronische Unterschrift"), Revisionsunterstützungssysteme, Erreichbarkeitsmanagementsysteme, Hypertextsysteme und multimediale Systemmodelle. Die Methode ist eine Antwort auf das Problem, die Differenz zwischen sehr allgemeinen rechtlichen Anforderungen und konkreten technischen Gestaltungsvorschlägen zu überbrücken. Diese Konkretisierung erfolgt in einem vierstufigen Prozess, in dem die rechtlichen Anforderungen zunehmend verfeinert und in die Sprache der Technik „übersetzt" werden (Hammer u.a. 1993; Roßnagel/Schroeder 1999).

4.3 Rechtswissenschaftliche Technikfolgenforschung

Technikregulierung darf nicht nur der technischen Entwicklung hinterher hinken, sondern muss künftige Herausforderungen frühzeitig erkennen, um für gewünschte Techniken die richtigen Rahmenbedingungen zu setzen und gegen unerwünschte Technikfolgen Vorsorge zu treffen. Technikgestaltung bedarf der vorhergehenden rechtswissenschaftlichen Technikfolgenforschung.

Dieser Forschungszweig hat vor allem die wachsende Bedeutung der Technik für das gesellschaftliche Zusammenleben thematisiert. Die Verwendung technischer Verfahren verändert nicht nur die Gesellschaft, sondern damit zugleich auch die Verwirklichungsbedingungen von Recht. Die zahlreichen Neben- und Folgewirkungen des Technikeinsatzes verbessern oder verschlechtern die Möglichkeiten, die Ziele rechtlicher Normen zu verfolgen, verursachen neue Gefährdungen oder schaffen neue Entfaltungschancen. Über den Anpassungsdruck, den technische Wirklichkeitsgestaltung auf Rechtsregeln ausübt, können Technikfolgen sogar Recht selbst verändern.

Solche Technikfolgen zu erkennen, zu bewerten und zu beeinflussen, ist für eine Gesellschaft, die sich ihre Verfassung und Identität bewahren will, von höchster Priorität. An der Schnittstelle zwischen Technikfolgenabschätzung und Rechtswissenschaft zielt rechtswissenschaftliche Technikfolgenforschung darauf ab, künftige Folgen der Technik für rechtliche Ziele frühzeitig zu erkennen, am Maßstab ihrer

Verfassungsverträglichkeit zu bewerten und darauf hinzuweisen, wie die weitere technische Entwicklung beeinflusst werden sollte (Roßnagel 1993).

4.4   Rechtswissenschaftliche Innovationsforschung

Durch die veränderten Bedingungen der Technikentwicklung kommt dem Recht vielfach eine neue, bisher nie so akzentuierte Aufgabe zu: Es soll Technik ermöglichen und Innovationen fördern (Abschn. 3.2). Für viele moderne Formen der Technik, insbesondere der Informations- und Kommunikationstechniken, reicht es für den Erfolg von Innovationen nicht mehr aus, der Technikentwicklung einen rechtlichen Freiraum zu sichern. Vielmehr bedarf es der rechtlichen Rahmensetzung, damit Technik entwickelt und in die Gesellschaft integriert werden kann. Insbesondere wenn verfassungsrechtliche Ziele auf dem Spiel stehen, genügt es vielfach nicht, nur Technikfolgen zu begrenzen, Technikalternativen auszuwählen oder vorhandene Techniksysteme zu gestalten. In solchen Fällen muss das Recht darüber hinaus auch Innovation anregen, ermöglichen und steuern. Das Datenschutzrecht und die Datenschutztechnik sind hierfür ein anschauliches Beispiel (Bizer 1998; Grimm u.a. 2000).

Der neuen Aufgabe des Rechts entsprechend gilt das wissenschaftliche Interesse einmal der Frage, wo Recht Innovationen behindert oder unterstützt. Zum anderen interessiert das Recht als Medium der gezielten Beeinflussung von Innovationsprozessen. Wo liegen die Erfordernisse, die Möglichkeiten und die Grenzen der Innovationssteuerung durch Recht? Und schließlich ist zu fragen, wie zwischen einer Innovationsverträglichkeit normativer Schutzvorkehrungen und der Verfassungsverträglichkeit innovativer Entwicklungsprozesse praktische Konkordanz hergestellt werden kann.

Die Rechtswissenschaft ist auf die Beantwortung dieser Fragen nicht optimal vorbereitet. Sie hat diese Probleme bis auf wenige Ausnahmen (z.B. Hoffmann-Riem/Schneider 1998) noch nicht als Aufgabe wahr- und schon gar nicht angenommen. Sie zu bearbeiten und konstruktiv zu beantworten, übersteigt auch die Grenzen der Rechtswissenschaft. Gefordert ist eine interdisziplinäre Bearbeitung dieser Fragen (Roßnagel 1993, 99 ff.; ders. 1999a; Hoffmann-Riem 1996; ders. 2000).

4.5   Wirklichkeitsorientierung

Die vielfältigen Beispiele unzureichender rechtlicher Techniksteuerung haben das wissenschaftliche Interesse verstärkt, nach den technischen, wirtschaftlichen und gesellschaftlichen Bedingungen rechtlicher Steuerungsimpulse zu fragen. Erkenntnisse aus solchen wirklichkeitsorientierten Untersuchungen sollten Rückwirkungen auf die Rechtsetzung im Technikrecht haben. Sie waren ohne Zusammenarbeit mit Ökonomen, Soziologen oder Ingenieuren nicht durchzuführen.

Beispielsweise blieb es bei der zunehmenden Regulierungstätigkeit im Bereich des Umwelt- und Technikrechts nicht aus, dass die mit dem Vollzug dieser Regelungen verbundenen Kosten im Hinblick auf den damit realisierten Nutzen kritisiert wurden. Insbesondere die vorherrschenden ordnungsrechtlichen Regelungsformen gerieten unter den – vielfach berechtigten – Verdacht, ihre Ziele nicht effizient zu erreichen. Die Kritik wurde von Teilen der Rechtswissenschaft als Rationalisierungsanforderung aufgenommen und zur Forschungsfrage gewendet, welche Instrumente die umweltpolitisch vorgegebenen Ziele ökonomisch am effizientesten zu erreichen vermögen. Dabei ging es zum Einen um die Auswahl unter bestehenden ordnungsrechtlichen Regelungsalternativen, zum Anderen um nichtordnungsrechtliche Steuerungsinstrumente, die größere individuelle Anpassungsspielräume und damit mehr Spielraum für das Wirken von Marktkräften eröffnen. Die für die Bearbeitung dieser Fragen notwendige Zusammenarbeit mit der Umweltökonomie war lange Zeit dadurch behindert, dass deren theoretische Modellannahmen häufig die für Effizienzfragen in der Praxis wichtigen, teilweise hochspezifischen konkreten Realisierungsbedingungen nur unzureichend einbezogen. In jüngster Zeit sind die Bemühungen von Ökonomie und Rechtswissenschaft dadurch gekennzeichnet, gerade die Wirklichkeitsorientierung der Untersuchungen zum Ansatzpunkt für gemeinsame Rationalitätskonzepte zu nutzen. Die bisherigen Ergebnisse lassen erkennen, dass auf einen ordnungsrechtlichen Rahmen nicht verzichtet werden kann, dass dieser aber vermehrt ergänzt werden muss durch den effizienzsteigernden Einsatz marktnutzender Steuerungsinstrumente (Gawel/Lübbe-Wolff 1999; Hansjürgens/Lübbe-Wolff 2000).

Ein anderes Beispiel sind Untersuchungen zu den Entscheidungsprozessen und Entscheidungsbedingungen in Technikgeneseprozessen. Wenn Recht die Technikentwicklung beeinflussen will und dies nur über die Verhaltenssteuerung der entscheidenden Akteure erreichen kann, müsste die Rechtsetzung eigentlich die Bedingungen und Verfahren kennen, unter denen die Regelungsadressaten handeln. Eine entsprechende Erfahrungsorientierung der rechtlichen Techniksteuerung war das Ziel etwa von Untersuchungen zur rechtlichen Beeinflussung gentechnischer Forschung (Gill/Bizer/Roller 1998) oder zur rechtlichen Risikosteuerung bei Infrastrukturanlagen wie Müllverbrennungsanlagen, Abwasserreinigungsanlagen und Brückenbauten (Ekardt u.a. 2000). Im Ergebnis zeigt sich, dass das Recht seine Adressaten verfehlen muss, wenn es deren Verhalten nur mit abstrakten Forderungen beeinflussen will. Es muss vielmehr erkennen, wo die entscheidenden Einflüsse auf die zu steuernden technischen Risiken möglich sind. Die empirischen Untersuchungen zeigen die große Bedeutung der folgenden Gesichtspunkte:
– die Sachlogik des Planens und Entwerfens,
– das bisher weitgehend unberücksichtigte Entwurfshandeln,
– die verschiedenen Phasen der Technikentstehung und ihrer unterschiedlichen normativen Beeinflussbarkeit,
– die spezifische Arbeitsorganisation – zum Beispiel in Form temporärer Projekte – mit spezifischen Einflussmöglichkeiten der Regelungsadressaten auf das angestrebte Gesamtergebnis,
– die spezifische Rationalität der Forscher oder Ingenieure sowie deren Beeinflussung durch andere normative Medien wie technische oder professionelle Normen.

Soll durch Recht die Technikentstehung gesteuert werden, steht Regulierung oft vor einem Dilemma: Sie soll eine Technik regulieren, die es noch nicht gibt. Sie benötigt eigentlich Erfahrung mit der zu regulierenden Technik, um deren Folgen erkennen und beurteilen zu können. Dies ist aber nicht möglich, weil die Technik, ihre technische und organisatorische Einbettung sowie ihre Anwendungsmöglichkeiten noch fehlen. Außerdem müssten mit der Technik Erfahrungen – wie etwa mit Technikversagen – gemacht werden, die das Recht durch entsprechende Gestaltungen gerade vermeiden will. Der Ausweg aus dem Dilemma kann in vielen Fällen darin bestehen, dass die relevanten Erfahrungen in einer geschützten Umgebung selbst generiert werden, die dann für die prospektive Technikgestaltung und -regulierung genutzt werden können. Für diesen Zweck hat die „Projektgruppe verfassungsverträgliche Technikgestaltung (provet)" unter Leitung des Verfassers die Methode der Simulationsstudien entwickelt und am Beispiel digitaler Signaturverfahren in der Rechtspflege (provet/GMD 1994), mobiler Kommunikationstechnik im Gesundheitswesen (Roßnagel/Haux/Herzog 1999) und der Datenschutztechnik im elektronischen Einkaufen und Bezahlen im Internet (Grimm u a. 2000) angewendet. Dabei werden Prototypen des jeweiligen Techniksystems von den späteren Nutzern unter simulierten, aber realitätsgerechten Bedingungen erprobt und spezifische, regelungsrelevante Testfälle durchgespielt. Das Erfahrungswissen der späteren Nutzer mit den Aufgaben und Arbeitsabläufen einerseits und den neuen Bedingungen der Techniknutzung andererseits werden dann für Vorschläge zur Technikgestaltung und Rechtsetzung genutzt.

4.6   Neue rechtswissenschaftliche Regelungskonzepte

In der Rechtswissenschaft wurden in den letzten 20 Jahren auch eine Reihe neuer Regelungskonzepte erörtert und entwickelt. Diese Diskussionen hatten neue Regelungsvorhaben zum Ziel oder gingen von Neuregelungen aus, die konzeptionell zu verarbeiten waren. Beispiele hierfür waren:
- die umfangreichen Arbeiten und Entwürfe zu einer – letztlich an Länderkompetenzen gescheiterten – einheitlichen Kodifikation des deutschen Umweltrechts in einem Umweltgesetzbuch,
- die konzeptionelle Fortentwicklung des Abfallrechts zu einem Recht der Kreislaufwirtschaft durch mehrere Novellierungen des Abfallgesetzes,
- die konzeptionelle Fortentwicklung im Wasserrecht vom Ziel der Bewirtschaftung der Ressource Wasser hin zum Ziel der langfristigen Vorsorge für Wassermenge und -qualität durch mehrere Novellen des Wasserhaushaltsgesetzes,
- die medienübergreifende Berücksichtigung der Auswirkungen eines technischen Vorhabens auf die gesamte Umwelt in Form einer Umweltverträglichkeitsprüfung (UVP-Richtlinie, UVP-Gesetz),
- die Einbeziehung der unterschiedlichen Auswirkungen einer technischen Anlage auf Luft, Wasser, Boden in ein einheitliches Genehmigungsverfahren und die Nutzung der jeweils besten verfügbaren Technik im Rahmen des integrierter Umweltschutzes (IVU-Richtlinie).

Alle diese Bemühungen (Kloepfer/Brandner 1998) waren dadurch gekennzeichnet, dass sie eine größere Rationalität und Wirksamkeit in der umweltpolitischen Beeinflussung der Technikentwicklung und -nutzung erzielen sollten.

5 Aufgaben von Recht und Staat

Die neuen Herausforderungen durch die jüngsten technischen Entwicklungen (Kap. 3.2) führen in bestimmten Technikbereichen zu einer neuen Aufgabenbestimmung von Staat und Recht in Bezug auf Technik. So zeigen etwa die Globalisierung der Regelungsprobleme und die Beschränkung staatlicher Hoheitsgewalt auf das Territorium des Staates einerseits sowie die Körperlosigkeit, Flüchtigkeit und Nichtunterdrückbarkeit von Informationen andererseits Grenzen der Erfüllungsverantwortung des Staates. Er ist nicht mehr in der Lage, in vollem Umfang Gemeinwohlbelange durchzusetzen und seine Bürger zu schützen. Kann der Staat diese Aufgaben nicht mehr erfüllen, sind seine Souveränität und seine Basislegitimation in Frage gestellt. Können demokratische Entscheidungen nicht mehr durchgesetzt werden, ist die gesamte Konstruktion des demokratischen Rechtsstaats, der Gleichheit und Allgemeinheit der Gesetze gefährdet (Roßnagel 1997b).

Probleme für die Verantwortung von Staat und Recht stellen sich auch in klassischen Technikbereichen. Sie können nämlich die für die Sicherheit von Technik so wichtigen generativen Leistungen von Ingenieuren nicht selbst erbringen. Sie können daher ihre Verantwortung nicht dadurch erfüllen, dass sie die Tätigkeit von Ingenieuren detailliert regulieren. Sie können ihr vorwiegend nur dadurch gerecht werden, dass sie einen Rahmen setzen, der für verantwortete Planungs- und Gestaltungspraxis Raum lässt (Ekardt u.a. 2000, 67 ff., 271 ff.).

Angesichts der Ohnmachtserfahrungen des Staates eröffnet sich eine wichtige Forschungsperspektive durch die Frage: Wie kann der Staat von Überforderung befreit werden, und wie kann er seine Verantwortung für Technikinnovationen und Technikfolgen auf ein realistisches und erfüllbares Maß begrenzen? Bieten Globalisierung und Immaterialisierung von Informationen die Chance zu einem neuen Verständnis der Staatsaufgaben? Kann die Erfüllungsverantwortung des Staates zu einer Strukturverantwortung (Roßnagel 1997b) oder Gewährleistungsverantwortung (Hoffmann-Riem 1996, 21f.) verändert werden?

Bevor aber der Staat aus der Verantwortung für Gemeinwohlbelange und den Schutz seiner Bürger entlassen wird, muss die Frage untersucht werden, wo genau die Grenzen der Erfüllungsverantwortung etwa für den Jugend-, Daten-, Verbraucher- und Wettbewerbsschutz sowie für den Umweltschutz und die Techniksicherheit liegen. Denn trotz ungünstiger Verwirklichungsbedingungen bleibt die Schutzaufgabe bestehen, wurde sogar in jüngster Zeit zumindest durch zwei normative Entwicklungen akzentuiert, nämlich durch die Rechtsprechung zum informationellen Selbstbestimmungsrecht und durch die Einfügung des Staatsziels Umweltschutz in Art. 20a Grundgesetz. Doch auch wenn die Verantwortung inhaltlich bestehen bleibt, müssen ihr Zuschnitt und vor allem die Form, wie sie erfüllt wird, realitätsgerecht sein. Es hilft nichts, an alten Fiktionen fest zu halten. Die

Verantwortung von Staat und Recht dürfen daher nicht zu früh aufgegeben, aber auch nicht überstrapaziert werden.

Soweit festzustellen ist, dass der Staat in bestimmten Bereichen keine Verantwortung mehr wahrnehmen kann oder wahrnehmen soll, stellen sich eine Vielzahl von Fragen nach einem äquivalenten Ersatz: Kann der Staat, dort, wo er überfordert ist, den Schutz der Bürger und die Formulierung und Durchsetzung von Gemeinwohlbelangen gesellschaftlicher Selbstorganisation überlassen? Informations- und Kommunikationstechniken könnten die Bürger befähigen, ihre Interessen selbstbestimmt zu schützen. Soweit dies möglich ist, könnte sich die Schutzpflicht von Staat und Recht dahin gehend wandeln, dass sie die Voraussetzungen und Strukturen schaffen, in denen Selbstbestimmung und Selbstschutz möglich sind.

Für die Technikentwicklung werden Staat und Recht einen eigenständigen Verantwortungsraum der Ingenieure anerkennen müssen. Deren zivilgesellschaftliche Orientierung bei der Errichtung von bautechnischen Infrastrukturen in der Weise, dass aus dem Horizont der eigenen Gruppe und des eigenen Interesses Rücksicht genommen wird auf Belange der Allgemeinheit und der zukünftigen Generationen (Ekardt 1995; ders. 1998, 147), ist durch rechtliche Regelungen zu unterstützen. Kontrolle und Selbstkontrolle sind die beiden Pole, zwischen denen sich Ingenieurpraxis und -verantwortung entfalten müssen. Recht muss daher einerseits den Selbststeuerungsanspruch der Ingenieure anerkennen, ihn andererseits aber einhegen. Dies ist eine ständige und schwierige Gratwanderung, weil die Verselbständigung von Teilrationalitäten sowie die Benachteiligung schützenswerter Allgemeininteressen und Rechte Dritter verhindert werden müssen. Das Ziel muss darin bestehen, Wege zu einer zivilgesellschaftlich verantworteten Kooperation von Recht und Ingenieuren in der Wahrnehmung von Zukunftsverantwortung zu finden (Ekardt u.a. 2000).

6   Neue Regelungskonzepte und -formen in der Praxis

Die rechtswissenschaftliche Befassung mit der Technik, mit den Bedingungen technischer Innovationen und mit den Technikfolgen mündete vielfach in neue Regelungskonzepte und Regelungsformen, die den neuen Entwicklungen, Herausforderungen und Ansprüchen gerecht werden sollen. Sie sind aus dem Blickwinkel zu bewerten, ob mit ihrer Hilfe rechtliche Ziele wirkungsvoller und nachhaltiger in der technischen Entwicklung geltend gemacht werden können. Viele der neuen Regelungskonzepte und Regelungsformen wurden in den letzten 20 Jahren in die Praxis der rechtlichen Techniksteuerung aufgenommen (Roßnagel 1994).

Die einfachste und direkteste, aber nicht immer die erfolgreichste Steuerungsart ist die direkte Förderung bestimmter Techniken. Sie selektiert zwischen bestimmten Techniken und benötigt daher eine klare, aber riskante Entscheidung des Gesetzgebers, welche Technik förderungswürdig ist. Eine solche Entscheidung wurde im Gesetz für den Vorrang Erneuerbarer Energien im Frühjahr 2000 getroffen. Weniger direkt, aber ebenso wirkungsvoll sind solche Vorgaben an die Technik, die nur von bestimmten Techniklinien oder -systemen erfüllt werden können. Beispiele für

Regelungen, die neue Techniken hervorgebracht haben, sind die Emissionsgrenz-werte für Müllverbrennungsanlagen in der 17. Bundesimmissionsschutz-Verord-nung, die Abwassergrenzwerte aufgrund des Wasserhaushaltsgesetzes, für digitale Signaturen das Signaturgesetz und für Datenschutztechnik das Teledienstedaten-schutzgesetz.

Ordnungsrechtliche Instrumente schreiben wenig flexibel dem Normadressaten ein bestimmtes Verhalten vor und müssen daher gegen dessen Interesse durchge-setzt werden. Dagegen sollen ökonomisch wirkende Instrumente ein eigenes Inter-esse der Adressaten an der Einhaltung der gesetzlichen Vorgaben schaffen und ihnen ermöglichen, den wirtschaftlich günstigsten Weg hierzu zu wählen. Außer-dem wird erwartet, dass durch die ökonomischen Be- und Entlastungseffekte die Technikanbieter und -nutzer veranlasst werden, ihre technischen Fähigkeiten und Kenntnisse zu einer umwelt- und sozialverträglichen Technikentwicklung einzu-setzen. Ökonomische Instrumente sollen die volkswirtschaftlichen Kosten zur Vermeidung oder zum Ausgleich des unerwünschten Verhaltens dem Verursacher zuordnen und in dessen betriebswirtschaftlicher Kostenrechnung zur Geltung bringen. Diese Effekte können durch Steuern, Abgaben, Gebühren und Beiträge erreicht werden. Trotz der umfangreichen Diskussion sind erst wenige solcher fis-kalischer Instrumente eingeführt worden. Neben der Öko-Steuer sind dies vor al-lem die Abwasserabgabe, die für die direkte Einleitung von Abwasser in Gewässer zu entrichten ist, die naturschutzrechtliche Ausgleichsabgabe für Eingriffe in Natur und Landschaft und die Walderhaltungsabgabe für die nachteiligen Wirkungen einer Waldrodung. Diese nur indirekt wirkenden ökonomischen Regelungsin-strumente können allerdings die erhofften Wirkungen nicht garantieren. Anders als bei ordnungsrechtlichen Vorgaben gibt es keine Möglichkeit, die erwünschten Verhaltensweisen zwangsweise durchzusetzen. Ihnen haftet daher eine gewisse Wirkungsunschärfe an. Dem Normadressaten steht es letztlich frei, zu zahlen und seine belastenden Aktivitäten unverändert beizubehalten. Daher besteht inzwi-schen weitgehend Einigkeit, dass ökonomische Instrumente nur ergänzend ge-nutzt werden dürfen und keinesfalls die Festlegung ordnungsrechtlicher Mindest-anforderungen ersetzen können.

Eine andere Form, in der Sprache der Ökonomie das Verursacherprinzip zur Gel-tung zu bringen, bietet das Haftungsrecht. Sein wichtigster Zweck besteht darin, einen verursachten Schaden möglichst gerecht auszugleichen. Im Kontext der Techniksteuerung besteht jedoch die Erwartung, durch eine adäquate Ausgestal-tung des Haftungsrechts auch Anreize setzen zu können, Schadensmöglichkeiten zu erkennen und zu vermeiden. Die Präventionswirkung soll zum einen aus der betriebswirtschaftlichen Berücksichtigung möglicher Haftpflichten in der Ent-scheidungskalkulation zur Entwicklung und zum Einsatz von Technik und zum anderen aus der negativen Publizität von Haftungsprozessen folgen. Eine Infor-mationswirkung wird dann erwartet, wenn Unkenntnis nicht vor Haftung schützt. Dann entsteht für den potenziellen Verursacher ein Anreiz, sich um mehr Wissen über das Risikopotenzial seiner Technik zu bemühen. In der bisherigen konkreten Ausgestaltung des technikorientierten Haftungsrechts werden diese erhofften Wirkungen oft durch praktische Probleme des Geschädigten, den Kausalitätsnachweis zu führen, durch gesetzliche Haftungsobergrenzen und durch die Haftungsfreistellung für Entwicklungsrisiken vereitelt. Doch selbst wenn die Steuerungsleistung des Haftungsrechts durch die Beseitigung dieser Schwachstellen verbessert würde, besteht das Hauptproblem in der Versicherung des Haftungsrisikos. Denn durch Versicherung belastet den Verursacher nur die Versicherungsprämie, während seine Haftung im Schadensfall kollektiviert wird. Entscheidend für die Steuerungswirkung einer Haftungsnorm ist somit letztlich das Innenverhältnis zwischen Versicherer und Versicherungsnehmer. Positiv wirken sich eine individuelle, risikogerechte Prämiengestaltung oder gar Versicherungen für alle Haftpflichtrisiken auf der Grundlage einer zusammenfassenden Risikoanalyse aller Einzelrisiken eines Unternehmens aus. Das gleiche gilt für individuell verschiedene Selbstbehaltsquoten, die verhindern, dass der Versicherungsnehmer seinen Wissensvorsprung über bestimmte Risiken nutzt, um diese übermäßig auf den Versicherer abzuwälzen. Schließlich könnte der Versicherer die Versicherung oder die Prämienhöhe von der Einhaltung technischer Anforderungen abhängig machen. Für bestimmte Versicherungszweige könnten hier gesetzliche Rahmenvorgaben hilfreich sein, die Steuerungswirkung von Haftungsrecht auch im Rahmen von Versicherungslösungen zur Geltung zu bringen (Schwarze 1994).

Gesellschaftliche Techniksteuerung erfolgt in der Regel in der Form des Rechts. Um den rechtlichen Schutzzielen besser zur Durchsetzung zu verhelfen, könnte sich rechtliche Techniksteuerung durch eine Beteiligung der Öffentlichkeit unterstützen und entlasten lassen. Bei den gesetzlich meist nicht abschließend normierten Anforderungen besteht immer die Gefahr, dass sich die verfolgten Allgemeininteressen an Umweltschutz und Techniksicherheit ohne einen starken Druck der Öffentlichkeit nur schwer gegen mächtige entgegenstehende Partikularinteressen durchzusetzen vermögen. Ausreichende Informations-, Organisations- und Artikulationsmöglichkeiten von Bürgergruppen zu gewährleisten, muss daher ein überlebenswichtiges Anliegen einer demokratischen Gesellschaft sein. Öffentlichkeitsbeteiligungen sind bereits vorgesehen für staatliche Erlaubnisse und Planfeststellungen zum Errichten und Betreiben von Infrastruktur- und Industrieanlagen. Dagegen gibt es die Beteiligung der Öffentlichkeit nicht für die Phasen nach der Genehmigung der Anlage. Sie findet weder statt für die Produkte aus der Anlage, selbst wenn diese als besonders umweltbelastend ein staatliches Zulassungsverfahren durchlaufen müssen, noch für die behördliche Überwachung der genehmigten Anlage insgesamt. Soll die Steuerungsressource Öffentlichkeit künftig verstärkt genutzt werden, sind die Anwendungsfelder für Öffentlichkeitsbeteiligung auszuweiten und den Kontrahenten materiell gleiche Verfahrenschancen zu gewährleisten, um angesichts der faktischen Unterlegenheit der Drittbetroffenen einen fairen und offenen Disput um die beste Lösung zu ermöglichen.

Eine Entlastung der zentralen Regelsetzung könnte erreicht werden, wenn die abstrakten gesetzlichen Regelungen durch Selbstregulierung durch die Normadressaten bereichsspezifisch konkretisiert würden. Beispiele im Bereich des Datenschutzes sind die niederländischen Regelungen zu „Codes of Conduct" und im Bereich des Jugendschutzes Organisationen der freiwilligen Selbstkontrolle. Diese Form der Regulierung verspricht einerseits Dezentralisierung und Entbürokratisierung.

Sie vermag aber nicht die Berücksichtigung von – vor allem langfristigen – Allgemeininteressen zu gewährleisten. Sie vermag nicht sicherzustellen, dass die erforderlichen Kenntnisse, Erfahrungen und Bewertungen den Entscheidern vorliegen. Mangels Institutionalisierung der Entscheidungsträger fehlen hierfür die notwendigen Bedingungen. Bei dieser Regulierungsform werden Sicherungen zur Gewährleistung staatlicher Auffangverantwortung erforderlich sein (Schmidt-Preuß 1997).

Eine Entlastung der rechtlichen Techniksteuerung durch soziale Selbstorganisation kann auch dadurch bewirkt werden, dass den Techniknutzern überlassen wird, die Umsetzung von rechtlichen Anforderungen eigenverantwortlich wahrzunehmen und sich selbst zu kontrollieren. Dieser Regulierungsansatz verlagert die Erkenntnis- und Bewertungsprobleme zum Innovator oder Betreiber. Eigenverantwortung darf jedoch nicht sich selbst überlassen werden. Sie ist vielmehr in ihren Voraussetzungen gegenüber kurzfristigen konkurrierenden Interessen abzusichern und in ihren Wirkungen zu kontrollieren. Organisatorische Sicherungen der Eigenverantwortung sind etwa im Immissionsschutzrecht in Form detaillierter Sicherheitsanalysen, obligatorischer Organisationspläne und der Institutionalisierung eines Immissionsschutz- und eines Störfallbeauftragten vorgesehen. Im Bereich neuer Medien findet die unternehmensinterne Institutionalisierung von Allgemeininteressen durch betriebliche Daten- oder Jugendschutzbeauftragte statt. Ähnliche Sicherungen der Eingeverantwortlichkeit sollten auch in anderen Bereichen der Techniknutzung eingeführt oder intensiviert werden.

Eine Verstärkung der Eigenverantwortung kann durch freiwillige Prüfungen („Audits") verstärkt werden, deren Ergebnisse der Öffentlichkeit bekannt gemacht werden. Mit diesem Instrument werden für die rechtliche Techniksteuerung zusätzlich die Mechanismen des Wettbewerbs genutzt. Erfüllt der Technikanwender die rechtlichen Anforderungen in einem besonders hohen Maß, erhält er nach bestandener Prüfung eine Auszeichnung, mit der er auf dem Markt werben kann. Zur Sicherung der Verrauenswürdigkeit des gesamten Prüfungssystems müssen allerdings die privaten Gutachter geprüft, zugelassen und kontrolliert werden. Ein solches Prüfungssystem ist für den Umweltschutz 1995 durch die „Umweltauditverordnung" der EG eingeführt worden. Für den Datenschutz ist ein Audit nach § 9a Bundesdatenschutzgesetz und § 17 Mediendienste-Staatsvertrag programmatisch vorgesehen. Ein Gesetz, das diese Ankündigung in geltendes Recht umsetzt, steht noch aus, wird aber diskutiert (Roßnagel 2000b).

Relativ neu ist eine Form der Technikregulierung, die Recht als Angebot an die Adressaten versteht. Ein Beispiel für diese Form des persuasiven Rechts ist das Signaturgesetz. Es sieht zwar auf den ersten Blick wie ein gewöhnliches ordnungsrechtliches Gesetz mit Zulassungs- und Aufsichtsregelungen für die regulierte Technik aus. Es lässt aber auch alle anderen Signaturverfahren zu, die die Anforderungen des Gesetzes nicht erfüllen. Ähnlich sind die Regelungen im Teledienstegesetz und Teledienstedatenschutzgesetz zu werten. Um den Vorwurf einer Überregulierung zu vermeiden, wurde in diesen auf Bußgeld- und Strafvorschriften verzichtet, und es wurden keine effektiven Durchsetzungsmechanismen vorgesehen. Dementsprechend verwundert es nicht, dass die Evaluierung dieser Gesetze

ergeben hat, dass die Adressaten hinsichtlich der gebotenen Anbieterkennzeich-
nung und Preistransparenz, des Daten- und Jugendschutzes oft weder über die
rechtlichen Anforderungen noch über die technischen Möglichkeiten, sie zu erfüllen, unterrichtet waren. Solche Regelungen bieten den Adressaten einen Orientie-
rungsrahmen, den sie für sich akzeptieren können, sind aber ungeeignet zur Sicherstellung eines einheitlichen Standards.

7   Ausblick

Auch angesichts der atemberaubenden Umwälzungen technischer Entwicklungen
bleibt die staatliche Aufgabe der Techniksteuerung durch Recht bestehen. Ihre Relevanz nimmt sogar zu, weil Technik in immer stärkerem Maß das gesellschaftliche
Zusammenleben, das Feld, für das das Recht Ordnung und Freiheit gewährleisten
soll, beeinflusst. Zugleich hat die technische Entwicklung aber die Bedingungen,
diese Aufgabe zu erfüllen, zunehmend verschlechtert. Staat und Recht dürfen in
dieser Situation nicht überfordert werden. Notwendig sind daher realistische Bestimmungen, wie Staat und Recht ihre Verantwortung gegenüber der technischen
Entwicklung künftig wahrnehmen können. Dafür wird das Ordnungsrecht das
zentrale Regelungsinstrument bleiben. Dieses wird aber zunehmend von einer
bunten Vielfalt anderer Regelungskonzepte und -formen umgeben, die zu einer
Effektivierung der Steuerungsleistung des Rechts beitragen sollen.
Die letzten 20 Jahre waren durch große technische Umwälzungen mit neuen
Handlungschancen und Herausforderungen gekennzeichnet. Die rasanten Änderungen wirtschaftlicher und gesellschaftlicher Verhältnisse durch technische Entwicklungen werden weitergehen, sogar beschleunigt werden. Gewissheiten, die
viele Jahre und Jahrzehnte galten, gehen verloren. Das Recht wird zunehmend mit
Regelungskonzepten und –formen experimentieren müssen.

Literatur

Bizer, J.: Datenschutz durch Technikgestaltung, in: Bäumler, H./v. Mutius, A. (Hg.), Datenschutzgesetze der dritten Generation, Neuwied 1999, 28-59.

Denninger, E.: Verfassungsrechtliche Anforderungen an die Normsetzung im Umwelt- und Technikrecht, Baden-Baden 1990.

Ekardt, H.-P.: Unter-Gestell. Die bautechnischen Fundamente großer technischer Systeme, in: Braun, I./Joerges, B. (Hg.), Technik ohne Grenzen, Frankfurt 1994, 166-211.

Ekardt, H.-P.: Ingenieurverantwortung in der Infrastrukturentwicklung - neu beleuchtet im Lichte des Civil Society-Diskurses, in: Hoff, E.-H./Lappe, L. (Hg.), Verantwortung im Arbeitsleben, Heidelberg 1995, 144-161.

Ekardt, H.-P.: Was heißt Ingenieurverantwortung? in: Schmidt, B. (Hg.), Über Grenzen: Neue Wege in Wissenschaft und Politik, Beiträge für E. Mayer, Frankfurt 1998, 141-154.

Ekardt, H.-P./Manger, D./Neuser, U./Pottschmidt, A./Roßnagel, A./Rust, I.: Rechtliche Risikosteuerung – Sicherheitsgewährleistung in der Entstehung von Infrastrukturanlagen, Baden-Baden 2000.

Gawel, E./Lübbe-Wolff, G. (Hg.): Rationale Umweltpolitik - Rationales Umweltrecht. Konzepte, Kriterien und Grenzen rationaler Steuerung im Umweltschutz, Baden-Baden 1999.

Gill, B./Bizer, J./Roller, G.: Riskante Forschung, Berlin 1998.

Grimm, R./Löhndorf, N./Roßnagel, A.: E-Commerce meets E-Privacy, in: Bäumler, H. (Hg.), E-Privacy. Datenschutz im Internet, Braunschweig 2000, 133-140.

Hammer, V./Pordesch, U./Roßnagel, A.: Betriebliche Telefon- und ISDN-Anlagen rechtsgemäß gestaltet, Berlin 1993.

Hansjürgens, B./Lübbe-Wolff, G. (Hg.): Symbolische Umweltpolitik, Frankfurt 2000.

Hoffmann-Riem, W.: Innovationen durch Recht und im Recht, in: Schulte, M. (Hg.), Technische Innovation und Recht – Antrieb oder Hemmnis? Heidelberg 1996, 3-32.

Hoffmann-Riem, W.: Innovationssteuerung durch die Verwaltung: Rahmenbedingungen und Beispiele, Die Verwaltung 2000, 155 – 182.

Hoffmann-Riem, W./Schneider, J.-P. (Hg.): Rechtswissenschaftliche Innovationsforschung, Grundlagen, Forschungsansätze, Gegenstandsbereiche, Baden-Baden 1998.

Ipsen, D.: Die Bewältigung der wissenschaftlichen und technischen Entwicklung durch das Verwaltungsrecht, Veröffentlichungen der Vereinigung Deutscher Staatsrechtslehrer 48 (1990), 192-219.

Jarass, H. D./Neumann, L. F. (Hg.): Umweltschutz und Europäische Gemeinschaften, 2. Aufl. Heidelberg 1994.

Kloepfer, M./Brandner, T.: Umweltrecht, 2. Aufl. München 1998.

Koch, H.-J./Roßnagel, A. (Hg.): 10. Deutsches Atomrechtssymposium, Baden-Baden 2000.

Luhmann, N.: Ökologische Kommunikation, Opladen 1986.

Lukes, R.: Technik und Recht, in: Ropohl, G. (Hg.), Interdisziplinäre Technikforschung, Berlin 1981, 185-194.

Murswiek, D.: Die Bewältigung der wissenschaftlichen und technischen Entwicklung durch das Verwaltungsrecht, Veröffentlichungen der Vereinigung Deutscher Staatsrechtslehrer 48 (1990), 220-234.

provet/GMD: Die Simulationsstudie Rechtspflege. Eine neue Methode zur Technikgestaltung für Telekooperation, Berlin 1994.

Rammert, W.: Wer oder was steuert den technischen Fortschritt? Technischer Wandel zwischen Steuerung und Evolution, Soziale Welt 1992, 7-24.

Roßnagel, A.: Rechtswissenschaftliche Technikfolgenforschung, Baden-Baden 1993.

Roßnagel, A.: Sicherheitsphilosophien im Technikrecht - am Beispiel des Atomrechts, Umwelt- und Planungsrecht 1993, 129-135.

Roßnagel, A.: Ansätze zu einer rechtlichen Steuerung des technischen Wandels, in: Marburger, P. (Hg.), Jahrbuch des Umwelt- und Technikrechts 1994, Düsseldorf 1994, 425-461.

Roßnagel, A.: Europäische Techniknormen im Lichte des Gemeinschaftsvertragsrechts, Deutsches Verwaltungsblatt 1996, 1181-1189.

Roßnagel, A.: Lernfähiges Europarecht - am Beispiel des europäischen Umweltrechts, Neue Zeitschrift für Verwaltungsrecht 1997a, 122–127.

Roßnagel, A.: Globale Datennetze: Ohnmacht des Staates - Selbstschutz der Bürger. Thesen zur Änderung der Staatsaufgaben in einer „civil information society", in: Zeitschrift für Rechtspolitik 1997b, 26-30.

Roßnagel, A.: Risikobewertung im Recht, in: Bizer, J./Koch, H.-J. (Hg.), Sicherheit, Vielfalt, Solidarität, Symposium zum 65. Geburtstag E. Denningers, Baden-Baden 1998, 75-85.

Roßnagel, A.: Das Neue regeln, bevor es Wirklichkeit geworden ist – Rechtliche Regelungen als Voraussetzung technischer Innovation, in: Sauer, D./Lang, Ch. (Hg.), Paradoxien der Innovation, Perspektiven sozialwissenschaftlicher Innovationsforschung, Frankfurt 1999a, 193–210.

Roßnagel, A.: Rechtliche Steuerung von Infrastrukturtechnik, in: Roßnagel, A./Rust, I./Manger, D. (Hg.), Technik verantworten, Interdisziplinäre Beiträge zur Ingenieurpraxis, Festschrift für H.-P. Ekardt zum 65. Geburtstag, Berlin 1999b, 209-222.

Roßnagel, A. (Hg.), Datenschutz international, Datenschutz und Datensicherheit, Heft 8/2000a.

Roßnagel, A.: Datenschutzaudit – Konzeption, Durchführung, gesetzliche Regelung, Braunschweig 2000b.

Roßnagel, A./Haux, R./Herzog, W. (Hg.), Mobile und sichere Kommunikation im Gesundheitswesen, Braunschweig 1999.

Roßnagel, A./Neuser, U. (Hg.), Reformperspektiven im Umweltrecht, Baden-Baden 1996.

Roßnagel. A./Schroeder, U. (Hg.), Multimedia in immissionsschutzrechtlichen Genehmigungsverfahren, Köln 1999.

Schlink, B.: Die Bewältigung der wissenschaftlichen und technischen Entwicklung durch das Verwaltungsrecht, Veröffentlichungen der Vereinigung Deutscher Staatsrechtslehrer 48 (1990), 235-265.

Schmidt-Preuß, M.: Verwaltung und Verwaltungsrecht zwischen gesellschaftlicher Selbstregulierung und staatlicher Steuerung, Veröffentlichungen der Vereinigung Deutscher Staatsrechtslehrer 56 (1997), 162-234.

Schoch, F.: Öffentlich-rechtliche Rahmenbedingungen einer Informationsordnung, Veröffentlichungen der Vereinigung Deutscher Staatsrechtslehrer 57 (1998), 158-215.

Schwarze, R.: Präventionsdefizite der Umwelthaftung und Lösungen aus ökonomischer Sicht, Bonn 1996.

Teubner, G.: Recht als autopoietisches System, Frankfurt 1989.

Trute, H.-H.: Öffentlich-rechtliche Rahmenbedingungen einer Informationsordnung, Veröffentlichungen der Vereinigung Deutscher Staatsrechtslehrer 57 (1998), 216-273.

Willke, H.: Ironie des Staates, Grundlinien einer Staatstheorie polyzentrischer Gesellschaften, Frankfurt 1992.

Wolf, R.: Zur Antiquiertheit des Rechts in der Risikogesellschaft, Leviathan 1987, 357-391.

Technikforschung in kulturwissenschaftlicher Perspektive

Götz Großklaus

I

Die Kulturwissenschaft gilt – was Begriff, Methoden, Reichweite und Gegenstandsbereich anbetrifft – bislang immer noch als unbestimmt und offen, als nicht eindeutig definierbar, nicht abgrenzbar gegenüber den traditionellen Territorien der etablierten geistes- und sozialwissenschaftlichen Einzeldisziplinen.

Der Kulturwissenschaft könnte in einer geschichtlichen Periode des Übergangs zu einer allgemeinen medialen Vernetzung des kulturellen Wissens – der verschiedenen kulturellen Diskurse, Symbole und Muster – die Aufgabe zufallen, einen entsprechend interkulturellen wie interdisziplinären Bezugsrahmen zu entwerfen. Erst innerhalb eines derart erweiterten Rahmens läßt sich „Kultur" als Gesamtheit von symbolischen Formen (Cassirer 1953), als Menge von Codes, Texten und Artefakten beschreiben und mit jeweils anderen Kulturen vergleichen. Kulturwissenschaft etabliert somit „eine Metaebene der Reflexion" (Böhme/Scherpe 1996, 15), von der aus die „Dialogisierung" der „hochspezialisierten, gegeneinander abgeschotteten Ergebnisse der (Einzel)Wissenschaften vorangetrieben werden kann". Darüber hinaus aber scheint von hier aus eine „Dialogisierung" der Kulturen überhaupt möglich – durchaus im Sinne eines kritischen Vergleichs von transkulturell durchlaufenden Diskursformen mit „Überschriften" wie *Körper, Tod, Geschlecht, Raum, Zeit, Natur, Arbeit, Technik* etc.

Der kulturwissenschaftliche Vergleich ermittelt Differenz und Affinität in der kulturspezifischen Codierung dieser anthropologischen Grundthemen. Diese Codierungen unterliegen dem geschichtlichen Wandel, so im besonderen Maße dem Transformationsprozeß, der durch die Industrielle Revolution in den letzten Jahrzehnten des 18. Jahrhunderts eingeleitet wurde und alle traditionellen Diskurse, lebensweltlichen Normen und Standards – zunächst in Europa, schließlich global – in Frage gestellt hat.

Die kulturwissenschaftliche Beschreibung des beschleunigten Wandels in der Modernisierung könnte die Veränderung von Wahrnehmungs-, Symbolisierungs- und Kognitionsstilen sichtbar werden lassen an signifikanten „Verschiebungen" im Ensemble der diskursiven Elemente *Natur, Raum, Zeit* und *Arbeit*. Einerseits hinterläßt der technisch-industrielle Fortschritt – das Erscheinen von Dampfmaschine, Eisenbahn, Telegraph und Photographie in den ersten vier Jahrzehnten des 19. Jahrhunderts – seine Spuren im immateriellen Feld der „symbolischen Formen", der lebensweltlichen Orientierungen und Ordnungen; andererseits ist die materiale Revolution der Technik und Industrie geprägt durch das ideelle, aufklärerische Programm einer Humanisierung der naturalen Welt, einer grundsätzlichen Emanzipation von der Natur.

Jede kulturwissenschaftliche Beschreibung oder Kritik des wissenschaftlich-technischen Fortschritts arbeitet sich verschiedenartig an dieser Dialektik ab.

„Technik" erscheint kulturvermittelt, und „Kultur" erscheint technikvermittelt –
und dies um so eindeutiger, je weiter der Prozeß technisch-maschineller Transformation der Wirklichkeit voranschreitet, je intensiver und totaler die technisch-
elektronische Digitalität den symbolischen Raum der Kommunikation und Informationsverarbeitung selbst erfaßt und durchdringt. Auf der „nächsten" symbolischen Ebene ist die Medien/Text-Vermitteltheit von „Kulturen" in Rechnung zu
stellen – und vice versa: die (sozio)kulturelle Implikation jedes hochliterarischen,
ästhetischen Textes genauso wie jeder anderen medialen Botschaft. Daraus folgt
für das Verhältnis von Literaturwissenschaft und Kulturwissenschaft:
"Wenn sich nicht nur Ethnographen, sondern auch Alltags- und Mentalitätshistori-
ker stärker auf Texte – auch literarische – als Medien kultureller Selbstauslegung
besinnen und Literaturhistoriker umgekehrt auch hochbewerteter kanonischer Literatur im Rahmen einer Poetik der Kultur außerliterarische Aussagequalitäten
zubilligen, dann ergänzen sich die kulturwissenschaftliche Erweiterung der
Textwissenschaft und eine text- und zeichenwissenschaftliche Erweiterung der
Kulturwissenschaft wechselseitig." (Ort 1999, 541)
Die kulturwissenschaftliche Beschreibung und Analyse von Technikphänomenen
erfolgt grundsätzlich auf der Vermittlungsebene des symbolischen Textes. „Texte"
– als Medien kultureller Selbstauslegung – *begleiten* den geschichtlichen Prozeß
globaler Technisierung ebenso, wie sie sich als *vor*laufend-antizipatorisch oder
*nach*laufend-reflexiv artikulieren. Auszugehen ist von einem erweiterten Textbegriff: So kann sich die kulturwissenschaftliche Lektüre – wiederum grundsätzlich –
jeder medialen Botschaft (Bild, Wort, Schrift, Ton) als „Text" zuwenden, um auf
den unterschiedlichen Ebenen von Ausdruckssubstanz und -form, von Inhaltssub-
stanz und -form der Signatur der technischen Transformation der Welt auf die
Spur zu kommen. Kenntlich könnten derartige Signaturen immer dann werden,
wenn man auf Umgestaltungen oder Zusammenbrüche gewohnter kultureller
Codes stößt – bezogen auf Leitformen und Leitsemantiken wie *Natur, Körper, Raum*
oder *Zeit*.
Drei Formen kulturwissenschaftlicher Textlektüren lassen sich unterscheiden:
– einmal in Hinblick auf den allgemeinen wissenschaftlich-technologischen *Wandel*, auf Umbrüche und Zäsuren, wie sie sich auf der Seite der Inhaltsform u. a.
als Zusammenbrüche der gewohnten Raum-Zeit oder Körper-Codes zeigen;
– zum anderen in Hinblick auf die im Zuge der technisch-medialen und vehikula-
ren Revolution veränderte *Form der Wahrnehmung*, der Kommunikation, der
Wissens- und Informationsverarbeitung, wie sie sich mehr auf der Aus-
drucksseite als Adaption der (literarischen) Textform selbst zeigen; so kehrt das
technische Prinzip der Montage wieder als Prinzip der filmischen Komposition
oder als Form des literarischen Textes.
– und schließlich in Hinblick auf „Technik" als (literarisches) *Motiv* und als *Zei-
chensystem*.
Obwohl eine Vielzahl von literarischen Primärtexten sowohl für das 19. als auch
für das 20. Jahrhundert vorliegt, die thematisch wie subthematisch mit den Irritationen und Schocks befaßt sind, wie sie von der industriellen Revolution ausgelöst
wurden, erscheint die Ausbeute an geisteswissenschaftlichen Sekundärtexten zur

Thematik „Technik und Literatur" eher schmal. Wenn man davon ausgeht, daß literarisch-poetischen Texten eine besondere seismographische Funktion zukommt, dann muß die geringe wissenschaftliche Zuwendung unter dem Aspekt des epochalen Wandels durch die moderne Technik und Naturwissenschaft verwundern.

Über die Gründe einer derartigen Abstinenz der traditionellen Geisteswissenschaften – besonders in Deutschland – ist vielfach nachgedacht und spekuliert worden. Eher „jenem inneren Reich der Philosophie des deutschen Idealismus und der Literatur der Weimarer Klassik" (Lepenies 1985, 245) zugewandt, müssen sich ihnen von diesem „Hochkamm" aus die „niederen" Bewegungen von Technik und Industrie als Erscheinungen der Profangeschichte darstellen. Der Umstand, dass kulturelle Eliten in Deutschland – wo die industrielle Revolution gegenüber England verzögert einsetzte – im unmittelbaren Kontext der Modernisierung offenkundig rückwärtsgewandt blieben, kann durchaus als Teilphänomen der Modernisierungsprozesse selbst gesehen werden. Lepenies zufolge zeigt sich die politisch-soziale Rückständigkeit Deutschlands – seit den Anfängen der Industrialisierung in den deutschen Territorien zwischen 1790 und 1840 – darin, „die Romantik gegen die Aufklärung – den Ständestaat gegen die Industriegesellschaft – das Mittelalter gegen die Moderne – die Kultur gegen die Zivilisation – die Innerlichkeit gegen die Außenwelt – die Gemeinschaft gegen die Gesellschaft und das Gemüt gegen den Intellekt auszuspielen".

Eher aber offenbaren diese Positionen die geschärfte Wahrnehmung einer absoluten Zäsur, des abrupten Verlustes aller Bindung an die vertrauten Herkunftswelten. Die Rethematisierung des im Sog des hereinbrechenden Maschinenzeitalters Verloren-Gehenden vollzieht sich nicht nur auf dem Boden der Moderne, sie gehört zu ihrem Repertoire; so entstehen in England und Deutschland – und zwar parallel zu den großen Modernisierungsschüben – literarische Texte, die die „Natur" thematisieren zu einem Augenblick, an dem die technisch-wissenschaftliche Emanzipation von der Natur in der vollkommenen Denaturalisierung von Raum und Zeit äußerlich Gestalt annimmt. Als „modern" erscheinen diese romantischen Texte bei Wordsworth, Shelly, Keats, Novalis, Brentano oder Eichendorff gerade dadurch, daß sich ihre Naturbilder als Konstrukte am Ende auf irgendeine „vergangene" und „verlorene", „konkrete" Natur gar nicht mehr beziehen. An die Stelle des im Zuge der technischen Modernisierung „Verlorenen" – Natur, Heimat, Geschichte, Herkunftswelt etc.– tritt das moderne literarische Konstrukt.

Erst eine moderne, mentalitätsgeschichtlich und diskursanalytisch geschulte und interessierte Kulturwissenschaft wird sich gerade derartiger Gegentexte annehmen, um auch an ihnen die verborgenen Signaturen des neuen Maschinenzeitalters sichtbar zu machen. Dieser sogenannte „cultural turn" in den Geistes- und Sozialwissenschaften hin zu einer multiperspektivistischen und disziplin-übergreifenden, kulturwissenschaftlichen Betrachtungsweise öffnet den Blick auf die Ebene der Subtexte und erweitert im ganzen die Text- und Quellenbasis, indem gleichermaßen Bild- und Schrifttexte, literarische und triviale, ästhetische und profane Zeugnisse herangezogen werden können; als generelles Untersuchungsziel kann Erfassung und Beschreibung des epochalen Technikdiskurses und seines geschichtlichen Funktionswandels gesehen werden. Bevor sich aber nach Methode und Thema ein derartiges Forschungsprogramm artikulieren und schließlich etablieren konnte, war eine ganze Reihe disziplintypischer Annahmen und Prämissen in Bezug auf die Forschungsrelevanz, die zugelassenen Methoden und den zugelassenen Gegenstand als Hemmnisse zu relativieren oder zu überwinden

Harro Segeberg zeichnet in zwei einleitenden Überblicken („Literaturwissenschaft und interdisziplinäre Technikforschung", 1987b; „Literatur im technischen Zeitalter: Zur Karriere eines Themas", 1997) die Wege der Forschung vom 19. ins 20. Jahrhundert nach und unterscheidet vier „thematologische Entdeckungsvorstöße":

(1) den positivistischen Ansatz (im Wesentlichen: materialreiche Sammlung von Technik-Textbelegen in der Literatur);

(2) den dichtungswissenschaftlichen Ansatz (ausschließlich an kanonischen Texten der Hochliteratur);

(3) den kulturwissenschaftlich-wahrnehmungsgeschichtlichen Ansatz (mit grundsätzlicher Erweiterung und Öffnung des Textfeldes und mit Einbezug nichtliterarischer Texte und Zeugnisse eines technikbedingten Wahrnehmungs- und Kognitions-Wandels);

(4) den medienwissenschaftlich-technologischen Ansatz (mit grundsätzlicher Öffnung zu allen medialen Textformaten vom Buch bis zum Computer).

Die Reihenfolge spiegelt natürlich auch eine historische Abfolge der wissenschaftlichen Zugänge wieder, von der noch positivistisch ausgerichteten Literaturwissenschaft des 19. Jahrhunderts zu den hermeneutisch-interpretatorischen Literaturwissenschaften der 1950er und 1960er Jahre und von dort zum sogenannten „cultural turn" der Geistes- und Sozialwissenschaften in den späten 1970er und 1980er Jahren, der schließlich in den Entwurf einer „Medienkulturwissenschaft" (S. J. Schmidt 1991, 30ff) einmündet. Verbunden mit dieser Entwicklung erweitern sich schrittweise nicht nur der Literaturbegriff und der Textbegriff, sondern auch der Kulturbegriff; damit geht eine entsprechende Öffnung des Kontextfeldes einher.

Wenn Medienkultur „als medien-kommunikative Thematisierung des Wirklichkeitsmodells einer Gesellschaft" (S. J. Schmidt 1991, 38) verstanden werden kann, dann wird medienkulturwissenschaftliche Forschung die Bedeutungs- oder Sinnzuschreibung von „Technik", „technischem Handeln" und „technischer Transformation" von vornherein und immer nur im Rahmen derartig medial veröffentlichter Wirklichkeitsmodelle ermitteln können, d. h. im weiteren Kontext unserer aktuellen, medialen Verständigung über Modernisierungs-, Rationalisierungs-, Beschleunigungs-, Vernetzungs- und Globalisierungsprozesse.

Die literarische und poetische Verständigung über diese Prozesse blieb in Deutschland seit den ersten Jahrzehnten des 19. Jahrhunderts von extremen Polarisierungen bestimmt; der Übergang einer eher biedermeierlich-kleinstädtisch und noch im wesentlichen agrarisch geprägten, statischen Welt ins Maschinenzeitalter vollzog sich in Deutschland krisenhafter als in anderen Ländern Europas. Auf der Ebene der poetischen Primärtexte dieser Jahrzehnte artikuliert sich der Modernisierungsschock im wesentlichen in intensiven Verlustängsten; die Angstverarbeitung jedoch erfolgt in der deutschen Kultur zweispurig:

- auf der einen Seite überwiegend in Gesten der Verschiebung, des Aufschubs, des Festhaltens und Bewahrens;
- auf der anderen Seite in Gesten kritischer oder hoffnungsvoller Annahme des Neuen, in Gesten, die durchaus durch „Emanzipationsschmerz" und Abschiedstrauer bestimmt sind (zum Beispiel Heinrich Heine), im ganzen aber in die Zukunft weisen.

Zwischen diesen Polen des ängstlichen Aufschubs – der poetischen Archivierung der „alten" Bestände – und eines vorsichtig-kritischen Aufbruchs – einer Vergleichzeitigung von technischem Fortschritt und poetischer Innovation – verläuft der Modernisierungsprozess im ganzen. Im Laufe des 19. Jahrhunderts aber verschiebt sich im Teilsystem der literarischen Kultur in Deutschland das Gewicht eindeutig zum Pol der Archivierung und Musealisierung. Das „psychosoziale Moratorium" bewirkt eine eigentümliche kulturelle Ungleichzeitigkeit. Literarische und technische Kultur bewegen sich auf unterschiedlichen Ebenen mit unterschiedlicher Geschwindigkeit. Mit der anwachsenden Distanzierung der literarischen Kultur von der technischen Kultur sammeln sich an den genannten Polen technik-, modernitäts- und fortschrittsfeindliche Einstellungen, pessimistische Kritik und optimistische Utopie. Solange jedoch die traditional-literarische Kultur ihre Deutungshoheit behaupten konnte, wird die Vorstellung, es könne „exterritoriale Außenräume" oder „geschützte Binnenräume" bei der Abwendung von der technischen Moderne überhaupt geben, nachhaltig befestigt. Damit wurde für lange Zeit der Blick dafür verstellt, daß kulturelle Gegenwelten – „anti-modernistische Szenarien" (Beck 1986, 15) jeglicher Couleur – den Gesamtprozeß der technisch-wissenschaftlichen Moderne „als ihren Entstehungshorizont" (Klinger 1995, 52) immer schon voraussetzen, und, mehr noch, keineswegs „im Widerspruch zur Moderne [stehen], sondern Ausdruck ihrer konsequenten Weiterentwicklung über den Entwurf einer Industriegesellschaft hinaus [sind]" (Beck, ebd.).

Eine an Texten aller medialen Formate orientierte kulturwissenschaftliche Erfassung des Technikdiskurses, in modernen Gesellschaften im allgemeinen und in Deutschland im besonderen, wird sich eines interdisziplinären theoretischen Rahmens versichern müssen, vornehmlich zum Komplex der technisch-wissenschaftlichen Modernisierung selbst.

Die kulturwissenschaftliche Auseinandersetzung mit dem Technikthema aber hat auf den von Segeberg skizzierten Ansatzebenen (3) und (4) gerade erst begonnen; die Theorievorgaben anderer Disziplinen – wie etwa der Technikphilosophie und der Kultursoziologie –hat man bislang kaum oder nicht ausreichend konsultiert, um für die Detailanalyse einen verläßlichen theoretischen Rahmen zu gewinnen. So sind zur genaueren Bestimmung des Technikbegriffs u. a. die Arbeiten von Hans Lenk (1973, 1982), Günter Ropohl (1991), Friedrich Rapp (1978) oder Hans Sachsse (1978) ebenso heranzuziehen wie jene Untersuchungen, die sich um eine Systematisierung und Neuformulierung des Modernisierungsbegriffs bemühen; zu nennen wären hier stellvertretend die Darstellungen von Wolfgang Zapf (1991), Ulrich Beck (1986), Daniel Bell (1976), Anthony Giddens (1990/1995) oder Cornelia Klinger (1995). Das bei Beck und Klinger entwickelte Konzept der „Moderne" ist für kulturwissenschaftliche Untersuchungen zum Thema: „Technik, technisches

Handeln und technische Transformation" in der Literatur deshalb so interessant, weil es von der „Anerkennung der Zugehörigkeit von Gegenströmungen zum Modernisierungsprozeß" (Klinger 1995, 10) von vornherein ausgeht. „Es wird anerkannt, daß bestimmte Phänomene wie Subjektivismus und Gefühlskultur oder eine nostalgische Hinwendung zu Natur und Vergangenheit überhaupt erst auf der Grundlage der Moderne entstehen können und somit als deren eigene, wenn auch ihren Prinzipien ganz zuwiderlaufende Resultate anzusehen sind" (Klinger, ebd.). Diese funktionale Eingemeindung besonders auch der literarisch sich artikulierenden Gegenströmungen öffnet der kulturwissenschaftlichen Analyse nicht nur ein neues Feld; sie ermöglicht überhaupt erst eine, der „inneren Dialektik" entsprechende, differenzierte Erfassung des epochalen Technik- und Modernitätsdiskurses.

II

In der Einleitung zu seinem Buch über „Literarische Technikbilder" konstatiert Harro Segeberg (1987a, 10): „Wie genau sich Schriftsteller mit den Prinzipien technischer Rationalität und ihrer unterschiedlichen Ausprägung auseinandergesetzt haben, ist noch kaum erhellt. Die Klage über ein generelles Erkenntnisdefizit der Literatur hat sicherlich auch damit zu tun, daß die Literaturwissenschaft bisher keinen rechten Blick für die in Texten der Weltliteratur und der Unterhaltungsliteratur gespiegelten technischen Sachverhalte hatte.(........) Das Erkenntnisdefizit der Literaturwissenschaft hat seine Ursache nicht zuletzt in einer von C. P. Snow im Rahmen der von ihm initiierten ‚Zwei-Kulturen-Debatte' geäußerten, nicht eben hilfreichen Vermutung: Die Literaten haben, so sagt Snow, als die geborenen Maschinenstürmer die Leistungen der Technik entweder nicht gesehen oder doch nur vorurteilsvoll wahrgenommen" (Segeberg, ebd.).

Das beklagenswerte Erkenntnisdefizit der Literaturwissenschaft hat sicherlich damit zu tun, daß Schriftsteller in Deutschland dazu neigen, ihre literarisch-poetische Auseinandersetzung mit dem neuen Maschinenzeitalter der Lokomotiven und Telegraphen auf zwei gesonderten Textebenen zu bestreiten:
– konkrete Wahrnehmungs-Notate in Briefen, Tagebüchern, Reiseberichten, Feuilletons;
– fiktive Gegenwelt-Entwürfe in Romanen und Gedichten.
So gibt es z. B. von Stifter und Eichendorff in Briefen und autobiographischen Schriften Beschreibungen des neuen Eisenbahnphänomens, das in den poetischen Antithesen ihrer Romane wortwörtlich nirgends erwähnt wird und lediglich als ausgeklammerte „Ausgangsthese" ergänzt werden kann. Für derartige Ergänzungen, für eine Lektüre der in den Subtexten der Texte verborgenen Zeichen, Spuren und Indizien einer anderen Welt als der beschworenen Idylle, hatte die Literaturwissenschaft in der Tat über lange Zeiträume keinen rechten Blick. Nicht-kanonische Trivial- oder sogenannte Gebrauchsliteratur blieb ohnehin von der Interpretation ausgeschlossen. So trennten sich auch hier die Wege. Die Literaturwissenschaft stimmte – etwas plakativ gesagt – ein in die Klage um den Verlust einer

„vergangenen Welt", wie sie in den von ihr ausgelegten Texten der Hochliteratur ausgesprochen wurde und im Konstrukt einer unbeschädigten, heilen vorindustriellen Welt gleichzeitig wieder hergestellt werden sollte.

Das Erkenntnisdefizit der Literaturwissenschaften, das methodische, kanonische und epistemologische, nicht zuletzt auch ideologische Gründe hatte, kann aber nicht allein auf die Zwei-Kulturen-These Snows zurückgeführt werden. Snow lieferte in seiner provokanten These – die auf der einen Seite nur Ludditen, habituelle Pessimisten und eine zurückbleibende, langsame literarische Kultur sieht, auf der anderen Seite dagegen die „schnellen" Naturwissenschaften, eine wissenschaftliche Kultur, die allein als Motor der modernen Entwicklung betrachtet wird – lediglich die pauschale Teilbeschreibung eines Teilphänomens. Die Zwei-Kulturen-These Snows spiegelt die Tatsache einer Ausdifferenzierung der Systeme; nur ist die „Spiegelung" getrübt durch Vereinseitigung und rigorose Polarisierung:

"If we forget the scientific culture, then the rest of western intellectuals have never tried, wanted, or been able to understand the industrial revolution, much less accept it. Intellectuals, in particular literary intellectuals, are natural Luddites" (Snow 1959, 21). Snow formuliert die These eines Erkenntnisdefizits der „literarischen Kultur" als massives Verdikt, begründet sie aber nicht in einem modernitätsspezifischen Auseinanderdriften der „Systeme", sondern lastet die Defizite personalisiert allein den Literaten an; und er hat mit dieser Vereinfachung natürlich unrecht. An einer Stelle allerdings korrigiert er sich und nimmt ein Argument seiner Kritiker auf; die einfache Dichotomie zwischen traditional-literarischer Kultur und wissenschaftlicher Kultur sei als „over-simplification" nicht zu halten, und statt dessen sei von der Annahme dreier Kulturen auszugehen (Snow). Mit dieser These nahm er den Titel des Buches von Lepenies (1985) voraus.

Festzuhalten bleibt, daß die literaturwissenschaftliche und spätere kulturwissenschaftliche Erkundung der Technik- und Modernisierungsdiskussion über einen langen Zeitraum von der „Zwei-Kulturen"-Theorie nicht nur beeinflußt wurde, sondern diese als ein bestimmendes Denkmuster ausdrücklich favorisierte. Dazu hat übrigens viel früher bereits William F. Ogburn (1922/1957) mit seiner Theorie des „cultural lag" beigetragen. Als Leitelemente der Theorie lassen sich folgende Punkte zusammenfassen.

- Eine kulturelle Verzögerung („cultural lag") ereignet sich, wenn einer von zwei, wechselseitig aufeinander bezogenen Teilen der Kultur früher oder in größerem Ausmaß als der andere einer Veränderung unterworfen ist und dadurch die bestehende „Justierung" (adjustment) zwischen den beiden Teilen in Frage stellt.
- Für die Moderne gilt, daß die jeweils erste, frühere und größere Veränderung vom technisch-wissenschaftlichen System ausgeht, während das traditionelle, kulturelle System zurückbleibt und mit der Anpassung (adjustment) in Verzug gerät.
- Mit wachsender Beschleunigung und anwachsendem Volumen des technischen Fortschritts akkumulieren die Verzögerungen (lags) und vergrössern die Abstände zwischen den kulturellen Systemen.

Das Bild eines auf der Zeitachse voraneilenden, schnellen Systems wissenschaftlicher Entdeckungen und technischer Transformationen sowie eines verzögert fol-

genden oder zurückfallenden, langsamen Systems kulturell-symbolischer Sinn-
und Bedeutungsentwürfe hat sich eingeprägt. Snow wiederholt es: „Literature
changes more slowly than science." Das Bild Ogburns suggeriert die evolutive
Logik eines Prozesses (social change), der – auf die Zeitachse projiziert – zukunfts-
orientiert und beschleunigt verläuft und an dessen Tempo die verminderten Geschwindigkeiten anderer geschichtlicher Bewegungsabläufe erst kenntlich werden.
Wenn es unzweifelhaft bleibt, daß Technologie und Wissenschaft die großen ersten
Beweger („the geat prime movers") des sozialen Wandels sind, können andere kulturelle Systeme – Literatur, Kunst, Philosophie etc. – auf der Zeitachse eigentlich
nur als verspätet erscheinen, ständig darum bemüht, diese Verspätung aufzuholen.
Was in diesem Bild der linearen Nachzeitigkeit nicht in den Blick kommen kann,
sind mögliche Gleichzeitigkeiten, mögliche gleiche Geschwindigkeiten von „tech-
nischer Kultur" und „traditional-literarisch-ästhetischer Kultur". Als Ansatz zu
einer Analyse derartiger Simultaneitäten könnte das große Werk von Sigfried
Giedion (1948) verstanden werden. Das Buch wurde jedoch erst 1982 ins Deutsche
übersetzt; die sich hier ankündigende Überwindung des „Zwei-Kulturen"-
Schemas wurde – so sieht es aus – in Deutschland kaum zur Kenntnis genommen.
Statt dessen machten zwei Neuformulierungen des Denkmusters Karriere, eine
Abhandlung von Joachim Ritter (1974) und ein auf Ritter fußender Beitrag von
Odo Marquard (1986). Wenn es auch so scheint, als ob die Aufsätze eine Diskussi-
on fortsetzten, die schon Dilthey und Rickert zur grundsätzlichen Differenz von
historischen Geistes- oder Kulturwissenschaften und systematischen Naturwissenschaften geführt hatten, so geht es bei Ritter und Marquard nun um eine grundsätzliche Neubestimmung des Technik- und Modernisierungsdiskurses.
„Die Modernisierung wirkt als ‚Entzauberung' (Max Weber); diese moderne
Entzauberung der Welt wird – modern – kompensiert durch die Ersatzverzaube-
rung des Ästhetischen; ästhetisch-autonome Kunst hat es vorher nie gegeben. Darum entsteht, spezifisch modern, der ästhetische Sinn, dessen Kompensations-
pensum die Geisteswissenschaften unterstützen, indem sie Sensibilisierungsge-
schichten erzählen" (Marquard 1986, 105). Marquard geht von folgenden Setzungen aus:
– „Die – durch die experimentellen Wissenschaften vorangetriebene – Modernisierung verursacht lebensweltliche Verluste, zu deren Kompensation die Geisteswissenschaften beitragen" (ebd, 102f).
– „Die experimentellen Naturwissenschaften sind ‚challenge'; die Geisteswissenschaften sind ‚response'" (ebd., 101).
– Die Funktion von Geisteswissenschaften und „schönen Künsten" besteht in einer Welt technisch „beschleunigter Artefizialisierung und Entnatürlichung,
  technisch bedingter „Versachlichung" und „Entgeschichtlichung der Wirklichkeit" darin, diese Defizite zu kompensieren.
– Auf der Zeitachse eines irreversiblen Fortschritts- und Modernisierungsprozes-
  ses kann das kulturelle System der Geisteswissenschaften und schönen Künste
  nur als nachfolgend vorgestellt werden. Der Primat des technisch-wissenschaftlichen Systems bleibt unbestritten. Neu ist, daß kulturelles und technisches System entschieden in einem komplementären Verhältnis gesehen werden. „Tech-

nisch erzeugte Sachwelten" und moderne „Neutralisierung der geschichtlichen Herkunftswelt" stehen in direktem Funktionszusammenhang mit der kompensatorischen Re-Thematisierung des verlorenen Vergangenen. Aber diese kompensatorische Welt ist „nichts Altes, Überliefertes ..., sondern industriegesellschaftliches (mediales) Konstrukt und Produkt" (Beck 1986, 19).

– Letztlich sind das alles „Unvermeidlichkeiten": das unvermeidliche Voranschreiten des technologischen Prozesses – die unvermeidlich entstehenden Reibungsverluste und die unvermeidlichen „Justierungen", „Reparaturen", „Kompensationen", Entlastungen und Tröstungen, in eben dieser zeitlichen und kausalen Abfolge.

Dieses viel kritisierte Konzept, das die modernen Geisteswissenschaften und Künste gegenüber der modernen technischen Welt auf die reaktive Rolle des Kompensators und Antwortgebers reduziert, beschränkt damit auch deren Erkenntnisfähigkeit. Andererseits öffnet das Konzept den Blick auf den Gesamtkontext der technischen Moderne, in Bezug auf den es kein „jenseits" und kein „außerhalb" mehr geben kann, und lenkt den Blick auf die Tatsache, daß die Menge aller Artefakte einer technischen Kultur als technikaffiziert, technikbedingt, technikkontextuiert oder -vermittelt gelten können. Das gilt natürlich in besonderem Maß für die „postindustriellen", medial vernetzten Informations- und Kommunikationskulturen. „Kultur" als Medienkultur transformiert unterschiedslos alle Artefakte, materielle wie immaterielle; technisch umkodiert erscheinen sie in der neuen Form digitalisierter Zeichenflüsse auf den Schirmen der Apparate.

Eine neue medienkulturwissenschaftliche Forschung wird sich dem medialen Funktionszusammenhang widmen müssen, in dem technische und symbolische Artefakte, ästhetische, kognitive und institutionelle Artefakte (Ropohl 1991, 205) global in Beziehung treten. Wenn man „Kultur" – wie Ropohl es hier vorschlägt – als Menge der Artefakte verstehen will, dann wäre für die Medienkultur grundsätzlich von der „medialen Transformation" aller Artefakte auszugehen. Damit wäre ein Wendepunkt erreicht, der den Übergang von einem kulturwissenschaftlich-wahrnehmungsgeschichtlichen Ansatz (Segeberg, Ansatz 3) zu einem medienwissenschaftlich-technologischen Ansatz (ebd., Ansatz 4) bezeichnet. Die „alte" Frage nach dem Technikthema oder -motiv in der Literatur wandelt sich zur Frage nach den technologischen Bedingungen, nach dem medialen Apriori überhaupt, das dem Erscheinen von Textartefakten im Kontext elektronisch-digitaler Verschaltungs- und Vernetzungsvorgänge zugrunde liegt.

Die Bücher Friedrich Kittlers (1985; 1986) leiteten diese Wende theoretisch wie methodisch ein. Auf andere Weise erledigt sich die so lange wirksame „Zwei-Kulturen"-These, wenn im Computer als Universalmaschine technisches und kulturelles System, „Hardware" und „Software" als verschmolzen angesehen werden können. Die Simulation tritt als technisch-mediales Konstrukt an die Stelle der „alten" narrativen Kompensation (im Sinne Marquards) und entwirft Möglichkeitsspiele auf hochtechnologischem Niveau der digitalen Maschine.

III

Bevor aber die Hochtechnologie des Computers überhaupt zum kulturwissenschaftlichen und kulturphilosophischen Diskussionsthema avancieren konnte
(Bolter 1990; Weizenbaum 1978; Roszak 1986) setzte, vor allem in Deutschland, in
den 1980er Jahren eine kulturwissenschaftlich-wahrnehmungsgeschichtliche Erkundung von Texten und Bildern ein, aus denen sich der Einbruch der technischen
Moderne ablesen ließ. Wahrnehmungsirritationen und -sensationen, Wahrneh-
mungsschocks und -ekstasen begleiteten die Erscheinung von Dampfschiffen und
Eisenbahnzügen, von Panoramen und Daguerreotypien, von Photographien und
Filmen und schließlich von Automobilen. Als Feld verdichteter Wahrnehmung
erwiesen sich für den Zeitgenossen dieser Umbrüche die modernen Metropolen,
vor allem die Millionenstädte wie London und Paris.

Auch für die kulturwissenschaftliche „Feldforschung" sind die historischen Metropolen in vielen Fällen Ausgangspunkte einer Spurensuche, der es u. a. darum
geht, die äußeren, material-technischen Veränderungen der Dingwelt zu beziehen
auf die in der Innenwelt unseres Bewußtseins sich abspielende Prozesse raum-
zeitlichen Wahrnehmungswandels. So stellen sich kulturwissenschaftliche Fragen
nach den veränderten Wahrnehmungsverhältnissen sowohl im Kontext neuer beschleunigter, maschineller Raumbewegung durch Eisenbahn und Automobil als
auch im Kontext neuer, beschleunigter, medialer Zeit- und Kommunikationsbewe-
gung durch Telegraphie, Phonographie, Photographie, schließlich gar der Darstellung der Zeitbewegung selbst im Film.

Die kulturwissenschaftlichen Untersuchungen, die sich diesen Fragen widmen,
bleiben zunächst auf das 19. Jahrhundert fixiert. Als Schlüsseltexte müssen einige
schon früh entstandene Arbeiten Walter Benjamins angesehen werden. In seinem
„Passagen-Werk" (1927 - 1940) betreibt Benjamin eine „Archäologie der Moderne",
die den „revolutionären Energien" der Epoche in entlegenen Zonen einer schon
dem „Veralten" und Verschwinden preisgegebenen Dingwelt nachspüren will. Die
Eisenkonstruktionen der ersten Bahnhöfe, Passagen und Weltausstellungshallen
zeigen in ihrer Verbindung mit Glas als neuem Baustoff das technisch-artifizielle
Antlitz der Moderne.

„Die Passagen sind der Schauplatz der ersten Gasbeleuchtung"; Panoramen und
Daguerreotypien erscheinen als Prototypen der neuen visuellen Medialität, so wie
das Ensemble dieser technischen Elemente als Vorschein des Zukünftigen überhaupt gesehen werden kann. Im Zusammenhang mit seiner Arbeit an dem „Passagen-Werk" entstehen zwei Abhandlungen, die die Thematik technisch-medialer
Transformation weiterverfolgen: 1931 der Essay zur „Geschichte der Photographie" (Benjamin 1976a) und 1936 der berühmte Aufsatz über das „Kunstwerk im
Zeitalter seiner technischen Reproduzierbarkeit" (Benjamin 1976b). Erst mit großer
zeitlicher Verzögerung konnte die kulturwissenschaftlich-wahrnehmungsgeschichtliche Forschung zwischen 1970 und 1980 wieder an Benjamin anknüpfen
und die Diskussion des Technik- und Medienthemas auf dem theoretischen Niveau Benjamins und in der Linie seiner damaligen Wahrnehmungsthese wieder
aufnehmen.

Die Wahrnehmungsthese geht, verkürzt gesagt, davon aus, daß „innerhalb großer geschichtlicher Zeiträume sich mit der gesamten Daseinsweise der menschlichen Kollektiva auch die Art und Weise ihrer Sinneswahrnehmung verändert. Die Art und Weise, in der die menschliche Sinneswahrnehmung sich organisiert – das Medium, in dem sie erfolgt –, ist nicht nur natürlich, sondern auch geschichtlich bedingt." (Benjamin 1976b, 17). Diese Veränderungen sind zu Beginn des technischen Zeitalters im wesentlichen bedingt durch die neuen technischen Medien der Photographie und des Films und lassen sich begreifen als Zerstörung von „Ferne" und „Einmaligkeit", als Zertrümmerung der „Aura". Ex negativo erfaßt Benjamin die Eigentümlichkeiten der neuen medialen Wahrnehmung, die Orientierung an einem Horizont räumlicher und zeitlicher Ferne grundsätzlich aufzugeben zugunsten einer Orientierung am Aktuellen und an unbedingter Nähe. Die Reproduzierbarkeit der technischen Bildbotschaften tilgt Begriffe wie „Einmaligkeit" und „Original" und löst die mediale Botschaft aus dem Zusammenhang der Tradition. Benjamins Analyse bleibt einerseits dem Paradigma der Verlustbilanzierung verhaftet; andererseits öffnet sie den Blick für die Spezifik und Differenz der neuen medialen Wahrnehmungsformen des Panoramas, der Photographie und des Filmes. Wenn auch die Positionen Benjamins aus den 30er Jahren kritisch zu überprüfen sind, so der vage Aura-Begriff oder der Hinweis auf den Film als „Liquidator des Traditionswertes und Kulturerbes", hat Benjamin doch methodisch und theoretisch ein Terrain der Untersuchung entdeckt und entworfen, auf dem alle nachfolgenden kulturwissenschaftlichen Erkundungen sich bewegten. Mit dem Terrain waren die Untersuchungsgegenstände benannt und gegeben: Medien und Maschinen, Panorama, Daguerreotypie, Photographie, Film und Eisenbahn sowie die Großstadt mit dem Ensemble frühindustrieller Eisenkonstruktionen.

Zunächst freilich wurde im Nachkriegsdeutschland der Ansatz von Benjamin kaum beachtet. Allein Max Horkheimer und Theodor W. Adorno (1944/47) blieb es vorbehalten, derartige Reflexionen mit ihrem berühmten Text über die „Kulturindustrie" aufzugreifen, einem Text, der natürlich die Mediensituation im Amerika der 1940er Jahre spiegelt. Ihre These einer in den Massenmedien vollzogenen Zurücknahme aller fortschrittlich-aufklärerischen Positionen fiel in Deutschland auf einen fruchtbaren modernitäts- und technikkritischen Boden. Wichtige Arbeiten aus den USA und Frankreich wurden hingegen zunächst gar nicht und dann nur recht zögerlich rezipiert. Dazu gehören Marshall McLuhan (1962; 1964) und Abraham Moles (1958). Für die Kinobücher von Gilles Deleuze (1983; 1985) war das Rezeptionsklima schon etwas besser, aber allgemein kann für die deutsche Nachkriegs-Literaturwissenschaft von einem „cultural lag" besonderer Art gesprochen werden. Die kultur- und medienwissenschaftliche Erforschung der technischen Transformation des gesamten Feldes kultureller Kommunikation wurde behindert durch die gängige Orientierung an Texten der sog. „Höhenkamm-Literatur", und die medientechnologische Entwicklung, auch wenn sie in Deutschland langsamer verlief als in Amerika, wurde durchweg ignoriert.

Erst im letzten Viertel des 20. Jahrhunderts nahm sich eine Reihe exemplarischer Veröffentlichungen (Buddemeier 1970; Freund 1976; Schivelbusch 1977; Oettermann 1980; Barthes 1980; Flusser 1985; Hoeges 1985) der Fragestellungen und Gegenstände von Benjamin an und trieb die Erforschung des Komplexes *Technik – Kultur – Wahrnehmung* weiter voran. Wie allein schon die Titel dieser Reihe zeigen, lassen sich die Arbeiten nicht ohne weiteres, – und unter Ausschluß des medienwissenschaftlichen Gesichtspunktes – für den kultur- und wahrnehmungsgeschichtlichen Ansatz (bei Segeberg Punkt 3) reklamieren. Die wahrnehmungstheoretische und -geschichtliche Analyse ist seit Benjamin direkt verknüpft mit der Beschreibung der jeweils neuesten medialen Apparatur, so dass man wohl eher von einem medienkulturwissenschaftlich-wahrnehmungsgeschichtlichen Ansatz sprechen könnte. Die Übergänge zu einem medientechnologischen Ansatz (bei Segeberg Punkt 4) sind dabei fließend. Charakteristisch aber für die bahnbrechenden Arbeiten der 1970er und 1980er Jahre ist die theoretische Verabschiedung von allen Varianten des Zwei-Kulturen-Schemas mit seinen künstlichen Dichotomien.

An die Stelle dieser dualistischen Oppositionen tritt ein dialektisches Bild, in dem der Innenraum des Bewußtseins mit seinen Leistungen des Wahrnehmens, Erinnerns und Vorstellens zwischen den Polen einer technischen Sachwelt und einer literarischen Symbolwelt eine vermittelnde Funktion übernimmt. Technische und symbolische Artefakte stehen in der Gleichzeitigkeit des epochalen Bewußtseins. Kognitive, reale und symbolische „Revolutionen" ereignen sich in ein und demselben Kontext der Moderne. Zur Eigenart dieser neueren kulturwissenschaftlichen Untersuchungen gehört es, daß sie eine gleichermaßen real-materiale, text-symbolische und kognitiv-perzeptive Orientierung verfolgen.

So wird materialgeschichtlich, oft bis ins Detail, der industriell-ökonomische Zusammenhang erarbeitet, aus dem heraus Erfindung und Erscheinung eines neuen technischen Apparates – sei es nun Dampfmaschine und Lokomotive oder Photo- und Filmapparat - zu verstehen sind. Parallel aber werden zeitgenössische Zeugnisse, Dokumente und literarische Texte herangezogen, in denen die soziale Bedeutung des Apparates und die dem Apparat implizierte neue Wirklichkeitssicht aufscheint. Und schließlich wird der Versuch unternommen, aus diesen Daten auf einen gleichzeitigen kognitiven Trend zu schließen, der das jeweils zuvor gewohnte Wahrnehmungsparadigma auflöst und revolutioniert. Für den kulturwissenschaftlichen Ansatz wichtig ist nur, daß diese Felder des Real-Materialen, des Symbolischen und des Kognitiven dialektisch aufeinander bezogen werden. So erscheint die Technik zugleich in ihren symbolischen und kognitiven Vermittlungen.

Ein neuer Anstoß zur kulturwissenschaftlichen Beschreibung und Deutung der technischen Kultur ging 1987 von der großen Ausstellung „Literatur im Industriezeitalter" des Deutschen Literaturarchivs im Schillermuseum in Marbach aus. Der vorbildliche Katalog umspannt einen Zeitraum von ca. 1750 bis in die Gegenwart. Das 19. Jahrhundert – seit Benjamin ein kulturwissenschaftlich privilegiertes Untersuchungsfeld – wird hier in die Vergangenheit und in die Gegenwart hinein überschritten. Ein Überblick über die Stichwörter des Katalogs zeigt, auf welche Weise das Untersuchungsfeld sich auch thematisch erweitert und geöffnet hat: *Automaten, Eisenbahn, Fabrik, Unternehmerbilder, Weltausstellungen, Technikschocks, Visionen des Schreckens, Krieg, Orpheus und Maschine, Stadt, Atombombe, Arbeitswelt, Computer.* Diese Stichwortauswahl kann dreierlei illustrieren:

- die Thematisierung der katastrophischen Kehrseite des technischen Fortschritts;
- eine bestimmte Kontinuität in der thematischen Erfassung des Komplexes von Technik, Kultur und Lebenswelt;
- die Tatsache, daß die technisch-kognitive Modernität der einzelnen Medienapparate (Photographie, Telefon, Film, Radio, Fernsehen, Computer) nicht in einer besonderen, zusammenfassenden Ausstellungssequenz mit eigenem Stichwort repräsentiert wird.

Die „mediale Wende" ist somit hier noch nicht ausreichend zur Kenntnis genommen worden, obwohl die Bücher von Friedrich Kittler (1985; 1986), die diese Wende einleiteten, bereits vorlagen und in der Auswahlbibliographie des Ausstellungskatalogs auch genannt wurden. Ein „Wendepunkt" anderer Art dagegen mag in vielem die Ausstellungsmacher inspiriert haben: das Buch von Harro Segeberg (1987), das zwischen 1978 und 1984 entstanden war. Segeberg verabschiedet sich theoretisch und methodisch von Untersuchungen, die die historisch unterschiedlichen literarischen „Technik-Notierungen" lediglich in der Form der additiven Motiv- und Symbolreihe zu erschließen in der Lage sind. Dagegen versucht er, die Notierung der einzelnen Texte als „Bestandteile einer übergreifenden historischen Diskursformation" zu verstehen. Segeberg spricht von „Denk-Bildern", „Technik–Bildern in den Köpfen" und von „imaginierten Wirklichkeitsbildern". So werden in seiner Arbeit – so weit ich sehe, erstmals – die Konturen eines kulturspezifisch deutschen Technikdiskurses sichtbar, wie er die Modernisierungsgeschichte begleitet, antizipiert oder rezipiert. Segeberg verfolgt Ausbildung und Entfaltung dieses Diskurses entlang eines leitthematischen roten Fadens. Immer wieder steht im Mittelpunkt der literarischen Imagination die Megamaschine der Technik und der technischen Rationalität der zu beherrschenden Natur gegenüber. Die Szenarien der technischen Naturbeherrschung folgen dabei immer wieder dem Sog ins Katastrophische, Destruktive und Dämonische. Als diskurstypische Metapher für die unaufhaltsame und unkontrollierbare Dynamik der technischen Moderne läßt sich schließlich der indische „Götterwagen von Dschagannath" ausmachen.

Interessanterweise ist der Modernitätstheoretiker Anthony Giddens (1996) jüngst auf dieses Bild zurückgekommen. Er unterscheidet zunächst „zwei Bilder der Gefühlslage des Lebens in der Welt der Moderne":

- Max Webers Bild vom stählernen Gehäuse der Rationalität;
- Karl Marxens Bild vom Monstrum, aber zugleich auch vom unvollendeten Projekt.

Dieses zweite Bild sei, so Giddens, zu ersetzen durch das Bild des „Dschagannath-Wagens": „Dies ist eine nicht zu zügelnde und enorm leistungsstarke Maschine, die wir als Menschen kollektiv bis zu einem gewissen Grade steuern können, die sich aber zugleich drängend unserer Kontrolle zu entziehen droht und sich selbst zertrümmern könnte" (Giddens1996).

Die erwähnte Marbacher Ausstellung wurde von einem Symposium begleitet, an dessen Themen neue Schwerpunkte in der Auseinandersetzung mit dem Technikthema zu erkennen sind (Lämmert/Großklaus 1989):

- Technische Moderne und ästhetischer Prozeß;

- Stadt als Zeichen;
- Antizipation und Utopie;
- Idylle und Katastrophe;
- Industrialisierung der Arbeitswelt;
- Wahrnehmung und Maschine;
- Elektronische Modernität.

Im Unterschied zu Segeberg zeigt dieser Symposiumsband zwei entwicklungs-
typische Erweiterungen:

- Neben Texten der deutschen Literatur kommen nun auch Texte der anderen
  europäischen Literaturen in den Blick.
- Neben literarischen Texten werden nun auch neuere und neueste mediale Text-
  Bild-Systeme, wie Photographie, Fernsehen, Videotechnik und Computer, untersucht.

In dem Maße, wie sich nach dem „Ende des Industriezeitalters" die technischen
Prozesse von „außen" nach „innen" verlagern und wie sie zunehmend die traditionellen Kulturtechniken des Lesens und Schreibens, des Speicherns und Übertra-
gens, des Erinnerns und Vorstellens, des Hören und Sehens selbst in Frage stellen,
auflösen und transformieren, gerät zunehmend die interne Schnittstelle von Kognition und Apparat, von Bewußtsein und Medium, in den Mittelpunkt des me-
dienkulturwissenschaftlichen Interesses.

So setzt in Deutschland seit 1990 verstärkt eine medienwissenschaftliche Tech-
nikreflexion ein. Neben allgemeinen Untersuchungen (Möbius/Berns 1990; Elm/
Hiebel 1991; Großklaus 1995) finden sich spezielle Studien zu Film, Fernsehen und
Videotechnik (Zielinski 1989; Hickethier/Schneider 1992; Paech 1994; Hickethier u.
a. 1998). Eine umfassende und kritische Darstellung der medienkulturwissen-
schaftlichen Forschung – thematisch von der Camera obscura bis zum Computer,
zur virtuellen Realität und zum Internet – liefert das Buch von Ralf Schnell (2000).
Deutlich wird, daß Technikforschung aus kulturwissenschaftlicher Perspektive
zukünftig weiterhin die Erforschung der medialen Bedingungen der Möglichkeit
von „kulturellen Texten und Bildern" aller Sorten und Typen sein wird. Eine Phä-
nomenologie des technischen Bildes und der Entwurf eines „Stammbaums", der
den kulturellen Ort des Bildes zu verzeichnen hätte, könnten dazu beitragen, das
technische Bild als Element eines übergreifenden Technik- und Modernitätsdiskurses kenntlich zu machen. Die bildliche Textualisierung, die parallel zur sprachlichen Textualisierung der Welt verläuft, ist durchaus an der Diskursbildung beteiligt und jederzeit auf dem Sprung, die vertraute sprachliche Homogenität des Diskurses zu stören und ihn offen zu halten für Ambivalenzen und Ambiguitäten.

Beide Textualisierungsvorgänge, über Sprache und über Bilder, aber unterliegen
einer weiteren einschneidenden Transformation. Die umfassende Digitalisierung
von Sprache und Bild bringt medientechnisch vollkommen neue Textformate hervor: neue Hybridformen des Hypertextes und neue Formen des technischen Bildes,
das sich als Computer-Animation oder -Simulation vom traditionell referenz-
getreuen Abbild ebenso entfernt wie der nicht-lineare Hypertext vom traditionellen Schrifttext. Die neue, elektronisch-digitale Technik revolutioniert noch einmal
das gesamte Ensemble analog-medialer Kulturtechniken. Der Blick einer die

Technik reflektierenden und thematisierenden Kulturwissenschaft fällt somit notwendig auf sie selbst und auf den ganzen Bereich kultureller Kommunikation zurück.

Literatur

Barthes, Roland: La chambre claire. Note sur la photographie, 1980
Beck, Ulrich: Risikogesellschaft. Auf dem Wege in eine andere Moderne, Frankfurt 1986.
Bell, Daniel: Die Zukunft des westlichen Welt. Kultur und Technologie im Widerstreit, Frankfurt 1976.
Benjamin, Walter: Kleine Geschichte der Photographie, Frankfurt 1976a.
Benjamin, Walter: Das Kunstwerk im Zeitalter seiner technischen Reproduzierbarkeit, Frankfurt 1976b.
Benjamin, Walter: Das Passagen-Werk, Bd. I, II Hrsg. R. Tiedemann, Frankfurt 1982/83.
Böhme, Hartmut/Scherpe, Klaus (Hgg.): Literatur und Kulturwissenschaften, Theorien, Modelle, Hamburg 1996.
Bolter, David J.: Turing's Man, dt. Der digitale Faust. Philosophie des Computerzeitalters, Stuttgart/München 1990.
Buddemeier, Heinz: Panorama, Diorama, Photographie. Entstehung und Wirkung neuer Medien im 19. Jahrhundert, München 1970.
Cassirer, Ernst: Philosophie der symbolischen Formen (2. Bde. 1953), Darmstadt 1994.
Deleuze, Gilles: Das Bewegungs-Bild - Kino 1 (1983), Frankfurt 1989.
Deleuze, Gilles: Das Zeit-Bild - Kino 2 (1985), Frankfurt 1991.
Elm, Theo/Hiebel, Hans H. (Hgg.): Medien und Maschinen. Literatur im technischen Zeitalter, Freiburg 1991.
Flusser, Vilèm: Für eine Philosophie der Fotografie, 1985
Freund, Gisèle: Photographie und Gesellschaft, München 1976.
Giddens, Anthony: Konsequenzen der Moderne, Frankfurt 1996.
Giedion, Sigfried: Die Herrschaft der Mechanisierung (Mechanization Takes Command, 1948), Hamburg 1994.
Großklaus, Götz/Lämmert, Eberhard (Hgg.): Literatur in einer industriellen Kultur, Stuttgart 1989.
Großklaus, Götz: Ästhetische Wahrnehmung und Frühindustrialisierung im 19. Jahrhundert - in: Möbius/Berns (Hgg.): Die Mechanik in den Künsten, Marburg 1990.
Großklaus, Götz: Medien-Zeit. Medien-Raum. Zum Wandel der raumzeitlichen Wahrnehmung, Frankfurt 1995.
Großklaus, Götz: Wirklichkeit als visuelle Chiffre. Zur visuellen Methode in der Literatur und Photographie zwischen 1820 und 1860 (E. T. A. Hoffmann, Heine, Poe, Baudelaire) in: Segeberg (Hrsg.) Die Mobilisierung des Sehens, München 1996.
Hickethier, Knut/Schneider, Irmela (Hgg.): Fernsehtheorien, Berlin 1992.
Hickethier, Knut: Geschichte des deutschen Fernsehens, Stuttgart/Weimar 1998.
Hoeges, Dirk: Alles veloziferisch. Die Eisenbahn – Vom schönen Ungeheuer zur Ästhetik der Geschwindigkeit, Rheinbach-Merzbach 1985.
Horkheimer, Max/Adorno, Theodor W.: Dialektik der Aufklärung (1944/47), (darin: Kulturindustrie. Aufklärung und Massenbetrug), Frankfurt 1969.
Kittler, Friedrich A.: Aufschreibesysteme 1800 - 1900, München 1995.
Kittler, Friedrich A.: Grammophon Film Typewriter, Berlin 1986.
Klinger, Cornelia: Flucht Trost Revolte. Die Moderne und ihre ästhetischen Gegenwelten, München 1995.
Lenk, Hans: Zur Sozialphilosophie der Technik, Frankfurt 1982.
Lepenies, Wolf: Die drei Kulturen. Soziologie zwischen Literatur und Wissenschaft, München/Wien 1985.
Marquard, Odo: Über die Unvermeidlichkeit der Geisteswissenschaften, in: Apologie des Zufälligen, Stuttgart 1986, 98-116.

McLuhan, Marshall: Die Gutenberg-Galaxis. Das Ende des Buchzeitalters (1962), Düsseldorf/Wien 1968.

McLuhan, Marshall: Die magischen Kanäle (Understanding Media, 1964), Düsseldorf/Wien 1968.

Möbius, Hanno/Berns, Jörg Jochen (Hgg.): Die Mechanik in den Künsten. Studien zur ästhetischen Bedeutung von Naturwissenschaft und Technologie, Marburg 1990.

Moles, Abraham A.: Informationstheorie und ästhetische Wahrnehmung (1958), Köln 1971.

Oettermann, Stephan: Das Panorama. Die Geschichte eines Massenmediums, Frankfurt 1980.

Ogburn, William F.: Cultural Lag as Theory (1922/1957), in: On Culture And Social Change, Chicago 1964.

Ort, Claus-Michael: Was leistet der Kulturbegriff für die Literaturwissenschaft? Anmerkung zu einer Debatte, in: Mitteilungen des Deutschen Germanistenverbandes Heft 4 (1999) 46. Jg.

Ott, Ulrich (Hrsg.): Literatur im Industriezeitalter 1, 2, Marbach a. Neckar 1987.

Paech, Joachim (Hrsg.): Film, Fernsehen, Video und die Künste. Strategien der Intermedialität, Stuttgart 1994.

Rapp, Friedrich: Analytische Technikphilosophie, Freiburg/München 1978.

Rapp, Friedrich: Technik und Philosophie, Bd. I, in: Technik und Kultur, Düsseldorf 1990.

Ritter, Joachim: Die Aufgabe der Geisteswissenschaft in der modernen Gesellschaft, in: Subjektivität, Sechs Aufsätze, Frankfurt 1974, 105-140

Ropohl, Günter: Technologische Aufklärung. Beiträge zur Technikphilosophie, Frankfurt 1991.

Roszak, Theodor: Der Verlust des Denkens. Über die Mythen des Computer-Zeitalters, München 1986.

Sachsse, Hans: Anthropologie der Technik. Ein Beitrag zur Stellung des Menschen in der Welt, Braunschweig 1978.

Schivelbusch, Wolfgang: Geschichte der Eisenbahnreise. Zur Industrialisierung von Raum und Zeit im 19. Jahrhundert. München 1977.

Schmidt, S. J.: Medien. Kultur. Medienkultur, in: Medien und Kultur, Beiheft 16: Zeitschrift für Literaturwissenschaft und Linguistik, Hrsg. W. Faulstich, Göttingen 1991.

Schnell, Ralf: Medienästhetik. Zu Geschichte und Theorie audiovisueller Wahrnehmungsformen, Stuttgart/Weimar 2000.

Segeberg, Harro: Literarische Technik-Bilder. Studien zum Verhältnis von Technik- und Literaturgeschichte im 19. und frühen 20. Jahrhundert, Tübingen 1987a.

Segeberg, Harro (Hrsg.): Technik in der Literatur, Frankfurt 1987b.

Segeberg, Harro: Die Mobilisierung des Sehens. Zur Vor- und Frühgeschichte des Films in Literatur und Kunst, Bd. 1, München 1996.

Segeberg, Harro: Literatur im technischen Zeitalter. Von der Frühzeit der deutschen Aufklärung bis zum Beginn des Ersten Weltkrieges, Darmstadt 1997.

Snow, C. P.: The Two Cultures And The Scientific Revolution. The Rede Lecture 1959, Cambridge 1960.

Weizenbaum, Joseph: Die Macht der Computer und die Ohnmacht der Vernunft, Frankfurt 1978.

Zapf, Wolfgang (Hrsg.): Die Modernisierung moderner Gesellschaften, Frankfurt 1991.

Zielinski, Siegfried: Audiovision. Kino und Fernsehen als Zwischenspiele in der Geschichte, Reinbek bei Hamburg 1989.

Zielinski, Siegfried (Hrsg.): Video - Apparat/Medium, Kunst Kultur, Frankfurt 1992.

Technikgeschichte

Wolfgang König

1   Disziplinbildung

Die historische Entwicklung der Technik rückte im Laufe des 18. Jahrhunderts verstärkt ins Blickfeld (Troitzsch 1973). Für die Vertreter von Aufklärung und Rationalismus war die Technik ein wichtiges Element des menschlichen Fortschritts, welches es zu erfassen und zu vermitteln galt. Dem diente zum Beispiel die didaktisch angelegte Darstellung der Gewerbe und Industrien in der „Encyclopédie" (1751-1780) Diderots und d'Alemberts. Ebenso standen utilitaristische Motive hinter dem technologischen Interesse im deutschen Kameralismus. So schlug der Göttinger Begründer der Technologie, Johann Beckmann (1739-1811), in seinem „Entwurf der allgemeinen Technologie" (1806) vor, die Herstellungsverfahren verschiedener Gewerbe in praktischer Absicht zu systematisieren. In seinen „Beyträgen zur Geschichte der Erfindungen" (5 Bde., 1780-1805), in denen er auch den gesellschaftlichen Kontexten technischen Handelns nachging, sah er einen „Erfahrungsschatz" für Gegenwart und Zukunft.

Mit dem Vordringen wirtschaftsliberaler Gedanken spaltete sich die Kameralwissenschaft auf in Disziplinen wie Nationalökonomie, Finanz- und Staatswissenschaft. Ausgehend von der mechanischen und der chemischen Technologie entstand im 19. Jahrhundert das sich stark ausdifferenzierende System der Technikwissenschaften. An den Polytechnischen Schulen und Technischen Hochschulen gehörte es zum guten Ton, in Vorlesungen und Lehrbüchern auf die Geschichte des eigenen Faches in Wissenschaft und Industrie einzugehen. Dabei kam es durchaus zu Reflexionen über die sozioökonomischen Kontexte der technischen Entwicklung. Besaßen die Technikwissenschaftler ein originäres Forschungsinteresse, so bemühten sie sich häufig, sachlogische innertechnische Entwicklungen herauszuarbeiten, wie vom Reibschluß zum Formschluß (Franz Reuleaux) oder von der linearen zur rotativen Bewegung.

Gegen Ende des 19. Jahrhunderts gaben sich die Technikwissenschaften empirische Forschungseinrichtungen, intensivierten ihre Kontakte zur Industrie und bildeten eine zunehmende Zahl von Industrieingenieuren aus. Je praxis- und zukunftsorientierter sie wurden, desto mehr verloren die Ingenieurwissenschaften das Interesse an der Technikgeschichte. Oder genauer gesagt: Im Prozeß der Spezialisierung lagerten sie die Technikgeschichte als eine Art randständige Subdisziplin aus (König 1983). In den beiden Jahrzehnten vor dem Ersten Weltkrieg entstanden technikgeschichtliche Monographien, lexikalische Nachschlagewerke und Periodika. 1903 wurde das Deutsche Museum in München gegründet, 1918 das Technische Museum in Wien. Einige dieser Aktivitäten sind mit dem Namen von Conrad Matschoß (1871-1942) verbunden, der im Verein Deutscher Ingenieure ein Zentrum der Technikgeschichte aufbaute, das bis in die Zeit nach dem Zweiten Weltkrieg Bestand hatte. An der Maschinenbauabteilung der Technischen Hochschule

Berlin erhielt Matschoß 1909 für „Geschichte der Maschinentechnik" den ersten
technikgeschichtlichen Lehrauftrag an einer deutschen Hochschule.

Die Ingenieure betrieben Technikgeschichte sowohl mit kulturgeschichtlichen wie
mit technisch-pragmatischen Intentionen. Indem sie Technik als Element der Kultur darstellten, distanzierten sie sich von deren neuhumanistischer Abwertung als
bloße Zivilisation. Die durch Technikgeschichte erzielte Traditionsbildung erschien
ihnen als probates Mittel zur gesellschaftlichen Emanzipation der technischen Intelligenz. Die kulturgeschichtliche Perspektive verlangte, auf die Zusammenhänge
von Technik, Kultur und Gesellschaft einzugehen sowie auf die Ursachen und
Auswirkungen der technischen Entwicklung. Allerdings wurden entsprechende
programmatische Bekundungen höchstens in Ansätzen eingelöst. Mit der technisch-pragmatischen Begründung ihrer Arbeit unterwarfen sich die Technikgeschichte betreibenden Ingenieure den Zielsetzungen der Technikwissenschaften.
Die Technikgeschichte sollte Gesetzmäßigkeiten der technischen Entwicklung er-
gründen und auf diese Weise die technische Forschung anleiten. Frühere technische Lösungen könnten wieder Bedeutung gewinnen und durch die Technikgeschichte in Forschung und Entwicklung eingespeist werden.

Die Technikgeschichte der Ingenieure wurde in der Zeit nach dem Ersten Weltkrieg nur unwesentlich ausgebaut, dominierte aber bis in die 1960er Jahre. Danach
wurde sie durch eine Technikgeschichte abgelöst, die in erster Linie von ausgebildeten Historikern vertreten wurde. Verbunden war dies mit einem enormen und
bis in die Gegenwart andauernden Institutionalisierungsschub (Weber/Engels-
kirchen 2000). Hierzu gehörte die Einrichtung von Professuren – und zwar ausschließlich an Universitäten mit technikwissenschaftlichen Fächern. Seit 1965 erschien die von Conrad Matschoß gegründete Zeitschrift Technikgeschichte wieder
– mit der Zielsetzung, ihren Gegenstand „in die Darstellung der allgemeinen Geschichte einzuordnen". Die neue historische Teildisziplin wurde in Form von Sek-
tionen und Einzelvorträgen auf Historikertagen präsentiert. Sie partizipierte an
einer Reihe von Stiftungen aufgelegter Förderprogramme. Besondere Verdienste
um das Fach erwarb sich die Volkswagenstiftung mit einem sieben Jahre laufenden
Schwerpunkt. Neben zahlreichen kleinen entstanden mehrere große Technikmuseen, welche sich insbesondere der Arbeitswelt annahmen. Zu diesen zählen das
Museum für Verkehr und Technik in Berlin, das sich vor kurzem in Deutsches
Technikmuseum umbenannt hat, das Baden-Württembergische Landesmuseum
für Technik und Arbeit in Mannheim, das Museum für Arbeit in Hamburg und die
beiden Industriemuseen im Rheinland und in Westfalen. Das Deutsche Bergbau-
Museum in Bochum profilierte sich bei der Dokumentation und Erforschung
technischer Denkmale. Solche, jetzt mit der Bezeichnung Industriearchäologie be-
legten Aktivitäten reichten bis in die Zwischenkriegszeit zurück. Die deutsche
Technikgeschichte der Nachkriegszeit war von vornherein integriert in die internationale Scientific Community. Für die fachliche Kommunikation gewannen die
größte Bedeutung das International Committee for the History of Technology
(ICOHTEC) sowie die amerikanische Society for the History of Technology
(SHOT), welche seit 1992 auch Tagungen außerhalb der Vereinigten Staaten durch-
führt. Die deutschen Technikhistoriker gaben sich erst 1990 mit der Gesellschaft für

Technikgeschichte (GTG) eine eigenständige wissenschaftliche Organisation. In der Zeit vorher engagierten sie sich im Verein Deutscher Ingenieure (VDI) oder in der Deutschen Gesellschaft für Geschichte der Medizin, Naturwissenschaft und Technik.

Die Gründe für den Institutionalisierungsschub seit den 1960er Jahren sind vielfältig. Anfangs erhofften manche Unterstützer von der Technikgeschichte eine Legitimation der gerade in den Nachkriegsjahren besonders ertragreichen technisch-ökonomischen Entwicklung. In der ökonomischen und ökologischen Krisenzeit der 1970er Jahre rechneten sowohl Fürsprecher wie Kritiker der Industriegesellschaft mit argumentativer Unterstützung durch historische Rückblicke. Die Technikgeschichte profitierte davon, daß sich das geschichtswissenschaftliche Interesse von der politischen Ereignisgeschichte zur Strukturgeschichte verschob. In die Ingenieurcurricula wurden nichttechnische, aber die Technik thematisierende geistes- und sozialwissenschaftliche Lehrveranstaltungen aufgenommen. Und nicht zuletzt schufen der allgemeine Wohlstand und die gefüllten Kassen der öffentlichen Hand Spielräume für den Auf- und Ausbau neuer Fachrichtungen.

Die seit den 1960er Jahren entstehende Technikgeschichte der Historiker wurde von ihnen als historische Teildisziplin interpretiert. Diese Selbsteinstufung erfolgte im Bewußtsein, daß die Hauptströmungen der Geschichtswissenschaft die Technik mehr als ein Jahrhundert lang ignoriert hatten (Gleitsmann 1991). Die Aufklärungshistoriographie hatte noch auf die Wirkmächtigkeit und weltgeschichtliche Bedeutung der Technik hingewiesen, so der Göttinger August Ludwig v. Schlözer (1735-1809). In der Zeit des neuhumanistischen Idealismus und der politischen Nationalgeschichtsschreibung des 19. Jahrhunderts hatten solche Themen keinen Platz mehr.

Mehr als die Geschichtswissenschaften interessierten sich um die Jahrhundertwende die Wirtschafts- und die entstehenden Sozialwissenschaften für die Technik als Triebkraft der Wirtschafts- und Gesellschaftsentwicklung. Von den Vertretern der jüngeren historischen Schule der Nationalökonomie behandelte Werner Sombart (1863-1941) die Technik sowohl als Determinante wie als Determinandum. Aufgrund seiner idealistischen Geschichtskonstruktion wies er allerdings in seinem Hauptwerk „Der moderne Kapitalismus" (2. Aufl. 1916-1927) der Technik eine eher nachrangige Bedeutung zu. Die technische Entwicklung untergliederte Sombart in die beiden Großepochen der vorindustriellen empirisch-organischen sowie der industriellen wissenschaftlich-anorganischen Technik. Solche und andere fruchtbare Ansätze der Vorkriegs- und Zwischenkriegszeit fanden jedoch in den Sozial- und Wirtschaftswissenschaften nur begrenzt Aufnahme. Die Nationalökonomen arbeiteten mehr und mehr mit ahistorischen formalen Modellen. Den Soziologen im Gefolge Max Webers (1864-1920) verstellte lange Zeit die Herrschaftsperspektive den Blick auf komplexere Formen gesellschaftlicher Interaktion. Beide Disziplinen verstanden sich im 20. Jahrhundert zunehmend als Gegenwarts- und Planungswissenschaften, historische Kontingenzen traten in den Hintergrund.

Im Rahmen der Geschichtswissenschaft wandten sich nur Außenseiter der Zunft der Technik und den Naturwissenschaften zu, wie Karl Lamprecht (1856-1915) im 1903 erschienenen Ergänzungsband seiner „Deutschen Geschichte". Mit Lam-

precht, dessen Suche nach den die Geschichte bestimmenden gesellschaftlichen
Kräften bald dem Verdikt der Fachgenossen anheimfiel, hatten die Ingenieure, die
das Werk mit Befriedigung zur Kenntnis nahmen, also aufs falsche Pferd gesetzt.
Ebenso erschien Franz Schnabels (1887-1966) 3. Band seiner „Deutschen Geschichte
im neunzehnten Jahrhundert" „Erfahrungswissenschaften und Technik" (1934) zu
Beginn der nationalsozialistischen Herrschaft zur Unzeit. Die Bedeutung des erst
in der frühen Bundesrepublik breiter rezipierten Werkes des liberalen katholischen
Historikers liegt darin, daß es der Technik in einer großen Gesamtdarstellung der
deutschen Geschichte einen erheblichen und angemessenen Stellenwert einräumte.
Schnabels roten Faden bildete die geistige Auseinandersetzung zwischen den
Technik und Industrie gestaltenden und vorantreibenden Kräften und denjenigen
– ihnen schenkte er seine Sympathie –, welche die negativen Folgen der technisch-
industriellen Entwicklung betonten und fürchteten. Den geistigen Ursprüngen der
Technik, welche er vor allem in den Naturwissenschaften fand, spürte der aus der
Technikgeschichte der Vorkriegszeit kommende Friedrich Klemm (1904-1983)
nach. Klemms 1954 erschienene und später in veränderten Fassungen wieder auf-
gelegte Technikgeschichte war eine der ersten Gesamtdarstellungen, die der engeren Zunft der Technikhistoriker entstammten.
Schnabels wie auch Klemms Technikdarstellungen sind einer Geistesgeschichte der
Technik - von manchen als Kulturgeschichte apostrophiert - zuzurechnen. Im Institutionalisierungsschub der Technikgeschichte seit den 1960er Jahren wurden andere Schwerpunkte gesetzt, wie sie die Verbindungen in der Bezeichnung der Lehrstühle mit Sozial-, Wirtschafts- und Naturwissenschaftsgeschichte ausdrücken. Die
Kombination mit der Naturwissenschaftsgeschichte gab die Vorstellung von Technik als angewandter Naturwissenschaft wieder. Konsequenterweise wurden alle
entsprechenden Professuren mit Naturwissenschaftshistorikern besetzt. Bei anderen Besetzungen kam es vor allem um die Frage, ob Technikhistoriker eine ingenieurwissenschaftliche und/oder eine historische Vorbildung besitzen sollten, zu
professionalistischen Auseinandersetzungen. Zweifellos wurde damit auch auf
technische Kompetenzdefizite der ersten Generation der Technikhistoriker ange-
spielt. Mit der Herausbildung fachlicher, sowohl methodischer wie inhaltlicher,
Standards wurden solche Diskussionen in den Hintergrund gedrängt. Im Vordergrund stand jetzt nicht mehr die Vorbildung, sondern die technikhistorische Leistung. Die Fülle und die Qualität der in den letzten Jahrzehnten entstandenen
technikhistorischen Arbeiten hätte jedoch allein aus der kleinen historischen Teildisziplin Technikgeschichte schwerlich erwachsen können. Technikgeschichte ist
heute kein Monopol einer organisierten Scientific Community mehr, sondern
technikgeschichtliche Fragestellungen finden auch in Arbeiten allgemeiner Historiker, Ethnologen und Soziologen ihren Ausdruck.

2   Konzepte

Der institutionelle Wandel der Technikgeschichte seit den 1960er Jahren war begleitet durch Bemühungen, den Gegenstand und das Selbstverständnis der neuen

historischen Teildisziplin zu bestimmen und sich dabei von der älteren Technikgeschichte der Ingenieure abzugrenzen (Hausen/Rürup 1975; Ludwig 1978;
Troitzsch/Weber 1977). Die ältere Technikgeschichte hatte sich auf das Individuelle des technischen Geschehens, auf Personen, Erfindungen und andere Erkenntnisse, beschränkt sowie auf Beschreibungen und Erklärungen von Struktur und
Funktion der technischen Sachsysteme. Dagegen zielte die neue Technikgeschichte
auf das Allgemeine des technischen Prozesses und suchte in mannigfaltigen sozioökonomischen Kontexten nach Erklärungen für den technischen Strukturwandel. Im Unterschied zu anderen technikbezogenen Sozial- und Kulturwissenschaften nahm die Technikgeschichte keine spezielle soziologische, politische oder wirtschaftliche Betrachtungsperspektive ein, sondern strebte nach einer holistischen
Integration disziplinärer Perspektiven mit Blick auf den Geschichtsverlauf. Trotz
der – sicher auch unter professionalistischen Gesichtspunkten erfolgten – Polarisierung von ingenieurwissenschaftlicher und historischer Technikgeschichte wurden
schon damals Stimmen laut, die eine wechselseitige Bezugnahme oder eine Integration der jeweiligen Fragestellungen forderten. Heute spricht man z.B. in der
amerikanischen Technikgeschichte von einem „design-ambient contextual approach" (Staudenmaier 1985). Es geht darum, Veränderungen der Struktur und
Funktion einzelner Techniken aus verschiedenen Kontexten zu erklären sowie deren Auswirkungen auf Kultur und Gesellschaft aufzuzeigen. Theoretisch läßt sich
dies durch Hinweis auf die komplementäre Verschränkung von Allgemeinem und
Individuellem stützen.
Wurde in den 1960er und 1970er Jahren derart der Gegenstand der Technikgeschichte erweitert, so wurde er in anderer Hinsicht in problematischer Weise eingeschränkt. Technikgeschichte wurde in erster Linie als eine Geschichte der Produktion bzw. als eine Geschichte der (Industrie-)Arbeit verstanden. Gefragt wurde
nach der Entwicklung der Arbeitsmittel, der Arbeitsorganisation, der Arbeitsbedingungen, der Ingenieure und Arbeiter und der Wissenschaft. Technikverwen-
dung und Konsumtion rückten nicht ins Blickfeld, oder sie fanden nur als Folge
des Produktionssystems Erwähnung. Technikgeschichtliche Monographien konnten in extenso die Herstellung tausender Tonnen von Garnen und Tuchen darstellen, ohne auch nur ein Wörtchen über Kleidung und Mode zu verlieren. Die Gründe für die perspektivische Beschränkung waren disziplin- wie ideengeschichtlicher
Natur. Sie wurde aus damaligen Leitdisziplinen wie der Wirtschafts- und Sozialgeschichte, der Historischen Sozialwissenschaft und der Industriesoziologie übernommen. Und sie entsprach vorherrschenden marxistischen und neomarxistischen
Interpretationen des Wirkens der Produktivkräfte. In universalhistorischer Betrachtung entsprang die Vorstellung einer Produktionsdominanz wohl Denkwei-
sen, die sich im Laufe von Jahrhunderten in Mangelgesellschaften herausgebildet
hatten, in denen es darum ging, durch Sicherstellung und Steigerung der Produktion die Subsistenzbedürfnisse zu erfüllen.
In analoger Weise dürfte erst die entwickelte Konsumgesellschaft mit ihrem Käu-
fermarkt und ihrer historisch beispiellosen Ausstattung an Gütern und Dienstleistungen den Stellenwert der Konsumtion ins wissenschaftliche Bewußtsein gehoben haben. In der interdisziplinären Technikforschung wies Günter Ropohl bereits

1979 auf das komplementäre Zusammenwirken von Produktion und Konsumtion hin (Ropohl 1979). Besonders die amerikanische und englische allgemeine Geschichtswissenschaft entdeckte in den 1980er Jahren den Konsum als Forschungsgegenstand. Die deutsche Technikgeschichtsschreibung begann – zur gleichen Zeit wie die amerikanische – um 1990 das Zusammenspiel von Produktion und Konsumtion als neues Paradigma der Technikgeschichte zu propagieren und in Darstellungen umzusetzen (Radkau 1989; König 1990; König 1990-92).

Das schon mehrfach genannte Allgemeine und Individuelle in der Technikgeschichte läßt sich auch verstehen als die Entwicklung einzelner Techniken auf der einen Seite und die Entwicklung der Technik in ihrer Gesamtheit auf der anderen. Die Untersuchung einzelner Techniken erfolgte als eine Art historische Innovationsforschung. Im Unterschied zur alten Erfindungsgeschichte wurde jetzt der gesamte Lebenszyklus einer Technik in den Blick genommen, das heißt die Erfindung (Invention), die Entwicklung bis zur Marktreife (Innovation) und die Verbreitung (Diffusion). Neuerdings ist die Betrachtung auf gescheiterte Innovationen ausgedehnt worden (Braun 1992). Bekanntlich ist – wie ein flüchtiger Blick in die Schätze der Patentämter zeigt – in der Geschichte nur ein kleiner Teil der technischen Möglichkeiten auch tatsächlich realisiert worden. Konzeptionelle Probleme dieses Ansatzes liegen u.a. in der Definition des „Scheiterns" und dessen zeitlicher Relativität: So können „gescheiterte" Innovationen später unter veränderten Bedingungen wieder Relevanz gewinnen. Mit der Analyse gescheiterter Innovationen wird der Erfolgsgeschichte der Technik deren alltägliche Mißerfolgsgeschichte an die Seite gestellt. Außerdem geht die Hoffnung dahin, durch die Betrachtung von Mißerfolgen der Gründe für den Erfolg besser habhaft werden zu können.

Innovationen stehen für den Wandel in der Technikgeschichte. Außer mit Wandel und Werden hat sich die Technikgeschichte und haben sich andere Historiographien aber auch mit Zuständen und Sein zu beschäftigen. Dabei handelt es sich bei der diachronen und synchronen Betrachtungsweise jedoch nicht um unterschiedliche Konzepte der Technikgeschichte, sondern um komplementäre Formen der Reflexion: Das Neue in der Technik ist nur vor dem Hintergrund des Alten, gegen dessen quantitative Dominanz es sich durchsetzen muß, in seiner Bedeutung zu bestimmen; und das Alte gewinnt seine spezifische Ausformung durch das Ausbleiben oder die Durchführung von Verbesserungsinnovationen im Zusammenhang mit der Antizipation von Neuem oder der Reaktion auf konkurrierendes Neues.

Konzeptionelle Kontroversen wurden vor allem über die Frage der Entstehungsgründe technischer Innovationen geführt. In polarer Zuspitzung ging es um die Kontroverse zwischen Technikdeterminismus und Sozialkonstruktivismus. Unter Technikdeterminismus läßt sich eine Eigengesetzlichkeit der technischen Entwicklung verstehen. Dies kann heißen, daß der Technikentwicklung ein zu enthüllendes Gesetz zugrundeliegt oder – schwächer formuliert –, daß spätere Innovationen entscheidend von vorangegangenen abhängen. In der harten Formulierung sind technikdeterministische Positionen in der Technikgeschichte kaum vertreten worden, so daß die häufig anzutreffenden Distanzierungen eigentlich überflüssig sind. Andererseits läßt es sich kaum bestreiten, daß die existierende Technik und der Stand des technischen Wissens und Könnens, die natürlich ebenfalls aus menschlichen Handlungen in der Vergangenheit hervorgegangen sind, die weitere technische Entwicklung beeinflussen. Die Diskussion geht heute darum, wie ein „weicher Determinismus" in Modelle der Technikentwicklung integriert werden kann. Hierfür liegen konzeptionelle Vorschläge vor, wie die des „technological momentum" und der „Pfadabhängigkeit", welche auf das Beharrungsvermögen einmal eingeschlagener Entwicklungsrichtungen verweisen.

Gegen alle deterministischen Spielarten wandte sich die These einer „Social Construction of Technology" (SCOT) (Bijker/Hughes/Pinch 1987). In der ersten Fassung – inzwischen erfuhr das zunächst wenig elaborierte Konzept mannigfaltige Überarbeitungen – betonten die Verfechter den zentralen Stellenwert sozialer Gruppen, aus deren Aushandlungen Technik hervorgehe. Schwierigkeiten erwuchsen aus der zirkulären Bestimmung der Gruppen, aus der Vernachlässigung kultureller Traditionen sowie aus der Ausklammerung des Standes des technischen Wissens und Könnens und der vorhandenen Technik. Die Ad-hoc-Bestimmung der Gruppen war auf Fallstudien zugeschnitten und verunmöglichte Generalisierungen. Relevante Teile der anglo-amerikanischen Technikgeschichte haben mittlerweile den Social Construction-Ansatz zu einer Art dogmatischer Grundlage gemacht. Die deutsche Technikgeschichte hat sich dagegen darauf beschränkt – durchaus davon ausgehend, daß Technik das Produkt des vergesellschafteten Menschen ist –, einzelne tragfähige Elemente in empirischen Studien und theoretischen Reflexionen zu verwenden.

Die bislang genannten Konzepte bezogen sich auf einzelne Innovationen. Für die technische Entwicklung in ihrer Gesamtheit hielt die ältere Technikgeschichte den Begriff des technischen Fortschritts bereit. Operationalisiert wurde er meist durch Verweis auf kognitive und ökonomische Leistungen. Hierzu gehörte die Verwissenschaftlichung der Technik, das heißt, daß die Technik mehr und mehr von der Wissenschaft durchdrungen und dadurch die antizipative Konstruktion und Berechnung von Neuerungen ermöglicht werde. Mit technischem Sachverstand, durch Rationalisierung, sei die Relation zwischen Aufwand und Ertrag ständig verbessert worden. Besonders habe sich dies bei der Umgestaltung des Produktionssystems bis hin zur Massenproduktion und Automatisierung gezeigt. Das in den 1970er Jahren aufkommende Unbehagen am Fortschrittsbegriff speiste sich weniger aus diesen Operationalisierungen als aus der Implikation, daß das Leben insgesamt besser und die Menschen glücklicher geworden seien. Allerdings war durch die vorgeschlagene Alternative, technischen Fortschritt durch technischen Wandel zu ersetzen, theoretisch wenig gewonnen. Tatsächlich scheuen die Technikhistoriker vor Gesamtinterpretationen und -konzeptionalisierungen der technischen Geschichte der Menschheit eher zurück.

Eine kleine Konjunktur innerhalb der Technikgeschichte erlebte die Evolutionstheorie (Basalla 1988). Mit den Begriffen der Variation und Selektion ließen sich technische Innovationen, erfolgreiche wie gescheiterte, kleine und große, sowie die Auswahl in einem komplexen Bedingungsgeflecht erfassen. Der Nachteil der biologischen Evolutionstheorie besteht darin, daß das beschriebene zufällige und passive Geschehen in der Natur kaum als Analogon für das intentionale, aktive technische Handeln der Menschen taugt. Jedenfalls hätte eine technologische

Evolutionstheorie sich weit mehr von der biologischen zu distanzieren als bislang erfolgt.

In der Technikgeschichte kann man wie in anderen Bereichen der Menschheitsgeschichte das Paradoxon feststellen, daß Veränderungen im einzelnen aus menschlichen Handlungen erwachsen, der historische Prozeß in seiner Gesamtheit aber als anonymes, kaum zu berechnendes und schon gar nicht zu steuerndes Geschehen über die Menschen kommt. Um den Dilemmata des einseitig die Handlungen thematisierenden Sozialkonstruktivismus einerseits und der ausschließlich strukturelles Geschehen thematisierenden Evolutionstheorie andererseits zu entkommen, ist – teilweise unter Berufung auf Anthony Giddens (Giddens 1984) – vorgeschlagen worden, Technikgeschichte als Integration von Handlung und Struktur zu modellieren (z.B. Borg 1999; König 1993). Dabei handeln Akteure, wie Individuen, Organisationen und Schichten, in relativ stabilen Strukturen, zu denen der Stand des technischen Wissens und Könnens zählt, aber auch Markt, Macht und Herrschaft sowie Mentalitäten, Leitbilder und Wertsysteme. Die Handelnden bewegen sich in den durch die Strukturen gesetzten Spielräumen und bestätigen sie damit. Andererseits können sie auch die Handlungsräume, wenn sie ihren Zwecken und Interessen nicht entsprechen, zu verschieben, auszuweiten oder einzuengen suchen, was langfristig die Strukturen verändert. Die Strukturen bilden also das tendenziell stabile Gerüst, die Akteure das dynamische Moment in der Technikentwicklung.

3   Themen

Noch vor wenigen Jahrzehnten wurde die Technikgeschichte als eine spezialistische historische Randdisziplin angesehen. Die Einschätzung resultierte auf der einen Seite aus idealistischen und etatistischen Traditionen der Geschichtswissenschaft, auf der anderen aus dem unterentwickelten Stand des Faches und seiner Herkunft aus den Ingenieurwissenschaften. Heute ist die Technikgeschichte als eigenständige und wertvolle historische Teildisziplin anerkannt. Darüber hinaus besitzt sie das Potential, um zum zentralen Strukturierungselement einer alle Zeiten und Kulturen umfassenden histoire totale zu werden. Die Technik ist – in Gestalt einfacher Werkzeuge – mit der Entstehung der menschlichen Gattung verbunden. Und über die Wirkmächtigkeit der modernen Technik muß man nicht viele Worte verlieren. Heute werden die meisten der rapiden soziokulturellen Veränderungen in einem Atemzug mit technischem Wandel genannt. Die pessimistische Perspektive, daß auch das Ende der Gattung Mensch durch Einsatz von Technik besiegelt werde, erscheint jedenfalls nicht gänzlich unbegründet.

Die Versuche, die Menschheitsgeschichte durch die Benennung großer Umbruchzeiten zu gliedern, messen der Technik einen zentralen Stellenwert zu. Dies gilt gleichermaßen für die Neolithische wie für die Industrielle Revolution, die beiden Vorschläge, welche die weiteste Verbreitung gefunden haben. Die Seßhaftwerdung des Menschen im Neolithikum war verbunden mit Haus- und Siedlungsbau, mit Ackerbau und Viehzucht sowie der expandierenden Ausbeutung und Verarbeitung von Rohstoffen. Wurden Forschungsarbeiten zur Neolithischen Revolution vor allem von Archäologen und den jeweiligen Regionalwissenschaften getragen, so beteiligten sich Technikhistoriker in großem Umfang an der Untersuchung der Industriellen Revolution. Zu den dezidiert technikhistorischen Themen gehörte das u.a. durch ein Ensemble von Kraft- und Arbeitsmaschinen bestimmte Fabriksystem, die Ablösung bzw. Ergänzung der alten stofflichen und energetischen Zentralressource Holz durch Eisen und Steinkohle und die Nutzung der Dampfkraft für den Transport. Die Heraushebungen der beiden großen menschheitsgeschichtlichen Umbrüche haben bislang allen kritischen Einwänden standgehalten. Allerdings sollte man den Revolutionsbegriff nicht überfordern. Angemessen dürfte sein, Revolutionen nicht als ganz andere Geschichtsverläufe, sondern als Beschleunigungen der evolutionären historischen Entwicklung zu interpretieren. Zu den bislang kaum angegangenen Aufgaben der Technikgeschichtsschreibung gehört es, unterhalb der beiden großen menschheitsgeschichtlichen Revolutionen die technische Entwicklung zu periodisieren (König 1990; Buchhaupt 1999).

Allgemeine, nicht von vornherein national oder regional begrenzte Technikgeschichten stehen vor der Frage, wie mit der Vielzahl der technischen Kulturen umzugehen ist. Die meisten, auch die in Deutschland erschienenen, haben sich – nicht zuletzt, um Kompetenzenprobleme zu vermeiden – auf die Technik der westlichen Welt konzentriert. Dies erscheint auch deswegen legitim, weil die westliche Technik im Zuge der europäischen und amerikanischen politischen und ökonomischen Expansion weltbestimmend geworden ist. Dennoch bleibt als Desiderat eine Weltgeschichte der Technik, welche die einzelnen technischen Kulturen nicht additiv aneinanderreiht, sondern integrativ und vergleichend behandelt.

Zu den ersten allgemeinen deutschsprachigen Technikgeschichten, die mit wissenschaftlichem Anspruch auftraten, gehörte Friedrich Klemms „Technik. Eine Geschichte ihrer Probleme", die zuerst 1954 erschienen ist. Mit ihrer idealistischen Konzeption und ihrer Betonung der Rolle der Naturwissenschaften für die technische Entwicklung stand sie noch ganz in älteren Traditionen. Dagegen vertrat die Propyläen Technikgeschichte den inzwischen formulierten Anspruch, Technik in ihrer Herstellung und Verwendung sowie in ihren Wirkungszusammenhängen mit Kultur, Wirtschaft und Gesellschaft darzustellen (König 1990-92). Räumlich konzentrierte sie sich auf wechselnde Regionen, in denen jeweils eine hohe Entwicklungsdynamik herrschte.

Besitzen die genannten und einige weitere, mehr populär angelegte Werke ein historisches Gliederungsprinzip, so unternahm eine elfbändige Kulturenzyklopädie der Technik den interessanten Versuch, Technik sowohl systematisch wie historisch in ihren Bezügen zu anderen Kulturbereichen zu behandeln, nämlich Philosophie, Religion, Wissenschaft, Medizin, Bildung, Natur, Kunst, Wirtschaft, Staat und Gesellschaft (Hermann/Dettmering 1990-95). Tauchen schon bei dieser Gliederung des Gesamtwerks kritische Fragen auf, so ist die Durchführung in den einzelnen Bänden, was die Zahl der Autoren, das Verhältnis zwischen historischer und systematischer Betrachtung, zwischen universeller und paradigmatischer Ausarbeitung sowie die Qualität anbelangt, sehr heterogen, und nur einzelne Bände können als gelungen bezeichnet werden.

Neben den technikgeschichtlichen Gesamtdarstellungen stehen Überblickswerke, die sich auf einzelne Gewerbebereiche oder Techniken beziehen. Diese wie auch weitere technikgeschichtliche Monographien sind durch eine Reihe von Sammelrezensionen (Ludwig 1978; Troitzsch 1987; Radkau 1987; Radkau 1997-99) sowie durch den Rezensionsteil der Zeitschrift Technikgeschichte gut erschlossen. Bei den Überblickswerken erwarb sich das Deutsche Museum mit seiner zwischen 1981 und 1991 auf 36 Bände angewachsenen Reihe „Kulturgeschichte der Naturwissenschaften und der Technik" besondere Verdienste. Insbesondere überzeugt die didaktische Anlage mit Bildern, Funktionszeichnungen und Tabellen. Einige Bände werden wohl noch längere Zeit unverzichtbar sein; leider wurden einige schwächere nicht in einem kritischen Begutachtungsverfahren ausgesondert.

Es ist vorgeschlagen worden, die Vielzahl der technischen Verfahren und Prozesse als Transport, Umwandlung und Speicherung von Stoff, Energie und Information in Form einer neunfeldigen Matrix systematisch zusammenzufassen (Ropohl 1979, 178). In einer Reihe dieser Felder haben sich technikgeschichtliche Arbeiten situiert. Deutschsprachige Überblicksdarstellungen liegen zur Information (Oberliesen 1982) und zur Energie (Sieferle 1997) vor; weitere wären wünschenswert.

Zu den traditionellen historischen Arbeiten gehören Epochendarstellungen. Es ist bemerkenswert, daß die deutsche Technikgeschichte bislang keine hervorgebracht hat, die über die genannten Gesamtdarstellungen hinausreichen. Eine Ausnahme bildet Joachim Radkaus auf Forschungs- und Interpretationsprobleme konzentrierte „Technik in Deutschland. Vom 18. Jahrhundert bis zur Gegenwart". Radkau benutzt das von Thomas Parke Hughes entwickelte Konzept nationaler und regionaler technischer Stile (Hughes 1983), um die spezifisch „deutschen Wege" der Technikentwicklung aufzuzeigen. Damit ist nicht etwa ein unveränderlicher Nationalcharakter der Technik gemeint, sondern historisch variante Anpassungen der Technik an die vorherrschenden jeweiligen Bedingungen. Besonders gut läßt sich diesen Fragen mit Hilfe internationaler Vergleiche nachgehen, wie sie z.B. für die Eisenhüttenindustrie (Wengenroth 1983; Wengenroth 1986), die Kältetechnik (Dienel 1995), die Windkraftnutzung (Heymann 1995; Heymann 1998) und das Konstruieren im Maschinenbau (König 1999) unternommen wurden. Alle genannten Arbeiten beziehen in die Vergleiche die USA mit ein und dokumentieren damit, welche Leitfunktion die amerikanische Technik im 19. und 20. Jahrhundert gewann.

Die deutsche Technikgeschichtsschreibung überspannt zwar die Zeit von der Antike bis zur Gegenwart, doch die meisten Arbeiten bewegen sich in der Zeit der Industrialisierung. Dabei lassen sich einige zeitliche Schwerpunkte feststellen. Besonderes Augenmerk wurde der Frühindustrialisierung zuteil, dem Technologietransfer aus Großbritannien und anderen Ländern und der Rolle des Staates. Eine weitere Reihe von Arbeiten bezieht sich auf die Jahrzehnte um die Jahrhundertwende, als Deutschland in den Kreis der führenden Industriestaaten eintrat. Unter anderem befassen sie sich mit der Chemie und der Elektrotechnik – wo Deutschland besondere Stärken entwickelte –, die als Prototypen von Science-based Industries gelten. Aus diesem Grund und wegen der in Deutschland trotz aktueller Relativierungen immer noch vorherrschenden Hochschätzung von Wissenschaft

und Bildung entstand eine im internationalen Vergleich herausragende For-
schungstradition zur Geschichte der Ausbildung von Ingenieuren und Naturwissenschaftlern sowie zur Geschichte der Technikwissenschaften. Neuere Arbeiten
schätzen allerdings den Stellenwert von Wissenschaft und Bildung für die industrielle Entwicklung zurückhaltender ein (Dienel 1995; König 1995). Vor nicht allzu
langer Zeit galt die Zeitgeschichte der Technik nach dem Zweiten Weltkrieg noch
als weitgehend unbearbeitetes Feld. Dies scheint sich derzeit zu ändern, wie eine
Reihe von Dissertationen zeigen. Verantwortlich hierfür dürfte das Interesse an
Umweltproblemen und an der Informationstechnik sein sowie die Öffnung der
ostdeutschen Archive nach der deutschen Vereinigung.
Wie überall verstand sich auch die deutsche Technikgeschichte lange Zeit in erster
Linie als Produktionsgeschichte. Neuerdings rückte die komplementäre Seite der
Technikentwicklung, die Verwendung, in Gestalt von Arbeiten zur Technik im Alltag und zur Rolle der Technik für die Herausbildung der Konsumgesellschaft stärker ins Blickfeld (Andersen 1997; König 2000). Das Spektrum solcher Untersuchungen reicht von sozialgeschichtlich fundierten Studien bis zu solchen, die von
Jürgen Kocka mit dem Begriff „luftiger Kulturalismus" belegt worden sind (Kocka
1994, 37).
Die unter dem Begriff „Technikgenese" firmierende These, Technik werde in einem frühen Entwicklungsstadium geprägt und sei später kaum noch grundsätzlich
zu verändern, ist von Technikhistorikern mit guten Gründen zurückgewiesen
worden (Technikgenese 1993). Doch hat die Technikgeneseforschung den Blick für
die komplexen Akteurskonstellationen in der Frühphase technischer Entwicklungen geschärft. Davon hat auch die Technikgeschichte profitiert, die sich von ihren
Anfängen an schwerpunktmäßig, wenn auch früher in einer weniger elaborierten
Weise, mit Erfindungen und Innovationen befaßte. Entstand die Technikgeneseforschung in der Soziologie als Komplement zur Technikfolgenabschätzung, so betrat
die Technikgeschichte mit der historischen Analyse von Technikfolgen ein für sie
neues Gebiet. Die meisten erschienenen Arbeiten thematisieren Folgen des Indu-
striesystems für die Umwelt. Die meiste Aufmerksamkeit fanden außer der staatlichen Gesetzgebung die Umweltmedien Wasser und Luft, weniger der Boden. Systematische historische Technikfolgenstudien zu mehr soziokulturellen Themen
sind dagegen bislang von der Technikgeschichte kaum unternommen worden.

Literatur

Dieser Beitrag greift weiter zurück als die anderen in diesem Band, weil die ältere Auflage kein Kapitel zur Geschichte der Technik enthielt. Er konzentriert sich auf die deutsche bzw. bundesdeutsche Entwicklung des Faches, stellt dieses aber in internationale Zusammenhänge

Andersen, A.: Der Traum vom guten Leben – Alltags- und Konsumgeschichte vom Wirtschaftswunder bis heute, Frankfurt am Main, New York 1997

Basalla, G.: The Evolution of Technology, Cambridge 1988

Bijker, W.E., Hughes, Th.P. und T.J. Pinch (Hg.): The Social Construction of Technological Systems – New Directions in the Sociology and History of Technology, Cambridge, Mass., London 1987

Borg, K.: The „Chauffeur Problem" in the Early Auto Era – Structuration Theory and the Users of Technology, in: Technology and Culture 40 (1999), 797-832

Braun, H.-J. (Hg.): Failed Innovations, in: Social Studies of Science 22, Heft 2, London, New Dehli 1992

Buchhaupt, S. (Hg. u. Mitw. v. V. Benad-Wagenhoff u. M. Haas): Gibt es Revolutionen in der Geschichte der Technik? Darmstadt 1999

Dienel, H.-L.: Ingenieure zwischen Hochschule und Industrie – Kältetechnik in Deutschland und Amerika, 1870-1939 (Schriftenreihe der Historischen Kommission bei der Bayerischen Akademie der Wissenschaften 54), Göttingen 1995

Giddens, A.: The Constitution of Society – Outline of the Theory of Structuration, Cambridge 1984

Gleitsmann, R.-J.: Technik und Geschichtswissenschaft, in: Hermann, A. u. Ch. Schönbeck (Hg.): Technik und Wissenschaft (Technik und Kultur 3), Düsseldorf 1991, 111-136

Hausen, K. u. R. Rürup (Hg.): Moderne Technikgeschichte (Neue wissenschaftliche Bibliothek 81, Geschichte), Köln 1975

Hermann, A. u. W. Dettmering (Hg.): Technik und Kultur, 11 Bde., Düsseldorf 1990-1995

Heymann, M.: Die Geschichte der Windenergienutzung, Frankfurt am Main, New York 1995

Heymann, M.: Signs of Hubris – the Shaping of Wind Technology Styles in Germany, Denmark, and the United States, 1940-1990, in: Technology and Culture 39 (1998), 641-670

Hughes, Th.: Networks of Power – Electrification in Western Society, 1880-1930, Baltimore, London 1983

Kocka, J.: Perspektiven für die Sozialgeschichte der neunziger Jahre, in: Sozialgeschichte, Alltagsgeschichte, Mikro-Historie, hg. v. W. Schulze, Göttingen 1994, 33-39

König, W.: Programmatik, Theorie und Methodologie der Technikgeschichte bei Conrad Matschoß, in: Technikgeschichte 50 (1983), 307-336

König, W.: Das Problem der Periodisierung und die Technikgeschichte, in: Technikgeschichte 57 (1990), 285-298

König, W. (Hg.): Propyläen Technikgeschichte, 5 Bde., Berlin 1990-1992

König, W.: Technik, Macht und Markt – eine Kritik der sozialwissenschaftlichen Technikgeneseforschung, in: Technikgeschichte 60 (1993), 243-266

König, W.: Technikwissenschaften – die Entstehung der Elektrotechnik aus Industrie und Wissenschaft zwischen 1880 und 1914 (Technik interdisziplinär 1), Amsterdam 1995

König, W.: Künstler und Strichezieher – Konstruktions- und Technikkulturen im deutschen, britischen, amerikanischen und französischen Maschinenbau zwischen 1850 und 1930 (suhrkamp taschenbuch wissenschaft 1287), Frankfurt am Main 1999

König, W.: Geschichte der Konsumgesellschaft (Vierteljahrschrift für Sozial- und Wirtschaftsgeschichte. Beihefte 154), Stuttgart 2000

Ludwig, K.-H.: Entwicklung, Stand und Aufgaben der Technikgeschichte, in: Archiv für Sozialgeschichte 18 (1978), 502-523

Oberliesen, R.: Information, Daten und Signale – Geschichte technischer Informationsverarbeitung (Kulturgeschichte der Naturwissenschaften und der Technik), Reinbek bei Hamburg 1982

Radkau, J.: Literaturbericht Technikgeschichte, in: Geschichte in Wissenschaft und Unterricht 38 (1987), 503-518 u. 655-668

Radkau, J.: Technik in Deutschland – vom 18. Jahrhundert bis zur Gegenwart (Neue Historische Bibliothek, edition suhrkamp 1536), Frankfurt am Main 1989

Radkau, J.: Technik- und Umweltgeschichte – Literaturbericht, in: Geschichte in Wissenschaft und Unterricht 48 (1997), 479-497; 50 (1999), 250-258 u. 356-384

Ropohl, G.: Eine Systemtheorie der Technik – zur Grundlegung der Allgemeinen Technologie, München, Wien 1979; 2. Aufl. u. d. T. Allgemeine Technologie, München, Wien 1999

Sieferle, R.P.: Rückblick auf die Natur – eine Geschichte des Menschen und seiner Umwelt, München 1997

Staudenmaier, J.M.: Technology's Storytellers – Reweaving the Human Fabric, Cambridge, Mass. 1985

Technikgenese – Entscheidungszwänge und Handlungsspielräume bei der Entstehung von Technik, Themenheft Technikgeschichte 60 (1993), Heft 3

Troitzsch, U.: Zu den Anfängen der deutschen Technikgeschichtsschreibung um die Wende vom 18. zum 19. Jahrhundert, in: Technikgeschichte 40 (1973), 33-57

Troitzsch, U.: Deutschsprachige Veröffentlichungen zur Geschichte der Technik 1978-1985 – ein Literaturbericht, in: Archiv für Sozialgeschichte 27 (1987), 361-438

Troitzsch, U.: Technikgeschichte, in: Goertz, H.-J. (Hg.): Geschichte – ein Grundkurs, Reinbek bei Hamburg 1998, 379-393

Troitzsch, U. u. W. Weber: Methodologische Überlegungen für eine künftige Technikhistorie, in: Treue, W. (Hg.): Deutsche Technikgeschichte – Vorträge vom 31. Historikertag am 24. September 1976 in Mannheim, Göttingen 1977, 99-122

Weber, W. unter Mitarbeit v. Lutz Engelskirchen: Technikgeschichte in Deutschland 1949-1975, Münster 2000

Wengenroth, U.: Technologietransfer als multilateraler Austauschprozeß – die Entstehung der modernen Stahlwerkskonzeption im späten 19. Jahrhundert, in: Technikgeschichte 50 (1983), 224-237

Wengenroth, U.: Unternehmensstrategien und technischer Fortschritt – die deutsche und die britische Stahlindustrie 1856-1895 (Veröffentlichungen des Deutschen Historischen Instituts London 17), Göttingen, Zürich 1986.

Die Autoren

Braun, Martin, geb. 1967, Dipl.-Ing., wissenschaftlicher Mitarbeiter und Projektleiter am Fraunhofer-Institut für Arbeitswirtschaft und Organisation (IAO), Stuttgart. Veröffentlichungen u.a.: Beobachtung und Bewertung von Lösungsvorschlägen zur Organisation des betrieblichen Arbeitsschutzes in Mittel- und Großbetrieben (Mitverf.), 1999; Managementsysteme mit integriertem Arbeitsschutz in Ländern der EU (Mitverf.), 1999.

Bullinger, Hans-Jörg, geb. 1944, Dr.-Ing. habil., Dr. h. c., Prof. e. h., Professor für Technologiemanagement und Arbeitswissenschaft an der Universität Stuttgart, Leiter des Instituts für Arbeitswissenschaft und Technologiemanagement (IAT) der Universität Stuttgart, Leiter des Fraunhofer-Instituts für Arbeitswirtschaft und Organisation (IAO). Veröffentlichungen u.a.: Technikfolgenabschätzung (Hg.), 1994; Ergonomie – Produkt- und Arbeitsplatzgestaltung, 1994; Arbeitsgestaltung, 1995; Neue Organisationsformen im Unternehmen (Mithg.), 1996; Dienstleistungen – Innovation für Wachstum und Beschäftigung (Hg.), 1999.

Eigner, Swantje, geb. 1971, Dipl.-Psych., wissenschaftliche Mitarbeiterin am Interdisziplinären Zentrum für Nachhaltige Entwicklung der Universität Göttingen. Veröffentlichungen u.a.: Biographien von Umwelt- und Naturschützern, 1998; Psychologische Aspekte von Unternehmensbewertung, 1998; Das Bioenergiedorf, 2000, The relationship between well-being and „protecting the environment" as a dominant life goal, im Druck.

Fleischmann, Gerd, geb. 1930, Dr. rer. pol., em. Professor für Wirtschaftswissenschaften an der Universität Frankfurt am Main. Veröffentlichungen u.a.: Nationalökonomie und sozialwissenschaftliche Integration, 1966; Wirtschaftlicher und sozialer Wandel in der BRD (Mitverf.), 1977; Der kritische Verbraucher (Mithg.), 1981; Technikentwicklung als sozialer Prozess (Mithg.), 1989; Soziale und ökonomische Konflikte in Standardisierungsprozessen (Mithg.), 1995; Soziale Schliessung im Prozess der Technologieentwicklung : Leitbild, Paradigma, Standard (Mithg.), 1998.

Geiger, Gebhard, geb. 1948, Dr. rer. nat., Dr. phil. habil., Privatdozent für Philosophie der Technik an der Technischen Universität München, wissenschaftlicher Mitarbeiter der Stiftung Wissenschaft und Politik Ebenhausen. Veröffentlichungen u.a.: Evolutionary Instability : Logical and Material Aspects of a Unified Theory of Biosocial Evolution, 1990; Verhaltensökologie der Technik : Zur Anthropologie und Soziologie der Technischen Optimierung, 1998; Sicherheit der Informationsgesellschaft (Hg.), 2000.

Grande, Edgar, geb. 1956, Dr. habil., Dr. rer soc., Professor für Politische Wissenschaft an der Technischen Universität München. Veröffentlichungen u.a.: Vom Monopol zum Wettbewerb? Die neokonservative Reform der Telekommunikation in Grossbritannien und in der Bundesrepublik Deutschland, 1989; Staatliche Steuerungspotentiale in der Informationstechnik (Mitverf.), 1994; Modernisierung des Staates (Mithg.), 1997; Unternehmerverbände und Staat in Deutschland (Mithg.), 2000; Wie problemlösungsfähig ist die EU? Regieren im europäischen Mehrebenensystem (Mithg.), 2000.

Großklaus, Götz, geb. 1933, Dr. phil., em. Professor für Neuere Deutsche Philologie sowie Mitbegründer des Interfakultativen Instituts für Angewandte Kulturwissenschaft an der Universität Karlsruhe (TH), assoziierter Professor an der Staatlichen Hochschule für Gestaltung Karlsruhe. Veröffentlichungen u.a.: Natur als Gegenwelt : Beiträge zur Kulturgeschichte der Natur (Mithg.), 1983; Literatur in einer industriellen Kultur (Mithg.), 1989; Natur-Raum : Von der Utopie zur Simulation, 1993; Medienzeit – Medienraum : Zum Wandel der raum-zeitlichen Wahrnehmung in der Moderne, 1995.

Joerges, Bernward, geb. 1937, Dr. phil. habil., Professor für Soziologie an der Technischen Universität Berlin und Leiter der Arbeitsgruppe „Metropolenforschung" am Wissenschaftszentrum Berlin. Veröffentlichungen u.a.: Community Development in Entwicklungsländern, 1969; Beratung und Technologietransfer, 1975; Gebaute Umwelt und Verhalten, 1977; Verbraucherverhalten und Umweltbelastung, 1982; Public Policies and Private Actions (Hg.), 1987; Technik im Alltag (Hg.), 1988; Technik ohne Grenzen (Hg.), 1994; Technik – Körper der Gesellschaft, 1996; Instrumentation Between Science, State, and Industry (Hg.), 2000.

Karafyllis, Nicole C., geb. 1970, Dr. rer. nat., wissenschaftliche Mitarbeiterin für Allgemeine Technologie an der Universität Frankfurt am Main. Veröffentlichungen u.a.: Nachwachsende Rohstoffe zwischen Wachstum und Nachhaltigkeit, 2000; Biologisch – Natürlich – Nachhaltig, 2001.

König, Wolfgang, geb. 1949, Dr.phil., Professor für Technikgeschichte an der Technischen Universität Berlin. Veröffentlichungen u.a.: Propyläen Technikgeschichte (Hg.), 5 Bände, 1990-92; Technikwissenschaften. Die Entstehung der Elektrotechnik aus Industrie und Wissenschaft zwischen 1880 und 1914, 1995; Künstler und Strichezieher. Konstruktions- und Technikkulturen im deutschen, britischen, amerikanischen und französischen Maschinenbau zwischen 1850 und 1930, 1999; Bahnen und Berge. Verkehrstechnik, Tourismus und Naturschutz in den Schweizer Alpen 1870-1939, 2000; Geschichte der Konsumgesellschaft, 2000.

Kruse, Lenelis, geb. 1942, Professorin für Umweltpsychologie an der Fernuniversität Hagen, Honorarprofessorin an der Universität Heidelberg. Veröffentlichungen u.a.: Privatheit als Problem und Gegenstand der Psychologie, 1980; Ökologische Psychologie (Mithg.), 1994; Boden, Wasser, Luft: Umweltprobleme im interdisziplinären und politischen Diskurs, 1997; Umwelten – die wissenschaftliche Legitimierung des Plurals, 2000.

Merker, Richard, geb. 1964, Dr. rer. oec., Geschäftsführer des Forschungszentrums für Personalentwicklung am Institut für Arbeitswissenschaft der Universität Bochum. Veröffentlichungen u.a.: Weiterbildungshandbuch (Mithg.), 1993; Organisatorische Erscheinungsformen von Klein- und Mittelunternehmen, 1997; Chemiker: Hochqualifiziert, aber inkompetent, 1998.

Rapp, Friedrich, geb. 1932, Dr. phil., em. Professor für Philosophie an der Universität Dortmund. Veröffentlichungen u.a.: Contributions to a Philosophy of Technology (Hg.), 1974; Technik und Philosophie (Hg.), 1990; Fortschritt: Entwicklung und Sinngehalt einer philosophischen Idee, 1992; Die Dynamik der modernen Welt, 1994; Normative Technikbewertung (Hg.), 2000.

Ropohl, Günter, geb. 1939, Dr.-Ing. habil., Professor für Allgemeine Technologie an der Universität Frankfurt am Main. Veröffentlichungen u.a.: Interdisziplinäre Technikforschung (Hg.), 1981; Die unvollkommene Technik, 1985; Technologische Aufklärung, 1991, 2. Aufl. 1999; Ethik und Technikbewertung, 1996; Wie die Technik zur Vernunft kommt : Beiträge zum Paradigmenwechsel in den Technikwissenschaften, 1998; Allgemeine Technologie, 1999.

Roßnagel, Alexander, geb. 1950, Dr. jur., Professor für Öffentliches Recht mit dem Schwerpunkt Recht der Technik und des Umweltschutzes an der Universität Gesamthochschule Kassel; wissenschaftlicher Direktor des Instituts für europäisches Medienrecht (EMR) Saarbrücken. Veröffentlichungen u.a.: Recht und Technik im Spannungsfeld der Kernenergiekontroverse, 1984; Rechtswissenschaftliche Technikfolgenforschung, 1993; Recht der Multimedia-Dienste, 1999; Datenschutzaudit – Konzeption, Durchführung, gesetzliche Regelung, 2000.

Spur, Günter, geb. 1928, Dr.-Ing., Dr.-Ing. E. h., Dr. h. c. mult., em. Professor für Werkzeugmaschinen und Fabrikbetrieb an der Technischen Universität Berlin. Veröffentlichungen u.a.: Produktionstechnik im Wandel, 1979; Vom Wandel der industriellen Welt durch Werkzeugmaschinen, 1991; Automatisierung und Wandel der betrieblichen Arbeitswelt (Mitverf.), 1993; Fabrikbetrieb, 1994; Die Genauigkeit von Maschinen, 1996; Optionen zukünftiger industrieller Produktionssysteme (Hg.), 1997; Technologie und Management, 1998.

Staudt, Erich, geb. 1941, Dipl.-Phys., Dr. rer. pol., Dr. habil., Professor für Arbeitsökonomie am Institut für Arbeitswissenschaft und Leiter des Instituts für angewandte Innovationsforschung an der Universität Bochum; Veröffentlichungen u.a.: Planung als „Stückwerktechnologie", 1979; Das Management von Innovationen (Hg.), 1986; Innovation durch Qualifikation, 1988; Kooperationshandbuch, 1992; Weiterbildungshandbuch (Mithg.), 1993; Strukturwandel und Karriereplanung, 1998; Facility Management, 1999; Deutschland gehen die Innovatoren aus, 2000.